Abhandlungen zur Literaturwissenschaft

In dieser Reihe erscheinen Monographien und Sammelbände zur Literaturwissenschaft einschließlich aller Nationalphilologien.

Hans-Harald Müller
Hrsg.

Kleine Schritte und große Sprünge

Zur Konzeption und empirischen Praxis einer Wissenschaftsgeschichte der literaturwissenschaftlichen Germanistik

J.B. METZLER

Hrsg.
Hans-Harald Müller
Institut für Germanistik
Universität Hamburg
Hamburg, Deutschland

ISSN 2520-8381 ISSN 2520-839X (electronic)
Abhandlungen zur Literaturwissenschaft
ISBN 978-3-662-71104-0 ISBN 978-3-662-71105-7 (eBook)
https://doi.org/10.1007/978-3-662-71105-7

Die Deutsche Nationalbibliothek verzeichnet diese Publikation in der Deutschen Nationalbibliografie; detaillierte bibliografische Daten sind im Internet über https://portal.dnb.de abrufbar.

Planung/Lektorat: Oliver Schuetze
J.B. Metzler ist ein Imprint der eingetragenen Gesellschaft Springer-Verlag GmbH, DE und ist ein Teil von Springer Nature.
Die Anschrift der Gesellschaft ist: Heidelberger Platz 3, 14197 Berlin, Germany

Vorwort

Unser Buch enthält Aufsätze, die im engeren oder weiteren Umkreis des *Hamburgischen Forschungskontors* entstanden sind. Die knappe Auswahl folgt zwei Gesichtspunkten: zum einen will sie anhand einer Reihe von theoriegeleiteten empirischen Fallstudien eine Vorstellung von Begriff, Aufgabe und Konzeption einer Wissenschaftsgeschichte der Literaturwissenschaft vermitteln. Zum andern ergibt sich aus der Abfolge der Beiträge eine zumindest flickenteppichartige Skizze der Geschichte der Literaturwissenschaft der etwa letzten 150 Jahre.

Die Arbeiten verdanken ihre Entstehung einer Reihe von Annahmen, die der historischen Epistemologie und deren Vorläufern zuzurechnen sind. Sie sind überdies bestimmt durch Vorstellungen von wissenschaftlicher Arbeit und Kooperation, die von einer urbanen hanseatischen Wissenschaftskultur mitgeprägt wurden und sich als stabil erwiesen haben.

Hamburg, Deutschland
Januar 2025

Für die Autor:innen: Hans-Harald Müller

Inhaltsverzeichnis

Die Autor: innen

Matthias Aumüller matthias.aumueller@germanistik.uni-halle.de
https://www.germanistik.uni-halle.de/neuere_literaturwissenschaft/mitarbeiterinnen_und_mitarbeiter/matthias_aumueller/vita/publikationen/

Tom Kindt tom.kindt@unifr.ch
https://www.unifr.ch/directory/de/people/11581/fb5ba

Hans-Harald Müller harrym@uni-hamburg.de
https://hans-harald-mueller.de/

Mirko Nottscheid mirko.nottscheid@dla-marbach.de
https://www.dla-marbach.de/ueber-uns/mitarbeiterinnen-und-mitarbeiter/alle-mitarbeiterinnen-und-mitarbeiter/detail/8353/

Myriam Isabell Richter myriam.richter@uni-hamburg.de

Von den Gleichförmigkeiten des Neuen. Zu Wissenschaftsgeschichte und -kritik der (germanistischen) Literaturwissenschaft

Hans-Harald Müller

1 Zu Konzeption und Aufgaben einer Wissenschaftsgeschichte der Germanistik

Wenn Goethe im Vorwort zur Farbenlehre erklärte, „daß die Geschichte der Wissenschaft die Wissenschaft selbst sei",[1] so äußerte er die zu seiner Zeit geläufige Auffassung, dass das Wissen einer Wissenschaft deren Geschichte zu entnehmen sei. Im Laufe des 19. Jahrhunderts jedoch emanzipierten sich die Wissenschaften weitgehend von ihrer Geschichte. Für die Philologien bedeutete das u. a.: Abhandlungen zur Theorie, Methode und den Resultaten der Wissenschaft wurden nicht länger wissenschaftshistorischen Texten, sondern neuen Textsorten überantwortet wie etwa philologischen Enzyklopädien, Grundrissen, Handbüchern etc..[2] Heute gehört die Wissenschaftsgeschichte in den Kranz der Metawissenschaften, die, wie alle Wissenschaften, auch die Germanistik umgeben; zu ihnen zählen neben anderen etwa die Wissenschaftstheorie, die Wissenschaftssoziologie und die Wissenssoziologie.

Aufgabe einer Beschreibung der Fachsystematik ist es, die aktuelle Ausdifferenzierung der Germanistik in Theorie, Methoden und kognitiven Gehalt zu verzeichnen. Die Fachgeschichte hingegen rekonstruiert die Genese der Germanistik im

[1] Goethe (1890, S. XV).

[2] Vgl. dazu etwa Müller/Kindt/Richter (2022).

Erstdruck.

H.-H. Müller (✉)
Institut für Germanistik, Universität Hamburg, Hamburg, Deutschland
E-Mail: harrym@uni-hamburg.de

H.-H. Müller (Hrsg.), *Kleine Schritte und große Sprünge*, Abhandlungen zur Literaturwissenschaft, https://doi.org/10.1007/978-3-662-71105-7_1

Kontext der sie umgebenden Kultur. Die Wissenschaftsgeschichte der Germanistik kann die heutige Fachsystematik und das germanistische Wissen als Ergebnis einer historischen Entwicklung nachvollziehen. Wissenschaftsgeschichte kann, so wird behauptet, ein Fach über sich selbst aufklären und seine Identität – auch in Abgrenzung zu anderen Fächern – reflexiv charakterisieren.[3] Wenn das so ist oder auch nur eine begründete Hoffnung darauf besteht, dann ist es schwer verständlich, dass es in der hyperkomplex ausdifferenzierten Fachstruktur eine institutionelle Verankerung der Wissenschaftsgeschichte der Germanistik gegenwärtig nicht gibt.

Die – auch aus diesem Grund – nicht sehr zahlreichen Arbeiten zur Wissenschaftsgeschichte des Fachs – haben sich, von wenigen weiträumigeren Fallstudien abgesehen, – stark auf die mikrologische Darstellung einzelner Forschungsrichtungen aus der kulturgeschichtlichen Ausrichtung des Fachs in den letzten 50 Jahren konzentriert.[4] Wünschenswert wären darüber hinaus theoretisch aufgeschlossene und historisch fundierte Orientierungen über größere Zusammenhänge unserer Wissenschaft im Kontext der Philologien und Fächer der (einstigen) Philosophischen Fakultät. Die Germanistik muss ja nicht sofort globale, vergleichende, transdisziplinäre Konzeptionen wie eine „World Philology"[5] oder eine „History of the Humanities"[6] anstreben. Beide sind allerdings konzeptionell und methodisch sehr anregend und sollten auch von der Germanistik zur Kenntnis genommen werden – zumal sie frei sind von Nationalstaatlichkeit und Eurozentrismus. Obgleich es reizvoll wäre, den programmatischen Anspruch und die Methodologie solcher Konzeptionen zu untersuchen, möchte ich mich im Folgenden einem zeitlich und systematisch engeren Gebiet der Fachgeschichte zuwenden. Meine Überlegungen sollen einer Untersuchung des Neuen[7] in der germanistischen Literaturwissenschaft gelten.[8] Im Blickpunkt werden dabei die gemeinsamen Merkmale, die Gleichförmigkeiten neuer Ansätze in der Literaturwissenschaft stehen – nicht die spezifischen Ausformungen dieser programmatischen Ansätze, die mit dem Anspruch der Erneuerung des Fachs seit den 1920er-Jahren – und seit den 1960er-Jahren in immer schnellerem Tempo – für eine je neue Ausrichtung des Faches plädieren und den Krisendiskurs[9] in den Geisteswissenschaften begleiten.

Für die Untersuchung dieser Gleichförmigkeiten möchte ich auf eine konzeptionelle Anregung Sebastian Manharts zurückgreifen. Manhart hat in einer Reihe seiner frühen wissenschaftshistorischen Arbeiten dafür plädiert, die Begriffe Disziplin,

---

[3] Vgl. etwa Brandstetter (2012, S. 242); Breidbach (2007, S. 814).

[4] S. dazu etwa die Darstellung der einzelnen cultural turns von Bachmann-Medick (^{6}2018). – Zu einer stärker systematisch geordneten analytischen Übersicht s. Bonnell/Hunt (1999).

[5] Vgl. Pollock u. a (2015).

[6] Bod (2010–2014); s. auch die – aus dem Projekt hervorgegangene und vom selben Herausgeber:innen-Team betreute, seit 2016 erscheinende internationale Zeitschrift "History of Humanities", die historische und systematische Beiträge zur Geschichte der Philologien publiziert.– Vgl.. auch Paul (2023). – Die Einführung in eine alternative Konzeption bieten Denecke u. a. (2024).

[7] Zum Begriff des Neuen s. die anregende Untersuchung von North (2013).

[8] S. dazu schon die von Walter Müller-Seidel angeregte, im Schiller-Jahrbuch 1994 dokumentierte Diskussion „Über das Neue in der Literaturwissenschaft"; s. auch Vosskamp (2014, S. 260–261).

[9] Zur Orientierung s. etwa Jay (2014); Reitter/Wellmon (2021).

Fach und Studiengang zu unterscheiden.[10] Disziplinen bestimmt Manhart als „semantische Felder aus aufeinander bezogenen mehr oder weniger spezifischen Begriffen, Theorien und Methoden"; die Einteilung der Universitätsfächer hingegen erfolgt nach „sehr viel stärker organisations- und studiengangsbezogenen Anforderungen."[11] Dass es solche semantischen Felder im Vorfeld der Institutionalisierung der Fächer an der Universität gab, war in der Wissenschaftsgeschichte der Fächer bekannt.[12] Die für die Wissenschaftshistoriographie wichtige Pointe der Manhartschen Konzeption liegt in der Feststellung, dass diese Felder auch nach Etablierung der universitären Fächer und Studiengänge stets virulent bleiben.[13] Sie werden, wenn überhaupt, immer nur selektiv in die Fächer integriert, üben aber vielfältige Wirkungen auf sie aus. Wie Floris Solleveldt mit seiner Unterscheidung von „conceptual change" und „institutional change"[14] geht auch Manhart davon aus, dass die etablierten Fächer an ihren Rändern generell von innovationsträchtigen disziplinären Semantiken umgeben sind, die auf Aufnahme und angemessene Repräsentation in das affine institutionalisierte Fach drängen. Dass der Innovationsdruck von den Rändern der Wissenschaft auf die fachlichen Zentren hat im 20. und 21. Jahrhundert ständig zugenommen hat, ist bekannt.[15]

2 Rekonstruktion der "Geistesgeschichte" als Erneuerungsbewegung

Um zu veranschaulichen, wie sich das Neue in den etablierten Fächern der Universität geltend macht und auf welche Weise es in sie integriert wird, wähle ich eine bekannte Episode aus der Wissenschaftsgeschichte der germanistischen Literaturwissenschaft: die Integration der – meist unter dem Rubrum der ‚Geistesgeschichte' zusammengefassten – heterogenen Forschungsrichtungen in die Literaturwissenschaft nach der Wende zum 20. Jahrhundert. Die moderne, von unterschiedlichen Forschungsansätzen geprägte germanistische Literaturwissenschaft geht in Deutschland – das ist bekannt und relativ gut aufgearbeitet – auf die geistesgeschichtliche Opposition gegen die sogenannte ‚positivistische' Philologie der Scherer-Schule zurück. Diese oppositionelle Semantik wurde seit Beginn der 1920er-Jahre in Gestalt einer Reihe unterschiedlicher Ansätze allmählich in das Universitätsfach integriert und erlangte – nach empirisch gestützten Schätzungen – einen Anteil von

[10] S. Manhart 2007; vgl. Manhart (2006) und Manhart (2011); Vgl. dazu auch Jungert 2010.

[11] Manhart (2007, S. 15).

[12] S. dazu allgemein etwa Guntau/Laitko (1987) und Stichweh 1993.– Für die Germanistik etwa: Dainat/Kolk (1987).

[13] S. dazu auch Hubert Laitkos (1999, S. 31) Charakterisierung von „Disziplin" (in Manharts Terminologie: „Fach"): „Disziplinen sind jedenfalls langfristig stabile Segmentierungen in der Wissenschaft, die über die Ausbildung von Rändern zu fremddiziplinären und außerwissenschaftlichen Milieus ihre Selbstidentität definieren und erhalten."

[14] S. Solleveld (2009, S. 230).

[15] S. dazu etwa Hass (2012, S. 56).

etwa 20% der germanistischen Lehrstühle.[16] Dass eine als weitgehend homogen wahrgenommene Forschungsrichtung wie der literaturwissenschaftliche ‚Positivismus‘ durch eine Reihe konkurrierender neuer Konzeptionen be- und partiell verdrängt wurde, war für Literaturwissenschaftler:innen in den 1920er-Jahren eine neue Erfahrung.[17] Holger Dainat fasste sie in dem Satz zusammen: „Die fast unumstrittene Alleinherrschaft einer Forschungsrichtung wird nicht durch die einer anderen (etwa der Geistesgeschichte) ersetzt, sondern durch einen Pluralismus von Methoden und Theorien, die sich der Subsumtion unter ein Etikett strikt verweigern."[18]

Mit „Methode" ist in dieser Feststellung – und in der deutschen Literaturwissenschaft fast stets – etwas gemeint, was man in den englischsprachigen humanities kurz und genauer als „approach" bezeichnen würde, – also etwa als Forschungsansatz oder Forschungsrichtung[19] – die sich durch eine umgangssprachlich formulierte Menge von programmatischen Sätzen über den literaturwissenschaftlichen Gegenstand und die für ihn geeignete Untersuchungsweise wiedergeben lässt.[20] Der Begriff „Pluralismus" wird von Dainat unproblematisch in dem Sinne verwendet, dass mehrere Forschungsansätze auf verschiedene Aspekte eines Gegenstands gerichtet sind.[21] In der deutschen Literaturwissenschaft der 1920er – und noch bis weit nach Zweiten Weltkrieg – wurde dieser Pluralismus in der Regel hingegen nicht als unproblematisch, sondern schlechthin als neu, verwirrend und mit dem schweren Makel des ‚Relativismus‘ verknüpft empfunden – kurzum: als Symptom der Krise des Fachs.[22] Wissenschaftstheoretische Überlegungen über Begriff, Ursachen und

[16] Kolk (1993, S. 39); s. auch Dainat (1996, S. 255).

[17] Es war auch eine einmalige Erfahrung, denn in den folgenden Jahrzehnten stießen konzeptionelle Neuansätze stets auf ein Fach, das bereits durch mehrere Ansätze geprägt war.

[18] Dainat (1991, S. 600). S. auch Kolk (1996/97, S. 119): „Mit der interdisziplinär orientierten Geistesgeschichte beginnt in der Germanistik der sogenannte ‚Methodenpluralismus‘, der – je nach Standpunkt – das Fach inspiriert oder verwirrt."

[19] In dieser Weise umriss bereits Josef Nadler (1926/27, S. 516) den Begriff „Methode": „Von ‚Methodenstreit‘ hätte wir nicht reden sollen. Denn in Wahrheit erörtern wir keine Methoden, die ja im ganzen feststehen und allgemein verbindlich sind. Wir erörtern, was ganz etwas anderes ist, unberechtigte oder berechtigte, wesentliche oder beiläufige Problemstellungen.".– Dieser Hinweis bei Dainat (2007, S. 30).– S. auch Schulz-Buschhaus (1994, S. 447): „Wenn wir vom Wandel literaturwissenschaftlicher Methoden sprechen, sind im Allgemeinen ja nicht die Verfahrensweisen im engeren Sinn gemeint, sondern die Fragen, in deren Dienst die eigentlichen Methoden (etwa hermeneutischer oder linguistisch-analytischer Textbetrachtung) eingesetzt werden."

[20] Ich folge hier einer Bestimmung, die in einer ähnlichen Problemsituation gewählt wurde von Dennerlein u. a. (2009, S. 1, Anm. 3).

[21] Zum Theorienpluralismus in der Literaturwissenschaft s. Köppe/Winko (^{2}2013).

[22] Vgl. dazu Klausnitzer (2007, S. 94): „Das nach 1910 in Erscheinung tretende Spektrum der geistesgeschichtlichen Literaturforschung bildete jedoch nicht nur den Ausgangspunkt eines sich rasch entfaltenden Pluralismus von methodischen Richtungen und Schulen, deren Heterogenität eine in den 1920er- und 1930er-Jahren vielstimmig konstatierte ‚Krisis‘ des Fachs hervorrufen sollte."

Folgen des Pluralismus, wie sie etwa Josef Nadler schon 1914 im Anschluss an Heinrich Rickert angestellt hatte,[23] finden sich im Umkreis der geistesgeschichtlichen Literaturwissenschaft der 1920er-Jahre kaum.

Als charakteristisches neues Phänomen wurde die Konkurrenz verschiedener Ansätze im Kontext der geistesgeschichtlichen Literaturwissenschaft in wissenschaftshistorischen Untersuchungen stets hervorgehoben,[24] dabei wurde aber kaum erläutert, aus welchem semantischen Fundus die literaturwissenschaftlichen Ansätze stammten, die nach der Überwindung des Positivismus plötzlich im Kontext der Geistesgeschichte auftauchten. Mochten sie aus der Kunsterziehungsbewegung, der Allgemeinen Kunstwissenschaft, der phänomenologischen Ästhetik oder anderen Orientierungen stammen[25] – sie waren ausnahmslos durch den Wandel von der genetischen zur objektiven Auffassung des künstlerischen Objekts bedingt, dessen Resultat Georg Simmel 1901 in dem Postulat zusammenfasste: „Ich halte es für das erste Erfordernis aller wirklich ästhetischen Betrachtung, dass dieselbe dem Kunstwerk als einem ganz auf sich ruhenden, völlig selbstständigen Kosmos gelte, in absoluter Loslösung von seinem Schöpfer und allen Gefühlen, Deutungen, Hinweisungen, die ihm etwa durch die Beziehung zu diesem zugehören könnten."[26]

Im Hinblick auf ihre Wirkung weisen die disziplinären Semantiken, aus denen die verschiedenen neuen Ansätze nach der Wende zum 20. Jahrhundert stammen, eine markante Gemeinsamkeit auf. Der Gegenstand der Wissenschaft, der literarische Text, das Werk, das ästhetische Objekt, die im 19. Jahrhundert auf eine beinah schon ‚natürliche' Weise in ein historisches Untersuchungskonzept (‚historisches Paradigma', ‚Historismus') eingebunden waren, sie alle erscheinen um 1900 verwandelt,[27] in einem neuen Licht, als neuer Gegenstand sui generis, der unter neuen Aspekten, mit neuen ‚Methoden' konstituiert und betrachtet wird: offen für neue Frage- und Problemstellungen, welche die zeitgenössische Kultur aufwirft. Hier wird einer in der Wissenschaftsgeschichte nicht häufigen Momente plastisch, an denen die routinierten Einstellungen einer komplexen etablierten Wissenschaftspraxis leerlaufen und kaum noch beachtet werden – in den Worten Max Webers: „Die Bedeutung der unreflektiert verwerteten Gesichtspunkte wird unsicher, der Weg verliert sich in der Dämmerung. Das Licht der großen Kulturprobleme ist weitergezogen. Dann rüstet sich auch die Wissenschaft, ihren Standort und ihren Begriffsapparat zu wechseln".[28]

[23] Nadler (1914, bes. S. 61–62).

[24] Vgl. dazu schon Rosenberg (1981, S. 226).

[25] s. dazu Müller/Richter (2016).

[26] Simmel (1995, S. 30).

[27] S. auch Vosskamp (2014, S. 260–261).

[28] Weber (1985, S. 214).

3 Einige gemeinsame Merkmale ‚neuer Ansätze' in der Literaturwissenschaft

Im Folgenden wird eine Reihe gemeinsamer Merkmale beschrieben, die Neuerungsansätze in der Literaturwissenschaft von den 1920er-Jahren bis heute charakterisieren.

Der holistische Anspruch

Programmatische Neuansätze erheben meist einen holistischen Anspruch auf die Erneuerung des ganzen Fachs, beschränken sich faktisch dann allerdings auf die Erneuerung des ihnen wichtigsten Teilbereichs des Fachs – dessen Gesamtkonzeption und Systematik schenken sie kaum Beachtung. Um nur ein Beispiel zu anzuführen: Rudolf Unger untermauerte seine Programmschrift zur Erneuerung der Literaturwissenschaft durch den Vorwurf, „allen tieferen und schwierigeren Problemen der Literaturwissenschaft gegenüber" habe die „philologistische Methode" „im Grunde versagt"[29]; er hatte in seiner Programmschrift zuvor jedoch statuiert, dass unser aller Arbeit doch „wesentlich mit auf den damals [scil. zu Scherers Zeiten] gelegten Grundlagen"[30] beruht. Welche Fachanteile zu diesen „Grundlagen" zählten und somit –zumindest in der Struktur – beibehalten werden sollten, klärte Unger nicht. Er konkretisierte und differenzierte seine Programmatik später in einer Reihe bedeutender Beiträge zur Konzeption der Geistesgeschichte[31] sowie zur Literaturgeschichte des Sturm und Drang sowie der Romantik – die von ihm angestrebte „kulturphilosophische Grundlegung der geschichtlichen Wissenschaften"[32] blieb indes ebenso unausgeführt wie eine Fachsystematik,[33] die einen Überblick über die neuen und persistierenden Fachanteile hätte geben können.

Die Frage, welche Fachanteile Erneuerungsansätze ersetzen, welche sie verändern und welche sie beibehalten, ist in systematischer Absicht empirisch wohl nie genauer untersucht worden. Auf Grund dieses Versäumnisses der Wissenschaftshistoriographie der Literaturwissenschaft ist möglicherweise ein unzutreffendes Bild der Konzeption des Fachs entstanden. So ist im Zusammenhang mit der oben genannten Frage auch nicht untersucht worden, ob die Literaturwissenschaft nicht als Fach mit einer spezifischen Verbindung kumulativer und nichtkumulativer Fachanteile zu charakterisieren ist.[34]

---

[29] Unger: Philosophische Probleme in der neueren Literaturwissenschaft. In: Unger (1929, S. 1–32, S. 5).

[30] 1925 erscheinen sie ihm als „eines der wenigen festen Bollwerke", die uns heute noch vor der Hochflut des hemmungslosen Subjektivismus in unserer Wissenschaft schützen." Unger (1923/24, S. 324).

[31] Unger: Literaturgeschichte als Problemgeschichte. In: Unger (1929, S. 137–170).

[32] Unger: Philosophische Probleme in der neueren Literaturwissenschaft. In: Unger (1929, S. 1–32, S. 27).

[33] 1924 schrieb Unger (1923/24, S. 324): „Vielleicht schenkt uns ein speziell für methodologische Prinzipienfragen veranlagter Kopf, [...] in nicht allzu ferner Zeit eine Theorie oder gar eine Philosophie der Textkritik und Textinterpretation und füllt damit eine weitere Lücke aus zwischen Literaturwissenschaft und Philosophie, den lange Zeit feindlichen, nun aber so glücklich versöhnten Schwestern."

[34] Zu dieser Frage s. etwa (Kindt 2016).

Die Vagheit programmtragender Begriffe

Die programtragenden Begriffe von Erneuerungsansätzen sind in der Regel vage. Bei dieser Art von Vagheit handelt es sich indes von vornherein nicht um einen Mangel. Programmatische Erneuerungsansätze benötigen Zeit und Praxis, um sich zu entwickeln, zu differenzieren und ihrer Begrifflichkeit schärfere Konturen zu verleihen. Zu den Aufgaben der Wissenschaftskritik gehört es, die Erneuerungsansätze in dieser Phase fördernd und kritisch zu begleiten.

Um diesen Prozess zu illustrieren, wähle ich wiederum einen Erneuerungsansatz aus den 1920er-Jahren, die „Stilforschung", die sich in diesen Jahren aus dem Bündel von Erneuerungsansätzen im Kontext der Geistesgeschichte herausschälte und zu immer größerer Bedeutung gelangte. Sie wurde bald als „Grundlage aller literaturwissenschaftlichen Forschung"[35] proklamiert, rückte „von der Randstellung einer Hilfswissenschaft in den Mittelpunkt des Forschungsinteresses", und verwandelte allmählich die ganze „Literaturgeschichte in Stilgeschichte".[36] Die entscheidende Voraussetzung für den Erfolg der neuen Forschungsrichtung lag zweifellos in der Vagheit des programmtragenden Begriffs „Stilforschung". Hinter ihm standen im Wesentlichen zwei[37] konzeptionell völlig verschiedene Ansätze: ein deskriptiver Ansatz, der stilistische Merkmale der untersuchten ästhetischen Objekte möglichst genau zu erfassen, zu beschreiben und zu klassifizieren, und ein symptomatischer Ansatz, der stilistische Merkmale vornehmlich als Symptome betrachtet, die Ausdruck oder Manifestation ganz anderer Größen sind: einer Persönlichkeit, einer Weltanschauung, einer Epoche, deutscher Form oder deutschen Wesens.[38] Es war weit weniger als der deskriptive dieser symptomatische Stilbegriff, der die Literaturwissenschaft der 1920er-Jahre faszinierte – darauf deutete schon die 1906 erschienene, programmatisch „Stil und Weltanschauung" betitelte Habilitationsschrift Herman Nohls, deren erster Satz lautete: „Es wird hier nur eine Seite der Malerei, nämlich inwiefern sie auch Weltanschauung ist, nicht ihr Wesen überhaupt betrachtet." Für Fritz Strich etwa war „Stil" ein schlechthin metaphysischer Begriff: „Der Stil ist also die zeitliche Erscheinung des zeitlosen Menschentums."[39]

Mehrdeutige Konzeptionen wie die der „Stilforschung" erfreuen sich nicht nur in den Philologien großer Beliebtheit und bedürfen, wenn sie Gegenstand wissenschafts-geschichtlicher Untersuchungen sind, stets einer sorgfältigen Explikation. Diese ist umso mehr nötig, als ursprünglich deskriptive – oder als deskriptiv eingeschätzte – erfolgreiche Begriffe und Konzeptionen in der Literaturwissenschaft gern für interpretatorische Zwecke genutzt werden, ohne dass der deskriptive bzw.

---

[35] Benda (1928, S. 39).

[36] Benda (1928, S. 4); vgl. dazu auch Gumbrecht (1986, S. 772): „Insgesamt jedoch waren die Geisteswissenschaften zumal in Deutschland während der zwanziger Jahre von einer geradezu ‚imperialen' Expansion des Stil-Paradigmas charakterisiert." Zur Faszination des Stilbegriffs in den 1920er-Jahren s. auch Eckel (2008, S. 48).

[37] Der normative Stilbegriff aus der Poetik kann hier außer Betracht bleiben; zum Stilbegriff allgemein s. Gumbrecht (2007).

[38] S. etwa Walzel (1922).

[39] Strich (1922, S. 5).

interpretatorische Anteil dabei umrissen würde. Als signifikantes Beispiel für diese interpretatorische Umnutzung ursprünglich deskriptiver Ansätze können aus der neueren Wissenschaftsgeschichte die im Zuge des „cultural turn" herausgebildeten sogenannten „postklassischen Narratologien"[40] – die marxistische, feministische, postkoloniale und zehn andere Bindestrich-Narratologien – dienen,[41] die in der Regel nicht kennzeichnen, welche konzeptionelle und welche faktische Verbindung in ihren Interpretationen vorliegt zwischen einer aus strukturalistischer Herkunft stammenden deskriptiven Narratologie und einer – meist unmarkierten – Interpretationstheorie.[42]

Transferansätze

Erneuerungsansätze werden gern im Rekurs auf erfolgreiche Konzeptionen in anderen Fächern begründet und als sogenannte Transferansätze ausgestaltet. Bei solchen Transferansätzen geht es, nach der Formulierung von Andrea Albrecht, um die „Übertragung von etablierten Konzepten, Strukturen und Verfahren aus einem Forschungsbereich in einen anderen" mit dem Ziel, die in einem Fach „bereits realisierte Problemlösung womöglich auch innerhalb des neuen Bereichs erfolgreich anwenden zu können".[43]

Einer der wirkmächtigsten Transferansätze in der Literaturwissenschaft des 20. Jahrhunderts stammt von Oskar Walzel.[44] Im Anschluss an seine berühmte – und wegen ihres ungehemmten Analogiedenkens auch berüchtigte – Abhandlung „Wechselseitige Erhellung der Künste"[45] schlug Walzel vor, die Anschauungskategorien aus Heinrich Wölfflins „Kunstgeschichtlichen Grundbegriffen"[46] als deskriptives Instrumentarium für die Stiluntersuchung in der Literaturgeschichte zu nutzen. Er begründete das unter anderem mit dem Satz: „Wir brauchen vor allem für die Welt der Dichtung etwas, das den Kategorien Wölfflins entspricht".[47] Die Folgen von Walzels Übertragungsansatz sind bekannt. Er berücksichtigte die Bedeutung und Funktion nicht, welche die „Grundbegriffe" in Wölfflins Konzeption hatten,[48] und er ließ die Anwendungsbe–dingungen unbeachtet, die für entsprechende Begriffe auf dem Gebiet der Stiluntersuchung in der Literaturgeschichte gelten. Im Anschluss an Walzels Übertragung wurden Wölfflins Grundbegriffe in der Literaturwissenschaft weniger zu Stiluntersuchungen als zur weltanschaulichen Ausdeutung literarischer Texte oder literarhistorischer Epochen verwendet.

---

[40] S. etwa die Übersicht in Alber/Fludernik (Hg.) (2010).

[41] S. Nünning (2003).

[42] Zur Kritik an den postclassical narratologies s. etwa Kindt/Müller (Hg.) (2003, S. 205–221) und Kindt/Müller (2010).

[43] Albrecht (2015, S. 275).

[44] S. Müller (1991).

[45] Walzel (1917).

[46] Wölfflin (1915).

[47] Walzel (1917, S. 41).

[48] S. dazu Wiesing (1997); vgl. auch Zitko (2016).

Transferansätze haben in den Geisteswissenschaften eine lange Tradition und eine offene Zukunft. In den kulturwissenschaftlichen Ansätzen um die Wende zum zweiten Jahrtausend wurden sie in der Gestalt von „travelling concepts“[49] und „Wandenden Praktiken“[50] wiederentdeckt und zur Anwendung empfohlen. Ihr heuristisches Potential ist keinesfalls zu unterschätzen. Nach den historischen Erfahrungen mit ihnen kann heute jedoch erwartet werden, dass derartige Ansätze eingehend prüfen, welche Funktion die Begriffe und Konzeptionen, die sie transferieren wollen, in ihrem Ursprungsgebiet besitzen, und abschätzen, ob diese den Problemlösungsgehalt, den sie in ihrem Herkunftsgebiet besitzen, auch in dem Zielgebiet zu bewahren vermögen.[51] Von solchen Prüfungen und Folgeabschätzungen ist wenig bekannt.

Verläufe

Die geistesgeschichtliche Erneuerungsbewegung teilt mit denen in der zweiten Hälfte des 20. Jahrhunderts aufgetretenen einen idealtypischen Verlauf. Er kann, grob zusammengefasst, durch sie Stationen Verheißung, Desillusionierung und Abwendung[52] gekennzeichnet werden; die Abwendung setzt häufig schon ein, bevor das innovato–rische Potential des jeweiligen Ansatzes ausgeschöpft ist. [53] Die Verheißung wird in den Programmschriften verkündet, die Desillusionierung tritt im Prozess der Differenzierung der Programmatik[54] und der Versuche zu ihrer praktischen Einlösung ein, die Abwendung vom Programm findet unter dem Eindruck ihrer Erfolglosigkeit statt.

Rudolf Unger, wahrscheinlich der wichtigste spiritus rector der geistesgeschichtlichen Literaturwissenschaft, wurde selbst Zeuge dieses Verlaufs. Er beklagte schon 1925, wie aus seinem programmatischen Neuansatz „das ungeschiedene und vielfach widerspruchsvolle Nebeneinander literarhistorischer und geistesgeschichtlicher, problemhistorischer und typenpsychologischer Gesichtspunkte“[55] geworden war, und er bedauerte nachdrücklich das „Fehlen einer festen, einheitlichen, erkenntniskritisch-methodologischen Grundlegung der historischen Wissenschaften.“[56] Ein skeptischer Berichterstatter über Verlauf und Resultate der ‚Methodenkämpfe‘ resümierte 1930: „Irgendeine Übereinstimmung aber wurde

[49] Bal (2002). Zu verwandten Ansätzen s. Bachmann-Medick: ([6]2018, S. 53, Anm. 55).

[50] S. etwa Martus (2015).

[51] Zur Kritik von Übertragungsansätzen am Beispiel des Strukturalismus s. Pettit (1975).

[52] Näher dokumentiert in: Müller (1988)

[53] S. Schönert (2000, S. 96); Jannidis (2000, S. 335): „Das wichtigste Erbe der theoretischen Anstrengung seitens einer Sozialgeschichte der Literatur ist wohl nicht ein überzeugendes theoretisches Konzept, sondern eine Reihe offener Fragen.“

[54] S. dazu etwa Benda (1930, S. 747): „So vieldeutig jedoch die Begriffe der ‚geschichtlichen Idee‘ und des ‚Geistes‘ sind, so mannigfaltig sind die neuidealistischen Strömungen; ihre lückenlose Aufzählung würde einen Querschnitt durch die augenblickliche Weltanschauungslage Deutschlands ergeben.“

[55] Unger, Rudolf: Hamann und die Romantik. Eine prinzipienwissenschaftliche Skizze (1925). In: Unger (1929, S. 196–211, S. 204).

[56] Ebd. S. 206.

bisher nicht einmal in den Grundfragen erzielt; Wesen, Voraussetzungen und Aufgaben, Arbeitsgebiet und Arbeitsweise der Literaturforschung sind durchaus strittig."[57] 1930 meinte er: „Als Ergebnis unseres Rundblicks [über die neuen Ansätze in der Literaturwissenschaft insgesamt] können wir die Erkenntnis buchen, dass der Ausweg aus dem Chaos letztlich nur ein Rückweg sein kann."[58]

4 Sympathie und Verblüffungsresistenz

Da die Literaturwissenschaft, wie Helmut Kreuzer einmal feststellte, „keinen ein für alle Mal feststehenden Gegenstandsbereich hat, der mit feststehenden Methoden feststehenden Fragen ausgesetzt wird,"[59] ist die Literaturwissenschaft schon aus systematischen Gründen auf das Neue angewiesen: darauf hatte Max Weber schon 1904 in einem größeren Zusammenhang hingewiesen:

> „Immer neu und anders gefärbt bilden sich die Kulturprobleme, welche die Menschen bewegen, flüssig bleibt damit der Umkreis dessen, was aus jenem stets gleich unendlichen Strome des Individuellen Sinn und Bedeutung für uns erhält, ‚historisches Individuum' wird. Es wechseln die Gedankenzusammenhänge, unter denen es betrachtet und wissenschaftlich erfaßt wird. Die Ausgangspunkte der Kulturwissenschaften bleiben wandelbar in die grenzenlose Zukunft hinein […]".[60]

Das Neue in Gestalt der Erneuerungsansätze für die Literaturwissenschaft hat spätestens nach der Jahrtausendwende den provokatorischen Überraschungscharakter verloren, den es in den 1920er und 1960er in Deutschland noch besaß. Neue Ansätze sollten mit Sympathie und Verblüffungsresistenz (Hermann Lübbe) betrachtet werden, jedenfalls aber mit einem wissenschaftstheoretisch und wissenschaftsgeschichtlich geschärften Blick.

Literatur

Alber, Jan/Fludernik, Monika (Hg.): Postclassical Narratology: Approaches and Analyses. Columbus 2010.

Albrecht, Andrea: Analogieschlüsse und metaphorische Extensionen in der interdisziplinären literaturwissenschaftlichen Praxis. In: Albrecht Andrea u.a. (Hg.): Theorien, Methoden und Praktiken des Interpretierens. Berlin u.a. 2015 (linguae & litterae; 49), S. 271–299.

Bachmann-Medick, Doris: Cultural Turns. Neuorientierungen in den Kulturwissenschaften. Reinbek bei Hamburg [6]2018 [[1]2006].

Bal, Mieke: Travelling Concepts in the Humanities: A Rough Guide. Toronto 2002.

Benda, Oskar: Der gegenwärtige Stand der deutschen Literaturwissenschaft. Eine erste Einführung in ihre Problemlage. Wien, Leipzig 1928.

---

[57] Benda (1930, S. 746).

[58] Benda (1928, S. 60).

[59] Kreuzer (1994, S. 429).

[60] Weber, Max: „Die ‚Objektivität' sozialwissenschaftlicher Erkenntnis" [1904], in: Weber (1985, S. 146–214, S. 184).

Benda, Oskar: Literaturwissenschaft. In: Sachwörterbuch der Deutschkunde. Band II: K–Z. Leipzig u.a. 1930, S. 746–750.
Bod, Rens u.a. (Hg.): The Making of the Humanities. 3 Bände. Amsterdam 2010, 2012, 2014.
Bonnell, Victoria / Hunt, Lynn: Beyond the Cultural Turn. New Directions in the Study of Society and Culture. Berkeley u.a. 1999.
Brandstetter, Thomas: Wissenschaftsgeschichte. In: Maasen, Sabine u.a. (Hg.): Handbuch Wissenschaftssoziologie. Wiesbaden 2012, S. 241–264.
Breidbach, Olaf: Wissenschaftsgeschichte. In: Schützeichel, Rainer: (Hg.) Handbuch Wissenssoziologie und Wissensforschung. Konstanz 2007, S. 814–834.
Dainat, Holger; Kolk, Rainer: „Geselliges Arbeiten". Bedingungen und Strukturen der Kommunikation in den Anfängen der Deutschen Philologie, in: Deutsche Vierteljahresschrift für Literaturwissenschaft und Geistesgeschichte 61 (1987), Sonderheft S. 7*–41*.
Dainat, Holger: Deutsche Literaturwissenschaft zwischen den Weltkriegen. In: Zeitschrift für Germanistik 3 (1991), S. 600–608.–
Dainat, Holger: „Erlösung von jenem ertötenden Historismus." Die Neuere deutsche Literaturwissenschaft zu Beginn der zwanziger Jahre. In: Bialas, Wolfgang; Raulet Gérard (Hg.): Die Historismusdebatte in der Weimarer Republik. Frankfurt am Main u.a. 1996 S. 248–271.
Dainat, Holger: Literatur – Theorie. Über den Umgang der Literaturwissenschaft mit ihrem Gegenstandsbereich. In: Zeitschrift für Germanistik N.F. 17, H. 1 (2007), S. 28–37.
Denecke, Wiebke von u.a. (Hg.): Shared Pasts for Shared Futures. Prototyping a Comparative Global Humanities. In: History of the Humanities 9,1 (2024), S. 1–12.
Dennerlein, Christoph u.a.: Interpretation: Struktur und Evaluation in handlungstheoretischer Perspektive. In: Journal of Literary Theory 2 (2009), S. 1–18.
Eckel, Jan: Geist der Zeit. Deutsche Geisteswissenschaften seit 1870. Göttingen 2008.
Goethe: Vorwort zur Farbenlehre, in: Goethes Werke. Hg. im Auftrag der Großher– zogin Sophie von Sachsen, Weimar 1887–1919 [Weimarer Ausgabe], Abt. II, Bd. 1, Weimar 1890.
Gumbrecht, Hans-Ulrich: Schwindende Stabilität der Wirklichkeit. Eine Geschichte des Stilbegriffs. In: Gumbrecht Hans-Ulrich/Pfeiffer, K. Ludwig (Hg.): Stil. Geschichte und Funktionen eines kulturwissenschaftlichen Diskurselementes. Frankfurt am Main 1986, S. 726–788.
Gumbrecht, Hans-Ulrich: [Artikel] Stil. In: Reallexikon der deutschen Literaturwissenschaft. Bd. 3, Berlin u.a 2007, S. 509–513.
Guntau, Martin; Laitko, Hubert: Der Ursprung der modernen Wissenschaften. Studien zur Entstehung wissenschaftlicher Disziplinen. Berlin 1987.
Hass, Raimund: Das institutionalistische Programm. In: Maasen (2012, S. 45–57).
Huber, Martin/Lauer Gerhard (Hg.): Nach der Sozialgeschichte. Konzepte für eine Literaturwissenschaft zwischen Historischer Anthropologie, Kulturgeschichte und Medientheorie. Tübingen 2000.
Jannidis, Fotis: Literarisches Wissen und Cultural Studies. In: Huber/Lauer 2000, S. 335–358.
Jay, Paul: The Humanities ‚Crisis' and the Future of Literary Studies. New York 2014.
Jungert, Michael: Was zwischen wem und warum eigentlich? Grundsätzliche Fragen der Interdisziplinarität. In: Jungert u.a. (Hg.): Interdisziplinarität. Theorie, Praxis, Probleme. Darmstadt 2010, S. 1–12.
Kindt, Tom: Gibt es einen Fortschritt der literaturwissenschaftlichen Interpretation? In: Germanistik in der Schweiz 13 (2016), S. 27–36.
Kindt; Tom/Müller, Hans-Harald: Narrative Theory and/or/as Theory of Interpretation. In: Kindt/Müller 2003, S. 205–221.
Kindt; Tom/Müller, Hans-Harald: What Is Narratology? Questions and Answers Regarding the Status of a Theory. Proceedings of the First International Colloquium of the Narratology Research Group Hamburg 2002. Berlin 2003 (Narratologia. 1).
Kindt; Tom/Müller, Hans-Harald: What, Then, Is Narratology? A Next-to-Last Look. In: Sylvie Patron (Hg.): Théorie, analyse et interprétation des récits. Frankfurt/M. 2010, S. 21–37.
Klausnitzer, Ralf: Institutionalisierung und Modernisierung der Literaturwissenschaft seit dem 19. Jahrhundert. In: Handbuch Literaturwissenschaft. Hg. von Thomas Anz. Bd. 3: Institutionen und Praxisfelder. Stuttgart 2007, S. 70–147.:

Köppe, Tillmann/Winko, Simone: Neuere Literaturtheorien. Eine Einführung. Stuttgart ²2013, S. 14–17.

Kolk, Rainer: Reflexionsformel und Ethikangebot. Zum Beitrag von Max Wehrli. In: König, Christoph/Lämmert Eberhard (Hg.): Literaturwissenschaft und Geistes geschichte 1910 bis 1925. Frankfurt am Main 1993. S. 37–45.

Kolk, Rainer: George-Kreis und zeitgenössische Germanistik. Eine Skizze. In: George- Jahrbuch 1 (1996/1997), S. 107–123.

Kreuzer, Helmut: Spontane Bemerkungen zu Walter Müller-Seidels Thesen über das Neue in der Literaturwissenschaft. In: Jahrbuch der deutschen Schiller- Gesellschaft 38 (1994) S. 429–432.

Laitko, Hubert: Disziplingeschichte und Disziplinverständnis. In: Volker Peckhaus/Christian Thiel, (Hg.): Disziplinen im Kontext. Perspektiven der Disziplingeschichts– schreibung. München 1999, S. 21–60.

Maasen, Sabine u.a. (Hg.): Handbuch Wissenschaftssoziologie. Wiesbaden 2012.

Manhart, Sebastian: Disziplinäre Felder. Zur Theorie der Disziplinbildung am Beispiel der Geschichts- und Staatswissenschaften im Vormärz. In: Rustemeyer, Dirk (Hg.): Formfelder. Genealogien von Ordnung. Würzburg 2006, S. 141–176.

Manhart, Sebastian: Disziplin, Fach und Studiengang. Grundbegriffe der Disziplingeschichtsschreibung. In: Zeitschrift für pädagogische Historiographie 13 (2007), S. 14–20.

Manhart, Sebastian: 2011 In den Feldern des Wissens. Die Entstehung von Fach und disziplinärer Semantik in den Geschichts– und Staatswissenschaften (1780–1860). Würzburg 2011.

Martus, Steffen: Wandernde Praktiken „after theory"? Praxeologische Perspektiven auf „Literatur/ Wissenschaft. In: Internationales Archiv für die Sozialgeschichte der Literatur 40 (2015), S. 177–195.

Müller, Hans-Harald: Wissenschaftsgeschichte und Rezeptionsforschung. Ein kritischer Essay über den (vorerst) vorletzten Versuch, die Literaturwissenschaft von Grund auf neu zu gestalten. In: Schönert, Jörg; Segeberg, Harro (Hg.): Polyperspektivik in der literarischen Moderne. Studien zur Theorie, Geschichte und Wirkung der Literatur. Karl Robert Mandelkow gewidmet. Frankfurt am Main u.a. 1988 (Hamburger Beiträge zur Germanistik 1), S. 452–479.

Müller, Hans-Harald: Die Übertragung des Barockbegriffs von der Kunstwissenschaft auf die Literaturwissenschaft und ihre Konsequenzen bei Fritz Strich und Oskar Walzel. In: Klaus Garber u.a. (Hg.): Europäische Barock-Rezeption. Teil I. Wiesbaden 1991, S. 95–112.

Müller, Hans-Harald/Kindt, Tom/Richter, Myriam: Zur Transformation neuphilologischer Wissensordnungen und Informationsspeicher um die Wende des 19. zum 20. Jahrhundert. Entwicklungen und Ursachen. In: Strosetzki, Christoph (Hg.): 200 Jahre Nationalphilologien. Von der Romantik zur Globalisierung. Stuttgart 2022, S. 59–76.

Müller, Hans-Harald/Richter, Myriam: Poetik, Ästhetik und Literaturwissenschaft zwischen 1890 und 1920. In: Jörn Brüggemann u.a. (Hg.): Literarizität. Herausforderungen für Literaturdidaktik und Literaturwissenschaft. Baltmannsweiler 2016, S. 15–27.

Nadler, Josef: Die Wissenschaftslehre der Literaturgeschichte. Versuche und Anfänge. In: Euphorion 21 (1914), S. 1–63.

Nadler, Josef: Die Vier einer Ernte. In: Hochland 24 (1926/27), S. 510–518.

North, Michael: Novelty. Chicago and London 2013.

Nünning, Ansgar: Narratology or Narratologies? Taking Stock of Recent Developments, Critique and Modest Proposals for Future Usages of the Term. In: Kindt/Müller (Hg.) (2003), S. 239–276.

Paul, Herman (Hg.): Writing the History of the Humanities: Questions, Themes, and Approaches. London: Bloomsbury 2023.

Pettit, Philip: The Concept of Structuralism: A Critical Analysis. Berkeley 1975.

Pollock Sidney u.a. (Hg.): World Philology. Cambridge, Mass. 2015.

Reitter, Paul/Wellmon, Chad: Permanent Crisis. The Humanities in a Disenchanted World. Chicago and London 2021.

Rosenberg, Rainer: Zehn Kapitel zur Geschichte der Germanistik. Literaturgeschichts- schreibung. Berlin 1981 (Literatur und Gesellschaft).

Schönert, Jörg: Mentalitäten, Wissensformationen, Diskurse und Medien als dritte Ebene einer Sozialgeschichte der Literatur. Zur Vermittlung zwischen Handlungen und symbolischen Formen. In: Huber/Lauer 2000, S.95–103.

Schulz-Buschhaus, Ulrich: „Moden in der Literaturwissenschaft – gibt es sie? In: Jahrbuch der Deutschen Schillergesellschaft 38 (1994), S. 445–450).

Simmel, Georg: Stefan George. Eine kunstphilosophische Studie (1901). In: Simmel: Aufsätze und Abhandlungen 1901–1908. Band 1. Hg. von Rüdiger Kramme u.a. Frankfurt am Main 1995 (Georg Simmel. Gesamtausgabe. 7), S. 21–35.

Solleveld, Floris: Conceptual Change in the History of the Humanities. In: Studium: Tijdschrift voor Wetenschaps- en Universiteitsgeschiedenis 7 (2009), S. 223–239.

Stichweh, Rudolf: Wissenschaftliche Disziplinen. Bedingungen ihrer Stabilität im 19. und 20. Jahrhundert. In: Schriewer, Jürgen u. a (Hg.): Sozialer Raum und akademische Kulturen. Studien zur europäischen Hochschul- und Wissenschaftsgeschichte im 19. und 20. Jahrhundert. Frankfurt am Main 1993, S. 235–250.

Strich, Fritz: Deutsche Klassik und Romantik oder Vollendung und Unendlichkeit. Ein Vergleich. München 1922.

Unger, Rudolf: Gesammelte Studien. Erster Band: Aufsätze zur Prinzipiengeschichte der Literaturwissenschaft. Berlin 1929.

Unger, Rudolf: Moderne Strömungen in der deutschen Literaturwissenschaft. V. Von den philologischen Grundlagen der Literaturgeschichte. In: Die Literatur 26 (1923/24), S. 321–324.

Vosskamp, Wilhelm: Das Neue als Verheißung. Über die Entstehung des Neuen in der deutschen Literaturwissenschaft seit den 1920er Jahren unter besonderer Berücksichtigung der Geistes- und Kulturwissenschaften. In: Oesterreicher, Wulf Selig, Maria (Hg.): Geschichtlichkeit von Sprache und Text. Philologien – Disziplingenese – Wissenschaftshistoriographie. Paderborn 2014, S. 255–275.

Oskar Walzel: Wechselseitige Erhellung der Künste. Ein Beitrag zur Würdigung kunstgeschichtlicher Begriffe. Berlin 1917 (Philosophische Vorträge, Veröffentlicht von der Kantgesellschaft. 15).

Walzel, Oskar: Zwei Möglichkeiten deutscher Form. In: Walzel: Vom Geistesleben alter und neuer Zeit. Leipzig 1922, S. 114–141.

Weber, Max: Gesammelte Aufsätze zur Wissenschaftslehre. 6.. erneut durchgesehene Auflage. Hg. von Johannes Winckelmann. Tübingen 1985.

Wiesing, Lambert: Die Sichtbarkeit des Bildes. Geschichte und Perspektiven der formalen Ästhetik. Reinbek bei Hamburg 1997.

Wölfflin, Heinrich: Kunstgeschichtliche Grundbegriffe. Das Problem der Stilentwicklung in der neueren Kunst. München 1915.

Zitko Hans: Probleme der Form. Bemerkungen zu Konrad Fiedler, Adolf von Hildebrand, Ernst Cassirer und Georg Simmel. In: Hans Aurenhammer/Regine Prange (Hg.): Das Problem der Form. Interferenzen zwischen moderner Kunst und Kunstwissenschaft. Berlin 2016 (Neue Frankfurter Forschungen zur Kunst. 18), S. 29–42.

Historische Wissenschaften – Geisteswissenschaften. Konstellationen um 1900

Tom Kindt und Hans-Harald Müller

In der Geschichte des Bildungssystems und der Wissenschaften stellt das Fin-de-Siècle eine sehr komplexe Übergangsperiode dar, die einerseits durch die unbestrittene Weltgeltung der deutschen Natur- und Geisteswissenschaften, andererseits durch unübersehbare Krisensymptome geprägt war. Zu einem guten Teil waren diese Symptome Konsequenzen der Erfolgsgeschichte des deutschen Bildungssystems. Der Andrang der stetig wachsenden Bevölkerung des Deutschen Reichs auf die Universitäten führte, besonders in der philosophischen Fakultät, zu einer Überfüllungskrise; die erhöhten Absolventenquoten hatten überlange Wartezeiten bei der Anstellung in staatlichen Berufen zur Folge. Die einst recht homogene Humboldt'sche Universität entwickelte sich zu einem differenzierten Hochschulsystem, in dem die Technischen Universitäten um die Jahrhundertwende Gleichberechtigung erlangten. Das zu Jahrhundertbeginn relativ homogene Bildungsbürgertum wurde spätestens nach der Reichsgründung vom Besitz- und Kleinbürgertum in eine Randposition gedrängt, der bildungsbürgerliche Kanon der im humanistischen Gymnasium vermittelten Studienvoraussetzungen erhielt von Realgymnasien und Oberrealschulen Konkurrenz; zwischen den alten und neuen Bildungsschichten bestand ein stillschweigender Konsens nur darüber, dass die Unterschichten weiterhin von der Universität ausgesperrt bleiben sollten.

Erstdruck in: Sabine Haupt, Stefan Bodo Würffel (Hrsg.): Handbuch Fin de Siècle. 1885–1914. Stuttgart: Kröner 2008, S. 662–679.

T. Kindt (✉)
Departement für Germanistik, Universität Fribourg, Fribourg, Schweiz
E-Mail: tom.kindt@unifr.ch

H.-H. Müller
Institut für Germanistik, Universität Hamburg, Hamburg, Deutschland
E-Mail: harrym@uni-hamburg.de

H.-H. Müller (Hrsg.), *Kleine Schritte und große Sprünge*, Abhandlungen zur Literaturwissenschaft, https://doi.org/10.1007/978-3-662-71105-7_2

Eine Konsequenz des Erfolgs der durch den Forschungsimperativ charakterisierten Humboldt'schen Universität war auch die rasante Differenzierung der wissenschaftlichen Disziplinen selbst. Ermöglichte sie einerseits spektakuläre Erfolge in der Forschung, so machte sie andererseits das Lehrangebot für die Studenten und die Öffentlichkeit weitgehend undurchschaubar, und dies gilt insbesondere für die philosophische Fakultät, deren Fächer traditionell durch eine schwache interne Struktur charakterisiert waren und sind. Unter dem Druck der sich herausbildenden Arbeitsteilung und Spezialisierung löste sich die Gemeinschaft von Lehrenden und Lernenden auf; die Konzeption des ‚forschenden Lernens' wurde obsolet, Teilbereiche der Universität wurden zu Lehranstalten, ganze Zweige der naturwissenschaftlichen Großforschung wurden aus der Universität ausgegliedert. Die Differenzierung machte auch vor dem ständig wachsenden Lehrkörper nicht halt: Immer mehr Fächer mussten aus Kostengründen von weitgehend rechtlosen Privatdozenten und Extraordinarien vertreten werden; am Ende des Jahrhunderts bildeten die Ordinarien nur noch etwa ein Drittel des Lehrkörpers der deutschen Universitäten. Die zum Teil gravierenden Modernisierungsdefizite des Bildungs- und Universitätssystems wurden von Zeitgenossen indes kaum erkannt oder beachtet, da der internationale Erfolg der deutschen Wissenschaft ungebrochen schien.

Wie das Bildungssystem generell ist auch die Geschichte der historisch-philologischen Fächer in Zeitraum des Fin-de-Siècle von gegenläufigen Tendenzen bestimmt. Wir werden im Folgenden drei charakteristische Tendenzen des Zeitraums unterscheiden, die nebeneinander bestanden und nicht in eine strikte chronologische Folge gebracht werden können: (1) Die Entwicklung universalistischer historistischer Konzeptionen, (2) die Krise des Historismus und die publizistische Kritik der historisch-philologischen Disziplinen, und schließlich (3) die Entwicklung von Grundzügen eines Gegenprogramms gegen den Historismus, das später unter dem Begriff der „Geistesgeschichte" zusammengefasst wurde.

1 Universalistischer Historismus

Der Historismus war bekanntlich eine die gesamte Kultur umfassende Bewegung, die um die Wende zum 19. Jahrhundert einen beherrschenden Einfluss auf das deutsche Geistesleben gewann und diesen bis weit ins 20. Jahrhundert hinein ausübte. In den historisch-philologischen Wissenschaften ist es sinnvoll, eine normative und eine theoretisch-methodologische Komponente des Historismus voneinander zu unterscheiden. Die letztere beinhaltet die Text- und Quellenkritik als Voraussetzung, das hermeneutische Verstehen als Zugang zur geschichtlichen Welt und die Orientierung an Ideen als historiographischen Einheiten. Die erstere umfasst die Überzeugung, dass die Normen sittlichen Handelns der Geschichte selbst zu entnehmen sind und dass die Nation die ethische Bezugsgröße aller historischen Wissenschaften ist. Der normative politische Gehalt der Idee der Nation änderte sich im 19. Jahrhundert freilich substanziell: Noch im Vormärz war er, integriert in Auffassungen von der Autonomie der Wissenschaft, gegen die Eingriffe des Staates gerichtet; mit dem Verfall des Liberalismus nahm er eine borussische Prägung an, die

die „Grundüberzeugungen und Merkmale des Liberalismus mit den machtstaatlichen, militärischen und bürokratischen Traditionen Preußens versöhnte",[1] um nach 1890 seine einstigen liberalen Grundlagen gänzlich zu verlieren und der Verklärung des imperialistischen Machtstaatsgedankens zu dienen.

In der Reihe der Versuche, die Theorie und Methodologie der historisch-philologischen Wissenschaften neu zu begründen, nimmt Johann Gustav Droysens *Historik*[2] eine einzigartige Stellung ein. Droysen nämlich grenzte sich sowohl gegen die Hegel'sche Geschichtsphilosophie als auch gegen den westeuropäischen Positivismus ab. Aufgabe des Historikers sei es, das Individuelle weder aus dem Allgemeinen abzuleiten noch unter allgemeine Gesetze zu subsumieren, sondern es „forschend zu verstehen", wie Droysens klassische Formulierung lautet. In diesem Verstehensprozess unterschied er zwischen Heuristik, Kritik und Interpretation. Im Gegensatz zu seinen Vorgängern, insbesondere der Schule Leopold von Rankes, sah Droysen den Wissenschaftscharakter der Geschichte nicht schon durch eine professionelle Quellenkritik garantiert, sondern erst durch das historische Verstehen. Diesem maß er eine doppelte Funktion zu: Zum einen galt es, die Quelle in deren zeitgenössischem Kontext richtig zu verstehen, sodann aber die Bedeutung der Quelle auch für die Zeit des wissenschaftlichen Interpreten angemessen zu erfassen. Die letztere Forderung ergab sich aus Droysens idealistischer Geschichtsauffassung: Geschichte war für ihn ein gerichtetes Kontinuum, bestimmt als „Fortschritt zur Freiheit", historische Forschung aber war die richtige empirische Ortsbestimmung in diesem Kontinuum. Diese Forschungsmetaphysik gab Droysen, der mit Heinrich von Sybel der bedeutendste nationalliberale Vertreter der preußischen Schule der Historiografie wurde, den langen Atem für seine Hauptwerke, die *Geschichte des Hellenismus* (3 Bände, 1836–43) und die *Geschichte der preußischen Politik* (14 Bände, 1855–86). Seine auf Vorlesungen zurückgehende – und zunächst nur gekürzt im Manuskriptdruck erschienene – *Historik* aber stieß in der zeitgenössischen Geschichtswissenschaft kaum auf Interesse, eine vollständige Ausgabe erschien erst 1937;[3] in der historischen Zunft existierte kaum ein Bedürfnis nach grundlegender Reflexion über Theorie und Methodologie.

Die meisten Versuche zur theoretischen Fundierung der historisch-philologischen Wissenschaften waren vom Positivismus angeregt und beeinflusst. Da kaum ein Begriff missverständlicher und durch Polemik stärker verzeichnet ist als der des „Positivismus", soll im Folgenden zumindest unterschieden werden zwischen (a) dem französischen und englischen Positivismus der Comte, Mill und Buckle und (b) der polemischen Variante des Begriffs, die einen konzeptionslosen Faktizismus bezeichnet – jene „gedankenlose Anhäufung wohlgesichteten Materials",[4] gegen die sich die vom westeuropäischen Positivismus angeregte Grundlagenreflexion seit den 60er-Jahren des 19. Jahrhunderts richtete. Diese in allen historischen Fächern anzutreffende Reflexion verfolgte einige gemeinsame Ziele, nämlich (1) das Bestre-

[1] Hardtwig (1990, S. 160).

[2] Droysen (1858).

[3] Droysen (1937).

[4] Scherer (1868, S. VIII).

ben, von der Sammlung von Tatsachen zu deren Erklärung überzugehen, sich dabei am Kausalitätsprinzip zu orientieren und, wo möglich, zu Gesetzesaussagen zu gelangen; (2) die Ideenlehre des Historismus mit Hilfe gehaltvoller empirischer Generalisierungen zu modernisieren; (3) die Psychologie als Grundlagenwissenschaft zu konzipieren und von ihr für die einzelnen Disziplinen zu lernen und (4) normative Konzeptionen, z. B. auf den Gebieten von Ästhetik und Poetik, aufzugeben und durch empirische zu ersetzen. Für die letztere Bemühung bieten zwei posthume Werke eindrucksvolle Beispiele: Wilhelm Scherers *Poetik*[5] (1888) und Alois Riegls *Historische Grammatik der bildenden Künste*[6] (1966). Zur Umsetzung der gemeinsamen theoretischen Ziele wurde im Zuge der historischen Grundlagenreflexion (5) die wissenschaftsorganisatorische Forderung erhoben, die zwischen den Disziplinen naturwüchsig entstandene Arbeitsteilung durch interdisziplinäre Kooperation, Vergleichung und Verallgemeinerung durchlässig zu machen und so zu neuen Einsichten zu gelangen. Seinen publizistischen Niederschlag fand dieses institutionelle Bestreben in einer Reihe interdisziplinärer Zeitschriftenprojekte wie etwa der 1859 gegründeten „Zeitschrift für Völkerpsychologie und allgemeine Sprachwissenschaft" oder der 1880 begonnenen „Deutschen Literaturzeitung". Die Realisierung all dieser Zielvorstellungen in den historisch-philologischen Disziplinen könnte man als eine dritte Variante des Positivismus bezeichnen, denn es handelt sich bei aller Verschiedenartigkeit im Einzelnen jeweils um eigenständige Kombinationen aus Prinzipien der deutschen historischen Schule und des westeuropäischen Positivismus. Schließlich ist ein gemeinsames Merkmal dieser Konzeptionen ihre Aufgeschlossenheit gegenüber den zeitgenössischen Kunstströmungen.

Ein bedeutendes Beispiel für diese Variante des Positivismus stellt das Werk des Historikers Karl Lamprecht dar. Lamprechts *Deutsche Geschichte* von der Spätantike bis zur Gegenwart (15 Bände, 1891–1909), die den universalistischen Grundzug mit den Arbeiten etwa Wilhelm Scherers, Alois Riegls oder Hermann Pauls teilte, wurde von der Historikerzunft gleichsam exkommuniziert. Lamprecht wollte die – in der Zunft dominierende – politische Geschichte zur Kulturgeschichte erweitern, wollte in den Mittelpunkt der Geschichte keine Individuen, sondern soziale Formationen stellen, wollte ideelle und materielle Faktoren nach Möglichkeit in Abhängigkeit voneinander darstellen und zeigen, dass die Geschichte aller Völker eine gesetzmäßige Abfolge habe. Obgleich alle diese Ziele sich auf Traditionen der deutschen historischen Schule seit Herder und speziell der historischen Schule der Nationalökonomie berufen konnten, wurde Lamprecht, dem ein Hang zum Doktrinarismus nicht fehlte, von Zunftkollegen als Materialist, Kollektivist und Sozialist geächtet. Heute wird seinem Werk, das zu Recht professionelle Detailkritik und die konzeptionelle Kritik Max Webers auf sich zog, die „Genialität" (Thomas Nipperdey) nicht mehr bestritten.

[5] Scherer (1888).

[6] Riegl (1966).

Innerhalb der Kunstgeschichte ist der positivistisch inspirierte Versuch, eine Verwissenschaftlichung der autochthonen historistischen Forschungstraditionen herbeizuführen, mit dem Namen Alois Riegls verknüpft. Nach Riegl, der zunächst mehrere Jahre als Kustos am österreichischen Museum für Kunst und Industrie tätig war, bevor er 1893 einem Ruf an die Wiener Universität folgte, hatte die Kunsthistorie im Zuge ihrer Institutionalisierung zusehends „die Spezialuntersuchung [...] zum Endzweck“[7] erhoben. In Abgrenzung von einer solchen Verengung der kunsthistorischen Perspektive nahm er in seinen Arbeiten weiträumige kulturgeschichtliche Zusammenhänge in den Blick, was sich nicht zuletzt in einer umfassenden Berücksichtigung der Gebrauchskunst, der Architektur und Ornamentik niederschlug. Seit seiner Studie *Stilfragen. Grundlegungen zu einer Geschichte der Ornamentik* (1893) suchte Riegl seinen Ideen zur Kunstgeschichte auch historiografisch klarere Konturen zu geben. Um dem „materialistischen Kultus der Einzeltatsachen“[8] zu entgehen, wollte er die Verfahren der Werkkritik und Quellenforschung in den Dienst einer am Prinzip der Kausalität und der Methode der Induktion orientierten Kunstbetrachtung stellen, die naturwissenschaftlichen und universalgeschichtlichen Ansprüchen gleichermaßen genügen sollte. Im Zentrum des Riegl'schen Programms stand der Begriff des „Kunstwollens“, den er in Untersuchungen über die *Spätrömische Kunstindustrie* (1901) und *Das Holländische Gruppenporträt* (1902) eingehend erprobte. Unter „Kunstwollen“ verstand Riegl die anhand grundlegender Gemeinsamkeiten zu bestimmende Ursache aller künstlerischen Hervorbringungen einer Epoche. Vor allem diesem schillernden Begriff verdankte Riegl seinen Einfluss auf die kunstgeschichtlichen Auseinandersetzungen des 20. Jahrhunderts.

Der einflussreichste germanistische Repräsentant der hier charakterisierten Grundlagenreflexion war Wilhelm Scherer. Scherer ließ seit der Mitte der 1860er-Jahre in einer Reihe von Aufsätzen erkennen, dass er vom Positivismus und „einer gegenseitigen Befruchtung von Natur- und Geisteswissenschaften“[9] lernen wollte. Der in Österreich aufgewachsene Scherer hinterließ kein theoretisches Grundlagenwerk, seine führende Stellung in der deutschen Germanistik im Ausgang des 19. Jahrhundert erreichte er dadurch, dass er in beinah allen ihren Fachrichtungen Standardwerke schrieb – und er verdankte sie einer einmaligen Konstellation, die es ihm auf Grund seines organisatorischen Geschicks ermöglichte, die einflussreichen germanistischen Lehrstühle in Deutschland und Österreich mit seinen Schülern zu besetzen. 1864 edierte er mit seinem Lehrer Karl Müllenhoff die „Denkmäler deutscher Prosa aus dem VIII.–XII. Jahrhundert“, eine häufig wieder aufgelegte Musteredition; 1865 veröffentlichte der 24-Jährige einen glänzenden Essay über Jacob Grimm, der in nuce eine Geschichte der deutschen Philologie und eine schroffe Klage über deren gegenwärtigen Zustand enthielt. 1868 erschien Scherers Arbeit *Zur Geschichte der deutschen Sprache*, die einen großen Einfluss auf die Sprachwissenschaft der Zeit ausübte und die Bestrebungen der ‚jung-

[7] Riegl (1929, S. 8).

[8] Riegl (1901, S. 55).

[9] Scherer (1878, S. 19).

grammatischen Schule‘ beförderte. Nach zahlreichen literarhistorischen Arbeiten vom Mittelhochdeutschen bis zu Goethe publizierte Scherer 1883 dann seine populäre *Geschichte der deutschen Litteratur*, die bis 1949 26 Auflagen erlebte.

Obwohl er mit ihm wegen eines wissenschaftlichen Erbstreits zwischen der Leipziger und der Berliner germanistischen Schule verfeindet blieb, war Hermann Paul Wilhelm Scherer zumindest im universalistischen Grundzug und in der Grundlagenorientierung verwandt. Paul, ein strengerer Theoretiker als Scherer, begann seine wissenschaftliche Laufbahn in Leipzig mit historisch-philologischen Untersuchungen und Editionen zur mittelhochdeutschen Literatur, befasste sich dann unter Einfluss der indogermanistischen Sprachwissenschaft und des Kreises der Leipziger ‚Junggrammatiker‘, zu dem er bald zählte, mit der Laut- und Formenlehre der germanischen Sprachen. Die annähernd zehn Jahre dauernde ‚Lautgesetz-Kontroverse‘ bildete für Paul den Anlass, die Fundamente der Sprachwissenschaft in seinen *Principien der Sprachgeschichte* (1880) darzulegen, die einer der – weit über die Fachgrenzen hinauswirkenden – einflussreichsten Klassiker der Linguistik wurden und geblieben sind. Nach der *Mittelhochdeutschen Grammatik* (1881) wandte Paul sich dann mit dem *Deutschen Wörterbuch* (1897) und der *Deutschen Grammatik* (5 Bände, 1916–20) in Wortschatz, Wortbildung und Syntax dem Neuhochdeutschen zu. Sein grundlagentheoretisches Interesse dokumentierte Paul in dem von ihm herausgegebenen zweibändigen *Grundriß der germanischen Philologie* (1891–96), in dem er die Kapitel über „Begriff und Aufgabe“, die „Geschichte“ und die „Methodenlehre“ der Disziplin schrieb – Arbeiten, die heute genauso unterschätzt sind wie eine Reihe theoretischer Beiträge, die Paul nach der Jahrhundertwende veröffentlichte.

2 Krise des Historismus und ‚kulturkritischer Diskurs‘

Am Ende des 19. Jahrhunderts waren indes für die historisch-philologischen Disziplinen nicht jene universalistische Orientierung und theoretisch-methodologische Reflexion charakteristisch, die Lamprecht, Riegl, Scherer und Paul vertraten, sondern eine zunehmende Theorielosigkeit und Verengung des Spezialwissens. Dass die historisch-philologischen Fächer mit den Kunstwissenschaften um die Jahrhundertwende in eine gravierende Krise gerieten, hatte indes nur zum geringsten Teil innerwissenschaftliche Gründe, denn weder die einzelwissenschaftlichen Konzeptionen des Historismus noch dessen Forschungspraxis hatten – und haben bis heute – eine schlagende theoretische Kritik erfahren. Entscheidend für die vielbeschworene ‚Krise des Historismus‘ war zum einen der Geltungsverlust, den die programmatischen Normen des Historismus im Laufe des 19. Jahrhunderts erlitten hatten, zum anderen die massive publizistische Kritik, mit der die historischen Disziplinen konfrontiert wurden.

Die Idee der Nation war es gewesen, die in einer zuerst liberalen, dann nationalliberalen Färbung im 19. Jahrhundert den Sinn und die Einheit aller einzelwissenschaftlichen Aktivitäten der historischen Disziplinen verbürgt hatte. Für die nach der Reichsgründung aufgewachsene Generation aber war die Nation keine verpflichtende Idee mehr; die Angehörigen dieser Generation empfanden sich als Epigonen in einer ernüchternden Realität, die von politischen Interessenverbänden bestimmt, von sozialen Konflikten zerrissen war und deren Alltag zunehmend von den Erscheinungen einer modernen Massengesellschaft geprägt wurde. Auf die Sinn- und Orientierungskrise dieser Gesellschaft aber waren die historistischen Disziplinen nicht vorbereitet, Auswege aus ihr konnten sie nicht aufzeigen. Mit ihren zentralen Normen gerieten die dem Historismus verpflichteten Wissenschaften selbst in die Krise; ein neuer Sinn, der die Differenzierung der Disziplinen und Spezialisierung der Einzelforschung zu überwölben vermochte, war ihren Quellen nicht zu entnehmen.

In dieser Situation formierte sich um 1890 im Deutschen Reich wie in allen großen europäischen Staaten an den philologisch-historischen Fächern eine Kritik, die zunächst nicht in, sondern außerhalb der Universität entstanden war. Diese Kritik, ursprünglich das Werk einzelner Persönlichkeiten, wurde am Jahrhundertende zu einer breiten publizistischen Bewegung, die mit den geschichtlich-sprachlichen Disziplinen hart ins Gericht ging. Auf die radikale Kritik dieser außerakademischen Opposition ist es zurückzuführen, dass zunächst in der allgemeinen Öffentlichkeit und schließlich auch in den Wissenschaften selbst der Eindruck einer tiefen Krise entstand und der Ruf nach Reformen unüberhörbar wurde.

Den stärksten ideengeschichtlichen Impuls verdankte diese populäre Opposition gegen Philologie und Historiografie den Schriften Friedrich Nietzsches. Nietzsche hatte bereits in seiner frühen Untersuchung zur *Geburt der Tragödie* (1872) die zeitgenössische Altertumswissenschaft kritisiert, um in seiner „unzeitgemäßen Betrachtung" über den *Nutzen und Nachtheil der Historie für das Leben* (1874) auch die zünftige Geschichtsschreibung scharf zu attackieren. Die Angriffe auf die historistisch geprägten Geisteswissenschaften, die auch in Nietzsches späteren Werken nicht fehlten, radikalisierten die Kritik an der wissenschaftlich orientierten Universitätsphilosophie, wie sie um die Jahrhundertmitte von Arthur Schopenhauer etwa in seiner Schrift „Über die Universitätsphilosophie"[10] formuliert worden war. Durch die Verwissenschaftlichung der Geschichtsschreibung war es nach Nietzsche zu „einer blinden Sammelwuth, einem rastlosen Zusammenscharren alles einmal Dagewesenen"[11] zu einem „Götzendienste des Thatsächlichen"[12] gekommen. Eine der Objektivität verpflichtete Historiografie verliere, so war Nietzsche überzeugt, zwangsläufig jede Bedeutung für das Leben. Darum trat er nachdrücklich dafür ein, anstelle des Ideals der Wissenschaftlichkeit wieder das Leben zum Leitfaden der Historie zu machen. Die Rezeption und Popularisierung durch Paul de Lagarde, Julius Langbehn und zahlreiche andere Kritiker und kulturkritische Zeitschriften ließ Nietzsches Wissenschaftsskepsis bald zu einem Stereotyp werden, das im Kontext der Lebensreformbewegungen ebenso aufgegriffen werden konnte wie in volkspädagogischen Diskussionen oder in den Debatten der ästhetischen Avantgarde.

[10] Schopenhauer (1988).

[11] Nietzsche (1999, S. 268).

[12] Nietzsche (1999, S. 309).

Dieser wissenschafts- und kulturkritische Diskurs übte auf alle historischen Fächer einen nachhaltigen Einfluss aus, der erst gegen Ende der 20er-Jahre des 20. Jahrhunderts nachließ und dann vom Nationalsozialismus unterbrochen wurde. Im Einzelnen ist dieser Einfluss nicht hinreichend untersucht, gleichwohl lassen sich summarisch die drei folgenden Wirkungen unterscheiden. In epistemologischer Hinsicht ist eine Umorientierung vom „Positivismus" (im oben definierten Sinne) zu neoidealistischen Konzeptionen festzustellen. In ästhetischer Hinsicht ist ein Normenwandel vom Realismus/Naturalismus zu den schnell wechselnden Ismen der Moderne zu konstatieren. Als neuer Leitbegriff der historischen Wissenschaften wurde der lebensphilosophisch imprägnierte Begriff der „Kultur" als Ersatz für den der „Nation" propagiert.

Dass diesen kräftigen kulturkritischen Impulsen – bei unterschiedlich tief greifender Wirkung in den einzelnen Wissenschaften – kein durchschlagender Erfolg im Hinblick auf eine kulturwissenschaftliche Ausrichtung aller historischen Disziplinen oder bei der Neuschaffung einer „Kulturwissenschaft" beschieden war, hat zahlreiche Gründe, von denen nur die wichtigsten genannt werden können. (1) In allen historisch-philologischen Fächern gab es schon im 19. Jahrhundert – zum Teil auch unter diesem Begriff gepflegte – „kulturwissenschaftliche" Forschungstraditionen, die jedoch dem Positivismus verpflichtet waren und sich – wie beispielsweise Karl Lamprecht – gegen die neoidealistischen Reformansätze zur Wehr setzten. (2) Die beiden Wissenschaften, die im 19. Jahrhundert um das „Vermittlungsmonopol hoher Kultur"[13] wetteiferten, die Germanistik und die Geschichtswissenschaften, gerieten unter den heftigsten Beschuss der kulturkritischen Attacken, setzten ihnen allerdings auch den schroffsten Widerstand entgegen. Sie verschlossen sich nicht nur fast allen Reformversuchen, sondern entwickelten eine dezidiert antimoderne Programmatik, der sie zumindest proklamatorisch bis weit in die 20er-Jahre des 20. Jahrhunderts verpflichtet blieben. (3) Nutznießer der Reformunwilligkeit und -unfähigkeit der historischen Wissenschaften war vor allem die „Kultursoziologie", deren entscheidende Konzeptionen lange vor der Gründung der „Deutschen Gesellschaft für Soziologie" (1909) formuliert wurden und deren herausragende Leistungen mit den Namen von Franz Oppenheimer, Georg Simmel, Werner Sombart, Max und Alfred Weber verknüpft sind. Die Kultursoziologie, ein unbelasteter Forschungszweig einer neuen Wissenschaft, wurde – zunächst von ihren Vertretern und Anhängern, nach 1918 auch vom Staat – am ehesten für fähig gehalten, den allgemeinen Wertrelativismus zu beenden, der Gesellschaft einen neuen Sinn zu geben und über die Einzelwissenschaften hinweg ‚Synthesen' zu schaffen. Diesen Hypotheken aber vermochte die Kultursoziologie ebenso wenig gerecht zu werden wie die neoidealistischen Strömungen in den Geisteswissenschaften, die ähnliche Ansprüche erhoben. Der kultur- und wissenschaftskritische Diskurs, so lässt sich zusammenfassen, war stark in der Kritik, schwach aber in der Konstruktion kognitiv befriedigender und durchsetzungsfähiger Alternativen zu den Wissenschaftskonzeptionen des 19. Jahrhunderts.

[13] Trommler (1993, S. 320).

In den philologischen Fächern wurde die Herausforderung, die der kulturkritische Diskurs darstellte, lange Zeit kaum zur Kenntnis, geschweige denn zum Anlass einer umfassenden Reflexion ihrer allgemeinen Situation genommen. Im Kreis der dominierenden Berliner Schule um die Germanisten Erich Schmidt, Konrad Burdach und Gustav Roethe berief man sich – bei stillschweigender Streichung seiner liberalen Gehalte – ungebrochen auf Scherers Programm eines positivistisch erweiterten Historismus, ohne sich jedoch um eine theoretische Ausführung der von Scherer selbst nur skizzierten, niemals aber kodifizierten Konzeption zu bemühen.[14] Wie ratlos die Vertreter dieser – mit zweifelhaftem Recht – bald als ‚Scherer-Schule' etikettierten Gruppe über den theoretischen und methodologischen Status ihrer Disziplin waren, wurde bei der Gründung der Fachzeitschrift „Euphorion" im Jahr 1894 deutlich: Da sich keiner der beteiligten Scherer-Schüler bereit fand, für die geplante Zeitschrift ein theoretisch begründetes Konzept zu formulieren, ließ man das erste Heft mit Auszügen aus einer Vorlesung Scherers aus den 1870er-Jahren beginnen,[15] aus denen sich schwerlich die Konzeption einer Fachrichtung herauslesen ließ.

Im Gefolge der Germanisten Wilhelm Wetz und Eugen Wolff traten einige jüngere Literaturwissenschaftler für eine Erneuerung der Philologie aus dem Geiste der Komparatistik ein. Sie gelangten allerdings über programmatische Entwürfe kaum hinaus und vermochten sich allenfalls rhetorisch von Scherer und seinen Schülern abzugrenzen; in konzeptioneller Hinsicht beschränkten sich ihre Beiträge zu einer ‚Vergleichenden Literaturwissenschaft' oft auf eine Radikalisierung der Scherer'schen Forderungen nach einer Grundlegung und Verwissenschaftlichung der historisch-philologischen Fächer. Die kurze Konfrontation zwischen den Komparatisten und den Philologen lief so schließlich auf eine Auseinandersetzung um das rechtmäßige Erbe Scherers hinaus, in der Ansätze zu einer Reflexion der theoretischen Grundlagen der Germanistik kaum noch eine Rolle spielten.

In der Geschichtswissenschaft war, wie der Verlauf des ‚Lamprecht-Streits' eindrucksvoll zeigt, das Übergewicht der Traditionalisten gegenüber den Reformern noch wesentlich deutlicher. Während sich in der Literaturwissenschaft trotz der Bestrebungen zu einer neuen „Lachmann-Orthodoxie"[16] die geistesgeschichtlichen Erneuerer gegen die konservativen Philologen nach 1918 schließlich in einem ansehnlichen Maße durchsetzten, wurde in der Geschichtswissenschaft mit dem Triumph der traditionalistischen Fraktion der „Neorankeanismus" zur bestimmenden Richtung des beginnenden 20. Jahrhunderts.

Mit dem Pamphlet Friedrich Braitmaiers gegen *Göthekult und Göthephilologie*[17] (1892), das sich am Beispiel der Goethe-Forschung gegen die Philologie Scherers und seiner Schüler wandte, begann ein umfangreicher publizistischer Feldzug gegen die historisch-philologischen Fächer, an dem sich neben Feuilletonisten, Kritikern

[14] S. dazu etwa Schmidt (1886).

[15] S. Scherer (1894).

[16] Richard M. Meyer an Gustav Roethe, Brief vom 05.04.1914. UB Göttingen, NL Gustav Roethe, Sign.: Cod. Ms. G. Roethe 134.

[17] Braitmaier (1892).

und einigen Vertretern der kritisierten Disziplinen auch Schriftsteller wie Karl Kraus, Arno Holz oder Paul Ernst beteiligten. Eine Fülle von Feuilletons, Zeitschriftenartikeln und Streitschriften klagte die Geisteswissenschaften in immer neuen Spielarten einer ‚Entfremdung vom Leben' an; allen historischen Disziplinen wurde die Neigung zur ‚Mikrologie' und die Missachtung der ‚Synthese', die Vernachlässigung ästhetischer Probleme und die grundsätzliche Unfähigkeit zur Beurteilung moderner Literatur vorgeworfen.

In Ferdinand Avenarius' Zeitschrift „Der Kunstwart", die für eine nationalethische Erneuerung eintrat, nahmen die Angriffe auf die historisch-philologischen Disziplinen bisweilen besonders schrille Töne an; hier wurde die Philologie des „wissenschaftlichen Vernichtungskampfes" gegen die „Quellen und Fruchtwässer" des Volkes beschuldigt und dieses „zum Kampf gegen die Übergriffe abtötender Betriebe und Elemente"[18] aufgerufen. Mochten solche Invektiven im Ton auch eine Ausnahme darstellen, so konnten sie doch in der Sache auf die Zustimmung der publizistischen Kritik rechnen, die insgesamt eher eine Abschaffung als eine Reform der historisch-philologischen Disziplinen anstrebte. In der „Fackel" griff Kraus gemeinsam mit Mitstreitern wie Otto Stoessl einzelne Vertreter oder gleich die gesamte Zunft der Literarhistoriker an;[19] in der satirischen Wochenschrift „Simplicissimus" und in den expressionistischen Zeitschriften „Aktion" und „Sturm" wurden Geisteswissenschaftler immer wieder zum Gegenstand von Glossen und Karikaturen. Auch in einer Zeitschrift wie der „Schaubühne" wurde der Germanistik vorgeworfen, sie hätte sich zu einer „ebenso lächerlichen wie furchtbaren Attacke gegen die Bildung"[20] entwickelt.

„Wie oft ist die Philologie schon totgeschlagen worden! Wie oft [...] ihr denkbar tiefster Standpunkt erreicht worden!"[21] – klagte der Literarhistoriker Richard Moritz Meyer schon 1909 in Anbetracht von Ludwig Hatvanys Polemik *Die Wissenschaft des Nicht-Wissenswerten*, in der die seit Jahrzehnten kursierenden Topoi der Philologiekritik ein weiteres Mal zusammengestellt waren. Doch das öffentliche Aufbegehren gegen die Geisteswissenschaften sollte seinen Höhepunkt erst noch erreichen: Im Streit um die Neubesetzung des Lehrstuhls von Scherers Berliner Nachfolger Erich Schmidt im Jahr 1913 meldete sich die publizistische Kritik mit zuvor nicht erreichter Heftigkeit zu Wort. Die Angriffe auf die Geisteswissenschaften beruhigten sich, als im Laufe der 20er-Jahre einige namhafte Vertreter der geistesgeschichtlichen Literaturwissenschaft zu Ordinarien oder Extraordinarien aufstiegen – die Kritik von Philologie und Historiografie ist jedoch bis heute ein Lieblingsmotiv des Feuilletons geblieben.

[18] Schumann (1912, S. 76).

[19] S. Stoessl (1908) und Kraus (1912).

[20] Friedell (1911, S. 367).

[21] Meyer (1909, S. 87–88).

3 Grundzüge der geistesgeschichtlichen Programme

Um 1910 begann auch in den historisch-philologischen Disziplinen selbst der Ruf nach einer grundlegenden Erneuerung laut zu werden. Dass dabei im Wesentlichen Impulse aus dem außerakademischen Bereich aufgegriffen wurden, hat einer der Anwälte dieser Erneuerung bezeugt: „Nicht wissenschaftliche Reflexion und rationale Erkenntnis der Fehlerquellen unserer früheren Methoden, vielmehr die Sehnsucht nach neuer Sinngebung des Lebens, die [...] religiöse Begeisterung der jungen Generation für eine neue Wertordnung hat der literarhistorischen Revolution die sieghafte Stoßkraft verliehen.“[22] Die in sich sehr heterogene Erneuerungsbewegung in den Philologien, der Geschichts- und Kunstwissenschaft wurde später unter dem Begriff „Geistesgeschichte“ zusammengefasst. Bei allen Unterschieden im Einzelnen verband sie die Hoffnung, die historischen Disziplinen wieder zum Ort kultureller Sinnstiftung, gesellschaftlicher Harmonisierung und nationaler Selbstfindung zu machen. Rudolf Unger, einer der führenden Köpfe der geistesgeschichtlichen Literaturwissenschaft, gab dieser Hoffnung in der Überzeugung Ausdruck, „daß nur aus einer Hinwendung des ganzen Lebens, in Theorie und Praxis, in Religion und Kunst, zu seinen metaphysischen Gründen und in der Setzung letzter, absoluter Ziele und Werte dem Dasein [...] Sinn und Wesenhaftigkeit zufließen könne“.[23]

Einer ‚Verwissenschaftlichung‘ der populären Opposition gegen die Wissenschaftspraxis des ausgehenden 19. Jahrhunderts standen allerdings gravierende Probleme entgegen. Einig war sich die Erneuerungsbewegung nur in ihrer Kritik, nicht aber im Hinblick auf irgendein wissenschaftliches Programm. So stimmte die literaturwissenschaftliche Geistesgeschichte mit der publizistischen Philologiekritik darin überein, dass die Germanistik im Zuge des 19. Jahrhunderts zu einem mikrologischen Faktizismus herabgesunken und für die kulturelle Desorientierung der Gegenwart mitverantwortlich sei. Während diese Einschätzung in der außerwissenschaftlichen Opposition aber zu einer weitgehenden Wissenschaftsfeindlichkeit führte, war man innerhalb der Geistesgeschichte überzeugt, Wissenschaft und Leben wieder miteinander versöhnen zu können. So entschieden sich die geistesgeschichtliche Literaturwissenschaft also gegen die Scherer und seinen Schülern zugeschriebene „Verschmelzung des Philologismus mit antipsychologischem Positivismus“[24] wandte, so nachdrücklich hielt sie zugleich an der Überzeugung fest, dass es hinter die Standards von Genauigkeit, Vollständigkeit und Objektivität der attackierten Philologie kein Zurück gebe.[25]

Die unausgetragene Spannung zwischen dem Anspruch strenger Wissenschaftlichkeit und dem metaphysischer Sinnstiftung lässt sich bis in konzeptionelle Details der verschiedenen geistesgeschichtlichen Ansätze aufzeigen. Unablässig wiesen die Vertreter der Geistesgeschichte auf die Bedeutung einer philosophischen

---

[22] Koischwitz (1926, S. 9).

[23] Unger (1923/24, S. 66).

[24] Unger (1914, S. 43).

[25] S. dazu Unger (1924/25).

Reflexion der historisch-philologischen Disziplinen hin, aber statt diese in ihrer jeweiligen Disziplin vorzunehmen, begnügten sie sich zumeist mit Hinweisen auf die wissenschaftsphilosophischen Überlegungen Wilhelm Diltheys sowie der südwestdeutschen Neukantianer Wilhelm Windelband und Heinrich Rickert. Mit Ausnahme ganz weniger ihrer Exponenten wie namentlich Erich Rothacker schenkte die Geistesgeschichte theoretischen, methodologischen oder hermeneutischen Problemen kaum Beachtung. Das Nebeneinander der Ansprüche auf eine wissenschaftliche Bewahrung und gleichzeitige metaphysische Überbietung der philologischen Tradition schlug sich auch in den disziplinspezifischen Leitbegriffen der geistesgeschichtlichen Bewegung nieder. Begriffe wie das „Erlebnis" (Dilthey) oder die „Anschauungsform" (Wölfflin) waren ursprünglich in der Absicht geprägt worden, einer historischen Literatur- oder Kunstwissenschaft die Möglichkeit genauer Beschreibungen und empirisch gehaltvoller Generalisierungen zu eröffnen; im Rahmen geistesgeschichtlicher Untersuchungen wurden sie aus historischen Beschreibungsbegriffen meist in anthropologische Typen verwandelt, mit deren Hilfe das ‚ewige Wesen' von Stilen, Epochen oder Nationen bestimmt werden sollte. Dass die Begriffe solchen Versuchen einer Überbietung des historischen Relativismus nicht standhielten, sollte sich sehr bald zeigen.

Was es in dem überaus heterogenen Konglomerat ‚Geistesgeschichte' an theoretischen Gemeinsamkeiten gab, lässt sich nur recht grob umreißen. Zum harten Kern geistesgeschichtlicher Überzeugungen aber gehörten zweifellos die folgenden: (1) Das ‚Wesen' des Kunstwerks ist rational kaum zu bestimmen, vor allem historische Erklärungen des Kunstwerks sind abzulehnen; (2) genetische, insbesondere teleologische Geschichtskonzeptionen sind zurückzuweisen, typologische Reihen sind vorzuziehen; (3) die Konzentration hat dem weitgehend oder vollständig dekontex-/tualisierten Kunstwerk selbst zu gelten, das als Manifestation transhistorischer Ideen, Probleme oder Formen betrachtet wird. Diese ästhetische Konzeption wurde vom George-Kreis auch auf die Historiografie übertragen, in der das große schöpferische Individuum als Kunstwerk behandelt wurde.

In der Literaturwissenschaft war die erste und vielleicht wichtigste dieser Richtungen die ideengeschichtliche, die auf Manifeste Rudolf Ungers und Oskar Walzels (1864–1944) zurückging. Sie suchte dem Vorwurf zu begegnen, „daß die Erforschung der neueren deutschen Literaturgeschichte fast ausschließlich in der Analyse aufgehe und der Synthese sich kaum bediene."[26] Ungers *Hamann und die Aufklärung* (1911) und Friedrich Gundolfs (1880–1931) *Shakespeare und der deutsche Geist* (1911) galten als erste Vorbilder einer stärker ‚synthetischen' Literaturwissenschaft, die in der Folgezeit insbesondere auf zwei Wegen weiterverfolgt wurde. Unger selbst versuchte im Rekurs auf die Ideengeschichte des 19. Jahrhunderts im Allgemeinen und die Weltanschauungstypologie Diltheys im Besonderen die Literaturgeschichte zu einer ‚Problemgeschichte' umzugestalten, die sich dem Umgang mit den Grenzbereichen menschlicher Lebenserfahrung, den „ewigen Schicksalsfragen des Daseins"[27] in der deutschen Dichtung widmen sollte. Arbeiten wie Paul Kluck-

[26] Walzel (1926, S. 3).

[27] Unger (1924, S. 155).

hohns *Die Auffassung der Liebe in der deutschen Literatur des 18. Jahrhunderts und der Romantik* (1922) oder Walther Rehms *Der Todesgedanke in der deutschen Dichtung* (1928) suchten diesen Grundgedanken zu verwirklichen. Standen in diesen Untersuchungen Ideen und Probleme im Vordergrund, so bildeten sie für die Biografien des George-Kreises nur das Material. Gundolfs *Goethe* (1916) oder Ernst Bertrams *Nietzsche* (1918) zielten in der Nachfolge Nietzsches und Georg Simmels auf eine isolierte Betrachtung und metaphysische Überhöhung des schöpferischen Individuums. Bertrams Untertitel „Versuch einer Mythologie" verdeutlicht sehr anschaulich, dass es dabei nicht um die wissenschaftliche Rekonstruktion einer Lebensgeschichte im Sinne einer ‚kritischen', sondern um die Schau einer ‚metaphysischen Gestalt' im Sinne einer ‚heroischen' Geschichtsschreibung ging.

Die zweite Hauptströmung der geistesgeschichtlichen Literaturwissenschaft begründeten die während des Ersten Weltkriegs entstandenen Arbeiten von Oskar Walzel und Fritz Strich, die zunächst von der Beobachtung ausgingen, dass in der Philologie, aber auch noch in den Anfängen der Geistesgeschichte Fragen der formalen Gestaltung von Literatur weitgehend vernachlässigt worden seien. „Es war höchste Zeit", schrieb Walzel, „die Bedeutung der Kunst im Dichtwerk wieder einmal in den Vordergrund zu schieben, sollte nicht Geschichte von Dichtung ganz zu Ideengeschichte werden."[28] Angeregt durch die Arbeiten des Kunsthistorikers Heinrich Wölfflin und insbesondere durch dessen *Kunstgeschichtliche Grundbegriffe* (1915) wurden Literatur und ihre Geschichte mehr und mehr zum Gegenstand so genannter stiltypologischer Untersuchungen, in denen sehr freimütig mit den Wölfflin'schen Kategorien umgegangen wurde. Während Walzel dies Verfahren in seinen Reflexionen über die *Wechselseitige Erhellung der Künste* (1917) zu rechtfertigen suchte, weitete Strich in seinem Buch *Deutsche Klassik und Romantik oder Vollendung und Unendlichkeit* (1922) Wölfflins Stilbegriff bedenkenlos ins allgemein Weltanschauliche aus.

Obgleich die Vertreter der Geistesgeschichte in den Geschichts-, Kunst- und Literaturwissenschaften eine eher marginale Gruppe bildeten, beeinflussten sie die Fachdiskussion weit über die 1920er-Jahre hinaus. In ihren jeweiligen Disziplinen sahen sich die Vertreter der Geistesgeschichte einer institutionell starken Konkurrenz von Wissenschaftlern gegenüber, die an der Kontinuität zum Historismus des 19. Jahrhunderts festhielten. So wurde in der Germanistik beispielsweise die von Gymnasial- und Hochschullehrern getragene antimoderne „Deutschkundebewegung" sehr einflussreich, die philologische und volkskundliche Ansätze zusammenzuführen versuchte und sich dafür unter anderem auf Arbeiten Lamprechts, August Sauers und Josef Nadlers (*Literaturgeschichte der deutschen Stämme und Landschaften*, 3 Bände 1912–18) berief. Für die Zeitgenossen war das Nebeneinander der sich in der Germanistik befehdenden Ansätze schwer durchschaubar, und es wurde nicht übersichtlicher dadurch, dass Julius Petersen, ein eher macht- als theoriebewusster Vertreter der einflussreichen ‚Berliner Schule', 1924 zu einer umfassenden Bewegung aufrief, die die traditionelle Philologie, die Geistesgeschichte und die Deutschkunde zusammenführen sollte. Die Vielfalt der konkurrierenden

[28] Walzel (1956, S. 152).

Ansätze wurde nicht als fruchtbar empfunden – kein anderer als Unger klagte 1926 über die „babylonische Begriffs- und Sprachverwirrung“[29] im Fach. Dies hing damit zusammen, dass jede der genannten Richtungen für sich ein exklusives Deutungs- und Geltungsmonopol beanspruchte. Philologie und Historiografie nach der Jahrhundertwende waren weder in einem politischen noch in einem wissenschaftlichen Sinne pluralistisch; ein moderner Pluralismus bildete sich in den historischen Disziplinen nach dem Zweiten Weltkrieg erst sehr allmählich heraus.

Literatur

Braitmaier, Friedrich: Göthekult und Göthephilologie. Eine Streitschrift. Tübingen 1892.

Droysen, Johann Gustav: Historik. Jena 1858.

Droysen, Johann Gustav: Historik. Vorlesungen über Enzyklopädie und Methodologie der Geschichte. Im Auftrage der Preußischen Akademie der Wissenschaften hg. von Rudolf Hübner. München u.a. 1937.

Friedell, Egon: Aphorismus gegen die Germanisten. In: Die Schaubühne 7, Nr. 14 (6.4.1911), S. 365–367.

Hardtwig, Wolfgang: Geschichtskultur und Wissenschaft. München 1990.

Kraus, Karl: Razzia auf Literarhistoriker [1912]. In: Kraus: Literatur und Lüge. Frankfurt am Main 1987 (Schriften 3), S. 246–262.

Koischwitz, Otto: Die Revolution in der deutschen Literaturwissenschaft. Berlin 1926.

Meyer, Richard M.: [Rez.:] L. Hatvany: Die Wissenschaft des Nicht-Wissenswerten. In: Neue Jahrbücher für das klassische Altertum, Geschichte und deutsche Literatur 12 (1909), S. 87–88.

Nietzsche, Friedrich: Vom Nutzen und Nachtheil der Historie für das Leben. In: Nietzsche: Kritische Studienausgabe. Hg. von Giorgio Colli und Mazzino Montinari. Bd. 1. München 1999. S. 243–334.

Riegl, Alois: Spätrömische Kunstindustrie: nach den Funden in Österreich-Ungarn. Wien 1901.

Riegl, Alois: Kunstgeschichte und Universalgeschichte [1898]. In: Riegl: Gesammelte Aufsätze. Hg. von Karl M. Swoboda. Augsburg, Wien 1929, S. 4–9.

Riegl, Alois: Historische Grammatik der bildenden Künste. Aus dem Nachlaß hg. von Karl M. Swoboda. Graz u.a. 1966.

Scherer, Wilhelm: Zur Geschichte der deutschen Sprache. Berlin 1868.

Scherer, Wilhelm: Zur Geschichte der deutschen Sprache. Berlin 1878.

Scherer, Wilhelm: Poetik. [Hg. von Richard M. Meyer]. Berlin 1888.

Scherer, Wilhelm: Wissenschaftliche Pflichten. Aus einer Vorlesung. In: Euphorion 1 (1894), S. 1–4.

Schmidt, Erich: Wege und Ziele der deutschen Litteraturgeschichte [1880]. In: Schmidt: Charakteristiken. Bd. 1. Berlin 1886, S. 480–498.

Schopenhauer, Arthur: Über die Universitätsphilosophie [1851]. In: Schopenhauer: Werke in fünf Bänden. Hg. von Ludger Lütkehaus. Zürich 1988, Bd. 4, S. 139–201.

Schumann, Wolfgang: Literaturwissenschaft. In: Der Kunstwart 25 (1912), H. 4, S. 70–76.

Stoessl, Otto: Der Germanist. In: Die Fackel 10 (18.11.1908), S. 264–265.

Trommler, Frank: Germanistik und Öffentlichkeit. In: Christoph König, Eberhard Lämmert (Hg.): Literaturwissenschaft und Geistesgeschichte 1910 bis 1925. Frankfurt am Main 1993, S. 307–330.

Unger, Rudolf: Vom Wesen und Werden der neueren deutschen Literaturwissenschaft [1914]. In: Unger: Gesammelte Studien. Bd. 1: Aufsätze zur Prinzipienlehre der Literaturgeschichte. Berlin 1929, S. 33–48.

[29] Unger (1926, S. 206).

Unger, Rudolf: Moderne Strömungen in der deutschen Literaturwissenschaft 1. In: Die Literatur 21 (1923/24), S. 65–73.

Unger, Rudolf: Literaturgeschichte als Problemgeschichte. Zur Frage geisteshistorischer Synthese [1924]. In: Unger: Gesammelte Studien Bd. 1, S. 137–170.

Unger, Rudolf: Moderne Strömungen in der deutschen Literaturwissenschaft 5: Von den philologischen Grundlagen der Literaturgeschichte. In: Die Literatur 27 (1924/25), S. 321–324.

Unger, Rudolf: Hamann und die Romantik [1926]. In: Unger: Gesammelte Aufsätze. Bd. 2: Aufsätze zur Literatur- und Geistesgeschichte. Berlin: 1926, S. 196–211.

Walzel, Oskar: Analytische und synthetische Literaturforschung [1910]. In: Walzel: Das Wortkunstwerk. Mittel seiner Erforschung. Leipzig 1926, S. 3–35.

Walzel, Oskar: Wachstum und Wandel. Lebenserinnerungen. Hg. von Carl Enders. Berlin 1956.

Zur Transformation neuphilologischer Wissensordnungen und Informationsspeicher um die Wende des 19. zum 20. Jahrhundert. Entwicklungen und Ursachen

Hans-Harald Müller, Tom Kindt und Myriam Isabell Richter

Die Wende vom 19. zum 20 Jahrhundert gilt in der Geschichte der wissenschaftlichen Verlage als das „Zeitalter der Sammelwerke“.[1] Den Bedarf an solchen Werken begründete der Rechtswissenschaftler Fritz Blüthgen 1913 mit der stetig wachsenden Menge und zunehmenden Spezialisierung:

> „Der rastlose Fleiß der letzten Generation auf allen Gebieten der Wissenschaft und die beständig wachsende Zahl wissenschaftlicher Arbeiter hat uns eine schier endlose Fülle wissenschaftlicher Erfolge und Fortschritte gebracht. […] Sehen wir von der großen Verschiedenheit der einzelnen Fächer ab, die die philosophische Fakultät umfaßt, so konnte man im Umkreise der anderen Fakultäten noch vor einigen Jahrzehnten voraussetzen, daß es einem ernsthaften Akademiker möglich war, die einzelnen Zweige seiner Fakultät genügend zu überschauen. Dies hat sich heute gründlich geändert. Jede einzelne Fakultät hat innerhalb ihres Rahmens eine ganz beträchtliche Anzahl von Nebenmaterien zu selbständigen Disziplinen herausgebildet, ein Vorgang, der sich mit unverminderter Kraft fortsetzt.“[2]

[1] Zur Herkunft des Zitats s. Müller (2000, S. 191, Anm. 7). – S. auch Müller (2004, S. 137).

[2] Blüthgen (1913, S. 3–4).

Erstdruck in: Christoph Strosetzki (Hrsg.): 200 Jahre Nationalphilologien. Von der Romantik zur Globalisierung. Stuttgart: J.B. Metzler 2022, S. 59–76.

H.-H. Müller (✉) · M. I. Richter
Institut für Germanistik, Universität Hamburg, Hamburg, Deutschland
E-Mail: harrym@uni-hamburg.de; myriam.richter@uni-hamburg.de

T. Kindt
Departement für Germanistik, Universität Fribourg, Fribourg, Schweiz
E-Mail: tom.kindt@unifr.ch

H.-H. Müller (Hrsg.), *Kleine Schritte und große Sprünge*, Abhandlungen zur Literaturwissenschaft, https://doi.org/10.1007/978-3-662-71105-7_3

Blüthgen empfahl auch gleich ein Mittel zur Abhilfe:

> „Es sind die Handwörterbücher und Enzyklopädien. In den Handwörterbüchern ist das Gesamtgebiet der Wissenschaft in ausgewählte Stichwörter zerteilt, die in alphabetischer Reihenfolge angeordnet mit großer Leichtigkeit einen kurzen Überblick über ein beliebiges Thema ermöglichen. Anders die Enzyklopädien. Auch sie verdanken dem Wunsch nach einer einheitlichen Zusammenfassung des gesamten Gebietes unter Wahrung wissenschaftlicher Vertiefung ihre Entstehung. Sie bemühen sich, nach einer Darstellung der grundlegenden Disziplinen auch die Ergebnisse der einzelnen Spezialforschungen dem Leser vor Augen zu führen, stellen diese aber im Zusammenhang, wenn auch in knapper Form, dar und bieten dem Leser dadurch die Möglichkeit, sich in systematischer Weise über das ganze Gebiet einer Einzelmaterie vollkommen zu unterrichten und alle wichtigen und grundlegenden Fragen im Zusammenhange zu studieren."[3]

Den explosionsartig anwachsenden Bedarf nach Sammelwerken erläuterte Helen Müller in ihrer Untersuchung über „Wissenschaft und Markt um 1900" vor dem Hintergrund eines grundlegenden Wandels im Kommunikationssystem der Wissenschaft: „Je stärker der inhaltliche *und* organisatorische Pluralismus in den Wissenschaften fortschritt, desto größer wurde der Wunsch nach Standardisierung und desto stärker verlagerte sich die Kontrolle darüber, ob und wie die wissenschaftliche Kommunikation ihr Publikum erreichte, auf die Verlage, die damit Bestandteil dieses Kommunikationsprozesses wurden."[4] Um diesen Prozess, der in den einzelnen Disziplinen verschiedene Ursachen und Wirkungen hatte, genauer zu bestimmen, bedarf es differenzierterer Untersuchungen, als wir sie hier vornehmen können. Wir beschränken uns daher auf eine exemplarische Fallstudie, in der wir den Wandel des Texttypus der „Enzyklopädie" zum „Grundriss" im Zusammenhang mit dem wachsenden Einfluss des wissenschaftlichen Verlagswesens auf die Wissensordnungen der Philologien darstellen. Zusammenhänge zu anderen Wissensordnungen bzw. -speichern, die wie die genannten alle aus der Ausdifferenzierung der *historia literaria* des 18. Jahrhunderts stammen,[5] können wir allenfalls andeuten. Aufschlussreich erscheinen die untersuchten Transformationsprozesse im vorliegenden Zusammenhang nicht zuletzt, weil in ihnen Gemeinsamkeiten und Wechselwirkungen zwischen den im Einzelnen recht unterschiedlichen und grundsätzlich voneinander unabhängigen Entwicklungen in den Nationalphilologien erkennbar werden.

Dass die neueren Philologien wie die Germanistik in ihrem Bestreben, wissenschaftliche Anerkennung und akademische Repräsentation zu gewinnen, an Programmatik, Theorie und Praxis der klassischen Philologie anknüpften, ist bekannt.[6] Die Textsorte, in der die klassische Philologie sich vom Vorwurf des „Aggregathaften"[7] befreit und die „Würde einer wohlgeordneten philosophisch-historischen Wissenschaft"[8] erlangt hatte, war die der „Enzyklopädie", die es etwas genauer zu

[3] Ebd. (S. 5–6).

[4] Müller (2000, S. 138–139).

[5] S. dazu Gierl (1992). – Zum Forschungsstand s. auch Gruner/Vollhardt (2007).

[6] Vgl. dazu grundlegend Stierle (1979).

[7] Vgl. dazu Kindt/Müller (2004, S. 24–25).

[8] Wolf (1985, S. 5).

charakterisieren gilt. Um die lange Geschichte des Begriffs soll es hier nicht gehen,[9] sondern um die Bestimmung des Begriffs der Fachenzyklopädie[10] im engeren Sinne, die im Zuge der Ausdifferenzierung der Wissenschaften einen eigenen Texttypus herausbildete.[11] Fachenzyklopädien sind in den Philologien des 19. Jahrhunderts wissenschaftliche Selbstverständigungstexte, in denen wissenschaftliche Ansprüche erhoben, begründet und mittels einer idealtypischen, mehr oder minder systematischen Darstellung aller Bereiche des Faches in Forschung und möglicherweise auch der Lehre eingelöst werden. Charakteristisch für die Enzyklopädie ist ihr mündlicher Ursprung: die meisten Enzyklopädien gehen auf Vorlesungen zurück.[12] Enzyklopädische Vorlesungen wurden im 19. Jahrhundert an den meisten Universitäten in den philologischen Fächern regelmäßig angeboten, und zwar geschah das im Kontext der Hodegetik,[13] der allgemeinen Anleitung zum wissenschaftlichen Studium; die Anzahl der gedruckten Enzyklopädien gibt keine angemessene Vorstellung von der Verbreitung dieses Typs als mündlicher Gattung.

Ihren Anspruch auf Gleichberechtigung mit der klassischen Philologie und auf Repräsentation unter den akademischen Fächern[14] wollten die Neuphilologien nicht zuletzt auch durch enzyklopädische Darstellungen geltend machen. In der ältesten neuphilologischen Zeitschrift, dem „Archiv für das Studium der neuen Sprachen und Literaturen" schrieb der Gymnasiallehrer Carl Sachs 1858, dass der unwissenschaftliche Sprachunterricht in der Vergangenheit „den classischen Philologen Veranlassung und leider auch guten Grund gegeben" habe, „auf die moderne Philologie mit scheelen Seitenblicken und halb verachtend herabzuschauen".[15] Das Heilmittel dagegen könne nur „strenge Wissenschaftlichkeit" und die Orientierung an der klassischen Philologie sein; daher gelte es, „eine Encyklopädie der modernen Philologie an die schon vorhandene der classischen Philologie anzulehnen".[16] Welche Elemente von der Enzyklopädie der klassischen Philologie übernommen werden könnten und welche modifiziert werden müssten, dazu machte Sachs detailliertere Vorschläge.

Auf welchen Wegen und mit welchen Erfolgen die Neuphilologien in der zweiten Jahrhunderthälfte nach akademischer Anerkennung und Repräsentation strebten, ist in groben Umrissen erforscht und soll hier nicht referiert werden.[17] Eine neue Generation von fachenzyklopädischen Texten begann im Zeitabschnitt von etwa 1850 bis 1880 zu erscheinen, in dem die Neuphilologien auf Grund bildungs-

[9] Vgl. dazu etwa Dierse (1977); Yeo (2000); Schneider (2008).

[10] Vgl. dazu vor allem Hackel (2013). Hackel weist S. 246 darauf hin, dass sich für die historischen Fachenzyklopädien in der Droysen-Nachfolge der Begriff „Historik" durchgesetzt hat.

[11] Ganz unberücksichtigt bleibt der Zweig der alphabetischen Nachschlagewerke und Universallexika, die unter dem Begriff „Enzyklopädie" gefasst wurden; vgl. dazu Spree (2000).

[12] Vgl. dazu Hackel (2013, S. 247).

[13] Vgl. zum Überblick Kern (1996).

[14] Vgl. dazu die in Anm. 17 aufgeführten Arbeiten.

[15] Sachs (1858, S. 1).

[16] Sachs (1858, S. 2).

[17] Vgl. Christmann (1985); Kalkhoff (2007); Wolff (2012.).

politischer Aktivitäten und solider empirischer Forschungen die ersten institutionellen Erfolge bei der Einrichtung von Lehrstühlen errungen hatten.[18] Die bedeutendste neusprachliche Fachenzyklopädie, mit der diese Gattung am Ende des 19. Jahrhunderts zugleich auch abschloss, war Gustav Körtings – nicht allein im Titel an August Boeckh anknüpfende – „Encyklopädie und Methodologie der romanischen Philologie".[19] Körting explizierte die Aufgabe einer Enzyklopädie[20] vor dem Hintergrund der Geschichte der Gattung, er lieferte eine sorgfältige Bestimmung von Begriff und Aufgabe der Philologie im historischen Wandel[21] sowie eine Abgrenzung der Begriffe von Methodologie, Methodik und Hodegetik,[22] die in den Enzyklopädien des 19. Jahrhunderts oft kaum von einander unterschieden worden waren. Die „Encyklopädie" selbst, die systematische, aber keine vollständigen Übersichten über die Teilgebiete der romanischen Philologie geben wollte,[23] enthielt drei Teile: „der erste erörtert die Vorbegriffe und giebt eine Einleitung in das Studium der romanischen Philologie; der zweite soll die Encyklopädie der romanischen Gesammtphilologie behandeln, der dritte endlich sich mit der Encyklopädie der romanischen Einzelphilologien beschäftigen."[24]

Körtings Enzyklopädie fand trotz ihrer umfassenden kulturwissenschaftlichen Fundierung und trotz ihrer Forderung nach Gleichberechtigung der modernen neufranzösischen Sprach- und Literaturforschung mit den Forschungen zu den älteren Sprachen und Literaturen der Romania[25] kaum Beachtung. Die Ursache dafür dürfte weit weniger in Fehlern oder Mängeln[26] von Körtings „Encyklopädie" zu suchen sein als vielmehr in der Tatsache, dass sein Werk bereits vier Jahre nach dem Erscheinen durch Gustav Gröbers „Grundriss der romanischen Philologie"[27] gänzlich in den Schatten gestellt wurde. Dazu dürfte neben dem stets betonten „Monumentalcharakter"[28] des Gröberschen Grundrisses sicher auch beigetragen haben, dass sein Herausgeber[29] in der Romanistik eine ungleich höhere Reputation genoss als Körting. Die eigentliche Ursache für den Erfolg von Gröbers Sammelwerk lag aber in

[18] Vgl. dazu Kalkhoff (2007, S. 441).

[19] Körting (1884–1886).

[20] Körting (1884–1886, Bd. 1. S. VI, 110–113).

[21] Körting (1884–1886, Bd. 1. S. 110–11, S. 156.)

[22] Körting (1884–1886, Bd. 1. S. 115).

[23] Vgl. dazu Körting (1884–1886, Bd. 1, S. VI): „Eine Encyklopädie kann und soll kein Complex von Compendien über alle Einzeldisciplinen der betreffenden Wissenschaft sein, ebenso wenig kann und soll sie eine vollständige fachwissenschaftliche Bibliographie sein." Vgl. dazu schon Boeckh (1877, S. 3): „Der Begriff einer Wissenschaft oder wissenschaftlichen Disciplin wird nicht dadurch gegeben, daß man stückweise aufzählt, was in derselben enthalten sei."

[24] Körting (1884–1886, S. V).

[25] Vgl. dazu Wolff (2012, S. 238).

[26] Wolff (2012, S. 238) behandelt Körting unter der Überschrift „Neuphilologische Enzyklopädien als didaktische Projekte".

[27] S. Gröber (1888).

[28] Wolff (2012, S. 329), vgl. auch Kalkhoff (2007, S. 238).

[29] Vgl. dazu Curtius (1960).

der Konzeption des Grundrisses. Körtings Werk hatte noch der Gattung der neuphilologischen Enzyklopädie angehört, mit der ein wissenschaftlicher und akademischer Geltungsanspruch begründet wurde – mit der Anerkennung dieses Anspruchs und der Institutionalisierung des Fachs[30] war jedoch die Gattung der Fachenzyklopädie allmählich obsolet geworden. Das wurde selbst in der philologischen Leitdisziplin des 19. Jahrhunderts anerkannt. 1893 konstatierte der klassische Philologe Oscar Froehde, seine Disziplin stelle „wie sie heute ist, nicht eine durch die einheit der idee geforderte einheitliche wissenschaft, sondern einen studienkreis der altertumskunde dar, der sich als wahre classische altertumswissenschaft oder als nationalgeschichte der Griechen und Römer einmal zum range einer wissenschaft erheben wird."[31] Gröber ersetzte in seinem Grundriss eine einheitliche idealistische Wissenschaftskonzeption durch eine empirische Leistungsbilanz auf allen Forschungsgebieten der Romania.[32]

Die Neuartigkeit seines Unterfangens markierte Gröber in seiner Einleitung zum „Grundriss" sehr deutlich:

> „Die Anfänge des Buches, dessen erster Band nunmehr abgeschlossen vorliegt, reichen bis zum Jahre 1883 zurück, wo der Verleger sich zur Herausgabe eines Werkes entschloss, das einem zweifellos vorhandenen Bedürfnis – der gegenwärtige Absatz von über 1000 Exemplaren bestätigt dasselbe – entsprechen sollte nach einem umfassenden Überblick über das Ganze der romanischen Philologie, nach einer Zusammenfassung der in den verschiedenen Gebieten gewonnenen, an weit auseinanderliegenden Orten niedergelegten Erkenntnis. Der Herausgeber durfte sich des Auftrages, eine solche romanistische Realencyklopädie im Grundriss ausführen zu helfen, zu unterziehen wagen, nachdem er wiederholt, ein Jahrzehnt hindurch, über Encyklopädie der romanischen Philologie gelesen hatte, und seine Verbindungen ihn zu der Hoffnung berechtigen, die Unterstützung massgebender Mitarbeiter für das Werk zu erlangen, das zur Erfüllung seines Zweckes, zuverlässig, ohne Einseitigkeit über die romanische Philologie zu belehren und sie nach aussen würdig zu vertreten, aus der Hand eines Einzelnen dem Leser nicht dargeboten werden, oder ihm darzubieten nur falscher Ehrgeiz raten konnte."[33]

Neu an dem Gröberschen Unternehmen war, dass die Initiative zu einem sehr umfangreichen wissenschaftlichen Sammelwerk nicht von einem Wissenschaftler, sondern von einem Verleger ausging, der einem Wissenschaftler einen „Auftrag" erteilte. Neu war auch, dass der Herausgeber die Konzeption des Werks mit dem „Bedürfnis" der Nutzer begründete. Diesen Nutzern aber ging es nicht länger um eine ostensible Begründung der Einheit der Disziplin und des systematischen Zusammenhangs ihrer Teile, sondern um eine kompakte und übersichtliche Dokumen-

---

[30] Vgl. dazu Gröber (1888, S. 141): „Die Frage nach der Berechtigung einer romanischen Philologie ist demnach nicht mehr zu beantworten. Auch ein Zweifel daran, ob sie als Wissenschaft, im strengen Wortsinne, gelten dürfe, kann nach den Leistungen der letzten 50 Jahre auf verschiedenen ihrer Gebiete und nach jener Erwartung der Vertreter der indogermanischen Sprachwissenschaft nicht mehr bestehen."

[31] Froehde (1893, S. 445).

[32] Zum Wandel des Wissenschaftsverständnisses im 19. Jahrhundert, der Hintergrund von Gröbers Position ist, s. Schnädelbach (1983, S. 89–117).

[33] Gröber (1888, S. V).

tation der empirischen Forschungsergebnisse des Fachs und seiner sich immer stärker differenzierenden Forschungsgebiete.[34] Das gewandelte „Bedürfnis" der Nutzer korrespondierte mit grundlegenden Transformationen in den Wissenschaften und in Stellung und Selbstverständnis der Wissenschaftler: Der rasante Zuwachs an Kenntnissen in den Disziplinen hatte einen starken Materialdruck erzeugt, der neuartige Dokumentationsanstrengungen nötig machte, wie sie von einem Einzelnen nicht mehr zu leisten waren.[35] Diese Erfordernisse führten dazu, dass der Herausgeber seine Qualifikation für das Projekt nicht allein mit seiner Sachkompetenz, sondern auch damit begründete, dass er „Verbindungen" besitze, mittels derer er sich der „Unterstützung massgebender Mitarbeiter für das Werk" versichern könne.

Wie „eng" und „ausgesprochen wechselseitig die Einwirkungen" waren, die am Ende des 19. Jahrhunderts „zwischen dem Verlagsbuchhandel und der Wissenschaft (im weitesten Sinne des Wortes) bestanden",[36] hatte Johannes Hirschfeld schon in seiner Untersuchung über „Wissenschaft und Verlagsbuchhandel im kaiserlichen Deutschland" betont und resümiert: „Ohne Überhebung kann man feststellen, daß der deutsche Verleger in dieser Beziehung seine Pflicht voll erkannt und erfüllt und mit seinen Kenntnissen und Erfahrungen der deutschen Wissenschaft und der Kultur unendliche Dienste geleistet hat."[37] Unter den ‚leuchtenden Beispielen vornehmster buchhändlerischer Gesinnung' nannte Hirschfeld auch Karl J. Trübner (1846–1907), eine der herausragenden Verlegerpersönlichkeiten im wissenschaftlichen Verlagswesen. Trübner hatte seinen auf die Sprach- und Literaturwissenschaften konzentrierten Verlag 1872 in Straßburg mit dem Plan gegründet, „möglichst für das gesamte Gebiet der Sprachwissenschaft große, einheitliche Enzyklopädien zu schaffen, die das Wissen zum erstenmal zusammenfaßten und ihm eine feste, gesicherte Grundlage gaben".[38] Von Trübner stammte nicht allein die Anregung zu Gröbers „Grundriss", auf seine Initiative gingen auch die folgenden philologischen Sammelwerke zurück, die – zum Teil erst nach Trübners Tod – im Verlag Walter de Gruyter vollendet wurden:

Grundriß der romanischen Philologie (1888 ff)
Grundriß der germanischen Philologie (1891 ff)
Grundriß der iranischen Philologie (1895 ff)
Grundriß der indoarischen Philologie und Altertumskunde (1896 ff)
Grundriß der vergleichenden Grammatik der indogermanischen Sprachen (1886 ff)
Reallexikon der germanischen Altertumskunde (1910 ff)
Reallexikon der indogermanischen Altertumskunde (1901 ff)[39]

[34] Entsprechend formuliert Richard Heinzel (1889, S. 773) in seiner Rezension zu Pauls „Grundriß": „Nachdem die klassische, die englische und romanische Philologie vorangegangen sind, erhalten wir jetzt auch für die germanischen Sprachen einen ‚Grundriß', d. h. eine Zusammenfassung dessen, was in den philologischen Wissenszweigen, welche sich auf germanische Völker beziehen, sicheres Resultat der Forschung ist oder für solches gilt."

[35] Zum „Materialdruck" als Stifter von Unordnung in Klassifikationssystemen und Anreger innovativer Ordnungen vgl. am Beispiel Linnés Müller-Wille (2001).

[36] Hirschfeld (1921, Sp. 1421).

[37] Ebd. (Sp. 1434).

[38] Lüdtke (1920, Sp. 4), vgl. auch Ziesak (1999).

[39] Angaben nach Jäger (2001, S. 462).

Mit Trübners Offensive wurde für den neuen Kompendien-Typ überwiegend der Begriff „Grundriss“ gebräuchlich, der zuvor für Kompendien aller Art gedient hatte, in der Germanistik insbesondere für bibliographische Übersichten über das Fach und seine Teile.[40]

Im wissenschaftlichen Verlagswesen seiner Zeit stand Trübner mit seinen „Grundrissen“ keinesfalls allein. Sein Kollege Paul Siebeck etwa, ebenfalls Inhaber eines Verlags mittlerer Größe, regte im Kaiserreich mit dem „Grundriß der theologischen Wissenschaften“, dem „Grundriß der philosophischen Wissenschaften“ sowie dem von Max Weber konzipierten „Grundriß der Sozialökonomie“[41] ebenfalls einflussreiche Sammelwerke an. Obwohl es nicht allein in den Geisteswissenschaften offensichtlich ein fächerübergreifendes Bedürfnis nach solchen als „Grundriss“, „Handbuch“ oder „Real-Enzyklopädie“ bezeichneten Sammelwerken gab, waren doch die Erwartungen, die in den einzelnen Wissenschaften an sie geknüpft wurden, ebenso heterogen wie die Kompendien selbst.

Dass es sich bei diesen von zahlreichen Autoren verfassten Sammelwerken in den philologischen Disziplinen um ein anderes wissenschaftliches Genre handelte als bei den Fachenzyklopädien des 19. Jahrhunderts hatte schon Gustav Körting anlässlich einer Beschreibung von Gröbers „Grundriss“ hervorgehoben:

> „Der „Grundriss“ ist nicht das einheitliche Werk eines Mannes, sondern es haben an ihm nahezu dreißig Gelehrte gearbeitet. Eine solche Zusammenarbeit hat, da es ja selbstverständlich nicht ein Arbeiten nach Schablone sein darf, Ungleichartigkeit der Einzelbeiträge in Bezug auf Umfang, Anlage und inneren Werth zur unvermeidlichen Folge, mag auch, wie im vorliegenden Fall geschehen ist, der Herausgeber den Plan des Gesamtwerkes mit größter Sachkunde und reiflichster Überlegung vorgezeichnet haben.“[42]

Körting erkannte die Bedeutung des Gröberschen „Grundrisses“ und hob hervor, dass alle seine Abschnitte „in sachlicher Beziehung“ auf der „erforderlichen Höhe der Forschung“[43] stünden; er forderte jedoch eine stärker einheitliche Orientierung der Beiträge:

> „Etwas aber muss in dieser Richtung hin geschehen, sonst wird das Buch auch fernerhin den Eindruck machen, daß es aus einer Reihe von nur äußerlich aneinandergefügten, nicht aber innerlich eng verbundenen Einzelarbeiten sich zusammensetzt, daß es eine Sammlung von Monographien, nicht aber ein einheitliches Ganze darstellt.“[44]

Die konzeptionellen Unterschiede zwischen den Genres „Fachenzyklopädie“ und „Grundriss“ lassen sich auf Grund der Überlieferungslage an Hermann Pauls

---

[40] Vgl. etwa Hoffmann von Fallersleben (1863) und, an ihn anknüpfend, Bahder (1883), der aus Platzgründen aber bereits die neuere Literaturgeschichte ausschloss (S. VI).

[41] Vgl. dazu Knappenberger-Jans (2011, S. 20, 80, 182, 232, 320).

[42] Körting (1896, S. 8).

[43] Körting (1896, S. 8).

[44] Körting (1892–1895, S. 148–149).

„Grundriß der germanischen Philologie" noch erheblich deutlicher zeigen. Die Entstehungsgeschichte des „Grundrisses" schilderte Karl J. Trübner in einem Brief an Wilhelm Scherer vom 14. Juli 1886:

„Ich beabsichtige im Anschluß an den Grundriß der romanischen Philologie, von welchem die 1. Lieferung erschienen ist, einen gleichen für die germanische Philologie zu verlegen. Ursprünglich wollte Herr Prof. Gröber beide Grundrisse als ein gemeinschftl. Werk herausgeben u. hatte mir bereits einen Plan ausgearbeitet, den auch Herr Prof. Martin gesehen u. gebilligt hat. Herr Prof. Gröber überzeugte sich jedoch bald, daß das Werk in zwei selbständige Werke zerlegt werden müsse – romanisch u. germanisch – u. übergab die Redaktion des germanischen Theiles Herrn Prof. Sievers, aus dessen Händen die Redaktion indeß nach einiger Zeit in die des Herrn Prof. Paul überging. Damit bin ich mit einem Kreis von Gelehrten in Verbindung gekommen, welche bisher meiner geschäftlichen Thätigkeit fern standen; ich wage aber zu hoffen, daß Sie, hochverehrter Herr Professor, das Werk, trotzdem daß es nicht ausschließlich von Ihren Schülern bearbeitet wird, mit Ihrer Theilnahme begleiten werden. Auch wäre es mein sehnlichster Wunsch, wenn ich dadurch, daß ich die Vertreter der verschiedenen Richtungen der germanischen Philologie kennen lerne, mit meinen bescheidenen Kräften etwas zur Ausgleichung der bestehenden persönlichen Gegensätze beitragen könnte."[45]

Diese Entstehungsgeschichte bestätigte Paul im Vorwort zum „Grundriss"; er fügte aber hinzu:

„Nicht ohne schwere Bedenken übernahm ich an seiner [Sievers] Stelle die Redaktion. Die Vereinbarungen mit den Mitarbeitern wurden größtenteils im Frühjahr 1885 abgeschlossen. Für manche Abschnitte gelang es erst später, einen Mitarbeiter zu finden, für mehrere mussten die Gelehrten, welche ursprünglich zugesagt hatten, durch andere ersetzt werden, einige, die ursprünglich geplant waren, mussten fortfallen, andere kamen neu hinzu. Die Disposition des Ganzen verschob sich dadurch nicht unwesentlich."[46]

Paul schilderte dann, wie es auf Grund der erforderlichen Umdisponierungen zu zeitlichen Verzögerungen kam und schloss:

„Der Unvollkommenheit des Werkes bin ich mir wahrscheinlich so gut bewusst wie irgend jemand. Ich weiss insbesondere sehr wohl, wie gross die Ungleichmässigkeit in der Behandlung der einzelnen Abschnitte ist, und wie viele Lücken noch auszufüllen wären. Ich habe alle Ursache, um gütige Nachsicht zu bitten, die vielleicht ein billiger Beurteiler nicht verweigern wird, welcher sich die Schwierigkeiten klar macht, mit denen man bei einem

[45] Trübner (1886). – Trübners Hoffnung, mit dem „Grundriss" zur „Ausgleichung der bestehenden persönlichen Gegensätze beitragen" zu können, trog. Anlässlich der 2. Auflage von Pauls „Grundriss" machte August Sauer (1896) in einem Brief an Bernhard Seuffert seinem Ärger darüber Luft, „wie schlecht die neuere Lit. Gesch., deren Vertreter überhaupt, Scherer & s. Schule insbesondre dabei wegkommen" und forderte: „Die Schererische Schule sollte sich zusammen thun und einen Grundriß (oder ein Handbuch) der neueren deutschen Lit. Gesch. herausgeben; wegen meiner der deutschen Lit. Gesch. überhaupt (aber nicht: der germanischen) […]." August Sauer an Bernhard Seuffert, Prag 17.6.1896. In: Sauer-Seuffert (2020, S. 380). – An diesem Beispiel wird deutlich, dass Grundrisse nicht allein wissenschaftlichen und kommerziellen, sondern auch wissenschaftspolitischen Zwecken dienen können.

[46] Paul (1891, S. V).

solchen Unternehmen zu kämpfen hat. Vielleicht gelingt es in späteren Auflagen, die Mängel des ersten Versuchs mehr und mehr zu beseitigen."[47]

Paul war sich der konzeptionellen Uneinheitlichkeit des Grundrisses bewusst, und aus seinem Briefwechsel mit Friedrich Kluge geht hervor, dass er am Sinn des ganzen Projekts mehrfach Zweifel anmeldete.[48] Zu bedenken ist ferner, dass der „Grundriss", so wie er uns heute aufgebunden vorliegt, eine Einheitlichkeit angenommen hat, die zunächst nicht vorlag, denn er erschien als „Fortsetzungswerk"[49] in Einzellieferungen, die auch separat bezogen werden konnten, und aus dem Briefwechsel Trübners mit Paul geht hervor, das die Positionen einzelner Artikel im Gesamtwerk noch während des Erscheinens strittig waren; häufig spielte dabei das Ablieferungsdatum eine entscheidende Rolle.

Die einzigen positiven Nachrichten, die Trübner Paul schicken konnte, betrafen die Absatzzahlen des ‚Grundrisses', den Trübner auch weiterhin als „Encyklopädie"[50] bezeichnete. Am 7.11.1889 konstatierte Trübner, mit über 900 Abonnenten sei der Absatz „besser als bei dem romanistischen Grundriß",[51] und am 23.12.1890 schrieb er: „Mit dem Absatz bin ich sehr zufrieden. Abgesehen von ungefähr 1600 festen Abonnenten"[52] seien von einzelnen Lieferungen weit höhere Auflagen verkauft. Paul trösteten die Absatzzahlen jedoch wenig, er zweifelte weiter am Sinn des Projekts und bat Trübner, ihn von der Herausgabe einer zweiten Auflage des Grundrisses zu entpflichten.[53] Trübner gelang es, Paul diese Bitte auszureden; bei Abschluss der gesamten ersten Auflage schrieb er ihm:

> „In diesem feierlichen Augenblick des Abschlusses unseres großen Unternehmens drängt es mich, Ihnen aus vollem Herzen meinen Dank zu sagen dafür, daß Sie mir seiner Zeit, als ich Ihnen das Project vortrug, das Vertrauen geschenkt haben, es geschäftlich richtig durchzuführen und daß Sie selbst Ihren ganzen Einfluß und Ihr hohes Ansehen daran gesetzt haben, ein Werk ersten Ranges zu Stande zu bringen. Ich kann wohl sagen, daß dieser Grundriß auf lange Zeit das wichtigste Werk meines Verlages bleiben wird."[54]

---

[47] Ebd. (S. VI).

[48] Vgl. Kluge an Paul in einer Postkarte (Nr. 31) vom 19.10.1890: „Übrigens dürfen Sie doch nicht so pessimistisch über den Grundriß denken, der so viel gutes stiftet u. so freudig überall aufgenommen wird, was ja, nach K. Trübner auch der absatz zeigt. Daß alles ungleichmäßig ist [Kluge führt Beispiele an], das u. a. derartiges ändert an dem gesammtcharakter des buches nichts u. ich meine, Sie dürfen sich Ihres werkes mit recht freuen." Auf Pauls Missmut über das Projekt geht Kluge auch noch einmal in einem Brief vom 3.1.1891 (Nr. 34) ein. Briefe im Nachlass Hermann Paul, UB München.

[49] Zum Terminus s. Mensching (2003, S. 9).

[50] Vgl. etwa die Briefe Trübners an Paul Nr. 3 (10.6.1885) und Nr. 16 (4.6.1888), Nachlass Hermann Paul, UB München.

[51] Trübner an Paul Nr. 49 (7.11.1889).

[52] Trübner an Paul Nr. 74 (23.12.1890).

[53] Dieser Sachverhalt ist dem Brief Trübners an Paul Nr. 75 (2.1.1891) zu entnehmen.

[54] Trübner an Paul Nr. 122 (14.6.1893).

Hatte Paul im Vorwort zum ersten Band des „Grundrisses“ noch die Hoffnung geäußert, es könne „in späteren Auflagen“ gelingen, „die Mängel des ersten Versuchs mehr und mehr zu beseitigen“,[55] so musste er während der Arbeit an der zweiten Auflage feststellen, dass die Mängel sich im Gegenteil mehrten. Auch für die zweite Auflage war es Paul nicht gelungen, einen Bearbeiter für die Geschichte der neueren deutschen Literatur zu finden.[56] Einige Bearbeiter aus der ersten Auflage schieden aus, neue mussten hinzugewonnen werden. Einzelne Abschnitte des „Grundrisses“ erschienen mit der 2. Auflage als „Sonderausgaben“,[57] und über die Drucklegung musste Paul mitteilen: „Die Hoffnung, dass der Druck gleichmäßiger und rascher vorwärts gehen würde, als bei der ersten Auflage, hat sich leider nicht erfüllt. Das Gegenteil ist der Fall gewesen.“[58] Während der Drucklegung des ersten und dritten Bandes hatten sich „Stockungen“ ergeben, der dritte Band war auf Grund des völlig unverhältnismäßigen Umfangs der Geschichte der friesischen Sprache „zu einer unförmigen Masse angeschwollen“.[59] Vom zweiten Band konnte er lediglich für „demnächst“ die erste Lieferung ankündigen und schloss: „Ob ein gleichmäßiger Fortgang möglich sein wird, hängt von den Mitarbeitern ab.“[60]

Noch bevor die 2. Auflage des ‚Grundrisses‘ vollständig abgeschlossen war, kündigte Trübner Hermann Paul an, dass er sich aus Altersgründen entschlossen habe, „auf den 1. Januar 1906 einen Teilhaber mit dem Recht der Rechtfolge anzunehmen. Es ist Herr Dr. W. de Gruyter, Besitzer der Firma Georg Reimer in Berlin.“[61] Ein Jahr später begann der Verlag über eine ganz neue Aufteilung des „Grundrisses“ nachzudenken; nach dem Tod Trübners übersandte der Verlag Paul das Protokoll eines Gesprächs, das zwischen de Gruyter, dem Trübner-Verlagsleiter Dr. Lüdtke und Paul stattgefunden hatte, in dem es hieß:

> „Endlich gaben Herr Dr. Lüdtke und ich noch dieser Anregung Ausdruck: Ob es sich angesichts der in der Erforschung und in dem Studium immer mehr differenzierten Einzelbehandlung in einzelnen Sprachen nicht empföhle, von der dritten Auflage an dem Grundriss eine Bandgliederung nach Sprachzweigen zu geben. In der Weise, daß man neben einem allgemein germanischen Band einen deutschen, einen englischen und einen nordischen

[55] Paul (1891, S. VI).

[56] Am 30.6. 1890 (Nr. 65) hatte Trübner an Paul geschrieben: „Da nun voraussichtlich eine vierwöchige Ruhepause eintritt, so erlaube ich mir, Ihnen zwei unmaßgebliche Vorschläge im Interesse unseres Unternehmen zu machen. Der erste geht dahin, daß Sie Herrn Prof. Brandl bitten, seine mittelenglische Litteraturgeschichte noch bis in das neuenglische einschließlich Shakespeare auszudehnen.[…] Allerdings geht ja auch die deutsche Litteraturgeschichte nur bis zum Mittelhochdeutschen. Aber hier war der Grund, wenn ich mich recht entsinne, der, daß Sie keinen geeigneten Bearbeiter fanden u. bei einer neuen Lieferung dieses wichtige Gebiet lieber selbst übernehmen wollten. […]“. Später hatte Trübner Erich Schmidt für die Geschichte der neueren Literatur gewinnen wollen; der hatte aber nach kurzer Bedenkzeit abgelehnt, s. Trübner an Paul Nr. 126 (25. Februar 1894) und 127 (8.3.1894).

[57] Paul (1901, S. VI).

[58] Paul (1901, S. VI).

[59] Paul (1901, S. VI).

[60] Paul (1901, S. VI).

[61] Trübner an Paul Nr. 285 (2.8.1905).

stellte. Wir würden damit der neuen Auflage einen neuen Anreiz geben – und, was uns besonders wichtig erscheint – der Gefahr begegnen, daß von andrer Seite neue Einzelgrundrisse dieser Art erscheinen."[62]

Der im Gesprächsprotokoll auftauchende Terminus „Einzelgrundriss" ist ein Indiz dafür, dass den Beteiligten nicht allein das Bewusstsein des Zusammenhangs zwischen Fachenzyklopädie und Grundriss abhanden gekommen war, sondern dass auch die Konzeption des „Grundrisses" obsolet zu werden drohte: der Trend ging unweigerlich von der Gesamtübersicht über das Fach zur Übersicht nur über die wichtigsten – das hieß über die am meisten nachgefragten – Fachgebiete.

Eine Reaktion Pauls auf das Gesprächsprotokoll ist nicht überliefert. Als er jedoch am 14. Oktober 1910 vom Verlag eine genaue Aufstellung erhielt, die den „Grundriss" in 27 Einzelbände aufzuteilen vorsah, scheint Paul seine Absicht kundgetan zu haben, für diesen Fall den Gesamttitel „Grundriss der germanischen Philologie" aufzugeben und von der Herausgeberschaft zurückzutreten.[63] Daraufhin schrieb ihm der Verlag am 3. Oktober 1910 unter anderem:

„Der Grundriss der germanischen Philologie hat sich in der deutschen Wissenschaft eine solche Stellung errungen und dem Verlage soviel Ehre eingebracht, dass wir es wie das Fallen eines Grundpfeilers des Verlages empfinden würden, wenn der Titel fiele. Das Andenken an den Gründer der Firma, das der Verlag hoch und in Ehren halten muss, würde das schon verbieten.

Aber ebenso steht fest, wie der Grundriss mit dem Namen des Verlages verknüpft ist, ist er auch mit dem des Herausgebers verbunden, und dass diese Verbindung gewahrt bleiben möge, das ist ein ebenso tief gewurzeltes Empfinden wie die Anhänglichkeit an den Grundriss. Herzlichst bitten möchte ich Sie daher, hochgeehrter Herr Geheimrat, den Gedanken, den der Augenblick aufkeimen liess, nicht weiter wachsen zu lassen und ihn durch das Gedenken an die langjährigen Verbindungen mit dem Verlage zu ersetzen.

Wir wissen wohl, dass es nicht leicht ist, die alte Form des Grundrisses aufzugeben, und der Verlag hat sich erst nach langen Beratungen und nach Prüfung aller wirtschaftlichen Grundlagen des Unternehmens seinerzeit entschlossen, Ihnen den Vorschlag zu unterbreiten. Ich darf wohl ganz freimütig sprechen. Die Kosten, die mit dem Grundriss verbunden sind, sind sehr hohe."[64]

Der Verlag machte geltend, dass zum einen die Abonnentenzahl für die zweite Auflage gesunken und zum anderen „der Abstand zwischen den einzelnen Bänden, was die Vorräte anbetrifft, immer größer geworden"[65] sei, so dass es die „wirtschaftliche Notwendigkeit" geboten habe, die Teilung in Einzelbände vorzusehen. In einem Brief vom 2. September 1911 drückte Dr. Lüdtke weniger gewunden aus, worum es dem Verlag ging: „Der Zweck der neuen Einrichtung im Grundriss soll doch sein, die Absatzfähigkeit der einzelnen Teile zu steigern und die gutgehenden

---

[62] Trübner-Verlag an Paul Nr. 294 (24.10.1907).

[63] Das geht aus dem Brief Nr. 328 (3.10.1910) des Verlags an Paul hervor.

[64] Trübner-Verlag an Hermann Paul Nr. 328 (3.10.1910).

[65] Ebd.

für neue Auflagen von einander unabhängig zu machen."[66] Durch die vom Verlag vorgeschlagene und in der Folge tatsächlich auch durchgeführte Maßnahme wird der „Grundriß" von einem ursprünglich zusammengehörigen Sammelwerk in eine „Buchreihe"[67] überführt, in der das wissenschaftliche Wissen der Disziplin auf eine neuartige Weise repräsentiert wird.

Ziehen wir ein vorsichtiges Fazit:

1. Fachenzyklopädien sind Texte des 19. Jahrhundert, die in der Phase des Strebens von Disziplinen nach Anerkennung als Wissenschaften bzw. nach Gleichberechtigung mit bereits anerkannten Wissenschaften von einzelnen Autoren verfasst werden. In ihrem Mittelpunkt steht die Darstellung des systematischen Zusammenhangs der einzelnen Fachgebiete der Disziplin.
2. Die hier exemplarisch untersuchten philologischen „Grundrisse" sind Werke aus der Zeit des ausgehenden 19. und beginnenden 20. Jahrhunderts, die von Verlegern angeregt, im Einvernehmen mit wissenschaftlichen Herausgebern konzipiert und von zahlreichen Autoren geschrieben werden. Sie sind Übergangswerke, die zum einen noch an der aus der Fachenzyklopädie überkommenen Darstellung von „Begriff und Aufgabe der Philologie" festhalten, das Hauptgewicht jedoch auf die zusammenfassende Darstellung der Forschungsergebnisse[68] in den einzelnen Fachgebieten legen, die in der zurückliegenden Phase intensiver empirischer Forschungstätigkeit akkumuliert wurden.
3. Diese „Grundrisse" werden im Zuge der Realisierung mit zwei ganz verschiedenartigen Problemen konfrontiert. Zum einen haben die Herausgeber ein Maß an koordinierenden und editorischen Aufgaben mit Autoren und Verlag zu erledigen, das eine neuartige, außerordentliche zeitliche Belastung und großenteils andere als ausschließlich wissenschaftliche Qualifikationen erfordert. Es ist vielleicht kein Zufall, dass der Trübner-Verlag Hermann Paul anbot, ein Großteil dieser Tätigkeiten zu übernehmen, obwohl diese in den Bereich der (wissen-

[66] Trübner-Verlag an Paul, Nr. 351 (2.9. 1911.

[67] Zum Genus der Buchreihen vgl. Bry (1917). – Bry macht auf die Transformation enzyklopädischer Sammelwerke in Buchreihen bereits aufmerksam, vgl. S. 14, Anm. 1: „Z. B. ist die bekannte Sammlung „Die Kultur der Gegenwart" (Teubner) sowohl Sammelwerk (Enzyklopädie) als auch Bücherreihe, trotzdem der erstere Charakter überwiegt."

[68] Friedrich Kluge war der Meinung, dass der Grundriss nicht allein Forschungsergebnisse zusammenfassen, sondern auch neue präsentieren müsse. Um die Bedeutung des Grundrisses zu charakterisieren, schrieb er an Paul: „Es ist ein bedeutender impuls für die wißenschaft, aber das ist sie auch nur dann, wenn jeder nicht bloß bekanntes, sondern auch eigenes neues bringen kann. [...] Ich kann es fürs engl. auch nicht laßen neues zu bringen; man muß doch Körting und Elze überholen." Kluge an Paul Nr. 27, Postkarte vom 24.5.1890 (Poststempel).

schaftlichen) editorischen Verantwortung hineinreichen.[69] Das zweite Problem, das sich erst bei der Neuauflage der Grundrisse herausstellt, liegt darin, dass dessen Rezipienten immer weniger Interesse an der Abnahme des Gesamtwerks als an der von Einzellieferungen zeigen, die sie aus Gründen der Forschung oder Lehre separat zu beziehen wünschen. Auf dieses Interesse reagierten die Verlage mit einer allmählichen Transformation der Grundrisse in Buchreihen.

Literatur

Bahder, Karl von: Die deutsche Philologie im Grundriss. Paderborn 1883.

Blüthgen, Fritz: Zweck und Notwendigkeit der Rechts-Enzyklopädie. In: Forschung und Wissen. Nachrichten vom Wissenschaftlichen Büchermarkt für Gelehrte und Ungelehrte. Hg. von den verbündeten Verlagen Göschen, Guttentag, Reimer und Trübner 1913.

Boeckh, August: Enzyklopädie und Methodologie der philologischen Wissenschaften. Hg. von Ernst Bratuschek. Leipzig 1877.

Bry, Carl Christian: Buchreihen. Fortschritt oder Gefahr für den Buchhandel? Gotha 1917.

Christmann, Hans Helmut: Romanistik und Anglistik an der deutschen Universität im 19. Jahrhundert. Ihre Herausbildung als Fächer und ihr Verhältnis zu Germanistik und klassischer Philologie. In: Akademie der Wissenschaften und der Literatur Mainz. Abhandlungen der geistes- und sozialwissenschaftlichen Klasse Jg. 1985, Nr. 1, S. 1–40.

Curtius, Ernst Robert: Gustav Gröber und die romanische Philologie [1952]. In: Curtius: Gesammelte Aufsätze zur romanischen Philologie. Bern u.a. 1960, S. 429–455.

Dierse, Ulrich: Enzyklopädie. Zur Geschichte eines philosophischen und wissenschaftstheoretischen Begriffs. Bonn 1977 (Archiv für Begriffsgeschichte. Supplementheft 2).

Froehde, Oscar: Der Begriff und die Aufgabe der Literaturwissenschaft. In: Jahrbücher für classische Philologie 39 (1893) = Neue Jahrbücher für Philologie und Pädagogik 63 (1893), S. 433–445.

Gierl, Martin: Bestandsaufnahme im gelehrten Bereich: Zur Entwicklung der „Historia literaria" im 18. Jahrhundert. In: Denkhorizonte und Handlungsspielräume. Historische Studien für Rudolf Vierhaus zum 70. Geburtstag. Göttingen 1992, S. 53–80.

Gröber, Gustav (Hg): Grundriss der romanischen Philologie. Strassburg: 1888.

Gruner, Frank/Vollhardt, Friedrich: Historia literaria. Neuordnungen des Wissens im 17. und 18. Jahrhundert. Berlin 2007.

[69] Vgl. Trübner-Verlag an Paul, Nr. 328 (3.10.1910), ebd.: „Um Ihnen, sehr geehrter Herr Geheimrat, jede Unannehmlichkeit zu ersparen, bin ich gern bereit, falls Sie es wünschen und mich bevollmächtigen, den einzelnen Herren schriftlich oder mündlich die Sachlage darzulegen und sie zu bitten, den Schritt, den der Verlag im Interesse des Ganzen und der Wissenschaft tun muss, gutzuheissen. Ich glaube, es wird niemand, der weiss, wieviel Mühe grosse Unternehmungen einem Verlag machen, nicht einverstanden sein. Die Briefe würde ich Ihnen selbstverständlich vor der Absendung zur Kenntnisnahme vorlegen. Erlauben Sie mir aber gütigst, noch einmal zu betonen, dass ich Ihnen diesen Vorschlag nur mache, um Ihnen eine Unannehmlichkeit, die aus den wirtschaftlichen Erwägungen des Verlages erwächst, fernzuhalten, ohne in die Rechte des Herausgebers irgendwie eingreifen zu wollen. Wie auch alle Mitteilungen, Anfragen und Vorschläge nur dem Zwecke dienen sollen, Ihnen die Mühen bei der Herausgabe der dritten Auflage, die ja bei der veränderten Situation doppelte sind, nach bestem Wissen und Können zu erleichtern, was bei der zweiten Auflage leider nicht der Fall sein konnte."

Hackel, Christiane: Philologische Fachenzyklopädien. Zu Charakter und Funktion eines wenig beachteten Genres. In: Christiane Hackel/Sabine Seifert: August Boeckh: Philologie, Hermeneutik und Wissenschaftspolitik. Berlin 2013, S. 243–274.

Heinzel, Richard: [Rez.:] Hermann Paul: Grundriß der germanischen Philologie. In: Zeitschrift für die österreichischen Gymnasien 40 (1889), S. 773–777.

Hirschfeld, Johannes: Wissenschaft und Verlagsbuchhandel im kaiserlichen Deutschland. In: Börsenblatt für den Deutschen Buchhandel 88, Nr. 227 (28.9.1921), Sp.1421–1424, 1434–1439.

Hoffmann von Fallersleben, Heinrich: Die deutsche Philologie im Grundriss. Ein Leitfaden für Vorlesungen. Breslau 1863.

Jäger, Georg: Der wissenschaftliche Verlag. In: Geschichte des deutschen Buchhandels im 19. und 20. Jahrhundert. Das Kaiserreich 1870–1918. Teil 1. Im Auftrag der Historischen Kommission hg. von Georg Jäger u.a. Berlin 2001, S. 423–472.

Kalkhoff, Alexander: Begriff und Umfang der Neuphilologie im 19. Jahrhundert – ein Plädoyer für ein historisches Bewusstsein. In: Handeln und Verhandeln. Beiträge zum 22. Forum Junge Romanistik (Regensburg 08.–10.06.2006). Bonn 2007, S. 433–45.

Kern, Manfred: Hodegetik. In: Historisches Wörterbuch der Rhetorik Bd. 3. Berlin 1996, Sp. 1450–1454.

Kindt, Tom/Müller, Hans-Harald: Die Einheit der Philologie. In: Walter Erhart (Hg.): Grenzen der Germanistik. Rephilologisierung oder Erweiterung? Stuttgart u.a. 2004 (Germanistische Symposien. XXVI), S. 22–44.

Knappenberger-Jans, Silke: Verlagspolitik und Wissenschaft. Der Verlag J.C.B. Mohr (Paul Siebeck) im frühen 20. Jahrhundert. Wiesbaden 2011 (Mainzer Studien zur Buchwissenschaft. 13).

Körting, Gustav: Encyklopädie und Methodologie der romanischen Philologie. Mit besonderer Berücksichtigung des Französischen und Italienischen. 3 Bde. Heilbronn 1884–1886.

Körting, Gustav: [Rez.] Gustav Gröber: Grundriss der romanischen Philologie. In: Kritischer Jahresbericht über die Fortschritte der Romanischen Philologie. Unter Mitwirkung von hundertfünfzehn Fachgenossen hg. von Karl Vollmüller und Richard Otto Jg. 1 (1892–1895), S. 147–149.

Körting, Gustav: Handbuch der romanischen Philologie. Gekürzte Neubearbeitung der „Encyklopädie und Methodologie der romanischen Philologie". Leipzig 1896.

Lüdtke, Gerhard: Karl J. Trübner Die Geschichte eines Verlages im deutschen Elsaß (1872–1919). In: Das literarische Echo 23, Heft 1 (1.10.1920), Sp. 1–6.

Mensching, Eckart: Zur Entstehung eines Fortsetzungswerks: Die ‚RE' oder der ‚Pauly-Wissowa'. In: Mensching: Nugae zur Philologie-Geschichte XIII. Berlin 2003, S. 9–33.

Müller, Helen: Im Zeitalter der Sammelwerke. Friedrich Naumanns Projekt eines „Deutschen Staatslexikons" (1914). In: Rüdiger vom Bruch (Hg.): Friedrich Naumann in seiner Zeit. Berlin u.a. 2000, S. 189–207.

Müller, Helen: Wissenschaft und Markt um 1900. Das Verlagsunternehmen Walter de Gruyters im literarischen Feld der Jahrhundertwende. Tübingen 2004 (Studien und Texte zur Sozialgeschichte der deutschen Literatur. 104).

Müller-Wille, Staffan: Carl von Linnés Herbarschrank. Zur epistemischen Funktion eines Sammlungsmöbels. In: Anke te Heesen und Emma C. Spary (Hg.): Sammeln als Wissen. Das Sammeln und seine wissenschaftsgeschichtliche Bedeutung. Göttingen 2001, S. 22–38.

Paul, Hermann (Hg.): Grundriss der germanischen Philologie. Erster Band. Strassburg 1891.

Paul, Hermann (Hg.): Grundriss der germanischen Philologie. Zweite verbesserte und vermehrte Auflage. Erster Band. Strassburg 1901.

Sachs, Carl: Vorschlag zu einer Encyclopädie der modernen Philologie. In: Archiv für das Studium der neueren Sprachen und Literaturen 23 (1858), S. 1–8.

Sauer-Seuffert: Der Briefwechsel zwischen August Sauer und Bernhard Seuffert 1880 bis 1926. Hg. in Verbindung mit Bernhard Fetz und Hans-Harald Müller, von Mirko Nottscheid u.a. Wien u.a. 2020.

Schnädelbach Herbert: Philosophie in Deutschland 1831–1933. Frankfurt a. M. 1983.

Schneider, Ulrich Johannes: Der Aufbau der Wissenswelt. Eine phänotypische Beschreibung enzyklopädischer Literatur. In: Schneider (Hg.): Kulturen des Wissens im 18. Jahrhundert. Berlin u. a. 2008, S. 81–100.

Spree, Ulrike: Das Streben nach Wissen. Eine vergleichende Gattungsgeschichte der populären Enzyklopädie in Deutschland und Großbritannien im 19. Jahrhundert. Tübingen 2000 (Communicatio. 24).

Stierle, Karlheinz: Altertumswissenschaftliche Hermeneutik und die Entstehung der Neuphilologie. In: Philologie und Hermeneutik im 19. Jahrhundert. Zur Geschichte und Methodologie der Geisteswissenschaften. Hg. von Helmut Flashaar u.a. Göttingen 1979, S. 260–288.

Trübner, Karl J.: Brief an Wilhelm Scherer: Nr. 947 (14. Juli 1886). Nachlass Wilhelm Scherer, Archiv der Berlin-Brandenburgischen Akademie der Wissenschaften.

Wolf, Friedrich August: Darstellung der Altertumswissenschaft nach Begriff, Umfang, Zweck und Wert [1807]. Berlin 1985 (Dokumente der Wissenschaftsgeschichte).

Wolf Johanna: Kontinuität und Wandel der Philologien. Textarchäologische Studien zur Entstehung der Romanischen Philologie im 19. Jahrhundert. Tübingen 2012 (Romanica Monacensia).

Yeo, Richard: Encyclopaedic Knowledge. In: Books and the Sciences in History. Hg. von Marina Frasca-Spada und Nick Jardine. Cambridge 2000, S. 207–224.

Ziesak, Anne-Katrin: Der Verlag Walter de Gruyter 1749–1999. Mit Beiträgen von Hans-Robert Cram u. a. Berlin u.a. 1999, S. 165–169.

Jacob Grimms *Deutsche Grammatik* und Wilhelm Scherer. Eine wissenschaftshistorische Untersuchung zur Kultur der Germanistik im 19. Jahrhundert

Hans-Harald Müller

Meine Untersuchung vertritt keine These, sondern wird etwas zeigen. Im ersten Teil erläutere ich, wie es dazu kam, dass Wilhelm Scherer mit der Neuausgabe der Grimmschen Grammatik beauftragt wurde.[1] Im zweiten Teil gehe ich auf Scherers Edition des ersten Bandes der *Deutschen Grammatik* von Jacob Grimm ein. Im dritten Teil untersuche ich die wissenschaftshistorische Konstellation zwischen Grimm und Scherer als Grammatikern, schließe aber mit einem Blick auf Wilhelm Scherer als Kulturhistoriker.

1 Scherer, Jacob und Herman Grimm: (wissenschafts-) historische Zusammenhänge

Wilhelm Scherers Begeisterung für Jacob Grimm setzte nicht erst auf der Universität ein; er fühlte sich schon im Gymnasium „als künftigen Gelehrten" und „schwärmte für Jacob Grimm und das deutsche Alterthum".[2] Bereits auf dem Aka-

[1] Wenn ich im Folgenden von Grimms Grammatik spreche, meine ich, wenn nicht anders angegeben, die zweite Ausgabe des Ersten Bandes von 1822, die für die Beschreibung der Lautlehre entscheidend war und in der wir, wie Rudolf von Raumer schrieb, „großentheils ein ganz neues Werk vor uns" haben Raumer (1870, S. 507).

[2] Wilhelm Scherer: An Gustav Freytag. [Deutsche Zeitung Nr. 5219, 13. Juli, 1886]. In: Scherer (1893, 2, S. 37).

Erstdruck.

H.-H. Müller (✉)
Institut für Germanistik, Universität Hamburg, Hamburg, Deutschland
E-Mail: harrym@uni-hamburg.de

H.-H. Müller (Hrsg.), *Kleine Schritte und große Sprünge*, Abhandlungen zur Literaturwissenschaft, https://doi.org/10.1007/978-3-662-71105-7_4

demischen Gymnasium in Wien erhielt er Unterricht in altdeutscher Philologie und historischer Grammatik; dieser Unterricht gab seiner „Neigung für historische und philologische Studien die entscheidende Richtung auf die deutsche Philologie."[3] In seinen drei Wiener Semestern (1858 bis 1859/60) konnte Scherer seine Kenntnisse in der altdeutschen Philologie und historischen Grammatik erheblich vertiefen. An einschlägigen Lehrveranstaltungen hatte er besucht: bei Franz Pfeiffer *Althochdeutsche Grammatik*, bei Anton Boller *Sanskrit Grammatik, Vergleichende Grammatik der indogermanischen Sprachen, Lehre von der Wurzel* und *Wortbildung in den indogermanischen Sprachen*, schließlich bei Franz Stark *Altnordische Grammatik.*[4] Als er Wien nach drei Semestern verließ, um in Berlin „Methode"[5] zu lernen, hatte er bereits, wie er später schrieb, „in der Sprachwissenschaft einigermaßen Fuß gefaßt": „meine Kenntnis des Sanskrit war freilich gering; aber die Methode[6] hatte ich begriffen, und es standen mir sogar einige Gedanken bereits fest, die mir meines Wissens von niemandem überliefert waren und deren Anerkennung ich mich später durchzusetzen bemühte."[7]

Von nachhaltigem Einfluss auf seinen akademischen Werdegang waren die Empfehlungen, die Scherer aus Wien mitgebracht hatte. Franz Pfeiffer vermittelte die Bekanntschaft mit Jacob Grimm,[8] der klassische Philologe Johannes Vahlen die mit Theodor Mommsen, der seinerseits Scherer an Moriz Haupt und Karl Müllenhoff weiterempfahl. Über die Begegnung mit Grimm schrieb Scherer seinen Eltern Ende April 1860: „auch grimm, der jedoch durch den Tod seines bruders ser gelitten zu haben scheint, war ser liebenswürdig u. forderte mich auf, in öfters zu besuchen."[9] Vierzehn Tage später berichtete er seinen Eltern, er habe Grimm bereits zweimal besucht.[10] Den Eindruck dieser Begegnungen vergaß Scherer weder in seinem Essay über Jacob Grimm aus dem Jahre 1865[11] noch in der Vorbemerkung zu seiner Neuausgabe der „Deutschen Grammatik" zu erwähnen,[12] dort hielt er fest:

---

[3] Scherer, Wilhelm: Bericht über den Gang meiner Studien (1863). In: Scherer (2005, S. 361).

[4] Wiedergegeben nach Sternsdorff (1979, S. 70, Anm. 1).

[5] Scherer (1887, S. 3).

[6] Den Begriff der „Methode" bezieht Scherer in diesem Zitat speziell auf die Grammatik des Sanskrit; im vorigen Zitat bezieht er sich im umfassen Sinne auf die „Methode" der germanistischen Wissenschaft insgesamt, vgl. dazu Müller (2015, S. 81–82).

[7] Scherer (1887, S. 3).

[8] S. dazu Nottscheid (2003).

[9] Scherer, Brief an Anton Stadler vom 26./28. April 1860. In: Scherer (2005, S. 62, Nr. 6); vgl. ebd. Anm. 18 die ausführliche Schilderung über den Besuch, den Scherer Ludwig Speidel 1880 lieferte.

[10] Scherer (2005, S. 64, Nr. 7) vom 11. Mai 1960.

[11] Vgl. Scherer (1865, S. 84–85): „Wer nur einmal in Jacob Grimm's Auge geblickt, das strahlende, helle, im höchsten Alter noch glanz- und feiervolle; wer nur einmal den Ton seiner sanften, etwas bedeckten Stimme vernommen; ja wer ihn nur einmal gesehen über die Straße wandelnd, die Hände auf dem Rücken, das Haupt etwas vorgesenkt, stets wie in tiefen Gedanken: der hat einen Eindruck von ihm den alle unsere Bemühungen, wenn er ihm fehlte, nicht ersetzen könnten."

[12] Grimm (1870, S. XXIII).

„Solche naturen flößen beides ein: ehrfürchtige scheu und warme zuneigung. Diejenigen, die ihr werk fortsetzen, blicken zu ihnen wie zu schützenden genien empor. Das fühlte ich schon damals als ich im frühjahr 1860 zum erstenmale Jacob Grimm gegenüberstand. Er war so freundlich, mild und gütig gegen den jungen studenten, der noch nichts aufzuweisen hatte, als einigen eifer und guten willen. Alle beklommenheit verschwand, mit der ich die treppe hinaufgestiegen war und im vorzimer gewartet hatte. Damals ahnte ich nicht, dass einst das hauptwerk seines lebens durch meine hände gehen sollte, um eine neue gestalt zu gewinnen."

Über weitere Begegnungen mit Grimm und deren Gegenstände finden sich bei Scherer zwischen Mitte 1860 und Grimms Tod (20.9.1863) indessen keine Zeugnisse. Einen gewissen Aufschluss darüber könnte eine Stelle aus Scherers unveröffentlichtem Tagebuch von 1868 geben. Nach der Lektüre der Briefe Jacob Grimms an Franz Pfeiffer[13] notierte Scherer am 15. Juli 1868:

„J[acob] Grimm's Briefe an Pf.[eiffer] Germ.[ania] XI, die mich unb[e]schreiblich gerührt haben, mir erwächst nach u[nd] nach e[in] persönl.[iches] V[er]h[ä]ltnis zu J[acob] Grim[m] das womöglich auch in e[ine]r Umarb[e]it[un]g des Buchs üb.[er] ihn Ausdruck erhalten soll. Und wie es auch schmerzt daß er v.[on] all m[eine]n Bestreb[un]g[e]n nichts mehr gesehen hat, ob ihm di[e]s oder jenes eingeleuchtet haben würde? ob er Freude an mir gehabt hätte? J[acob] Grim[m] Freude zu machen! Wie leicht war es! Pfeiff.[er] hat ihm offenbar hie u[nd] da Freude gemacht u[nd] wie fremd war er doch dem e[i]g[en]tl.[ichen] Tore v.[on] J[acob]Grimms Wesen. Ich brauche mir k[e]inen Vorwurf daraus zu machen daß ich mich v[on] Grim[m] fern hielt, als er mich vor Müllenh.[off] zu warnen begann. Aber hätt' ichs doch lieber nicht gethan."[14]

Worauf Scherer mit den letzten zwei Sätzen Bezug nimmt, ist nicht bekannt.

Auf andere Weise bedeutsam wurde für Scherer die Freundschaft mit Herman Grimm. Den ersten Besuch bei ihm machte Scherer Mitte Mai 1868[15], und über den Freundeskreis, den Grimm ihm eröffnete schrieb eines der Mitglieder:

„Der eigentliche Freundeskreis, in den er [scil. Scherer] eintrat: Herman Grimm, Dilthey u. a. (später Zupitza, Martin, Amelung, Steinmeyer u. a.), wir waren alle etliche Jahre älter als er. Das Haus von Herman Grimm, in welchem Scherer gleichsam als Haussohn galt, war der eine Mittelpunkt, wo die Freunde sich zusammenfanden, ein anderer das von Frau Lina Duncker, einer ausgezeichneten, geist- und gemüthvollen Frau, mit der Scherer fortan in einer schönen, innigen Freundschaft verbunden blieb."[16]

---

[13] Grimm (1866).

[14] Scherer (1868a); für die Transkription des Tagebuchs danke ich Mirko Nottscheid.

[15] Vgl. Scherer (2005, S. 66) den Brief Scherers an seine Eltern vom 21. Mai 1868: „Vorigen Montag (heute vor 8 Tagen) war ich das erstemal in Gesellschaft: bei Hermann *[sic]* Grimm, dem Sohn des verstorbenen Wilhelm. Er hat eine sehr liebenswürdige Frau und auch sonst waren ganz angenehme Leute da, so daß ich mich vollkommen nach Wunsche unterhielt.".

[16] Horawitz (1886, S. 4). Horawitz zitiert hier aus einem Bericht des Historikers Bernhard Erdmannsdörffer, der dem Kreis angehörte.

Aus der Beziehung zu Herman Grimm entwickelte sich – trotz der Verschiedenheit der Charaktere und Einstellungen – eine intensive Freundschaft und Korrespondenz, die bis zu Scherers Tod andauerte. Grimm kannte Scherers wissenschaftshistorische Interessen: er hatte Scherers Nachruf auf seinen Onkel in der *Berliner Allgemeinen Zeitung*[17] gelesen, und er war über den Fortgang von Scherers Aufsatzes über Jacob Grimm informiert, den Rudolf Haym sich für die *Preußischen Jahrbücher*[18] 1864 ausdrücklich erbeten hatte. Grimm wusste auch, dass Karl Müllenhoff Scherer bereits 1862 zu seinem Mitarbeiter an der Edition der *Althochdeutschen Sprachdenkmäler*[19] gemacht hatte, und er konnte den Briefen seines Freundes, der 1862 nach Wien zurückgekehrt war, um dort seine Rigorosen abzulegen, entnehmen, dass Scherer sich nach den intensiven Berliner Erfahrungen an der Wiener Universität nicht wohlfühlte. Daher machte Grimm, der nach dem Tode seines Vaters und Onkels zum Bevollmächtigten der Erben geworden war,[20] Scherer im August 1864, ein Angebot, das dessen, durchaus aber auch seinen eigenen, Interessen entgegenkommen sollte:

> „Ich will Ihnen einen Vorschlag machen. Geben Sie die Correspondenz meines Vaters und Onkels mit Lachmann und Benecke als Kern einer Geschichte der germanistischen Wissenschaft heraus und schreiben Sie dieses Buch in Berlin. Unterstützen Sie mich nebenbei in der Herausgabe der neuen Auflage der deutschen Sagen, an deren Herstellung zum Druck ich hier arbeite, (sowie ich dazu komme) wobei ich Vieles indessen nicht allein zu Stande bringen kann. Diese Arbeit, d. h. die zuerst genannte, giebt Ihnen einen Schwerpunkt und macht Sie ruhiger, überhebt Sie zugleich der Nothwendigkeit, sich auf dem Flecke zu habilitiren, verschafft Ihnen wenn Sie sie beendet haben Anspruch auf eine Berufung, insoweit Ihnen solcher Anspruch noch fehlen sollte, und hält Sie in lebendigem Zusammenhange mit den Leuten Ihres Metiers."[21]

Grimm wiederholte diesen Vorschlag am 19. Dezember 1864 noch einmal knapp: „Mein Vorschlag ging dahin, Sie sollten Wien aufgeben, sich hier einrichten und um Grund zu haben für beides eine Geschichte der deutschen Philologie schreiben auf Grund der Correspondenzen welche ich Ihnen dazu zur Verfügung stellen würde."[22] Scherer antwortete: „Die Aufgabe lockt mich, auch Müllenhoff hält sie für nützlich, u. ganz gewiß wird es wenig Gelehrtencorrespondenzen *[geben]* die sich an Wichtigkeit mit dieser messen könnten."[23] Wegen seiner universitären Verpflichtungen in Wien wollte Scherer von Grimms Vorschlag jedoch zunächst keinen Gebrauch machen; er rechnete sich nämlich auch Chancen für eine akademische Karriere in Wien aus. In den Briefwechsel der Brüder Grimm mit Lachmann nahm

[17] Scherer (1885, S. 344).

[18] Scherer (1864–1865).

[19] Müllenhoff/Scherer (1864).

[20] Vgl. Breslau (2013, S. 160).

[21] Brief Herman Grimms an Wilhelm Scherer vom 5.8.1964, Archiv der Berlin-Brandenburgischen Akademie der Wissenschaften (fortan: ABBAW) NL Scherer 449.

[22] Brief Herman Grimms an Wilhelm Scherer vom 19.12.1864, NL Scherer 449 (ABBBAW).

[23] Brief Scherers an Herman Grimm vom 16./17.12.1864, (Hauptstaatsarchiv Marburg, NL Grimm).

er jedoch bereits für seinen Essay über Jacob Grimm Einblick,[24] dessen erster Teil einer „Geschichte der deutschen Philologie" auf weiten Strecken gleichkommt.[25]

Jacob Grimms *Deutsche Grammatik* war Scherer spätestens seit seinem Studienbeginn vertraut. In einem Bericht über das erste Berliner Semester (1860/61) teilte er seinem Wiener Lehrer Franz Pfeiffer mit, er habe für die Gotischen Übungen bei Müllenhoff „ungefähr die Hälfte des ulfilas teils wieder durchgearbeitet teils neu gelesen – mit ausführlicher und eingehender benutzung von Grimms Grammatik".[26] In einem umfassenderen wissenschaftshistorischen Kontext stellte Scherer die *Deutsche Grammatik* in seinem Essay über *Jacob Grimm* von 1865 dar;[27] unmittelbar produktiv wurde die Beschäftigung mit ihr, als Scherer im Sommersemester 1866 seine Grammatik-Vorlesung konzipierte. Darüber schrieb er Herman Grimm am 14. August 1866:

> „Ich las Grammatik, nicht was fürs Colleg nothwendig war, sondern der Gegenstand selbst nahm mich ganz gefangen, neue Gesichtspunkte und was man Entdeckungen nennt boten sich in verhältnismäßig nicht geringer Menge und der Plan einer einschlägigen Arbeit drängte sich sofort auf. Ich legte Hand an, und jetzt ist ein beträchtlicher Stoß bis auf eine letzte Revision und stellenweise Überarbeitung druckfertig. Aber ich werde immer tiefer und tiefer geführt, l'appetit vient en mangeant, und werde nun Noth haben während der Ferien die Arbeit abzuschließen."[28]

Welche Rolle die *Deutsche Grammatik* für seine Arbeit über die *Geschichte der deutschen Sprache* (1868) spielte, schilderte Scherer Herman Grimm:

> „Während der ganzen Arbeit war es das Andenken Ihres Onkels, das mich mehr begleitete, als der Gedanke an irgend einen der lebenden Beurtheiler. Ich glaube er hätte einige Freude an diesem Buch gehabt u. es wäre vielleicht nicht ganz unwerth gewesen ihm gewidmet zu werden. Tagtäglich war und ist die Grammatik in meinen Händen. Tagtäglich steigt meine Bewunderung vor diesem gewaltigen Buch mit welchem keine Grammatik irgend einer Sprache der Erde verglichen werden kann."[29]

Das Angebot, die *Deutsche Grammatik* neu herauszugeben, erhielt Scherer von Herman Grimm wenige Monate später gewissermaßen über Bande; Grimm schrieb: „Ich habe mit Müllenhoff wegen der Grammatik gesprochen und die Sache so dar-

---

[24] Scherer (1865, S. 3): „Auch daß uns vergönnt war den langjährigen Briefwechsel der Brüder mit Lachmann durchzusehen, ist unserem Versuche an einigen Punkten zu Gute gekommen."

[25] Die Unzufriedenheit mit seinem Essay schränkte Scherer in einem Brief an Müllenhoff vom 30. Dezember ein: „Allerdings mag positiv – für die Geschichte der deutschen Philologie – einiges geleistet sein." Müllenhoff/Scherer (1937, S. 103, Nr. 34).

[26] Brief Scherers an Franz Pfeiffer vom 6.12.1860. In: Scherer (2005, S. 115).

[27] Scherer (1865, S. 88–100).

[28] Brief Scherers an Herman Grimm vom 14.8.1866, (Hauptstaatsarchiv Marburg, NL Grimm).

[29] Brief Scherers an Herman Grimm vom 14.8.1866, (Hauptstaatsarchiv Marburg, NL Grimm). Dass Scherers *Zur Geschichte der deutschen Sprache* (1868) in „der Auseinandersetzung mit Grimms *Deutscher Grammatik* von 1822/37" entstanden sei, ist eine gelinde Übertreibung von Wiesinger (1985, S. 521).

gestellt als hätte ich nur ganz provisorisch mit Ihnen geredet, da es ja Seine Sache eigentlich sei, Ihnen die Arbeit vorzuschlagen.“[30]

2 Scherers Konzeption der Neuausgabe von Jacob Grimms *Deutscher Grammatik*

Über Scherers Arbeit an der Neuausgabe der *Deutschen Grammatik* werde ich mich kurz fassen. Im November 1866 hatte Grimm seinem Freund das Angebot zur Edition der *Deutschen Grammatik* unterbreitet; Scherer war aber, wie er schrieb, mit seinen „Aufsätzen über die Lautverschiebung und über die Auslautgesetze“[31] so sehr beschäftigt, dass er Grimm erst im Februar 1867 seine Überlegungen und Fragen zur Ausgabe des ersten Bandes der *Deutschen Grammatik* vortragen konnte. Der entsprechende Brief ist sehr lang[32] – ich gebe ihn nur in Grundzügen wieder:

1. Es gibt drei verschiedene Ausgaben (1819, 1822, 1840) des ersten Bandes der Deutschen Grammatik. Da die dritte Ausgabe „nur etwa ein Viertel des in der zweiten behandelten Stoffes“ enthält und diesen überdies auch noch in anderer Anordnung, steht für Scherer fest, „daß an ein Zusammenarbeiten beider Ausgaben durchaus nicht gedacht werden kann“.
2. Für den Fall, dass die zweite Ausgabe von 1822 neu gedruckt werden soll, bittet Scherer dennoch um die Zusendung des Handexemplars der dritten Ausgabe, weil man, wie er schreibt, „doch von vornherein nicht wissen kann, wie er bei den Nachträgen verfuhr. Und weil ich nur dann volle Sicherheit der Arbeit habe, wenn ich Alles übersehe was JGr. überhaupt zu einer bestimmten Lehre nachgetragen hat.“ Doch auch in das Handexemplar der ersten Ausgabe möchte er Einsicht nehmen.
3. Schließlich fragte Scherer: „Wie steht es mit Ihres Onkels Collectaneen? Irre ich nicht, so sagten Sie mir nach seinem Tode, er habe die Verbrennung angeordnet. Ist diese meine Erinnerung richtig? Und sind Sie der Bestimmung nachgekommen? Oder sind Collectaneen vorhanden? In diesem Falle würden Sie mir ja wohl die Einsicht gestatten, bei welcher ich das für die Grammatik Brauchbare dann auszöge.“ Auf diese Frage entgegnete Grimm postwendend: „Collektaneen sind allerdings vorhanden, in kleine Bücher eingeschrieben, alle jetzt noch verpackt, ohne Zweifel darüber viel auf die Gr. bezügliches. Sie sollen das Alles sehen wenn Sie kommen.“[33]

Auf Grund der Überlastung Scherers, aber auch wegen Abstimmungsschwierigkeiten mit dem Verleger zog sich die Arbeit an der Neuausgabe der Deutschen

[30] Brief Scherers an Grimm vom November 1866 (Hauptstaatsarchiv Marburg, NL Grimm). – Müllenhoff ging im Briefwechsel mit Scherer auf das Angebot selbst nicht ein, er fragte am 3.2.1867 lediglich nach, ob Scherer es annehmen wolle: Briefwechsel Müllenhoff–Scherer (1937, S. 192, Nr. 69).

[31] Briefwechsel Müllenhoff–Scherer (1937, S. 195 Nr. 70).

[32] Die folgenden Zitate stammen sämtlich aus Scherers Brief an Grimm vom 15.2.1867 (Hauptstaatsarchiv Marburg, NL Grimm).

[33] Grimm, Herman: Brief an Wilhelm Scherer vom 18. Februar 1867, ABBAW NL Scherer 449.

Grammatik über das ganze Jahr 1868 hin. Als der erste Halbband des ersten Bandes satzfertig war, schrieb Scherer an Grimm, er wolle dem ersten Band sehr gern etwas zur „Geschichte der Grammatik" mitgeben: „Auch die 1. Wirkungen, d. h. die Recensionen müßten herbeigezogen werden. Besonders die Recens. der 1. Ausg. des 1. Bandes."[34] Aus diesem Plan, den Scherer in seiner gedruckten Vorbemerkung erwähnte,[35] wurde – auch wegen gesundheitlicher Probleme Scherers[36] – nichts. Im Mai 1869 war der erste Halbband des ersten Bandes ausgedruckt;[37] erst ein Jahr später der zweite Halbband. Am 3. Juni 1870 schrieb Scherer an Grimm: „Das Manuscript der Gramm. Bd. I ist endlich abgeliefert u. ich denke ernstlich an die Vorrede."[38] Die in einem Brief an Müllenhoff angestellte Überlegung, „ob es nicht passend wäre, auch die in vieler Beziehung so merkwürdige Vorrede zum 1. Band wieder mit abzudrucken"[39] scheint Scherer dann aber verworfen zu haben; Müllenhoff hatte gegen diese Idee keine Einwände erhoben.[40] Scherers Vorbemerkung zur Neuausgabe ist vom 28. Juli 1870 datiert, der erste Band von Jacob Grimms *Deutscher Grammatik* erschien zum Herbst 1870 mit der Vorrede zur Ausgabe von 1822 samt der Vorbemerkung Scherers. Das Datum der Vorbemerkung verdient deswegen in Erinnerung gerufen zu werden, weil es vielleicht ein wenig zu erhellen vermag, weshalb Scherer an die Spitze seiner editorischen Vorbemerkung eine zwei Seiten lange nationalistische Expektoration stellte, in der Grimms Grammatik zu einer „Sache des Vaterlandes"[41] verklärt wurde. Die schärfste zeitgenössische Kritik an dieser nationalistischen Funktionalisierung von Grimms Grammatik stammt von Scherers Schüler und engstem Freund Richard Heinzel. Dieser nahm Anstoß an Scherers Satz, die deutsche Philologie „sei gebaut auf das reinste, edelste, heiligste Gefühl, das einen Menschen erfüllen kann, auf die Liebe zu der geistigen Gemeinschaft, der es entstammt, auf die Liebe zu seiner Nation"; Heinzel inkriminierte auch Scherers Behauptung „nie sei dieses Gefühl in einem Deutschen mächtiger gewesen als in J. Grimm", und er fragte sich fassungslos:

> „Und wie man von der deutschen Grammatik, doch einem höchst wesentlichen Bestandtheil der deutschen Philologie, wenn man sie als Alterthumskunde auffasst, behaupten kann, sie sei auf Vaterlandsliebe gebaut, das Wolgefallen also an den deutschen Dialekten als den Sprachen unserer Väter oder Stammesverwandten, habe J. Grimm das Interesse und

---

[34] Scherer führte die von Grimm in das Handexemplar eingetragenen Rezensionen in der Vorbemerkung
an: Grimm (1870, S. XXI, Anm. 1).

[35] Ebd. S. XXI.

[36] Am 16.10 1869 schrieb er Grimm (Hauptstaatsarchiv Marburg, NL Grimm) u. a.: „Und ob ich diese Geschichte der Grammatik als Vorrede des 1. Bandes schreiben werde, ist mir wieder recht zweifelhaft, wenn ich bedenke wie wenig hergestellt ich mich trotz aller Bäder zum mindesten in diesem Augenblick fühle, wie viel u schwere Arbeit meiner für dieses Wintersemester wartet [...]."

[37] Müllenhoff schrieb Scherer am 21.6.1869: „Für Ihren ersten Band der Grammatik danke ich schönstens; es ist doch hier und da allerlei gutes hinzugekommen." Müllenhoff–Scherer (1937, Nr. 69, S. 192).

[38] Scherer an Grimm 3.6.1870 (Hauptstaatsarchiv Marburg, NL Grimm).

[39] Scherer an Müllenhoff vom 12.7.1870; Müllenhoff-Scherer (1937, S. 393, Nr. 163).

[40] Müllenhoff-Scherer (1937, S. 394, Nr. 164).

[41] Grimm (1870, S. XXI).

die Ausdauer geliehen, die deutschen Wurzeln zu sammeln oder die physiologischen und akustischen Wirkungen der Laute auf einander zu beobachten oder den Motiven der Geschlechtsbezeichnungen nachzuspüren – das ist doch völlig unglaublich."[42]

Doch zurück zur Edition. Bei ihr sah Scherer sich mit zwei konfligierenden Zielvorstellungen konfrontiert. Die erste verlangte von ihm, er solle Grimms Grammatik „auf den neuesten stand der forschung"[43] bringen; diese Idee lehnte er mit dem Argument ab, dass bei ihrer Verwirklichung Grimms Grammatik nicht mehr Grimms Grammatik sein würde. Die zweite Zielvorstellung verlangte vom Herausgeber „unveränderten abdruck ohne irgend welche zusätze"[44]. Diese Forderung lehnte Scherer ab, weil er die nach der Drucklegung des ersten Bandes von Jacob Grimm in das Handexemplar der Fassung von 1822 eingefügten späteren Belege als autorisiert betrachtete. Sie sollten der Edition hinzugefügt werden: Grimm nämlich hätte seine Belegsammlungen prinzipiell für unabgeschlossen gehalten und auf Ergänzung angelegt, in Scherers Worten: „Den schein abgeschloßener forschung suchte er nie zu erwecken."[45] Auf der Grundlage dieser Überlegungen sah Scherer seine Aufgabe als Herausgeber „lediglich darin, den gedruckten text der ausgabe von 1822 aus den zusätzen des handexemplars zu vermehren."[46]

Wie Scherer sich dieser Aufgabe im Einzelnen entledigte und welche Bedeutung er Grimms Zusätzen beimaß,[47] könnte allenfalls ein Forschungsprojekt herausbringen. Ich illustriere die Editionsprobleme nur an einem einzigen Beispiel aus dem Abschnitt über das „Wegwerfen der Buchstaben". Abb. 1 zeigt die Seite 26 der ersten Ausgabe der zweiten Fassung des Ersten Buchs von Grimms Grammatik mit den handschriftlichen Zusätzen Grimms;[48] diese Zusätze vermitteln schon bei oberflächlicher Betrachtung den Eindruck, dass sie aus verschiedenen Zeiten stammen.

Abb. 2 zeigt die gleiche Seite in Scherers Handexemplar der Grimmschen Grammatik;[49] Scherer benutzte die Ausgabe von 1822. Der Seite 26 gegenüber befindet sich hier ein eingelegtes Blatt mit den von Scherer handschriftlich übertragenen Zusätzen Grimms – schon ein kurzer Blick lässt erkennen, dass Scherer nur einen Teil der Zusätze Grimms übertrug.

---

[42] Heinzel (1871, S. 354). Eine weitere (positive) Rezension schrieb Scherers Freund Elias von Steinmeyer, s. Steinmeyer (1871).

[43] Grimm (1870, S. XXV).

[44] Grimm (1870, S. XXVI).

[45] Grimm (1870, S. XXIX. – Vgl. hierzu im Zusammenhang neuerdings Kraut (2023, S. 257–255), Kapitel 4.1. „Werkpolitik der Neu- und Nachlassausgaben".

[46] Grimm (1870, S. XXV).

[47] Den Wert der von Scherer beigebrachten Zusätze Grimms hat an Beispielen Heinzel (1871, S. 351–354) sorgfältig dokumentiert.

[48] NL Grimm, Staatsbibliothek Berlin, Preußischer Kulturbesitz (fortan: SBBPK) Libr. impr. c. not. sss. qu. 1914, 1915, Nr. 180, 181; Grimm (1822). – Zu den hs. Zusätzen Grimms vgl. jetzt Kraut (2023, S. 93–134).

[49] NL. Scherer (SBBPK), Nr. 53.

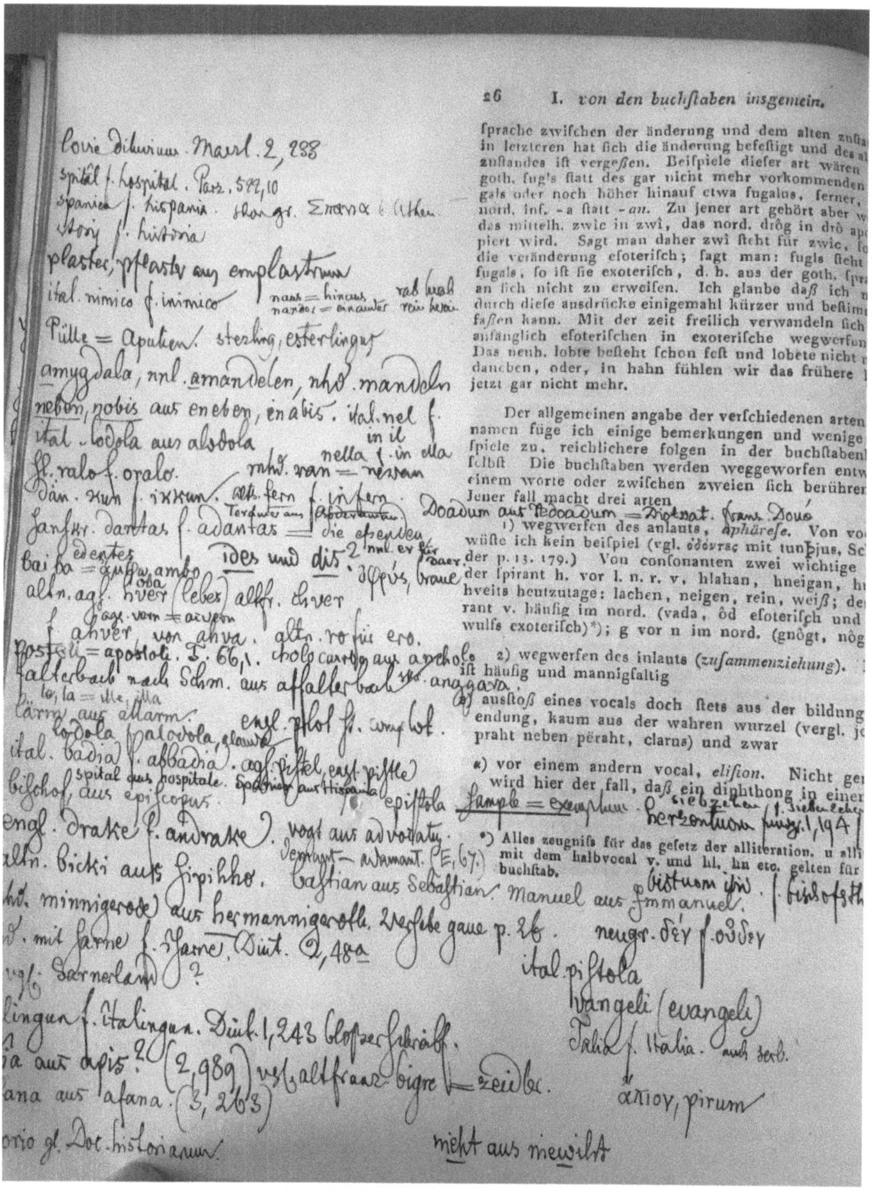
26 I. *von den buchſtaben insgemein.*

ſprache zwiſchen der änderung und dem alten zuſta[nd]
in letzteren hat ſich die änderung befeſtigt und des al[ten]
zuſtandes iſt vergeſſen. Beiſpiele dieſer art wären
goth. fug's ſtatt des gar nicht mehr vorkommenden
gals oder noch höher hinauf etwa fugalus, ferner,
nord. inf. -a ſtatt -*an*. Zu jener art gehört aber w[ohl]
des mittelh. zwie in zwî, das nord. drôg in drô ap[o]
piert wird. Sagt man daher zwî ſteht für zwie, [ſo]
die veränderung eſoteriſch; ſagt man: fugls ſteht
fugals, ſo iſt ſie exoteriſch, d. h. aus der goth. ſpra[che]
an ſich nicht zu erweiſen. Ich glaube daß ich [mich]
durch dieſe ausdrücke einigemahl kürzer und beſtim[mter]
faſſen kann. Mit der zeit freilich verwandeln ſich
anfänglich eſoteriſchen in exoteriſche wegwerfun[gen]
Das neuh. lobte beſteht ſchon feſt und lobete nicht [mehr]
daneben, oder, in hahn fühlen wir das frühere [hane]
jetzt gar nicht mehr.

Der allgemeinen angabe der verſchiedenen arten
namen füge ich einige bemerkungen und wenige
ſpiele zu, reichlichere folgen in der buchſtaben[lehre]
ſelbſt. Die buchſtaben werden weggeworfen entw[eder]
einem worte oder zwiſchen zweien ſich berühren[den]
Jener fall macht drei arten

1) wegwerfen des anlauts, *aphäreſe*. Von vo[cal]
wüſte ich kein beiſpiel (vgl. ὀδόντες mit tunþjus, Sc[...]
der p. 13. 179.) Von conſonanten zwei wichtige
der ſpirant h. vor l. n. r. v. hlahan, hneigan, h[...]
hveits heutzutage: lachen, neigen, rein, weiß; de[...]
rant v. häufig im nord. (vada, ôd eſoteriſch und
wulfs exoteriſch)*); g vor n im nord. (gnôgt, nôg[...]

2) wegwerfen des inlauts (*zuſammenziehung*).
iſt häufig und mannigfaltig

a) ausſtoß eines vocals doch ſtets aus der bildung
endung, kaum aus der wahren wurzel (vergl. j[...]
praht neben përaht, clarus) und zwar

α) vor einem andern vocal, *eliſion*. Nicht ge[...]
wird hier der fall, daß ein diphthong in einer

*) Alles zeugniſs für das geſetz der alliteration. u alli[...]
mit dem halbvocal v. und hl. hn etc. gelten für
buchſtab.

Abb. 1 Jacob Grimms Handexemplar seiner *Deutschen Grammatik*, Teil 1, zweite Ausgabe, Göttingen 1822, S. 26

Die Abb. 3 schließlich zeigt die korrespondierende Seite – hier Seite 22 – aus Scherers Ausgabe von 1870 mit der Anmerkung 1, in welcher die von Scherer handschriftlich übertragenen Zusätze im Druck wiedergegeben sind.[50]

[50] Grimm (1870, S. 22).

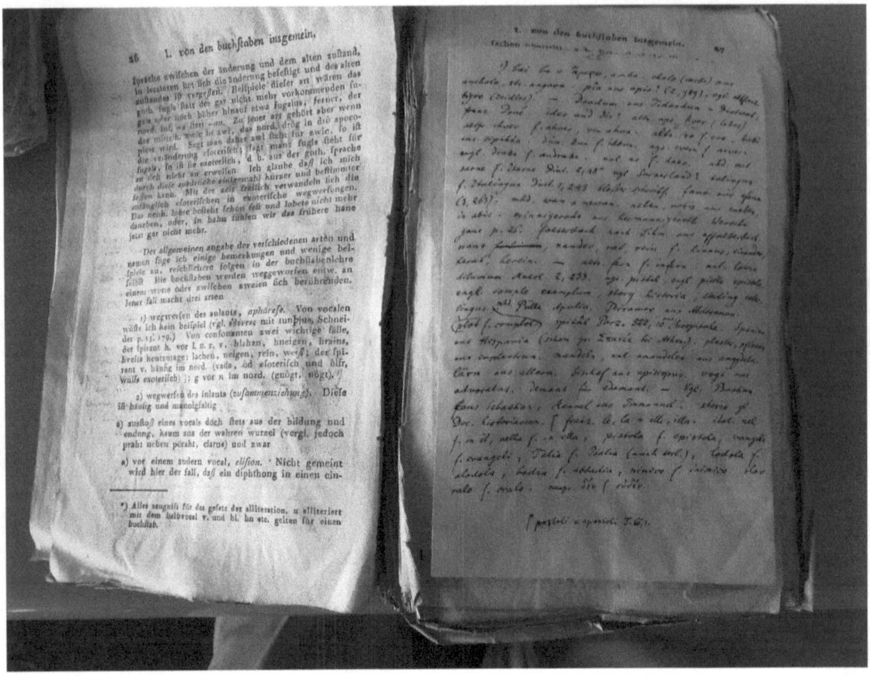

Abb. 2 Jacob Grimm: Deutsche Grammatik. Teil 1, zweite Ausgabe. S. 26 mit Grimms Ergänzungen von Wilhelm Scherers Hand

Über die Auswahl der Zusätze Grimms, die er für seine Ausgabe vornahm, schrieb Scherer in der Vorbemerkung „Zum neuen Abdruck“: „Was nun die zusätze selbst betrifft, so mußte ich natürlich auswählen, und zwar mehr nach gutdünken als nach einem festen princip. Ich bilde mir nicht ein durchweg das richtige getroffen zu haben. Meine absicht war dem publicum nicht zu entziehen was in irgend einem betrachte nutzen stiften konnte.“[51] An Friedrich Zarncke schrieb er über das Auswahlproblem:

„Übrigens ist von den Notizen des Handexemplars benutzt was irgend benutzt werden konnte. Ich fasse die Arbeit wesentlich als ein Werk der Pietät gegen den Verfasser, die deutsche Philologie hängt so persönlich mit Jac. Grimm zusammen, daß uns jede Äußerung seiner geistigen Thätigkeit werthvoll ist. Die Befriedigung welche mir diese Arbeit des Einschaltens gewährt, ist eine außerordentlich geringe. Denn man kommt aus dem Zweifel ob mans recht macht, nie heraus. Umarbeitung des Ganzen auf den neuesten Stand wäre viel leichter u. ersprießlicher, nach meinem Gefühl. Aber darf man das? Wer bin ich daß ich wagen dürfte, an diesem monumentalen Bau auch nur einen einzigen Stein zu verrücken?“[52]

[51] Grimm (1870, S. XXVIII).

[52] Scherer an Friedrich Zarncke 23.7.1868 in: Scherer (2005, S. 261–262, Nr. 89).

22 I. *von den buchſtaben insgemein.*

blahan, hneigan, hráins, hveits heutzutage: lachen, neigen, rein, weiß; der ſpirant v. häufig im nord. (vada, ôd eſoteriſch und ûlfr, vulfs exoteriſch)*); g vor n im nord. (gnôgt, nôgt)[1]).

2) wegwerfen des inlauts (*zuſammenziehung*). Dieſe iſt häufig und mannigfaltig

a) ausſtoß eines vocals doch ſtets aus der bildung und endung, kaum aus der wahren wurzel (vergl. jedoch praht neben pĕraht, clarus) und zwar

α) vor einem andern vocal, *eliſion*. Nicht gemeint wird hier
27 der fall, daß ein diphthong in einen einfachen übertritt, z. b. lieht (lux) in liht, ſondern die eliſion ſetzt einen hiatus, d. h. vocalberührung zwiſchen zwei ſilben voraus, z. b. legjan, wiljo verwandelt in legen, willo (wo gemination der conſonanz den elidierten vocal erſetzt). So iſt das goth. haban aus habáian, ſalbôn aus ſalbôan zu deuten. Auch der zweite vocal kann ausfallen, z. b. vîent, feind.

β) zwiſchen zwein conſonanten, *ſyncope*; der allerhäufigſte fall. So wird aus den alth. anado (zelus) halid (heros) ſâlida (felicitas) etc. mittelh. ande, helt, ſælde. Der Gothe ſyncopiert zwiſchen muta u. liq.; liq. u. muta; liq. u. liq. Der Alth. ſelten zwiſchen muta u. liq. gewöhnlicher zwiſchen liq. u. muta, liq. u. liq. doch beides nur in gewiſſen bildungen, die keiner allgemeinen angabe fähig ſind; für einzelne mundarten und zeiträume laßen ſich einige regeln finden**). Der weggeworfene vocal war ohne zweifel durch eine vorhergehende tonloſigkeit oder ſtummheit vor-

*) Alles zeugniſs für das geſetz der alliteration. u alliteriert mit dem halbvocal v. und hl. hn. etc. gelten für einen buchſtab.

[1]) Bai ba = ἄμφω, ambo. cholo (carbo) aus ancholo, ſkr. angara. pia aus apis? (2, 989), vgl. altfranz. bigre (zeidler). — Doadum aus Tedoadum = Diotwat, franz. Doué. ides und dis? altn. agſ. hver (lebes) altfr. chvor f. ahver, von ahva. altn. III. plur. ro f. ero. bicki aus sipihho. dän. kun f. ikkun. agſ. cvern f. acvern. engl. drake f. andrake. nnl. er f. daer. ahd. mit sarne f. iſarne Diut. 2, 48a vgl. Sarnerland? talingun f. italingun Diut. 1, 243 bloſser ſchreibf. ſana aus afana (3, 263). mhd. wan = newan. neben, nobis aus eneben, in abis. minnigerode aus hermannigeroth Wersebe gaue p. 26. ſalterbach nach Schm. aus affalterbach. naus, nander, rab, rein f. hinaus, einander, herab, herein. — altſ. fern f. infern. mnl. lovie diluvium Maerl. 2, 233. agſ. piſtel, engl. pistle epiſtola. engl. ſample exemplum, ſtory hiſtoria, ſterling eſterlingus. plot f. complot. mhd. Pülle Apulia. Terramer aus Abderaman. ſpitâl Parz. 522, 10 aus hospitale. Spanien aus Hispania (schon gr. Σπανία bei Athen.). plaſter, pflaſter aus emplaſtrum. mandeln, nnl. amandelen aus amygdala. lärm aus allarm. biſchof aus episcopus. vogt aus advocatus. demant aus adamant. — Vgl. Baſtian aus Sebaſtian, Manuel aus Immanuel. ſtoria gl. Doc. hiſtoriarum. poſtoli = apoſtoli T. 66, 1. franz. le, la = ille, illa. ital. nel f. in il, nella f. in ella, piſtola f. epiſtola, vangeli f. evangeli, Talia f. Italia (auch ſerb.), lodola f. alodola, badia f. abbadia, nimico f. inimico. ſlav. ralo f. uralo. neugr. δέν f. οὐδέν.

**) Im mittelh. fällt das *e* nach kurzem vocal und liq. regelmäſsig aus, als hēln (celare) dent (tendit) hern (vaſtare) etc.

Abb. 3 Jacob Grimm: Deutsche Grammatik. Erster Theil. Zweite Ausgabe. Neuer vermehrter Abdruck. Besorgt durch Wilhelm Scherer. Berlin 1870, S. 22

Soweit zu Scherers Edition der Deutschen Grammatik – auf den von Scherer edierten zweiten Band der Grammatik von 1878 gehe ich ebensowenig ein wie auf die von Gustav Roethe bearbeiteten Folgebände.

3 Zur wissenschaftshistorischen Bedeutung von Scherers Neuausgabe

Wie steht nun Scherer als Grammatiker zur *Deutschen Grammatik* Jacob Grimms? Zur Beurteilung dieser Konstellation ist es wichtig zu wissen, dass Scherer schon in Wien historische und vergleichende Studien in der Indogermanistik betrieben und bereits vor dem Studium in Berlin „einige Gedanken" für eigene Arbeiten in der Sprachwissenschaft entwickelt hatte.[53] In dem Nachruf auf Jacob Grimm, den er im Alter von 22 Jahren schrieb – seiner ersten Publikation überhaupt – hatte er Jacob Grimm, im Kontrast zu dessen Bruder, als einen Gelehrten charakterisiert, der „reiche Schätze von Gold und Edelsteinen heimgebracht" und gespeichert, das „Läutern" und „Schleifen" aber „anderen, nachkommenden"[54] überlassen habe. Und er hatte hinzugefügt:

> „Und wieviel von dem bleiben wird, was die ersten Resultate seiner Untersuchung waren, das kann heute niemand sagen. Manches hat sich fortgesetzter Forschung schon anders gestaltet, vielleicht noch mehreres wird weichen müssen. Aber nicht dies ist das Entscheidende an der Wirksamkeit eines großen Mannes, wie wenig er seinen Nachfolgern zu thun übrig gelassen, sondern wie hoch die Ziele waren, die er verfolgt, wie groß der Anstoß, den er gegeben. Ihm selbst waren die Dinge in ununterbrochenem Fluß: das zeigen die zweiten und dritten Bearbeitungen seiner Bücher, die stets zu neuen Werken wurden."[55]

Scherers Freund Heinzel, der den Nachruf schätzte, meinte: „Deinen Mut aber auf allenfalsige Fortschritte über J. Grimm in der Zukunft oder gar auf schon gemachte hinzuweisen, werden dir die Östreicher *[!]* nicht loben; pietäts-herzlos werden sie es finden. Aber gerade das Größte muß man durch solchen Freimut vor späterer Verunglimpfung schützen."[56] Heinzel hatte verstanden dass es Scherers Bestreben war, Jacob Grimms Grenzen als Bedingung seiner Größe zu charakterisieren.[57]

---

[53] Vgl. Scherer (1887, S. 3).

[54] [Scherer:] (1885, S. 344).

[55] Ebd. – Vgl. auch Scherer (1865, S. 87): „Jacob Grimm hatte nicht das Bedürfnis, eine Sache abzuschließen, auszuschöpfen, den höchsten möglichen Grad von Gewißheit darüber zu erreichen und keine Fragezeichen stehen zu lassen ohne Not."

[56] Heinzel, Richard: Brief an Wilhelm Scherer vom 26.10.1863. In: Müller/Oehmichen (2019, S. 156, Nr. 33.)

[57] Fritz Bechtel (1888, S. 164) formulierte das im Nachruf auf seinen Lehrer Scherer so: „Es bleibt für alle zeiten Scherers glänzendes verdienst, inmitten der freudigsten verehrung für Jakob Grimm klar durchschaut zu haben, nach welchen richtungen die grammatik einer weiterführung bedürfe".

In dem 1865 publizierten Essay über Jacob Grimm grenzte Scherer die Forschergeneration, zu der er sich selbst zählte, von der Grimms bereits deutlich ab[58]:

> „Jede Generation ist an sich eine Kritik der ihr vorausgehenden. Nicht so sehr durch ihre Leistungen als durch ihre Tendenzen. Die Ziele, welche Jacob Grimm verfolgte, als er seine grundlegenden Werke schrieb, sind nicht mehr die nämlichen, welche wir bei Werken über dieselben Gegenstände verfolgen würden. Auch seine Methode ist nicht überall mehr die unsrige. Diese Unterschiede festzustellen oder anzudeuten wollen wir versuchen. Und wir dürfen hoffen auf diese Weise am besten auch darüber zu orientieren, was aus der Wissenschaft, welche in so vielen Theilen Jacob Grimm begründet hat, in den Händen Anderer geworden ist und nach unserer Meinung zunächst werden soll."[59]

Es ist gut möglich, dass Scherers Abgrenzung von den Zielen und Methoden Jacob Grimms sich schon auf dessen Grammatik bezogen; im selben Essay beklagte er nämlich, dass diese Grammatik keine Wirkung erzielt und keine adäquate Nachfolge gefunden habe.[60] Nach der Habilitation und Rückkehr nach Wien wandte Scherer sich selbst grammatischen Forschungen zu, und der Vorschlag Herman Grimms, Scherer solle die *Deutsche Grammatik* seines Onkels neu herausgeben, fiel in den Zeitraum, in dem Scherer an eigenen grammatischen Forschungen arbeitete, die er, wie erwähnt, später unter dem Titel *Zur Geschichte der deutschen Sprache* veröffentlichte.[61]

Die Grammatik-Konzeptionen Jacob Grimms und Wilhelm Scherers sind weitgehend inkommensurabel. Ging es Jacob Grimm, stark vereinfacht, um eine möglichst vollständige Sammlung von quellengestützten Belegen, anhand derer – nach keinesfalls selbstevidenten Ordnungsprinzipien[62] – die Konzeption einer vergleichenden Geschichte der germanischen Sprachen anschaulich werden sollte, so ging es Scherer, wiederum stark vereinfacht, in seiner „neuen Behandlung" weniger

[58] Vgl. etwa Scherer (1865, S. 48): „Aber es ist eine häufige Bemerkung an schöpferischen und ursprünglichen Menschen: die Bedingung ihrer Größe bildet ihre Begrenzung. Diejenige Eigenschaft durch welche es allein möglich war eine so staunenswerthe Thätigkeit zu entwickeln wie Jacob Grimm sie von seiner deutschen Grammatik ab entwickelt hat, diese Eigenschaft war ein Mangel. Es fehlte ihm ganz und gar das Bedürfnis, seine Sachen abzuschließen, auszuschöpfen, den höchsten möglichen Grad von Gewißheit darüber zu erreichen, und keine Fragezeichen stehen zu lassen ohne Noth."

[59] Scherer 1865, (S. 2). – Die hier nur angedeutete Abgrenzung zweier geisteswissenschaftlicher Forschergenerationen wird von Scherer verallgemeinert in dem 1870 entstandenen Essay „Die neue Generation" (Scherer 1874).

[60] Scherer (1865, S. 126): „Wenn man aufrichtig sein will, so kann man nicht leugnen, daß die größten Seiten des Grimm'schen Werkes so gut wie ohne Wirkung geblieben sind: die Grammatik in dem Sinne wie er sie wollte existirt bei uns nicht als gepflegte Wissenschaft, sein Buch hat keine legitime und ebenbürtige Nachkommenschaft gehabt." – Zwanzig Jahre später schrieb Scherer: „Indessen die Nachfolger blieben nicht aus. Sprachliche Beobachtungen werden nirgends so eifrig wie in Deutschland betrieben. Das Problem der Lautgesetze steht im Vordergrund aller linguistischen Forschung" (Scherer 1885, S. 225).

[61] In seiner Widmung an Karl Müllenhoff schrieb Scherer, dass er den Plan zu der Arbeit im Sommer 1866 im Anschluss an „Vorlesungen über gothische und altdeutsche Grammatik" gefasst habe. Scherer (1868, S. III), Widmung „An Karl Müllenhoff".

[62] S. dazu Collinge (2001, S. 1213–1214). – Vgl. auch die Untersuchung des Aufbaus der Grammatik Grimms von Pankow (2002).

ausgewählter „Hauptprobleme der germanischen Grammatik“[63] wesentlich um eine prinzipiengeleitete Erklärung des als gesetzmäßig betrachteten Sprachwandels. Zu diesem Zweck sollten alle nicht verifizierbaren Ideen über Entstehung und Verfall der Sprachen aufgegeben[64] und alle empirischen Prozesse des Sprachwandels kausal erklärt werden, und zwar entweder mit physiologischen Erklärungen von Lautübergängen oder mit psychologischen Erklärungen der Analogie von Formübertragungen.[65]

Scherer charakterisierte Grimms *Deutsche Grammatik* 1885 so:

> „Jacob Grimms deutsche Grammatik war, um es mit dürren Worten zu sagen, nicht was der Titel versprach, sondern etwas viel Größeres: eine Geschichte der germanischen Sprachen. Und weil sie die Aufgabe einer vergleichenden Grammatik so ausgezeichnet löste, so war sie ein Grundwerk der historischen und vergleichenden Methode überhaupt, eines der ersten großen Muster, welche für die geschichtlichen Wissenschaften und ihren stolzen Aufschwung im neunzehnten Jahrhundert den Weg der Wahrheit zeigte.“[66]

In Analogie zu dieser Charakteristik ließe sich Scherers *Zur Geschichte der deutschen Sprache* als ein Werk kennzeichnen, das in exemplarischer Weise die Konzeption einer erklärenden Grammatik umriss, wie sie anschließend von den Junggrammatikern ausgearbeitet wurde.[67]

Gestützt und überformt wurde Scherers Grammatik-Konzeption von einer nationalistischen Ideologie, der zufolge er die Sprachgeschichte als die „Entstehung unserer Nation, von einer besonderen Seite angesehen“[68] darstellen und aus der deutschen (Sprach-)Geschichte auf streng wissenschaftlichem Wege ein „System der nationalen Ethik“[69] herleiten wollte. Diese Ideologie spielte in der Wissenschaftshistoriographie der Sprachwissenschaft indes ebensowenig eine Rolle wie Scherers Versuch, „aus der bloßen Lautform die Grundzüge des germanischen Nationalgedankens herauszulesen“,[70] dessen Scheitern er in der zweiten Auflage der *Geschichte der deutschen Sprache* einräumte.[71]

Der Erfolg von Scherers *Zur Geschichte der deutschen Sprache* beruhte weniger auf einzelnen Erkenntnisfortschritten als vielmehr auf der neuartigen theoretischen und methodologischen Konzeption.[72] Zu ihr hatte Scherer an Müllenhoff bereits im Oktober 1867 geschrieben:

---

[63] Scherer (1868, S. V).

[64] Scherer (1868, S. V).

[65] Vgl. dazu Jankowsky (1985, S. 306).

[66] Scherer (1885, S. 171–172).

[67] Vgl. dazu etwa Jankowsky (1996, S. 207).

[68] Scherer (1868, S. IX).

[69] Scherer (1868, S. VII).– Wenngleich aktuell motiviert, geht Scherers Identifikation von historischem und normativem Denken auf Herder und den Neuhumanismus zurück, der die Antike zugleich als empirische Geschichte und zeitlose Norm betrachtete, vgl. dazu etwa Muhlack (1985, bes. S. 98).

[70] Tobler (1868, S. 481).

[71] Scherer (1878, S. XIII, Anm.).

[72] Vgl. dazu Einhauser (1989, S. 65).

„Je mehr ich die ganze Lage unserer Wissenschaft überdenke, desto mehr scheint es mir, daß neue Gedanken, neue Gesichtspuncte, ihr dringender nöthig sind als die letzte äußerste Sorgfalt der Ausführung. Die Methode mit welcher wir zu dieser Sorgfalt des Details auch auf diesem Gebiete einst gelangen können besitzen wir und sie soll uns nicht verloren gehen. Aber da nun in den historischen Wissenschaften überhaupt sich eine Wandlung vollzieht welche ganz neue Fragen aufwirft, so wollen wir zunächst nach vorläufigen Antworten streben, nach einem Fundament in großen Linien, wie Jac. Grimm's Grammatik ein Provisorium unserer Wissenschaft genannte werden kann."[73]

Scherers *Zur Geschichte der deutschen Sprache* hat, so schrieben die Junggrammatiker Osthoff und Brugmann im Vorwort zu ihren *Morphologischen Untersuchungen* „die physiognomie der vergleichenden sprachwissenschaft nicht unbeträchtlich verändert"[74], und selbst der Scherer-Gegner Hermann Paul konzedierte in seinem Verriss der 1878 erschienenen zweiten Auflage von Scherers Buch

„Es ist keine Frage, dass durch die 1868 erschienene erste Auflage dieses Buches, wiewohl sie des Verfehlten viel mehr enthielt als des Richtigen, die deutsche Grammatik und auch die weitere vergleichende Sprachwissenschaft sehr gefördert ist. Die umfassende Verwerthung der Lautphysiologie, die grössere Strenge in der Handhabung der Lautgesetze, die ausgedehnte Heranziehung der sogenannten falschen Analogie bei der Formerklärung, das Hinausgreifen bei der Bestimmung der urgermanischen Formen über das Gotische auf die übrigen altgermanischen Dialecte, insonderheit das Althochdeutsche, die Fülle von neuen Ideen, wodurch theils zuerst die richtigen Bahnen betreten wurden, theils, wo sie irre gingen, doch die Aufmerksamkeit auf Fragen gelenkt ward, die bisher noch nicht aufgeworfen waren, alles das waren Vorzüge, wodurch das Werk einen bedeutenden Anstoss zur Weiterentwicklung geben musste. Und Niemand wird läugnen, dass der Fortschritt, der seitdem gemacht ist, zu einem nicht unbedeutenden Theile den Anregungen Scherer's zu verdanken ist. Aber eben so wenig darf geläugnet werden, dass dieser Fortschritt ein sehr erheblicher ist, dass man sowohl in Bezug auf die positiven Resultate als in Bezug auf die Methode weit über Scherer's damaligen Standpunkt hinausgekommen ist."[75]

Den Abschluss dieses kurzen und ein wenig rauen wissenschaftsgeschichtlichen Rückblicks mag ein kulturhistorischer Einblick in Scherers Arbeit bilden. Wilhelm Scherer war nicht allein ein glühender preußischer Nationalist, er war vor allem auch ein begabter Wiener Schriftsteller, und er hatte ein geöffnetes Auge für kulturelle Eigenheiten. Seinem Auge bot sich die Grammatik Jacob Grimms nicht allein als ein wissenschaftlichen Beitrag zur historischen Sprachwissenschaft dar, sondern zugleich als *document humain*. „Nie ist das wissenschaftliche Leben, nie sind die Werke eines Gelehrten" schrieb er, „in so hohem Grade zugleich Selbstdarstellungen gewesen wie bei Jacob Grimm. Und das hat der Objectivität seiner Beobachtungen nicht geschadet."[76] „Jacob Grimm hat sich in allen seinen werken immer persönlich über der arbeit, in vollem schaffen, ruhelos, erwägend, zweifelnd, berichtigend, um-

---

[73] Scherer an Müllenhoff, Anfang Oktober 1867, in: Müllenhoff-Scherer (1937, S. 236, Nr. 84).

[74] Osthoff/Brugmann (1878, S. III).

[75] Paul (1879, S. 307–308). – Vgl. auch die Zusammenfassung in der Rezension von Delbrück (1869, S. 128) sowie Delbrück (1919, S. 120).

[76] W. Sch.: Zur Charakteristik Jacob Grimm's. [Deutsche Zeitung Nr. 140 (23.5.1872), S. 4] In: Scherer (1893, S. 20).

Abb. 4–9 Jacob Grimm: Einlegeblätter

gestaltend dargestellt.“[77] Sein „handexemplar der grammatik“ habe Grimm „wie ein archiv persönlicher erinnerungen behandelt“, und Scherer beschrieb dieses Handexemplar im Folgenden nicht wie ein positivistischer Philologe des Jahres 1870, sondern wie ein kulturgeschichtlich inspirierter Praxeologe des Jahres 2020. „Soll ich“, fuhr Scherer fort (Abb. 4, 5, 6, 7, 8 und 9),

> „alle die zahllosen blumen, blätter, kränze, bänder, federn beschreiben, die darin liegen? Ein paar bilder ohne kunstwerth hat er sich ausgeschnitten und aufbewahrt, weil das motiv ihn wol gemüthlich berührte: eine mutter, die ihr kind aus der wiege genommen hat und liebkost; ein bauer, der am waldesausgang eine schwere wagenlast vorwärts treibt mit der aussicht auf die ferne stadt, sein vermuthliches ziel. Auf ein lesezeichen mit dem kreuztragenden christus in gepreßtem papier sind die worte ‚zum andenken' aufgestickt. Auf einem pelargoniumblatt steht von jacobs hand '4. jan. 1824 vom D. in die schuhe': offenbar der rest eines geburtstagsstraußes. Ein ahornblatt ist im ersten band S. 85 aufgeklebt und ganz mit tagesdaten beschrieben. Das älteste ist 6.2. 1812, viele Jahre älter mithin als die grammatik, das jüngste ist 8.11. 1861, zwei jahre vor seinem tode. Hat er sich jedesmal notiert, wenn er das blatt wieder betrachtete?“[78]

[77] Grimm (1870, S. XXIX).

[78] Grimm (1870, S. 24–25). – Vgl. Benninghoff-Lühl (2012.)

Scherer fährt noch eine Weile fort mit der Beschreibung der von Jacob Grimm eingelegten Dinge, um zu schließen: „So beschaffen ist die quelle, aus der bei vorliegendem abdruck geschöpft wurde. Ich glaubte, sie genau beschreiben zu müßen."[79] Da war Karl Müllenhoff andrer Meinung. Er fand Scherers Vorbemerkung zu Jacob Grimms Grammatik „zu schön, zu österreichisch oder wenn Sie wollen zu essayistisch [...] Darüber kann ich und können auch andre nicht gut hinweg."[80] –

Die Forschung ist darüber hinweggekommen.

Literatur

Bechtel, Fritz: Wilhelm Scherer. In: Beiträge zur Kunde der indogermanischen Sprachen 13 (1888), S. 163–173.

Benninghoff-Lühl, Sibylle: Geflügelte Blumen. Zur Poesie der botanischen Erinnerungszeichen im Nachlass von Jacob und Wilhelm Grimm. In: Brüder Grimm Gedenken 17 (2012), S. 295–322.

Breslau, Ralf: Der Nachlass Grimm in der Staatsbibliothek zu Berlin. In: Rotkäppchen kommt aus Berlin. 200 Jahre Kinder- und Hausmärchen in Berlin. Berlin 2013 (Staatsbibliothek zu Berlin –Preußischer Kulturbesitz. Ausstellungskatalog N. F. 57), S. 158–167.

Collinge, Neville E.: The Introduction of the Historical Principle into the Study of Languages: Grimm. In: Auroux Sylvain u. a. (Hg.): History of the Language Sciences [...]. An International Handbook on the Evolution of the Study of Language from the Beginnings to the Present 2. Berlin u. a. 2001 (HSK 18.2), S. 1210–1223.

Delbrück, Berthold: Wilhelm Scherer: Zur Geschichte der deutschen Sprache. Berlin 1868. In: Zeitschrift für deutsche Philologie 1 (1869), S. 124–128.

Delbrück, B[erthold]: Einleitung in das Studium der indogermanischen Sprachen. Ein Beitrag zur Geschichte und Methodik der vergleichenden Sprachforschung. Sechste, durchgesehene Auflage [[1]1880]. Leipzig 1919. [Bibliothek indogermanischer Grammatiken. 4).

Einhauser, Eveline: Die Junggrammatiker. Ein Problem für die Sprachwissenschaftsgeschichtsschreibung. Trier 1989.

Grimm, Jacob: Deutsche Grammatik. Teil 1, 2 Ausgabe Göttingen 1822.

Grimm J.[acob]: Briefe an Franz Pfeiffer. In: Germania 11 (1866), S. 111–128 u. 239– 256.

Grimm, Jacob: Deutsche Grammatik. Erster Theil. Zweite Ausgabe. Neuer vermehrter Abdruck. Besorgt durch Wilhelm Scherer. Berlin 1870.

Heinzel, Richard: [Rez.:] Jacob Grimm: Deutsche Grammatik [...] besorgt durch Wilhelm Scherer. Berlin 1870. In: Zeitschrift für die österreichischen Gymnasien 22 (1871), S. 350–355.

Horawitz, Adalbert: Wilhelm Scherer. Ein Blatt der Erinnerung. In: Monatsblätter des wissenschaftlichen Club in Wien, außerordentliche Beilage zu Jg. 8, Nr. 3 (15.12.1886), S. 1–28.

Jankowsky, Kurt R.: Wilhelm Scherer's *Zur Geschichte der deutschen Sprache*. A Milestone in 19th Century Linguistics. In: Amsterdam Studies in the Theory and History of Linguistic Science. Series IV: Current Issues in Linguistic Theory 34 (1985), S. 301–311.

Jankowsky, Kurt R.: Development of Historical Linguistics from Rask and Grimm to the Neogrammarians. In: Peter Schmitter (Hg.): Sprachtheorien der Neuzeit II. Von der Grammaire de

[79] Grimm (1870, S. 25).

[80] Müllenhoff an Scherer 17.1.1871, in: Müllenhoff/Scherer (1937, S. 412).

Port Royale (1660) zur Konstitution moderner linguistischer Disziplinen. Tübingen: 1996 (Geschichte der Sprachtheorie. 5), S. 191–215.

Kraut, Philip Alexander: Die Arbeitsweise der Brüder Grimm. Stuttgart 2023.

Müllenhoff, Karl / Scherer, Wilhelm (Hg.): Denkmäler deutscher Sprache und Poesie und Prosa aus dem VIII.–XII. Jahrhundert. Berlin 1864.

Müllenhoff, Karl / Scherer, Wilhelm: Briefwechsel. Im Auftrage der Preußischen Akademie der Wissenschaften hg. von Albert Leitzmann. Mit einer Einführung von Edward Schröder. Berlin: 1937. (Das Literatur-Archiv. 5).

Müller, Hans-Harald: Zwischen Gelehrtenbehavioristik und Wissenschaftsethik. Wissenschaftliche Selbstreflexion bei Wilhelm Scherer. In: Ethos und Pathos der Geisteswissenschaften. Konfigurationen der wissenschaftlichen Persona seit 1750. Hg. von Ralf Klausnitzer u.a. Berlin 2015 (Historia Hermeneutica. Series Studia. 12), S. 79–92.

Müller, Hans-Harald / Oehmichen, Felix (Hg.): Richard Heinzel: Briefe an Wilhelm Scherer. Unter Mitarbeit von Christine Putzo. Stuttgart 2019 (Beiträge zur Geschichte der Germanistik. 11).

Muhlack, Ulrich: Klassische Philologie zwischen Humanismus und Neuhumanismus. In: Rudolf Vierhaus (Hg.): Wissenschaften im Zeitalter der Aufklärung. […]. Göttingen 1985, S. 93–119.

Nottscheid, Mirko: Franz Pfeiffers Empfehlungsschreiben für Wilhelm Scherer bei Jacob Grimm (1860). In: Brüder Grimm Gedenken 15 (2003), S. 36–41.

Osthoff, Hermann / Brugmann, Karl: Morphologische Untersuchungen auf die Gebiete der indogermanischen Sprachen. Erster Theil. Leipzig 1878.

Pankow, Christiane: Die Wirkung der Deutschen Grammatik von Jacob Grimm auf die grammatischen Ansichten russischer Sprachforscher im 19. Jahrhundert. Ein Beitrag zur Theoriebildung in der Linguistik. Tübingen 2002 (Tübinger Beiträge zur Linguistik. 458), S. 106–135.

Paul, Hermann: [Rez.:] Wilhelm Scherer, Zur Geschichte der deutschen Sprache. Zweite Ausgabe. Berlin 1878. In: Jenaer Literaturzeitung 6 (1879), S. 307–311.

Raumer, Rudolf von: Geschichte der Germanischen Philologie vorzugsweise in Deutschland. München: 1870 (Geschichte der Wissenschaften in Deutschland. Neuere Zeit. 9).

Scherer, Wilhelm: Jacob Grimm. In: Preußische Jahrbücher 14 (1864), S. 632–680 und 15 (1865), S. 1–32 und 16 (1865), S. 1–47 und 99–139.

Scherer, Wilhelm: Jacob Grimm. Zwei Artikel der Preußischen Jahrbücher […]. Berlin 1865.

Scherer, Wilhelm: Zur Geschichte der deutschen Sprache. Berlin 1868.

Scherer, Wilhelm: Tagebuch, Mai bis Juli 1868, unpubliziert, Staatsbibliothek Berlin – Preußischer Kulturbesitz, NL Scherer 166.

Scherer, Wilhelm: Vorträge und Aufsätze zur Geschichte des geistigen Lebens in Deutschland und Österreich. Berlin 1874, S. 408–414.

Scherer, Wilhelm: Zur Geschichte der deutschen Sprache. Zweite Ausgabe. Berlin 1878.

[Scherer, Wilhelm:] Jacob Grimm. [zuerst anonym in: Berliner Allgemeine Zeitung. 25. September. Nr. 447.] In: Scherer, Jacob Grimm. Zweite verbesserte Auflage. Berlin: Weidmann 1885, S. 341–348.

Scherer, Wilhelm: Briefe von Wilhelm Scherer. Mitgetheilt von Speidel, Ludwig. In: Neue Freie Presse Nr. 8269 (4.9.1887) S. 1–4.

Scherer, Wilhelm: Kleine Schriften zur altdeutschen Philologie. Hg. von Konrad Burdach. Berlin 1893 (Kleine Schriften. Hg. von Konrad Burdach und Erich Schmidt. Erster Band).

Scherer, Wilhelm: Kleine Schriften zur neueren Litteratur, Kunst und Zeitgeschichte. Hg. von Erich Schmidt. Berlin 1893 (Kleine Schriften. Hg. von Konrad Burdach und Erich Schmidt. Zweiter Band).

Scherer, Wilhelm: Briefe und Dokumente aus den Jahren 1853 bis 1886. Hg. und kommentiert von Mirko Nottscheid und Hans-Harald Müller, unter Mitarbeit von Myriam Isabell Richter. Göttingen: 2005 (Marbacher Wissenschaftsgeschichte. 5).

Steinmeyer, Elias von: [Rez.:] Jacob Grimm: Deutsche Grammatik […]. In: Litterarisches Centralblatt für Deutschland Nr. 13 (1. April 1871), S. 320–321.

Sternsdorff, Jürgen: Wissenschaftskonstitution und Reichsgründung. Die Entwicklung der Germanistik bei Wilhelm Scherer. Eine Biographie nach unveröffentlichten Quellen. Frankfurt am Main u. a. 1979 (Europäische Hochschulschriften. Reihe I, Bd. 321).

Tobler, Ludwig: [Rez.:] Wilhelm Scherer: Zur Geschichte der deutschen Sprache. In: Germania 13 (1868), S. 480–483.

Wiesinger, Peter: Jacob Grimm und Wilhelm Scherer als Sprachhistoriker. In: Zeitschrift für Phonetik, Sprachwissenschaft und Kommunikationsforschung 38 (1985), S. 519–532.

Eine ganz andere Germanistik. Hinweis auf den österreichischen Germanisten Richard Heinzel

Hans-Harald Müller

Wilhelm Scherer (1841–1886) ist als Begründer der neueren Germanistik bekannt. Sein Freund Richard Heinzel (1838–1905), einer der bedeutendsten Germanisten des 19. Jahrhunderts, ist selbst im eigenen Fach vergessen. Richard Heinzel war in Wissenschaft und Lebensführung ein moderner Gelehrter, der an nichts glaubte – nicht einmal an die Wissenschaft. Darin unterschied er sich von Scherer. Doch nicht von ihm allein.

Der in Istrien geborene Heinzel wurde von Scherer während des Studiums in Wien in die Germanistik hineingezogen; eigentlich gefiel sie ihm nicht. Er war von der klassischen und den romanischen Literaturen geprägt. „Gegen die Alten sind die übrigen Poeten und Historiker doch insgesammt Profanscribenten",[1] schrieb er an Scherer. Die romantische Liebe zum deutschen Altertum ging ihm ab. „Kein gelehrtes, aber auch kein nationales oder politisches Vorurteil hat ihm jemals den scharfen Blick für die Tatsachen getrübt",[2] meinte sein Wiener Schüler Jakob Minor. Richard Heinzel war ein überzeugter Empirist Mill'scher Schule. Empirische Detailforschung galt ihm indes nicht als Selbstzweck, sondern als Voraussetzung für die Auffindung und Bearbeitung anspruchsvollerer wissenschaftlicher Probleme.

[1] Brief Heinzels (Nr. 18) an Wilhelm Scherer vom 18.2.1862. In: Müller/Oehmichen (2019, S. 121).

[2] Minor (1905, S. 316).

Erstdruck in: Geschichte der Germanistik 53/54 (2018), S. 114–116.

H.-H. Müller (✉)
Institut für Germanistik, Universität Hamburg, Hamburg, Deutschland
E-Mail: harrym@uni-hamburg.de

H.-H. Müller (Hrsg.), *Kleine Schritte und große Sprünge*, Abhandlungen zur Literaturwissenschaft, https://doi.org/10.1007/978-3-662-71105-7_5

Mit Wilhelm Scherer verband ihn in Wien eine sehr enge Freundschaft, später ein intensiver Briefwechsel, der bis zu Scherers Tod (1886) andauerte. Scherer, der nach dem Studium in Wien und Berlin eine steile Karriere machte, gelang es, Heinzel zur Germanistik zu überreden. Mehr bedurfte es nicht, denn Heinzel war ein vielsprachiger origineller Kopf, zu philologischer Forschung disponiert und dem Beruf des Gymnasiallehrers derart abgeneigt, dass er aus Überdruss einen Kollegen im Lehrerzimmer ohrfeigte, vom Dienst suspendiert wurde und zwei Jahre der Familie eines rumänischen Fürsten in der Walachei als Hofmeister dienen durfte. „Ich habe für die Wissenschaft mehr verloren und für das Leben mehr gewonnen, als ich gedacht habe",[3] fasste er die Erfahrungen dieser Zeit zusammen. Vor der erneuten Philisterexistenz eines Gymnasiallehrers retteten Heinzel seine Promotion und Wilhelm Scherer. Diesem gelang es, nicht zuletzt aufgrund guter Beziehungen zur Berliner Wissenschaft und zum Wiener Kultusministerium, Heinzel 1868 auf ein Ordinariat in Graz zu bringen. Neben der Dissertation hatte Heinzel bis dahin einen Aufsatz verfasst, und eine Rezension. Fünf Jahre später veranlasste Scherer, dass Heinzel sein Nachfolger auf der Wiener Lehrkanzel wurde.

„Meine Carrière ist ausser allem Verhältnisse zu meinen Leistungen",[4] bekannte Heinzel. Dass er für sie keine Verpflichtungen eingegangen war, prägte sein Berufsethos: Heinzel war ein gänzlich unabhängiger Wissenschaftler. Er konnte es sich leisten, nicht regelmäßig zu publizieren, nicht ‚projektförmig' einzelne Vorhaben nach einander abzuarbeiten. Er widmete sich stets mehreren Themen gleichzeitig; Detailforschungen schloss er zügig ab, an seinen großen Themen laborierte er viele Jahre. Seine Forschungen galten der althochdeutschen, der mittelhochdeutschen und altfranzösischen Literatur, der altnordischen Grammatik und der ‚niederfränkischen Geschäftssprache'; später beschäftigte er sich vor allem mit sagenwissenschaftlichen Untersuchungen, die dem Handlungskern, der Komposition und Proliferation europäischer Sagenstoffe, wie etwa der Nibelungen oder der Gral-Sage, galten.

Heinzel war ein musischer Mensch, letztlich interessierten ihn vor allem poetische Fragen. Anders als Scherer fasste er Literaturgeschichte nicht als Geschichte des geistigen Lebens auf, sondern als poetische Kunstgeschichte. In zwei großen Arbeiten über die Beschreibung der isländischen Saga und des geistlichen Schauspiels im Mittelalter suchte er einen allgemeingültigen „Kanon für die Beschreibung poetischer Kunstwerke" aufzustellen. Die vom Historismus geprägte Germanistik verstand solche systematischen Untersuchungen nicht; im Kontext von Strukturalismus und Narratologie wird ihre zukunftweisende Bedeutung allmählich erkennbar.

„Die Wissenschaft hat Heinzels Seele nicht ausgefüllt",[5] schrieb einer seiner Schüler. Heinzel arbeitete sehr viel, aber das Ethos und die Pflichtauffassung Scherers teilte er nicht. Im Unterschied zu ihm spürte er „nicht den mindesten Trieb zu

[3] Brief Heinzels (Nr. 51) an Wilhelm Scherer vom 12./20. Oktober 1864. In: Müller/Oehmichen (2019, S. 188).

[4] Brief Heinzels (Nr. 158) an Wilhelm Scherer vom 16.1.1873. In: Müller/Oehmichen (2019, S. 354).

[5] Jellinek (1905, S. 577).

lehren". Was ihn motivierte, umriss er mit dem Satz: „Die geistige Gymnastik und die Illusion, irgend einen verborgenen Zusammenhang unerklärter Dinge gefunden zu haben, sind neben den äusserlichsten Motiven, dass es z. B. unanständig sei, wenn ich nicht von Zeit zu Zeit etwas drucken lasse, die einzigen, die mich zur Arbeit bringen".[6] Heinzel war ein nervöser Charakter, der immer wieder von Arbeitsstörungen heimgesucht wurde, die vom *ennui* bis zur Apathie reichten. Mit seinen Kollegen verkehrte er „cordial, aber ohne Intimität".[7] Er war ein eleganter Mann, pflegte Beziehungen zu Damen aus der Wiener Gesellschaft, „versäumte aber das Heiraten",[8] wie er anmerkte; aus dem geselligen Verkehr in Wien zog er sich allmählich zurück.

Er widmete sich zahlreichen Beschäftigungen, die mit der Germanistik in keinem Zusammenhang standen. Die wichtigste von ihnen war zweifellos die nie unterbrochene Lektüre der griechischen und lateinischen Klassiker sowie der modernen französischen und italienischen Literatur; seine Lieblingsautoren blieben seit der Studienzeit Machiavelli und Montaigne. Daneben zeichnete er viel, schrieb einige Novellen, die nicht erhalten sind, und notierte seine Träume. Er war ein passionierter Reiter, liebte das Schwimmen, Rudern, Eislaufen und Pistolenschießen. Mit einer dieser Pistolen erschoss er sich am 4. April 1905, als er wegen schwerer gesundheitlicher und unlösbarer privater Problem nicht mehr leben wollte.

Den einzigen ernsthaften Dissens zwischen Heinzel und seinem Freund bildeten die deutschnationalen Reden, die Scherer nach 1870 hielt; sie trugen ihm eine kultusministerielle Zurechtweisung ein. „Ich verstehe dass man conspiriert," meinte Heinzel, „aber nicht dass man seine Gefühle in die Luft hinaussingt, um sich an der mehr oder minder kräftigen Resonanz zu erfreuen."[9] Konfrontiert mit der allseits „einbrechenden Deutschthümelei"[10] wünschte Heinzel sich, ein „chinesischer oder indischer Philolog zu sein statt altdeutscher. Dort ist man doch von Leuten verschont, welche die Wissenschaft zum Patriotismus mißbrauchen und Bücher schreiben, um eine Pflicht gegen die Nation zu erfüllen."[11]

Mit seiner rigiden empiristischen Wissenschaftskonzeption, die der Poesie aufgeschlossen war, verkörperte Heinzel eine österreichische Forschungsrichtung und ein Profil europäischer Gelehrsamkeit, wie es sie in der Germanistik des Deutschen Reichs nicht gab. Dass diese Forschungsrichtung bislang nicht erforscht ist, hängt mit der zäh und unheilvoll bis in die Gegenwart nachwirkenden Auffassung zusammen, dass die Geschichte der Germanistik identisch ist mit der Geschichte der Germanistik im Deutschen Reich – die Schweiz und Österreich kommen in dieser Geschichte nicht vor.

---

[6] Brief Heinzels (Nr. 193) an Wilhelm Scherer vom 24.1.1875. In: Müller/Oehmichen (2019, S. 402).

[7] Brief Heinzels (Nr. 78) vom 12.2.1869. In: Müller/Oehmichen (2019, S. 239).

[8] Brief Heinzels (Nr. 225) vom 10.4.1876. In: Müller/Oehmichen (2019, S. 439).

[9] Brief Heinzels (Nr. 156) vom 3.11.1872. In: Müller/Oehmichen (2019, S. 350).

[10] Brief Heinzels (Nr. 129) vom 24.3.1871. In: Müller/Oehmichen (2019, S. 319).

[11] Brief Heinzels an Samuel Singer vom 7.5.1891, zitiert nach Singer (1912, S. 210).

Zur Säkularfeier 1900 erschien in Leipzig ein stattliches Werk: „Das Goldene Buch des deutschen Volkes an der Jahrhundertwende“. Zu diesem Buch steuerte Heinzel einen Satz bei, den, zumal an dieser Stelle, kein reichsdeutscher Germanist gedacht, geschweige denn geschrieben hätte: „Ein Germanist dient dem deutschen Namen am besten, wenn er die deutsche Vergangenheit nicht anders behandelt als die eines unverwandten Volkes.“[12]

Literatur

Das Goldene Buch des deutschen Volkes an der Jahrhundertwende. Eine Überschau vaterländischer Kultur und nationalen Lebens in 76 Einzeldarstellungen aus der Feder hervorragender Fachmänner, über 100 Bildnissen, Aussprüchen und Lebensbeschreibungen lebender deutscher Männer und Frauen und 37 Kunstbeilagen. Leipzig [1899], Wissenschaft.

Jellinek, Max Herrmann: Richard Heinzel. In: Zeitschrift für die österreichischen Gymnasien 56 (1905), S. 577–591.

Minor, Jakob: [Nachruf auf Richard Heinzel]. In: Almanach der kaiserlichen Akademie der Wissenschaften 55 (1905), S. 313–316.

Müller, Hans-Harald / Oehmichen, Felix (Hg.): Richard Heinzel: Briefe an Wilhelm Scherer. Unter Mitarbeit von Putzo, Christine. Stuttgart 2019 (Beiträge zur Geschichte der Germanistik. 11).

Singer, Samuel: Richard Heinzel. In: Singer: Aufsätze und Vorträge. Tübingen 1912, S. 183–280.

[12] Das Goldene Buch (1899, S. 47).

Nationalphilologie und ,Vergleichende Literaturgeschichte' zwischen 1890 und 1910. Eine Fallstudie zur Konzeption der Wissenschaftshistoriographie der Germanistik

Tom Kindt und Hans-Harald Müller

„Bei den Schülern eines Ranke, Helmholtz, Scherer ist durch alle Gegensätze hindurch eine gewisse Familienähnlichkeit nicht zu verkennen; Bernays steht den Individualitäten, die der ihm gewidmete Sammelband vereinigt, nicht als ihr intellektueller Urheber und Vater, sondern gewissermaßen nur als guter Onkel gegenüber."[1] Mit diesem launigen Satz umriss Richard Moritz Meyer 1893 anlässlich einer Festschrift für Michael Bernays nicht allein eine große Bandbreite möglicher Lehrer-Schüler-Beziehungen – er machte mit dem Hinweis auf die „gewisse Familienähnlichkeit" zugleich auf das zentrale Problem bei der Bestimmung des „Schule"-Begriffs aufmerksam.

Unsere Fallstudie wird im ersten Schritt darlegen, weshalb wir in wissenschaftshistorischen Rekonstruktionen auf den „Schule"-Begriff verzichten wollen und welche Begriffe wir ihm vorziehen. Ziel unseres Modellierungsvorschlags ist eine Form von Wissenschaftshistoriographie, die versucht, die Sichtweisen der Akteure ernst zu nehmen, ohne jedoch deren Selbstbeschreibungen als sakrosankt zu be-

[1] Meyer (1893, S. 495).

Erstdruck in: Lutz Danneberg, Wolfgang Höppner, Ralf Klausnitzer (Hrsg.): Stil, Schule, Disziplin. Analyse und Erprobung von Konzepten wissenschaftsgeschichtlicher Rekonstruktion (I). Frankfurt am Main u. a.: Lang 2005 (Berliner Beiträge zur Wissenschaftsgeschichte. 8), S. 335–361.

T. Kindt (✉)
Departement für Germanistik, Universität Fribourg, Fribourg, Schweiz
E-Mail: tom.kindt@unifr.ch

H.-H. Müller
Institut für Germanistik, Universität Hamburg, Hamburg, Deutschland
E-Mail: harrym@uni-hamburg.de

H.-H. Müller (Hrsg.), *Kleine Schritte und große Sprünge*, Abhandlungen zur Literaturwissenschaft, https://doi.org/10.1007/978-3-662-71105-7_6

trachten. Im zweiten Teil der Fallstudie wird das vorgeschlagene Analyseinstrumentarium auf eine Phase der Germanistikgeschichte im 19. Jahrhundert angewendet, die, obgleich ihre Bedeutung für die Fachentwicklung mehrfach hervorgehoben wurde,[2] noch keineswegs als hinreichend aufgearbeitet gelten kann: Gegenstand unserer Untersuchung wird das Auftreten der sogenannten ‚Vergleichenden Literaturgeschichte' um 1890 und ihre Kritik an der etablierten Philologie sein – ein Ereignis, das sogar als Beginn der „Moderne" in der Literaturwissenschaft verstanden wurde.[3] Der dritte und letzte Abschnitt unserer Studie dient der Auswertung der vorgenommenen Analysen und der Bestimmung der Perspektiven, die sich aus ihnen für die Germanistikgeschichte im besonderen und die Wissenschaftsgeschichtsschreibung im allgemeinen ergeben.

1 Vorbemerkungen zum Analyseinstrumentarium

Weder der Begriff der „wissenschaftlichen Schule" noch der des „wissenschaftlichen Stils" wird in unserer Untersuchung der Vergleichenden Literaturgeschichte des ausgehenden 19. Jahrhunderts eine Rolle spielen. Hierfür gibt es im Wesentlichen zwei Gründe. Zweifel an einer Nutzung der Konzepte scheinen uns *zum einen* angesichts der Uneinheitlichkeit geboten, mit der sie in den Wissenschaftswissenschaften verwendet und bestimmt werden. Im Hinblick auf die Kategorie der wissenschaftlichen Schule gilt noch immer Jerzy Szackis vor fast drei Jahrzehnten über die Geschichtsschreibung zur Soziologie getroffene Feststellung, dass die Zahl der Schulkonzepte und -typologien „mit der Zahl der Autoren, die sie verwenden, zusammenfällt."[4] Im Fall des Begriffs des Wissenschaftsstils sieht es kaum anders aus: Wie Marga Vicedo in einer jüngeren Übersicht über die Diskussion des Konzepts zu Recht hervorhebt, sind die verschiedenen Stilbegriffe, die zur Beschreibung der Struktur und Evolution von Wissenschaften vorgeschlagen werden, „fundamentally different from each other."[5] Trotz der stetig wachsenden Zahl philosophischer, soziologischer und historischer Versuche, die Begriffe Schule und Stil zu explizieren, hat man sich bisher nicht einmal auf die Umrisse ihrer Definition einigen können. Uneins ist man in der Kontroverse um die Konzepte einerseits darüber, ob mit ihnen auf kognitive oder soziale Aspekte der Wissenschaftsentwicklung oder auf spezifische Kombinationen dieser beiden Typen von Faktoren verwiesen werden soll. Von einer wissenschaftlichen Schule etwa wird mitunter dann gesprochen, wenn sich mehrere Forscher über einige theoretische Positionen einig sind;[6] manchmal dann, wenn es um die Gruppe der Schüler eines Lehrers geht;[7] nicht selten

[2] Vgl. Schröder (1979) sowie Dainat (1995).

[3] Vgl. Dainat (1995, S. 37).

[4] Szacki (1982, S. 22). – Vgl. dazu auch die Liste von 35 Varianten des Schulbegriffs in Gasilov (1977).

[5] Vicedo (1995, S. 232).

[6] Vgl. etwa Amsterdamska (1985).

[7] Vgl. beispielsweise die Rede von der „Dilthey-Schule", in Gerhardt u. a. (1999, S. 131, 153, 158).

dann, wenn mit Blick auf einen Kreis von Wissenschaftlern eine „Einheit von Sozialem und Kognitivem“[8] angenommen wird. Die Verwendung des Stilbegriffs ist in dieser Hinsicht durch eine entsprechende Uneinheitlichkeit gekennzeichnet. Dissens besteht andererseits aber auch in der Frage, welche kognitiven und/oder sozialen Bedingungen genau erfüllt sein müssen, damit es gerechtfertigt ist, von einem Wissenschaftsstil oder einer wissenschaftlichen Schule zu sprechen. Betrachtet man etwa die Versuche, die Kategorie des szientifischen Stils über konzeptionelle Gemeinsamkeiten von Forschungsprogrammen zu bestimmen, so stellt man fest, dass die Kriterien, die der Begriffsverwendung ausdrücklich oder stillschweigend zugrunde gelegt werden, sehr unterschiedlich sind. Der Kriterienkatalog reicht von der einhelligen Ablehnung anderer Ansätze über gemeinsame erkenntnistheoretische, ästhetische, methodologische oder programmatische Vorstellungen bis hin zur Einigkeit über leitende Fragestellungen und den zu behandelnden Gegenstand.[9] Eine vergleichbare Bandbreite von Bedingungen wird in den verschiedenen Bestimmungen des Schulbegriffs in Anschlag gebracht. – Angesichts der umrissenen Heterogenität der Verwendung der beiden Kategorien dürften Versuche, den vielen vorliegenden Erläuterungsvorschlägen weitere hinzuzufügen, kaum erfolgreich sein. Wie kompliziert die *Umsetzung* entsprechender Versuche ist, wird in der Studie von Magdalena Bonk zur Geschichte der Münchner Germanistik beispielhaft deutlich; sie will ausdrücklich mit dem „Schule“-Begriff arbeiten, gelangt dabei aber nicht zu sinnvollen Resultaten[10]; wie problematisch die *Durchsetzung* von Erläuterungsvorschlägen für entsprechend äquivoke Konzepte ist, ließe sich am Schicksal vieler Explikate für heftig umstrittene Begriffe verdeutlichen.[11]

Neben dem empirischen Befund, dass der Gebrauch der Konzepte Schule und Stil hoffnungslos heterogen ist, scheint uns *zum anderen* ein historiographischer Grund gegen eine Verwendung der beiden Kategorien zu sprechen. Die Konzepte stellen, wie die Auseinandersetzung um ihre Definition anzeigt, recht voraussetzungsreiche Kategorien der Wissenschaftswissenschaften dar; es handelt sich bei ihnen um komplexe Begriffe, die sich nur unter Bezugnahme auf elementare Einheiten der Wissenschaftsentwicklung explizieren lassen. In funktionaler Perspektive bedeutet dies, dass sich Konzepte wie das der Schule oder das des Stils kaum zur Analyse oder Explanation wissenschaftshistorischer Episoden eignen, sondern erst auf der Grundlage entsprechender Untersuchgen zu verwenden sind.[12] Das aber heißt, kurz gesagt, dass der Versuch einer Klärung der beiden Begriffe nicht allein als wenig aussichtsreich einzuschätzen ist; er ist zumindest vorderhand auch gar nicht erforderlich. Notwendig ist vielmehr eine Verständigung über die elementaren Konzepte der Wissenschaftsgeschichtsschreibung: Nur eine solche Diskussion kann

[8] So etwa Steiner (1977, S. 83 u.ö).

[9] Vgl. hierzu etwa den Überblick in Vicedo (1995) oder die Beiträge in Daston/Otte (1991).

[10] Vgl. Bonk (1995, S. 101–104).

[11] Exemplarisch sei hier auf die seit mittlerweile 100 Jahren andauernde Kontroverse um den literaturwissenschaftlichen Begriff des ‚lyrischen Ich‘ hingewiesen, s. dazu zuletzt Schönert (1999) und Martínez (2002).

[12] Dies wird nicht selten anders beurteilt, vgl. etwa Weiss (1997, S. 158).

die Voraussetzungen schaffen für die Erarbeitung von Erläuterungsvorschlägen für komplexe Konzepte wie das des Wissenschaftsstils oder das der wissenschaftlichen Schule, und nur eine entsprechende Debatte vermag den Boden zu bereiten für differenzierte und typologisch auswertbare wissenschaftshistorische Fallstudien zu verschiedenen Formen und Wirkungsweisen von Denkkollektiven und ‚Meinungssystemen'.

Um zu einer solchen historiographischen Diskussion anzuregen und die Grundlagen unserer wissenschaftshistorischen Studie offenzulegen, wollen wir die im Rahmen der Untersuchung verwendeten Kategorien nun kurz vorstellen. Die Liste beschränkt sich auf die knappe Erläuterung der kognitiven (1.1) und sozialen (1.2) Faktoren, die nach unserer Einschätzung für die Entwicklung der historisch-philologischen Disziplinen maßgeblich sind. Auf eine Vielzahl wichtiger Fragen – wie etwa auf die nach Operationalisierung der diskutierten Konzepte – kann dabei nicht eingegangen werden. Neben den Kategorien „Schule" und „Stil" werden auch Konzepte wie Thomas S. Kuhns Begriff des „Paradigmas" oder Imre Lakatos' Einheit des „Forschungsprogramms" in unserer Untersuchung keine Rolle spielen. Begriffe dieser Art, die der Historiographie der Naturwissenschaften entstammen, eignen sich – dies ließe sich anhand der vorliegenden Übertragungsversuche deutlich zeigen – nur sehr bedingt für eine Nutzung im Rahmen der Geschichtsschreibung zu den Geisteswissenschaften; sie gehen im Hinblick auf wissenschaftliche Theorien von einem Grad an Elaboriertheit und interner Strukturiertheit aus, der geisteswissenschaftlichen Ansätzen in aller Regel fehlt.

1.1 Kognitive Faktoren der Wissenschaftsentwicklung

1.1.1 (Wissenschafts-)Konzeptionen

Als *(Wissenschafts-)Konzeption* wollen wir solche Mengen von – zumeist nicht explizit gemachten – epistemologischen, ästhetischen und gegenstandsbezogenen Grundannahmen bezeichnen, die für die Theoriebildung und die Wissenschaftskommunikation über längere Zeiträume hinweg maßgeblich sind. Dabei kann sowohl der Fall auftreten, dass *mehrere* Disziplinen durch *eine* Menge solcher Leitvorstellungen dominiert werden[13], als auch der Fall, dass in *einem* Fach *mehrere* Konzeptionen koexistieren.[14] *Konzeptionen* stellen für die wissenschaftliche Entwicklung mit anderen Worten fundamentale und dabei relativ stabile Orientierungen dar. Die Karrieren solcher grundlegenden Annahmemengen – ihre Entstehung, Durchsetzung und Auflösung – hängen eng mit allgemeinen denkgeschichtlichen

[13] Ein Beispiel für eine solche disziplinenübergreifende Konzeption ist der ‚Historismus', vgl. dazu allgemein Rüsen/Jäger (1992) und, im Hinblick auf die Geisteswissenschaften um 1900: Kindt/Müller (2008).

[14] Vgl. dazu vor allem Schurz (1998).

Entwicklungen zusammen;[15] die Evolution einer oder mehrerer Disziplinen lässt sich darum nur dann angemessen verstehen, wenn sie vor dem Hintergrund der Denkgeschichte gesehen wird.[16] *Wissenschaftskonzeptionen* in umschriebenen Sinn sind beispielsweise der ‚Historismus' oder die ‚Geistesgeschichte'; im ersten Fall handelt es sich um eine Menge von Grundüberzeugungen, die im 19. Jahrhundert für alle Geisteswissenschaften bestimmend war, im zweiten um eine, die sich lediglich in den Bereichen der Literatur- und Kunstwissenschaften des beginnenden 20. Jahrhunderts durchzusetzen vermochte.

1.1.2 Programmatische Ansätze

Unter *programmatischen Ansätzen* verstehen wir konkrete Zusammenhänge von Wissensansprüchen, die auf der Grundlage der jeweils leitenden *konzeptionellen Vorstellungen* entwickelt und verhandelt werden. Sind diese als Rahmenvorgaben der Wissenschaftsentwicklung zu verstehen, so stellen jene Vorschläge dar, wie der Rahmen im Einzelnen ausgestaltet werden soll. Im Gegensatz zu den zumeist stillschweigend vorausgesetzten Leitvorstellungen handelt es sich bei *Ansätzen* um geordnete Mengen von Überzeugungen, die in der Regel mehr oder minder explizit zum Ausdruck gebracht werden – sei es in Programmschriften, theoretischen Abhandlungen oder Beispiel-Untersuchungen. *Programmatische Ansätze* bestehen im Wesentlichen aus zwei zentralen Bestandteilen: aus orientierenden Annahmen über den Gegenstand (ii.a) und methodologischen Vorstellungen, wie der Gegenstand zu untersuchen ist (ii.b). Dies ist der Grund, weshalb die Geltung von *Ansätzen* – im Kontrast zu derjenigen von *Konzeptionen* – zumeist auf einzelne Disziplinen beschränkt bleibt.

(1.1.2.1) Orientierende Annahmen über den *Gegenstandsbegriff* umfassen einige miteinander verknüpfte Vorstellungen darüber, welche Klasse und welchen Bereich von Objekten es zu untersuchen gilt, welches die entscheidenden Eigenschaften dieser Objekte sind und welchen Problemen deshalb besondere Aufmerksamkeit zukommen sollte.

(1.1.2.2) Die *Methodologie* besteht zum einen aus den Verfahren, die bei der Untersuchung des Forschungsgegenstands zur Anwendung kommen sollen, und zum anderen aus den Regeln, die es dabei zu befolgen gilt.

---

[15] Auf diesen Zusammenhang ist in der Wissenschaftstheorie immer wieder hingewiesen worden, vgl. etwa Bayertz (1981, S. 17). In der Wissenschaftsgeschichte der Geisteswissenschaften finden die Beziehungen zwischen Denk- und Wissenschaftsgeschichte selten Beachtung – eine erwähnenswerte Ausnahme ist Köhnke (1993). Zum Neukantianismus heißt es hier u. a., er habe „den Charakter einer *Bewegung* und nicht den einer *Schule* oder *Richtung*" (S. 317); zur Erläuterung merkt Köhnke an: „Genau darin unterscheidet sich die Entstehung einer philosophisch-weltanschaulichen Bewegung von einer ‚Schule' oder ‚Richtung': dass die Motivation ihrer Angehörigen weit über den wissenschaftsinternen Bereich hinausreicht, weniger durch theoretische Begründung getragen ist, sondern sich vielmehr ganz direkt auf Zeitfragen bezieht [...]" (S. 330).

[16] Für vielversprechend halten wir vor allem einen Rekurs auf die Konzeption von Denkhistorie, wie sie für die Zwecke der Literaturgeschichtsschreibung entwickelt worden ist, vgl. dazu die theoretischen Ausführungen in Titzmann (1991) sowie die exemplarische Umsetzung dieser Konzeption für den hier interessierenden Zeitraum in: Lindner (1994).

Beispiele für *programmatische Ansätze* sind der im Kreis um Wilhelm Scherer und Wilhelm Dilthey in der zweiten Hälfte des 19. Jahrhunderts vertretene ‚universalistische Historismus'[17] oder die im Anschluss an Oskar Walzel in den 1910er- und 1920er-Jahren betriebene ‚literaturwissenschaftliche Stilforschung'[18]. Diese skizzenhaften Andeutungen werden durch unsere Fallstudie verständlicher werden.

1.2 Soziale Faktoren der Wissenschaftsentwicklung

1.2.1 Akteure

Im Hinblick auf die *Akteure* in wissenschaftlichen Disziplinen scheinen uns vor allem zwei Aspekte von besonderer Relevanz zu sein: zum einen die *Beziehungen*, die zwischen ihnen und weiteren Handelnden im inner- und außerwissenschaftlichen Bereich bestehen (i.a), und zum anderen die *Stellung*, die sie in ihrem jeweiligen Fach einnehmen (ii.a).

(1.2.1.1) Einflussreich für die Entwicklung von Disziplinen sind natürlich eine Vielzahl von Beziehungen zwischen ihren Akteuren; das meiste Gewicht kommt vermutlich den folgenden vier Typen von Beziehungen zu, die einander nicht ausschließen: Beziehungen zwischen Lehrern und Schülern, Schülern eines Lehrers, Kollegen und Freunden.

(1.2.1.2) Unter der Stellung eines Wissenschaftlers in seinem Fach verstehen wir im Großen und Ganzen das, was sich im Anschluss an Pierre Bourdieu auch als Position eines wissenschaftlichen Akteurs im ‚akademischen Feld'[19] bezeichnen lässt: nämlich den Zusammenhang von fachlichem Ruf, intellektueller Prominenz, universitärer Macht und politischem Einfluss eines Forschers, der für die Erklärung der Artikulation und Diskussion von Wissensansprüchen bedeutsam sein kann.

1.2.2 Institutionen

Neben den Akteuren, ihrer jeweiligen Stellung und ihren Beziehungen untereinander, gilt es die verschiedenen Typen von *Institutionen* zu berücksichtigen, die für die Wissenschaftsentwicklung wichtig sind. Unter den Begriff der *institutionellen Bedingungen* soll dabei all das fallen, was in organisatorisch-technischer und sozialnormativer Hinsicht Einfluss auf die Forschungs- und Lehrhandlungen der Akteure hat.[20] Als Institutionen in diesem Sinn sind sowohl Seminare und Institute als auch Lehrstühle, Lehrpläne und Studiengänge anzusehen, sowohl Zeitschriften und Buchreihen als auch eingespielte Arbeitsweisen und feste Darstellungsmuster.[21] Eine angemessene Rekonstruktion der Arbeit und Wirkung der meisten dieser Insti-

---

[17] Vgl. dazu Kindt/Müller (2000).

[18] Vgl. zu diesem Ansatz Müller (1991) und Dilly (1993).

[19] Vgl. hierzu Bourdieu (1992).

[20] Vgl. zum Begriff der Institution auch Schaeffer (2001, S. 37–57).

[21] Anders als die Akteure haben die Institutionen in der Geschichtsschreibung zu den Geisteswissenschaften in den vergangenen Jahren einige Beachtung gefunden, vgl. zu dieser Frage etwa die Beiträge in Barner (1996).

tutionen setzt freilich voraus, dass ihrer Verflechtung mit dem Bereich der Politik hinreichend Rechnung getragen wird.

2 Die *Vergleichende Literaturgeschichte* um 1890

2.1 Einleitende Bemerkungen

Um 1890 ist die germanische Philologie, die zumindest die Sprachwissenschaft und die ältere deutsche Literatur umfasst, an nahezu allen deutschen Universitäten fest etabliert, und das Gebiet der neueren deutschen Literatur ist auf dem besten Wege dazu.[22] Dieser institutionellen Konsolidierung entsprach indes keine konzeptionelle[23]: Seit 1890 mehren sich in auffälliger Weise die Klagen darüber, dass es über Grundlagen, Ziele, Leistungen, Aufgaben und Umfang der deutschen Philologie keinerlei Konsens in der Disziplin gebe.[24]

In der Etablierungsphase fühlten sich die Germanisten von der Aufgabe der Kodifizierung der theoretischen und methodologischen Grundlagen der Disziplin vermutlich dispensiert, weil ihnen vor allem die klassische Philologie und Altertumswissenschaft als Vorbilddisziplin galt und weil die Sprachwissenschaft seit Beginn des Jahrhunderts unbefragt zu den erfolgreichsten Disziplinen gezählt wurde. Im Zuge der – allein schon durch die Vermehrung der Stellen verursachten – Differenzierung der Forschungsgebiete und das Hinzutreten der neueren deutschen Philologie mit ihren spezifischen Problemen der Ästhetik, Poetik und Literaturgeschichtsschreibung reichten die traditionellen Fachgrundlagen nicht mehr aus; die Ungeklärtheit der theoretischen und methodologischen Grundlagen der Disziplin wurde als bedrückend empfunden.

Wir beginnen unsere Fallstudie mit einer Übersicht über die Ansätze, die in dieser Situation, d. h. etwa im Zeitraum von 1890 bis 1910, zur Vergleichenden Literaturgeschichte entwickelt wurden und die sich als Opposition zur herrschenden Strömung der „Philologie" verstanden. Zuvor gilt es jedoch noch ein Problem der Rekonstruktion dieser Ansätze zu klären. Die bislang vorliegenden Untersuchungen sind von der Komparatistik des 20. Jahrhunderts ausgegangen und haben geprüft, ob und in welchem Umfang die Ansätze zur Vergleichenden Literaturgeschichte um die Jahrhundertwende als Vorläufer der Komparatistik betrachtet werden können. Dies ist zweifellos ein legitimes Unterfangen, wenn es um die Genealogie der Komparatistik geht; es ist jedoch ein sehr problematisches Vorhaben, wenn es sich um

[22] Vgl. dazu die detaillierten Angaben bei Weimar (1989, S. 429–442).

[23] Hier widersprechen wir der sehr verdienstvollen Arbeit von (Bonk 1995). Bonk konstatiert (S. 171) für die Zeit um 1890: „Die Germanistik hatte sich fest im Wissenschaftskanon der Universität etabliert und sich methodologisch über verschiedene Generationen hinweg gefestigt. Jetzt war die Zeit gekommen, Rückblick zu halten."

[24] Vgl. nur als Beispiel Groth (1891, S. 261): „Einen großen Teil der Schuld [scil. an der Bildungsmisere] tragen freilich die Litterarhistoriker selbst, denn nirgends herrscht eine solche Uneinigkeit und Ziellosigkeit, wie auf dem Gebiete der Litteraturgeschichte."

die wissenschaftshistorische Rekonstruktion der betreffenden Ansätze handelt. Das Problem besteht, kurz gefasst, vor allem darin, dass der Begriffsumfang des Prädikats „Vergleichend" im Ausgang des 19. Jahrhunderts beträchtlich breiter ist als im Begriff „Vergleichende Literaturgeschichte" im Sinne der modernen Komparatistik, der den Forschungszweig einer international vergleichenden Literaturgeschichte meint. Im 20. Jahrhundert ist das Bewusstsein dieser Bedeutungsverengung im selben Maße verschwunden wie das vom Umfang der vergleichenden Methoden des 19. Jahrhunderts. Seit Rothacker[25] gibt es, wenn wir richtig sehen, kaum noch ergiebige Arbeiten, die sich darum bemühen, die Vergleichenden Methoden wissenschaftstheoretisch[26] und -historisch in größerem Umfang zu rekonstruieren.[27] Dabei gerät dann aus dem Blick, dass nach dem Urteil von Zeitgenossen die Vergleichenden Methoden ein „Hauptferment in der Ausbildung der neuzeitlichen Wissenschaft"[28] waren und dass sich – von Humboldts vergleichender Anthropologie bis zur Vergleichenden Rechtswissenschaft – „keine einzige Disziplin sich dieser Methode zu entziehen"[29] vermochte. In welchem Gebieten und in welchem Umfang in den Philologien von der vergleichenden Methode Gebrauch gemacht wurde, müsste eine eigene Untersuchung klären.

Die mangelnde Berücksichtigung von Konzeption und Geschichte der vergleichenden Methoden hat vor allem zwei Konsequenzen. Die eine besteht darin, dass die Vergleichende Literaturgeschichte als eine Erfindung des späten 19. Jahrhunderts betrachtet und nicht in ihrer kontinuierlichen Tradition seit Herder und Humboldt bis in die Philologien hinein nachgezeichnet wird – wir erinnern in diesem Zusammenhang nur an Diltheys Interesse an der Etablierung von Lehrstühlen für die „auf größerer Generalisation beruhenden vergleichenden Wissenschaften", wie die Vergleichende Religionsgeschichte und Vergleichende Literaturwissenschaft[30], an Scherers Hinweise auf frühe Ansätze zur „Vergleichenden Literaturwissenschaft"[31] bei Moritz Haupt und auf Hermanns Pauls Forderung, dass Literaturgeschichte notwendig nationenübergreifend konzipiert werden müsse.[32]

Die zweite Konsequenz besteht darin, dass unter dem komparatistischen Blick des 20. die vergleichenden Arbeiten aus dem 19. Jahrhundert, die nicht oder nicht ausschließlich nationenübergreifend konzipiert sind, kaum beachtet oder gar abschätzig beurteilt werden. Ein deutliches Beispiel ist hierfür Susanne Schröders Untersuchung über die *Deutsche Komparatistik im Wilhelminischen Zeitalter 1871–1918*, der wir als Pionierarbeit auf diesem Gebiet allen Respekt schulden. Sie

[25] Vgl. Rothacker (1930); Rothacker (1927) und Rothacker (1957).

[26] Eine Ausnahme stellt die Arbeit von Rotter (1971) dar.

[27] S. Hampl/Weiler (1979). – Der Band enthält nützliche Übersichten, ist aber für theoretische und methodologische Fragen weitgehend uninteressant.

[28] König (1913, S. 93).

[29] Adolf von Harnack, 1907, zitiert nach Rothacker (1957, S. 14).

[30] Brief Diltheys an Scherer, undatiert [Juli 1871]. In: Dilthey (2011, S. 605, Nr. 376).

[31] Scherer, Wilhelm: Moriz Haupt [1874]. In: Scherer (1893, S. 120).

[32] S. dazu vor allem Paul (1891).

fällt über Max Kochs komparatistischen Ansatz und seine „Zeitschrift für Vergleichende Litteraturgeschichte" das folgende Urteil:

> „Koch darf als ‚Vater' derjenigen vergleichenden Literaturgeschichte betrachtet werden, die sich methodisch aus dem Positivismus entwickelt hat und ihren Interessenbereich insofern über die Grenzen einer Einzelliteratur ausdehnte, als daß erkannt wurde, daß die ‚neueren Literaturen', die mehr und mehr in den Blickpunkt der Wissenschaften rückten, keine autonomen Gebilde sind, die sich unabhängig von fremden Einflüssen entwickelt haben. Jedoch hat er sich damit nicht von einzelliterarischen Gegenständen und nationalphilologischer Interessengebundenheit gelöst, so daß seine vergleichende Literaturgeschichte letzten Endes als Anhängsel der Einzelphilologien überflüssig wurde."[33]

Die Einwände des letzten Satzes lassen sich nur aus der Perspektive der Komparatistik des 20. Jahrhunderts formulieren. Koch war kein ‚Reformer'; er wollte in seiner Zeitschrift Vergleichende Literaturgeschichte in ihrem vollen Umfang als ‚normal science' der Philologie des 19. Jahrhunderts bieten, nicht als deren „Anhängsel', und in diesem Kontext war der nationenübergreifende Ansatz nur einer unter zahlreichen anderen, in denen die vergleichende Methode angewendet wurde.

2.2 Vergleichung in psychologisch-ästhetischer Absicht – der Ansatz von Wilhelm Wetz

Wilhelm Wetz zog 1891 durch eine Philippika gegen den angesehenen Straßburger Anglisten Bernhard ten Brink[34] die Aufmerksamkeit der breiteren Fachwelt auf sich. Ein Jahr zuvor hatte er bereits in der umfangreichen Einleitung zu seinem Buch über *Shakespeare vom Standpunkte der Vergleichenden Litteraturgeschichte*[35] seine gegen die herkömmliche Philologie gerichtete Wissenschaftskonzeption dargelegt.

Das höchste Ziel dieser Konzeption war eine Verwissenschaftlichung der Literaturforschung, die sich, so Wetz, „auch zum Range einer exakten Wissenschaft zu erheben vermöge, welche an Genauigkeit der Methode, wie an Schärfe und sachlicher *Bestimmtheit* des Ausdrucks erfolgreiche mit den Naturwissenschaften wetteifern könne."[36] Das vordergründige Ziel von Wetz war die Verwissenschaftlichung der Dramenanalyse, die sich vor der herkömmlichen dadurch auszeichnen sollte, dass sie nicht nur „mehr oder weniger geistvolle und formvollendete *Einzelcharakteristika*" der Dramenfiguren lieferte, sondern den Schritt „zu einer wirklichen *psychologischen Erklärung* der Eigentümlichkeiten jener Menschen" wagte, die „allein wissenschaftlichen Werth besitzt"[37]. Die Vorbildwissenschaft, die Wetz' epistemologische Normen erfüllen sollte, war die Psychologie,

[33] Schröder (1979, S. 41).

[34] S. Wetz (1891).

[35] Wetz (1890).

[36] Wetz (1890, S. VII).

[37] Wetz (1890, S. XV), vgl. auch S. XVII/XVIII.

und in ihr galt ihm Hyppolite Taine als unerreichte Verkörperung einer „Meisterschaft, vermittelst der Werke der Litteratur in dem Seelenleben ihrer Verfasser zu lesen."[38] Wie Wetz von der Beschreibung der Charaktere zu deren Erklärung gelangte, lässt sich am kürzesten als die Methode rekonstruieren, „durch Vergleichung der Eigenthümlichkeiten literarischer Erscheinungen zunächst möglichst scharf und vollständig zu *erkennen*, und dann eine *causale Erklärung* dafür zu geben. Diese Erklärung findet sie dadurch, dass sie vom Werk auf den Dichter selbst zurückgeht, dass sie seiner Ansicht von Welt und Menschen nachforscht und so erfährt, warum er gerade solche und nicht andere Charaktere schuf."[39] Letztlich ist Wetz' Verfahren selbstverständlich zirkulär: Aus den Eigenschaften der Shakespeareschen Charaktere wird Shakespeares Menschenbild deduziert, aus dem dann die Eigenschaften dieser Charaktere abgeleitet werden.[40] Die zeitgenössischen Rezipienten zeigten sich freilich von der Zirkularitätsgefahr weniger beeindruckt als von dem Fortschritt der Genauigkeit, den Wetz bei der Beschreibung der Dramenfiguren erzielte. Diese Genauigkeit erreichte er unter anderem dadurch, dass er – zumindest programmatisch – auf ein Ziel der herkömmlichen Philologie verzichtete; sein Interesse richtete sich nicht auf die Rekonstruktion der Entstehungsgeschichte der Werke, sondern im wesentlichen auf die Charakterisierung der Werke selbst.[41] Die Philologie seiner Zeit bezichtigte Wetz einer „Scheu, an die Dinge selber heranzutreten, während man dafür die Ansichten über sie studiert, die Vertrautheit mit der Entstehungsgeschichte des *Werther* und *Faust* statt mit diesen Werken selber, wie unzähligemale vertritt das Studium der Litteraturgeschichten das der Litteratur – und welcher Litteraturgeschichten!"[42]

In knappen Worten lässt sich Wetz' Ansatz einer Vergleichenden Literaturgeschichte so zusammenfassen: sein epistemologisches Ziel ist es, die Literaturforschung zu einer exakten erklärenden Wissenschaft zu machen, deren Vorbilddisziplin die Psychologie Hyppolite Taines ist; der Ansatz ist ferner durch eine nor-

[38] Wetz (1890, S. 35,) vgl. S. XVI. und Wetz (1896, S. 127): „Taine, der übrigens trotz Wundt ein großer Philosoph ist, hat überhaupt unseres Erachtens diese Arbeiten am wissenschaftlichsten ausgeführt, wenn er aus bestimmten Eigenschaften des Geistes und Charakters eines Dichters bestimmte Eigenschaften ihrer Werke ableitete, nachwies, wie diese mit ihren Vorzügen und Schwächen in der Persönlichkeit ihres Urhebers wurzeln."

[39] Proescholdt (1891, Sp. 403). Vgl. auch Wetz' eigene Ausführungen in Wetz (1890, S. XI–XIII) und Wetz (1891, S. 31).

[40] Wetz (1890, S. 6) führt über das Verfahren der Vergleichenden Literaturgeschichte aus: „Ihr kommt es vielmehr einzig und allein darauf an, *durch Vergleichung analoger Erscheinungen unter einander in das innerste Wesen jeder einzelnen derselben einzudringen, die Gesetze zu entdecken, welche die Ähnlichkeiten wie die Verschiedenheiten bewirkt haben.*" Hervorhebungen, wenn nicht anders vermerkt, im Original.

[41] Vgl. Wetz (1890, S. 6).: „Die *vergleichende Litteraturgeschichte* nimmt dagegen die Erscheinungen als gegeben an." S. dazu auch Schröder (1979, S. 47). – In welchem Umfang für Wetz bei dieser Restriktion ästhetische bzw. epistemologische Normen ausschlaggebend waren, muss hier unentschieden bleiben; es sei aber immerhin darauf hingewiesen, dass Wetz die methodologischen Überlegungen Émile Hennequins in eben diesem Sinne rekonstruiert: Wetz (1890a, S. 164).

[42] Wetz (1890, S. 29).

mative Umakzentuierung des Gegenstands der Literaturforschung charakterisiert, nach der nicht die Entstehungsgeschichte, sondern das Werk selbst im Zentrum der Analyse steht. Kernpunkt der Methodologie ist die Vergleichung, über die Wetz zur Generalisierung und zur psychologischen Erklärung gelangt.

Die Zeitgenossen schätzten vor allem den deskriptiven Wert von Wetz' Shakespeare-Buch; den Neuigkeitswert seines programmatischen Ansatzes zu einer vergleichenden Literaturgeschichte hielten sie dagegen für gering – zu offensichtlich war die – von Wetz‘ mit wenig Überzeugungskraft geleugnete[43] – Nähe zur Konzeption einer „induktiven Ästhetik“, wie sie vor allem aus Wilhelm Scherers „Poetik“ bekannt war.[44] Dennoch zog Wetz in Gestalt von Postulaten umfangreiche Konsequenzen aus seinem Ansatz für die Theorie-Architektur der Disziplin. Lässt man einmal einige Ungereimtheiten beiseite,[45] so lässt sich die von ihm geforderte Konfiguration wie folgt bestimmen: Die Literaturgeschichte gliedert sich „in zwei scharf von einander geschiedene Disciplinen: eine *historische* und eine *analytisch-kritische*, die *Litteraturgeschichte* schlechtweg und die im engeren *Sinne vergleichende Litteraturgeschichte*“[46]. Die historische Literaturgeschichte ist weitgehend identisch mit der philologischen, über die Wetz kaum mehr zu sagen hat, als dass sie den Anforderungen moderner Wissenschaften nicht gewachsen ist.[47] Zur Bestimmung der Vergleichenden Literaturgeschichte aber führte Wetz zuvor unter der Hand ein normatives Kriterium ein, das von der Erforschung der Wechselwirkung nationaler Literaturen und der „Wanderungen vielbearbeiteter Stoffe auf ihrem Wege durch verschiedene Länder“ eine „im engeren Sinne vergleichende Tätigkeit“ unterscheidet:

> „Hierher würden vor allem Untersuchungen zu rechnen sein, welche durch Vergleichung den Charakter ganzer Epochen und Litteraturen, oder auch nur einzelne ihrer bedeutsamsten Vertreter zu bestimmen unternehmen dann auch jene, welche von verschiedenen Dichtern behandelte Stoffe in Parallele stellen und dadurch hoffen, manches zur Erkenntnis der Eigenart der betreffenden Dichter, mittelbar auch wohl ihrer Litteraturen beizutragen.“[48]

Bei der Auszeichnung dieses Bereichs der Vergleichenden Literaturgeschichte hat Wetz offensichtlich nicht zuletzt die eigene Dramenanalyse vor Augen, denn er räumt freimütig ein: „Die […] eigentlich vergleichende Disciplin, führt übrigens nur zu Unrecht den Namen einer Literatur*geschichte*, da sie ja gar keine histori-

[43] Wetz (1890, S. 11–12).

[44] Vgl. dazu Döring (1891, S. 97), und Burdach (1892, Sp. 1363).

[45] Wetz (1890, S. 3–4) wechselt unvermittelt von einem triadischen auf ein binäres Modell der Literaturgeschichte; seine Bestimmung des Verhältnisses der Vergleichenden Literaturgeschichte zur herkömmlichen Philologie ist sehr widersprüchlich.

[46] Wetz (1890, S. 5).

[47] Vgl. auch Wetz (1890a, S. 158): „So nahm unter dem der Philologie die Detailforschung in der Literaturgeschichte einen mächtigen Aufschwung, während mehr und mehr eine gewisse Unsicherheit über Wesen und Aufgaben dieser Wissenschaft Platz griff.“

[48] Wetz (1890, S. 3).

schen Ziele verfolgt."[49] Die an die Stelle der alten Philologie tretende Disziplin der Zukunft will er in drei Gebiete unterteilen: Sprachgeschichte, Philologie im Sinn der historischen Erklärung von Einzelwerken und Literaturgeschichte im Sinne der von ihm vertretenen Vergleichenden Literaturgeschichte.

Die Pointe dieses Ansatzes, die darin bestand, der Philologie eine Teildisziplin als Vergleichende Literatur*geschichte* an die Seite zu stellen, die „keine historischen Ziele verfolgt", blieb bei den zeitgenössischen Rezensenten selbstverständlich nicht unbemerkt und hatte – ebenso wie Wetz' grobschlächtige Angriffe auf die Philologie[50] – deutliche Reaktionen zur Folge.[51] Ein Rezensent konstatierte für viele, dass der Wert von Wetz' Shakespeare-Buch „nicht *wegen* sondern *trotz* der angekündigten Methode unbestreitbar" sei; ihm galt die Einleitung des Werks als Symptom der theoretischen Orientierungslosigkeit der Philologie seiner Zeit schlechthin:

> „Die methodologische principienlehre Wetz's ist recht charakteristisch für die rathlosigkeit unserer zeit in diesen Fragen, d. h. sie ist aus der berechtigten abneigung gegen eine vielfach herrschende verirrung in der literarhistorischen forschung hervorgegangen, ohne aber zu bedenken, dass unzulängliche, einseitige leistungen gewisser philologen nicht im wesen der philologie nothwendig ihren ursprung haben, sondern nur in der individuellen unzulänglichkeit und einseitigkeit oder auch selbstbeschränkung der einzelnen arbeiter."[52]

Zusammenfassend ist festzustellen, dass Wetz' Ansatz wissenschaftsgeschichtlich mit überaus zweifelhaftem Recht, wenn nicht gar zu Unrecht, der Komparatistik als Vorläufer zugerechnet wird. Aus dem Arsenal der vergleichenden Methoden des 19. Jahrhunderts favorisierte Wetz nicht den Literaturvergleich zwischen den Nationen, sondern den Vergleich von (Merkmalen von) Einzelwerken mit dem Ziel der psychologischen Erklärung. Aus diesem Grund wäre Wetz' Ansatz vermutlich eher den von Klaus Weimar[53] untersuchten Beiträgen zur Verwissenschaftlichung der Literaturgeschichte um 1890 zuzurechnen als den komparatistischen.[54]

2.3 Die nationenübergreifende Vergleichung im Ansatz von Louis Paul Betz

Der in Zürich lehrende Deutschamerikaner Louis Paul Betz[55] war theoretisch weit weniger ambitioniert als Wilhelm Wetz; ihm ging es vor allem darum, dass dem Gesichtspunkt einer nationenübergreifenden Literaturgeschichte in der Praxis Geltung

---

[49] Wetz (1890, S. 5).

[50] S. dazu z. B. Brandl (1892, Sp. 628) und Daffis (1901, Sp. 809).

[51] Vgl. Proescholdt (1892, S. 245); Geil (1891, S. 496).

[52] Schröer (1892, S. 283).

[53] S. Weimar (2000).

[54] Diese Rubrizierung ist durchaus mit Wetz' Selbstverständnis verträglich; Wetz (1890a, S. 171) führt aus: was er „vergleichende Literaturgeschichte zu nennen" vorschlage, entspreche „in der Hauptsache dem, was Hennequin *wissenschaftliche Kritik* und Grosse *Literaturwissenschaft* nennt." Mit Grosse ist gemeint: Grosse (1887).

[55] Zu Betz s. die aus komparatistischer Sicht geschriebene Dissertation von Meyer–Schönfelder (1997).

verschafft würde. Betz zählte aus diesem Grund die einzelnen Forschungszweige der Vergleichenden Literaturgeschichte übersichtlich auf,[56] und er scheute sich nicht, in einer Bibliographie die Arbeiten zusammenzufassen, die der Vergleichenden Literaturgeschichte gewidmet waren.[57]

Als Vergleichende Literaturgeschichte galt Betz: „Jede Betrachtung einer Nationallitteratur vom Standpunkte der Gesamtlitteratur; die litterarische Entwicklungsgeschichte eines einzelnen Volkes vergleichend und im Zusammenhang mit den Litteraturen der anderen Culturstaaten." Zur Begründung, weshalb eine solche Vergleichende Literaturgeschichte wünschenswert sei, führte Betz aus:

> „Ebenso gut wie nun das Sprachstudium ohne vergleichende Betrachtungen gar nicht denkbar ist, muss auch jegliche Litteraturforschung, die auf den Namen Wissenschaft Anspruch macht, eine vergleichende sein; und da sich keine Litteratur in Europa, die der alten Griechen ausgenommen, auch nur annähernd ausschließlich auf nationaler Grundlage entwickelt hat, so sollten sich eigentlich der Begriff Litteratur-Geschichte, wenn er nicht zu eng gefasst, mit dem Begriffe *Vergleichende* Litteraturgeschichte, wenn er nicht zu viel umspannt, decken. Damit wären wir aber keinen Schritt weiter, denn gerade über das Wesen und die Aufgaben der litterarischen Forschung, über ihre Stellung zur Philologie einerseits und zur Philosophie andererseits ist schon seit Jahrzehnten herumgestritten worden."[58]

Aus diesen Ausführungen wird deutlich, dass Betz' Ziel eigentlich nicht eine neue Teildisziplin der Literaturgeschichte unter der Bezeichnung ‚Vergleichende Literaturgeschichte' war, sondern eine Erneuerung der Disziplin aus dem Geist jener Vergleichenden Literaturgeschichte, die im Fach eine beachtliche Tradition besaß und erst 1890 von Hermann Paul an prominenter Stelle als „Notwendigkeit" bezeichnet worden war:

> „Es war der literaturgeschichtlichen Forschung unmöglich, sich innerhalb eines einzelnen Sprachgebiets zu halten. Man konnte auch nicht dabei stehen bleiben, ein bestimmtes Gebiet in den Mittelpunkt zu stellen und in die Betrachtung desselben die Einflüsse einzuschließen, die dasselbe von außen erfahren hat. Es galt auch abgesehen von allen nationalen Schranken die Entwicklung von Ideen, Stoffen und Formen in ihrer Totalität zu verfolgen. Es ergab sich die Notwendigkeit einer vergleichenden Literaturgeschichte."[59]

Aus kaum zu klärenden Gründen forderte Betz aber nicht die Erneuerung der Philologie, sondern eine neue Teildisziplin und reihte sich damit in die Schar der strikten Kritiker der Philologie ein. Allerdings war Betz sich darüber im Klaren, dass die Neuerer in der Disziplin außer der Negation der „Philologie" nur recht diffuse Vorstellungen verbanden:

> „Wenn wir nun nach dem *Leitmotiv* suchen, das uns aus allen Schriften der ‚Neuen' entgegenklingt, so werden wir einmal das allgemeine Bestreben wahrnehmen, von der *Oberfläche in die Tiefe zu dringen*, aus ideengeschichtlichen Erscheinungen Gesetze zu deduci-

[56] Vgl. Betz (1901, Sp. 663–664).

[57] Vgl. Betz (1900).

[58] Betz (1896, S. 142).

[59] Paul (1891, S. 141).

ren, nach Prinzipien zu forschen, und dann als ebenso logische wie praktische Folge – das mehr oder weniger ausgesprochene Verlangen nach Abgrenzung und Trennung der mit vergleichenden Methoden verbundenen Geschichte der Litteratur vom philologischen Studium."[60]

Trotz dieser prekären Ausgangslage forderte Betz eine Trennung der Vergleichenden Literaturgeschichte von der Philologie[61], die er freilich, wie viele seiner Zeitgenossen, unter einem sehr verengten Blickwinkel betrachtete. So stützte er sein Trennungsbegehren unter anderem auf die „Tatsache, dass wir die glänzendsten Leistungen auf dem Gebiete der vergleichenden und der Litteraturgeschichte überhaupt – ich brauche nur Namen wie Hettner, Taine, Wilhelm Scherer, Erich Schmidt [...] zu nennen – Nichtphilologen verdanken"[62] – eine Rubrizierung, mit der zumindest die beiden letztgenannten keinesfalls einverstanden gewesen wären. Mit einigem Recht hielt ein Kritiker Betz entgegen:

„Er [scil. Betz] ist nicht der erste, der die „vergleichende" Litteraturgeschichte als neue Wissenschaft bei uns einführen will und Platz für sie in der Fakultät verlangt, und ich bin ebensowenig der erste, der darauf hinweist, daß jeder Litterarhistoriker, der seine Aufgabe richtig versteht, schon nach dem Prinzip der „gegenseitigen Erhellung" vergleichende Litteraturgeschichte getrieben hat und treiben muß. Wer nur einen Blick in die vier Bände von Bernays *Kleinen Schriften*, in Erich Schmidts *Lessing*, in Albert Kösters *Schiller als Dramaturg* gethan hat, um nur wenige Namen zu nennen, der wird sich überzeugen, daß diese Männer, ohne je das Panier einer *neuen* Wissenschaft aufzupflanzen, im besten Sinne des Wortes „Litteraturvergleichung" getrieben haben."[63]

Insgesamt waren die Argumente, die Betz für eine Trennung der Vergleichenden Literaturgeschichte von der Philologie anführte, wenig überzeugend, zumal er verschiedentlich betonte, dass der Vergleichende Literaturhistoriker ein „geschulter Philologe"[64] sein müsse. Schließlich räumte Betz sogar ein, dass die Vergleichende Literaturgeschichte von der Philologie letztlich nicht die Methode, sondern das Ziel trenne:

„Die Litteraturvergleichung stellt nun allerdings genau genommen insofern keine neue Methode dar, als die sogen. Philologische Methode gelegentlich, meist nebenbei, von vergleichenden Gesichtspunkten ausging. Auch die ideale philologische Litteraturbetrachtung hat die Einzellitteraturen nicht isoliert ins Auge gefaßt. Sie wendet aber Ihre Aufmerksamkeit hauptsächlich der Einzelerscheinung, der Landeslitteratur zu, während die Litteraturvergleichung den umgekehrten Weg einschlägt. Gerne sei daher zugegeben, daß es sich hier weniger um eine neue Methode, als um eine Abgrenzung, eine Erweiterung, eine Spezialisierung der litteraturgeschichtlichen Forschung handelt, wenn man andererseits der Litteraturvergleichung einen anderen Ausgangspunkt, andere Ziele, verschiedene Voraussetzungen einräumt."[65]

[60] Betz (1896, S. 142–143).

[61] Vgl. Betz (1896, S. 154).

[62] Betz (1896, S. 154).

[63] Daffis (1901, Sp. 809).

[64] Betz (1896, S. 155).

[65] Betz, zitiert nach Schröder (1979, S. 157).

Betz ließ sich, so scheint es, mit der Philologie auf unproduktive Debatten ein, deren Misserfolg vorgezeichnet war, statt gegenüber einem sich nationalistisch und chauvinistisch verengenden Betrieb der Literaturgeschichte die mit der Geschichte der Philologie verbundenen Ziele der Vergleichenden Literaturgeschichte zu bekräftigen:

> „So aufgefaßt, stellt die Literaturvergleichung die Einzelforschung, die Geschichte der Nationallitteraturen, die vergleichende Poetik, Völkerpsychologie und Kulturgeschichte in ihren Dienst. So durchgeführt, schafft sie uns nicht nur neue und freiere Ausblicke in die Litteratur der Heimat und des Auslands, deckt sie nicht nur Irrtümer auf und korrigiert Überlieferungen, sondern sie erreicht auch nützliche, ideale und ethische Ziele: Weltfrieden, Völkervermittelung, ein Menschentum, das unbeschadet eines nationalen Seelenlebens, auch Herz und Sinn hat für das, was jenseits der Grenzpfähle vorgeht. So geübt, führt sie zur Erkenntnis, daß Völkereintracht und fortschrittliche nationale Entwickelung auf einem stets wachsenden Bewußtsein des Gesamtreichtums und der allgemeinen Zusammengehörigkeit der Völker, auf dem Grundsatz beruht, sich selbst immerdar treu zu bleiben und sich an die andern anzuschließen.“[66]

Betz' Ansatz einer Vergleichenden Literaturgeschichte, der weder mit neuen epistemologischen und ästhetischen Grundannahmen verknüpft ist, gehört zweifellos zu den Vorläufern der internationalen Komparatistik. Obwohl er sich selbst zu den Kritikern der Philologie zählte, die eine Loslösung der vergleichenden Literaturgeschichte von ihr forderten, gehört er letztlich doch eher zu deren Reformern, der die Philologie an ihre eigenen nationenübergreifenden Ziele und Forschungszweige zu erinnern suchte.

2.4 Alfred Biese: Vergleichende Literaturgeschichte als Philologie und Kulturkritik

Der Analyse von Alfred Bieses Aufsatz „Die Aufgaben der Litteraturgeschichte“[67] sei der Hinweis vorausgeschickt, dass er in der zeitgenössischen Diskussion viel Beachtung gefunden hat; der Text erschien zuerst 1891 in der *Nationalzeitung*, und nachdem die *Zeitschrift für den deutschen Unterricht* auf den „sehr beherzigenswerten Aufsatz“[68] aufmerksam gemacht und aus ihm ausgiebig zitiert hatte, druckten ihn die *Neuen Jahrbücher für Pädagogik* 1899 und Biese in einer Aufsatzsammlung[69] in kaum veränderter Form noch einmal nach.

Bieses Aufsatz zur Vergleichenden Literaturgeschichte steht in denkbar stärkstem Gegensatz zu den Arbeiten von Wetz und Betz. Wollte Wetz die vergleichende Methode vor allem für eine psychologisch fundierte Ästhetik einsetzen, wollte Betz das Ziel einer übernationalen Literaturgeschichte gegen die oder in der Philologie zur Geltung bringen, so will Biese unter dem Zeichen der Vergleichenden Literatur-

[66] Betz (1901, Sp. 665).

[67] Biese (1899).

[68] Biese (1892, S. 296).

[69] Vgl. Biese (1900).

geschichte eine ganz neue Wissenschaft begründen, bei deren Skizze er sich freilich stets auf das Programmatische beschränkt. Biese beginnt mit einer generellen Kritik der Philologie seiner Zeit,

> „als die Flut der Zeitschriften ins Ungemessene wuchs, als immer lauter der Ruf nach Arbeitsteilung, nach Detail, nach Notizen, nach Sammlung erscholl, als man sich mühte, naturwissenschaftliche Begriffe auf die Geisteswissenschaften mit gewisser Koketterie zu übertragen, als man die Zauberformel Entwickelung in eine mechanische Evolution umschmolz, Darwinsche und Spencersche Gedanken bei der Maulwurfsarbeiten als Richtschnur wählend, als die Aufgabe der Litteraturgeschichte immer mehr die Einbalsamierung längst verwester Leiber, in der ‚Rettung' kleiner und kleinster Geister gesucht wurde, als das Cliquen- und Koteriewesen immer mehr wuchs und gerade die trennte, welche auf demselben Geistesboden Schulter an Schulter hätten streiten sollen."[70]

Diese plakative Wissenschaftskritik ist eingebettet in eine allgemeine Kulturkritik im Stil der Epigonen Nietzsches, Julius Langbehns und Paul de Lagardes[71]:

> „Unsere Zeit steht eben unter dem Zeichen der Zersplitterung und Zerklüftung; die ideenreiche Synthese fehlt; man häuft in der Litteraturgeschichte die Daten, die Notizen; man sucht in der Poetik das ewig Wandelbare und doch ewig Beständige, das in der Wurzel Inkommensurable, nämlich das innere Leben und Weben des menschlichen Geistes, auf nüchterne Schemata, Formeln und Normen zurückzuführen: man zergliedert lediglich verstandesmäßig, zerpflückt – und so geht die Seele der Kunst verloren; man borgt sich naturwissenschaftliche Begriffe und verwendet diese, ohne das Flittergold solcher Metaphern zu erkennen, an Stelle psychischer Erklärungen."[72]

Um die Literaturgeschichte in einer Zeit zu retten, die durch „Größenwahnsinn, Eifersucht, Neid, Bosheit, Götzendienst, Buchstabenklauberei, Kritikasterei, Banausentum, Epigonentum und andere Ungetüme"[73] gebrandmarkt ist, ist es nicht getan „mit Daten und Titeln, mit Inhaltsangaben, mit biographischen Details" – was nottut, ist eine grundlegende Veränderung der Erkenntnismethode der Literaturgeschichte:

> „Verstehen ist im höchsten Sinne Nachschaffen, Nachempfinden, sich in eine Seele mit eigener Selbstaufopferung, mit Selbstvergessen versenken. So muß ein Litteraturhistoriker die Seele des Volkes, das er behandelt, in ihrem allmählichen Erwachen, in der Fülle ihres Lebens belauschen, muß sich in die Seele des Einzelnen vertiefen, ihre Wandlungen aufspüren; er muß den psychologischen Stimmungen, Gefühlen, Motiven, soweit sie einen Niederschlag finden in Poesie und Prosa, nachgehen, muß die Verschlingungen religiöser, ethischer, sozialer Regungen der Volksseele mit den ästhetischen aufweisen, und das alles nicht von der ‚Froschperspektive' *eines* Volkes, *einer* Einzelepoche aus, sondern von dem umfassenden Gesichtspunkte der Weltlitteratur, der vergleichenden Litteraturgeschichte."

[70] Biese (1899, S. 35/36). Vgl. ähnlich Groth (1891, S. 263).

[71] S. dazu Kindt/Müller (2008).

[72] Biese (1899, S. 41).

[73] Biese (1899, S. 36).

Wie die Konzeption einer ‚Vergleichenden Literaturgeschichte' aber im einzelnen aussehen soll, darüber macht Biese konkreten keine Aussagen. Goethes Idee der Weltliteratur weist uns nach Biese

> „hin auf eine vergleichende Litteraturgeschichte, auf die ‚Vogelperspektive', von der aus wir die verschiedenen Litteraturen verschiedener Zeiten überschauen und die Einzelfragen unter den Gesichtspunkt des Allgemeinen rücken. Wie es keine wissenschaftliche Geschichte der Philosophie, der Ethik oder Soziologie u.s.w. geben kann ohne den Gesichtspunkt der Vergleichung, wie wir schließlich in unserem Denken und Urteilen bei der Betrachtung vergangener Begebenheiten und Zustände, entschwundener Bräuche, Sitten, Anschauungen stets den Maßstab eigener Erfahrung, eigenen Erlebens, eigener Geistesrichtung anlegen müssen, d. h. also wie wir nur bis zu einem gewissen Grade objektiv, mit Selbstvergessen, Fremdes beurteilen können, so stellt auch jede Litteraturbetrachtung uns vor die Aufgabe, die Zusammenhänge mit anderen Litteraturen, ihre Wechselwirkung, die gegenseitige Befruchtung mit Ideen, Motiven, Anschauungen aufzudecken."[74]

In Bieses Aufgabenkatalog der Vergleichenden Literaturgeschichte tauchen traditionelle ‚positivistische'[75] ebenso auf wie neuartige[76], zu deren Bearbeitung keine Methoden angegeben werden, und auch seine Aufzählung der Männer, die als Vorbilder für die neue Philologie genannt werden[77], umfasst mit Bernhard ten Brink und Erwin Rohde, Hermann Usener und Ulrich von Wilamowitz-Möllendorff Repräsentanten sehr verschiedenartiger Ansätze. Obgleich Bieses rhapsodische Ausführungen über die Vergleichenden Literaturgeschichte von den „Zeichen der Zersplitterung und Zerklüftung"[78] nicht frei waren, von denen er seine Zeit geprägt sah, war er felsenfest davon überzeugt, „daß der vergleichenden Poetik, der vergleichenden Litteraturgeschichte die Zukunft gehört."[79]

Als Illustrationsbeispiel für seine Auffassung der synthesestiftenden Vergleichenden Literaturgeschichte fügte Biese den Motivvergleich von Horaz' 13. Epode und Theodor Storms „Oktoberlied" bei, den er mit dem folgenden Fazit abschloss:

> „Solche Vergleiche, bei denen ja freilich ebensovieles verschieden wie ähnlich erscheinen wird, haben jedenfalls das Gute, den Blick für alle Einzelheiten zu schärfen und zugleich an einem konkreten Beispiele, wenn auch nur im engen Bereiche, zu zeigen, daß trotz aller Einheitlichkeit und gewissen Einförmigkeit des menschlichen Fühlens, trotz all der gleichen Töne, die antike und moderne Dichter anschlagen, uns doch wieder etwas begegnet,

[74] Biese (1899, S. 38).

[75] Vgl. Biese (1899, S. 40): „Sie will nicht bloß die direkten Einwirkungen, Nachbildungen und Stoffwandlungen bei den europäischen Kulturvölkern aufspüren, sondern sie geht darauf aus, die zahllosen, überall in Nord und Süd, im fernen Afrika ebenso wie in China immer wieder- und wiederkehrenden uralten Motive der Volks- und Kunstdichtung aufzudecken und in Parallele zu setzen."

[76] Vgl. Biese (1899, S. 40): „Bald belauscht man den Übergang vom Mythos zur Sage und zum Märchen, bald erkennt man in der Verschiedenartigkeit, in der Völker und Zeiten derselben Empfindung Ausdruck verleihen, gerade das Charakteristische, das sie kennzeichnet [...]".

[77] Vgl. Biese (1899, S. 37).

[78] Biese (1899, S. 41).

[79] Biese (1899, S. 41).

> was spezifisch antik, was spezifisch modern ist, was also in den Kern des Wesens hineinführt, was uns die Eigenart des Volkes und der Zeit, sowie der einzelnen Persönlichkeit erschließt.“[80]

Es bedarf keiner weiteren Ausführungen um zu verdeutlichen, dass diese Art des Vergleichs mit den vergleichenden Methoden des 19. Jahrhunderts keine Gemeinsamkeit besitzt.

Zusammenfassend lassen sich Bieses Ausführungen zur Vergleichenden Literaturgeschichte kaum anders als negativ charakterisieren. Sie weisen keine Parallelen auf zu den Ansätzen von Wetz und Betz, und die Frage, ob Biese ein Vorläufer der Komparatistik des 20. Jahrhunderts ist, lässt sich wegen der Diffusität seiner Ausführungen kaum beantworten. Andererseits sind Bieses Darlegungen ein guter Beleg dafür, dass sich die Bedeutung zentraler Begriffe seit den 1890er-Jahren zu wandeln beginnt. Der Begriff „Philologie“ verengt sich und wird zu einem Schmähbegriff, der Begriff ‚Vergleichende Literaturgeschichte‘ erweitert sich und wird für seine Anhänger zu einem abstrakten Hoffnungsträger für die Zukunft der Disziplin[81], der Begriff der Erklärung und des Gesetzes werden gemieden, der Begriff des Ganzen und der Synthese treten in den Vordergrund, um nur wenige Beispiele zu nennen. Bieses Ausführungen lassen sich unseres Erachtens nicht als spezifischer „Ansatz“ charakterisieren, der in einem spezifischen Sinne für eine Vergleichenden Literaturgeschichte plädiert, sondern als programmatischer Beitrag zur Erneuerung der gesamten Disziplin, der sich des Mode-Terminus[82] ‚Vergleichende Literaturgeschichte‘ nur bedient – nach der Jahrhundertwende wird er als einer der Vorläufer der Geistesgeschichte auftauchen.

2.5 Eugen Kühnemanns ‚Vergleichende Literaturgeschichte‘ als neuidealistischer Antipositivismus

Eugen Kühnemann verbindet in seinem Aufsatz „Zur Aufgabe der vergleichenden Litteraturgeschichte“[83] eine Rezension der Bibliographie[84] von Louis Paul Betz zur Vergleichenden Literaturgeschichte mit einer Beschreibung von deren Aufgaben,

---

[80] Biese (1899, S. 43).

[81] Vgl. Groth (1891, S. 274): „Es ist wohl keine Frage, daß die vergleichende Litteraturgeschichte eine Zukunft hat, daß erst sie uns eine wirkliche Geschichte der dichtenden Phantasie, des nationalen Denkens und Empfindens liefern wird, daß erst aus ihr eine neue, auf Psychologie und Geschichte sicher gebaute Ästhetik entstehen und dadurch der Weg zu einer Psychologie der Litteraturgeschichte gebahnt werden kann.“ Aus solchen Anpreisungen wird zugleich deutlich, daß der Gesichtspunkt des nationenübergreifenden Vergleichs aus der vergleichenden Literaturgeschichte durchaus auch gestrichen werden kann zugunsten einer Geschichte „des nationalen Denkens und Empfindens“.

[82] Vgl. dazu Marsh (1896). Marsh schreibt (S. 163) dazu: "The phrase *Comparative Literature* is afloat"; zugleich weist er (S. 165) darauf hin: „Comparative literature in the sense I have just described is as yet undeveloped in theory; it is still extremely limited in practice“.

[83] Kühnemann (1901).

[84] Betz (1900).

die zugleich eine moderate Stellungnahme gegen den literaturwissenschaftlichen Positivismus enthält. Kühnemann leitet alle Aufgaben der Vergleichenden Literaturgeschichte aus dem Begriff der Weltliteratur ab, den er freilich nicht als empirische, sondern als normative Bestimmungsgröße[85] für jede wissenschaftliche Beschäftigung mit Literatur auffasst: „Die Betrachtung [scil. der Literaturgeschichte] im Sinne der Weltliteratur ist die letzte Aufgabe litteratur-historischer Forschung."[86] Wie diese Aufgabe zu lösen ist, soll gleichfalls aus diesem Begriff hervorgehen:

> „Nichts ist gewonnen mit der Zusammenstellung eines massenhaften Materials über ähnliche Gedanken vor einem großen Gedanken, über ähnliche Werke vor einem großen Kunstwerk. Abhängigkeiten dieser Art, die so oft breiten Raum in den Darlegungen unserer Litteraturgeschichten einnehmen, bedeuten für die Erkenntnis nur ein ganz geringfügiges Problem. Die Kunstwerke wollen als Kunstwerke verstanden sein.
>
> [...]
>
> Die Weltlitteratur umfaßt die Seelengeschichte der Menschheit, die in der Dichtung ihrem Bewußtsein des Lebens einen künstlerischen Ausdruck schafft. Hiernach ist der künstlerische Verstand die Seele der Litteraturgeschichte."[87]

Wie freilich der künstlerische Verstand methodisch angewendet wird, darüber verliert Kühnemann kein Wort; er nennt lediglich zwei allgemeine Kriterien für die Güte von Methoden: „Nämlich wo der größere Reichtum und die größere Feinheit in der Auffassung des Einzelnen, da ist ohne Zweifel die überlegene Methode."[88] Allerdings bleiben die Aussagen Kühnemann nicht ganz so nebulös wie die Bieses. Kühnemann verpflichtet den Vergleichenden Literaturhistoriker auf die Rekonstruktion der „Schaffensart"[89] des jeweiligen Autors und damit – ohne eigens darauf hinzuweisen – zugleich auf dasselbe umfangreiche Kontextwissen, das die Philologie des 19. Jahrhunderts vorgeschrieben hatte.

Doch mit den skizzenhaften Hinweisen auf das künstlerische Verstehen ist „der methodische Sinn der Weltlitteratur noch nicht ausgeschöpft", es folgt eine weitere normative Bestimmung: „Die Weltlitteratur ist die Wissenschaft von der Poesie selbst, die konkret gewordene Poetik."[90] Kühnemann leitet aus dieser Bestimmung die Verpflichtung der Vergleichenden Literaturgeschichte zu einer genauen Formanalyse der Werke ab, wobei er für die Definition des Formbegriffs Adolf von Hildebrand verpflichtet ist. Wie sich freilich sein Verständnis vom Projekt der empirischen Poetik des 19. Jahrhunderts unterscheidet, darüber geht Kühnemann mit dem

[85] Kühnemann (1901, S. 9) sucht sich freilich gegen mögliche Einwände aus dieser Bestimmung zu verteidigen: „Die vergleichende Litteraturgeschichte ist in eminentem Sinne ein philosophisches Problem. Aber nur in der wahren Bedeutung, in der Philosophie identisch ist mit durchgebildetem Wirklichkeitssinn. [...] Weit entfernt, die Empirie zu vergewaltigen, zeigt sie die Ansatzpunkte, von denen aus sie in ihrer ganzen Fülle, in ihrem Sinn und treibenden Grunde erst verständlich wird."

[86] Kühnemann (1901, S. 6).

[87] Kühnemann (1901, S. 7).

[88] Kühnemann (1901, S. 8).

[89] Kühnemann (1901, S. 8).

[90] Kühnemann (1901, S. 8).

Satz hinweg: „Darum sind Arbeiten im weltlitterarischen Sinn entworfen die methodisch richtige Ausführung der Poetik."[91]

Schließlich leitet Kühnemann auch die Aufgabe der nationenübergreifenden Literaturgeschichte aus dem Begriff der Weltliteratur ab:

> „Die Dichtung können wir als eine Aufgabe bezeichnen: das Bewußtsein des Lebens als künstlerische Anschauung auszusprechen. Aber in jedem Volk, in jeder Kultur wird dasselbe Leben anders gespiegelt. Daher erforschen wir die Besonderheit einer Nation oder einer Kultur an der Art, wie sie das Eine und Gleiche leistet: die dichterische Darstellung des Lebens. [...] Wir dürfen sprechen von Einer [sic] Aufgabe der Menschheit, in deren Sinn die Verschiedenheit der Völkerindividualitäten an ihrem künstlerischen Ausdruck erforscht wird."[92]

Kühnemann beschließt seinen Aufsatz mit einer antipositivistischen Pointe: „Der gegenwärtige litterarhistorische Betrieb mit seiner einseitigen Betonung der Stofffragen erscheint uns vielfach als eine Übertragung materialistisch-positivistischer Denkweise auf ein Gebiet, in dem sie nicht zum Gelingen führt. Aber der deutsche Idealismus hat uns längst die wahre Aufgabe und damit den Weg der wirklichen Erkenntnis gezeigt."[93]

Betrachtet man Kühnemanns Aufsatz im Kontext der vorhergehenden, so ist festzustellen, dass er in programmatischer Hinsicht durchaus zu den Vorläufern der Komparatistik zu rechnen ist. Freilich geht es ihm – wie letztlich Betz auch – nicht darum, die Disziplin um eine Spezialdisziplin Vergleichende Literaturgeschichte zu ergänzen; er strebt vielmehr – wie Biese – eine Erneuerung der Philologie aus dem Geist des deutschen (Neo-)Idealismus an. Über die Art dieses Erneuerungsprogramms erfährt man bei Kühnemann mehr als bei Biese – doch wenig Konkretes.

3 Auswertung und Ausblick

Wir werden im Folgenden die zuvor dargestellten Beiträge zur Vergleichenden Literaturgeschichte knapp mit unserem Untersuchungsinstrumentarium charakterisieren. Der Ansatz von Wetz gehört epistemologisch zu den Verwissenschaftlichungsansätzen der Philologie, wie sie seit den 60er-Jahren in Schüben der Positivismus-Rezeption zu beobachten sind.[94] Von dieser Konzeption weicht er lediglich in der Hinsicht ab, dass er nicht die Entstehungsgeschichte des Werks, sondern dieses selbst in den Mittelpunkt der Untersuchungen stellen will. Wetz' programmatischer Ansatz zielt auf eine Verwissenschaftlichung der Figurenanalyse im Drama, dieses Ziel soll durch genaue Einzelanalyse und Vergleichung der Figuren sowie schließ-

[91] Kühnemann (1901, S. 9).

[92] S. Kühnemann (1901, S. 10) auch Kühnemanns Anknüpfung an Herder.

[93] Kühnemann (1901, S. 10).

[94] Vgl. dazu Kindt/Müller (2000).

lich über Regelmäßigkeitsannahmen zwischen Figurendarstellung und Dichterpsyche erreicht werden.

Im Gegensatz zu Wetz strebt Betz letztlich weder in epistemologischer, noch in ästhetischer oder methodologischer Hinsicht etwas völlig Neues an; er will die Philologie im wesentlichen aus Gründen der Völkerverständigung auf eine nationenübergreifende Literaturgeschichte verpflichten und dabei durchaus auf Forschungstraditionen zurückgreifen, die sie im Zuge einer nationalistischen Verengung aus dem Blick verloren hat.

Bieses kultur- und wissenschaftskritischer Beitrag richtet sich gegen die Konzeption der Philologie des 19. Jahrhunderts insgesamt. Seine – im Einzelnen kaum auseinanderzuhaltenden – epistemologischen und ästhetische Annahmen gipfeln in dem Vorwurf, die Philologie des ausgehenden 19. Jahrhunderts habe die „Seele der Kunst“[95] verraten. Im Gegensatz zum wort- und wiederholungsreichen destruktiven Teil ist der konstruktive bei Biese kaum ausgeführt; deutlich wird allenfalls, dass anstelle einer an Generalisierungen interessierten beschreibenden und erklärenden Methode eine individualisierende kreative ‚nachschaffende' treten soll, bei der freilich fraglich bleibt, wie sie die im Anwendungsbeispiel angestrebten Verallgemeinerungen antiker und moderner lyrischer Stimmungen leisten soll.

Wie Biese lehnt auch Kühnemann die Konzeption der ‚positivistischen' Philologie ab, die den ästhetischen Charakter literarischer Werke verfehlt habe – allerdings wird bei ihm ein Gegenprogramm zumindest in den schwächsten Umrissen erkennbar. Die Verpflichtung „Kunstwerke wollen als Kunstwerke verstanden sein“[96] will Kühnemann sowohl in ideengeschichtlicher als auch in formanalytischer Hinsicht einlösen. Er belässt es freilich bei dieser Forderung, ohne sie methodologisch zu konkretisieren.

Betrachten wir die vier sehr unterschiedlichen Ansätze zur Vergleichenden Literaturgeschichte einmal nur im Hinblick auf die Konzeptionen, denen sie sich anschließen, so lässt sich feststellen, dass Wetz und Betz an einer Verwissenschaftlichung der Literaturgeschichte als Vergleichender interessiert sind, während Biese und Kühnemann zwar auch eine Vergleichende Literaturgeschichte wollen, allerdings in Fundamentalopposition zu einer wissenschaftlichen Philologie, deren Feindbild bereits in den 1890er-Jahren entstand und in der geistesgeschichtlichen Literaturwissenschaft zur Blüte kam.

Für die Betrachtung der (Miss-)Erfolgsgeschichte der Vergleichenden Literaturgeschichte ist es aufschlußreich, die konzeptionelle und forschungsprogrammatische Verschiedenheit der Ansätze zu beobachten. Noch aufschlussreicher wird das Bild indes, wenn man die Ansätze im Kontext der Philologie des ausgehenden 19. Jahrhunderts betrachtet. Hier lassen sich mit einiger Vergröberung drei Strömungen unterscheiden. Die erste bildet den mainstream des Fachs: ihre Vertreter arbeiten an der Klärung von materialen Forschungsproblemen, ohne sich sonderlich um theoretische oder methodologische Probleme zu kümmern. Die zweite Strömung im Fach lässt sich am besten als die der ‚Reformer' bezeichnen. Zu ihnen gehören vor allem

[95] Biese (1899, S. 41).

[96] Kühnemann (1901, S. 7).

Dilthey und Scherer, die schon in den 60er-Jahren die Gefahr erkannten, die den Philologien drohte, wenn sie sich einer theorielosen empiristischen Praxis verschrieben. Diltheys und Scherers Versuchen, „das weiße Blatt endlich zu füllen, welches die Logik und Wissenschaftslehre, für sie [scil. die historisch-philologischen Fächer] offen hält"[97], blieb in der Germanistik aus einer Reihe von Gründen der Erfolg versagt, die hier nicht diskutiert werden können. Zu den Reformern gehörten auf dem Gebiet der Sprachwissenschaft aber auch die Junggrammatiker und hier vor allem Hermann Paul, der mit seinen *Prinzipien der Sprachgeschichte* und den Beiträgen zu dem von ihm herausgegebenen *Grundriß der germanischen Philologie* vielleicht der bedeutendste Theoretiker des Fachs im ausgehenden 19. Jahrhundert war. Die Gemeinsamkeiten der theoretischen Orientierung zwischen Paul und Scherer hat lediglich der idiosynkratische Streit zwischen Berlin und Leipzig verdunkelt.

Neben dieser Gruppe von ‚Reformern' gab es noch eine Gruppe von ‚Radikalreformern', denen die – in der Praxis ohnehin nicht sehr wirksamen – Reformansätze nicht schnell oder nicht weit genug gingen. Diese Gruppe ist in sich recht inhomogen. Ihre eine Fraktion wollte ohne viel Federlesens die deutsche Philologie nach dem Vorbild von Mill und Spencer zu einer Gesetzeswissenschaft machen, die andere ist die eben betrachtete, die sich um den Begriff der Vergleichenden Literaturgeschichte scharte. Im Kontext dieses Szenarios ist der Misserfolg der Vergleichenden Literaturgeschichte leicht erklärbar, weil zum einen deren Repräsentanten unter dem Begriff sehr Verschiedenes verstanden und anstrebten und weil zum anderen den Vertretern einer eher traditionellen Philologie der Neuigkeitswert einer nationenübergreifenden Literaturgeschichte schwer zu vermitteln war, wie immer sie zu ihr eingestellt sein mochten.[98]

Abschließend sei zumindest darauf hingewiesen, dass unserer Fallstudie zur Vergleichenden Literaturgeschichte um 1890 neben der differenzierenden Bedeutung, die sie in historischer Hinsicht besitzt, auch ein historiographischer Mehrwert zukommt. Mit dem Versuch einer Bestimmung und exemplarischen Anwendung einiger Kategorien, die im Rahmen der Wissenschaftsgeschichtsschreibung Beachtung finden sollten, liefert unsere Untersuchung nicht allein einen konzeptionellen Leitfaden, sondern überdies einige konkrete Fragestellungen für die Betrachtung und Auswertung wissenschaftshistorischer Episoden. Eine entsprechende heuristische Auffassung unserer Fallstudie könnte etwa zu vergleichenden Rekonstruktionen Anlass geben, die mit Blick auf verschiedenen Wissenschaftsphasen der Frage nachgehen, welche kognitiven und sozialen Bedingungen erfüllt sein müssen, damit sich eine neue Konzeption (oder ein neuer programmatischer Ansatz) zu konstituieren und erfolgreich zu etablieren vermag. Als sehr aufschlussreich dürfte sich in

[97] Scherer, Wilhelm: [Rez.:] K. Lachmann, Kleinere Schriften I. Zur deutschen Philologie, II. Zur classischen Philologie" [1876]. In: Scherer (1893, S. 99).

[98] Vgl. hierzu schon das Resümée von Jacob Minor (1904, S. 38) aus dem Jahr 1904: „So hat man viel von der vergleichenden Literaturgeschichte geredet, ohne daß überall der gleiche Begriff mit dem Worte verbunden oder etwas wesentlich Neues zu Tage getreten wäre; denn auf der Vergleichung beruht ja in Wahrheit eine jede wissenschaftliche Literaturbetrachtung und nicht das weitere (hier internationale) Arbeitsgebiet, sondern nur die eigene Methode kann den Anspruch auf den Namen einer neuen Wissenschaft rechtfertigen.".

dieser Hinsicht der Versuch erweisen, die unter dem Begriff der ‚Geistesgeschichte' zusammengefassten Reformbewegungen, die etwa seit 1910 in den Neuphilologien für Kontroversen sorgten[99], einer Analyse zu unterziehen, wie wir sie für die Vergleichende Literaturgeschichte vorgelegt haben. Im Zuge der ‚geistesgeschichtlichen Wende' fanden einige wichtige Positionen, die Vertreter der Vergleichenden Literaturforschung wie Biese und Kühnemann bereits zwei Jahrzehnte zuvor vertreten hatten, Beachtung in den Debatten, und ihre Vertreter konnten sich in den Institutionen der Disziplin durchsetzen.[100]

Literatur

Amsterdamska, Olga: Institutions and Schools of Thought. The Neogrammarians. In: American Journal of Sociology 91,2 (1985), S. 332–358.

Barner, Wilfried/König, Christoph (Hg.): Zeitenwechsel. Germanistische Literaturwissenschaft vor und nach 1945. Frankfurt am Main 1996.

Bayertz, Kurt: Wissenschaftstheorie und Paradigmabegriff. Stuttgart 1981.

Betz, Louis P.: Kritische Betrachtung über Wesen, Aufgabe und Bedeutung der vergleichenden Literaturgeschichte. In: Zeitschrift für französische Sprache und Litteratur 18 (1896), S. 141–156.

Betz, Louis P.: Littérature Comparée. Essai bibliographique par Louis P. Betz. Introduction par Joseph Texte. Strasbourg 1900.

Betz, Louis P.: Literaturvergleichung. In: Das litterarische Echo 3 (1901), Sp. 658–665.

Biese Alfred: In: Zeitschrift für den deutschen Unterricht 6 (1892), S. 296.

Biese, Alfred: Die Aufgaben der Litteraturgeschichte. In: Neue Jahrbücher für Pädagogik 2 (1899), S. 35–45.

Biese, Alfred: Pädagogik und Poesie. Vermischte Aufsätze. Berlin 1900, S. 300–313.

Bonk, Magdalena: Deutsche Philologie in München. Zur Geschichte des Faches und seiner Vertreter an der Ludwig-Maximilians-Universität vom Anfang des 19. Jahrhunderts bis zum Ende des Zweiten Weltkrieges. Berlin 1995 (Münchener Universitätsschriften).

Bourdieu, Pierre: Homo Academicus. Frankfurt am Main 1992.

Brandl, Alois: in: Deutsche Litteraturzeitung 13 (1892), Sp. 627–629.

Burdach, Konrad: Sammelrezension in: Deutsche Litteraturzeitung 1892, Nr. 42 (15.10.), Sp. 1360–1365.

Dainat, Holger: Zwischen Nationalphilologie und Geistesgeschichte. Der Beitrag der Komparatistik zur Modernisierung der deutschen Literaturwissenschaft. In: Birus, Hendrik (Hg.): Germanistik und Komparatistik. Stuttgart u.a. 1995 (Germanistische Symposien, Berichtsbände, XVI), S. 37–53.

Dainat, Holger/Kolk, Rainer: Das Forum der Geistesgeschichte. Die „Deutsche Vierteljahrsschrift für Literaturwissenschaft und Geistesgeschichte" 1923–1944. In: Harsch-Niemeyer, Robert (Hg.): Beiträge zur Methodengeschichte der neueren Philologien. Zum 125-jährigen Bestehen des Max Niemeyer Verlags. Tübingen 1995, S. 111–134.

Daffis, Hans: Litteratur und Universität. In: Das litterarische Echo 3 (1901), Sp. 807–810.

Daston, Lorraine/Otte, Michael (Hg.): Style in Science. In: Science in Context, 4:2 (1991).

Dilly, Heinrich: Heinrich Wölfflin und Fritz Strich. In: Christoph König/Eberhard Lämmert (Hg.): Literaturwissenschaft und Geistesgeschichte 1910–1925. Frankfurt am Main 1993, S. 265–285.

Dilthey, Wilhelm: Briefwechsel. Band 1: 1852–1882. Hg. von Gudrun Kühne-Bertram, Hans-Ulrich Lessing. Göttingen 2011.

[99] Zur ‚Geistesgeschichte' vgl. König/Lämmert (1993).

[100] S. dazu vor allem Dainat/Kolk (1995) und Kolk (1997).

Döring, A.: [Rez.] W. Wetz: Shakespeare vom Standpunkte der vergleichenden Litteraturgeschichte. Erster Band: Die Menschen in Shakespeares Dramen. Worms 1890. In: Archiv für das Studium der neueren Sprachen und Litteraturen 45 (1891), S. 96–101.

Gasilov, Valerij Borisovic: Analyse der Interpretation des Terminus „wissenschaftliche Schule". In: Mikulinski, Semen R. (Hg.): Wissenschaftliche Schulen. 2 Bde. Berlin 1977 (Wissenschaft und Gesellschaft. 11.1 und 11.2), Bd. 1, S. 294–305.

Geil, Georg, in: Zeitschrift für vergleichende Litteraturgeschichte und Renaissance-Litteratur N.F. 4 (1891), S. 494–501.

Gerhardt, Volker u.a.: Berliner Geist: Eine Geschichte der Berliner Universitätsphilosophie bis 1946. Mit einem Ausblick auf die Gegenwart der Humboldt-Universität. Berlin 1999.

Grosse, Ernst: Die Literatur-Wissenschaft, ihr Ziel und ihr Weg. Halle/Saale 1887.

Groth, Ernst: Die Aufgabe der Litteraturgeschichte. In: Die Grenzboten 50 (1891), S. 260–276.

Hampl, Fritz/Weiler, Ingomar (Hg.): Vergleichende Geschichtswissenschaft. Methode, Ertrag und ihr Beitrag zur Universalgeschichte. Darmstadt 1979 (Erträge der Forschung. 88)

Kindt, Tom/Müller, Hans-Harald: Historische Wissenschaften – Geisteswissenschaften. In: Fin de Siècle. Hrsg. von Sabine Haupt und Bodo Würffel. Stuttgart 2008, S. 662–679.

Kindt, Tom/Müller, Hans-Harald: Dilthey gegen Scherer. Geistesgeschichte contra Positivismus. Zur Revision eines wissenschaftshistorischen Stereotyps. In: Deutsche Vierteljahrsschrift für Literaturwissenschaft und Geistesgeschichte 74 (2000), S. 685–709.

Köhnke, Klaus Christian: Entstehung und Aufstieg des Neukantianismus. Die deutsche Universitätsphilosophie zwischen Idealismus und Positivismus. Frankfurt am Main 1993.

König, Eduard: Die vergleichende Forschungsmethode und ihre Gefahren. In: Die Geisteswissenschaften 1913, Heft 4 (Oktober 1913), S. 93–95.

König, Christoph/Lämmert, Eberhard: Literaturwissenschaft und Geistesgeschichte 1910 bis 1925. Frankfurt am Main 1993.

Kolk, Rainer: „Repräsentative Theorie". Institutionengeschichtliche Beobachtungen zur Geistesgeschichte. In: Boden, Petra/Dainat, Holger (Hg.): Atta Troll tanzt noch. Selbstbesichtigungen der literaturwissenschaftlichen Germanistik im 20. Jahrhundert. Berlin 1997 (LiteraturForschung), S. 81–101.

Kühnemann, Eugen: Zur Aufgabe der vergleichenden Litteraturgeschichte. In: Centralblatt für Bibliothekswesen 18 (1901), S. 1–11.

Lindner Martin: Leben in der Krise. Zeitromane der Neuen Sachlichkeit und die intellektuelle Mentalität der klassischen Moderne. Mit einer exemplarischen Analyse des Romanwerks von Arnolt Bronnen, Ernst Glaeser, Ernst von Salomon und Ernst Erich Noth. Stuttgart u.a. 1994.

Marsh, A.R.: The Comparative Study of Literature. In: Publications of Modern Language Association 11 (1896), S. 151–170.

Martínez, Matías: Das lyrische Ich. Verteidigung eines umstrittenen Begriffs. In: Detering, Heinrich (Hg.): Autorschaft. Positionen und Revisionen. Stuttgart u.a. 2002, S. 376–389.

Meyer, Richard Moritz: Michael Bernays und seine Schüler. In: Magazin für Litteratur Nr. 31 (5.8.1893), S. 495–496.

Meyer-Schönfelder, Petra: Louis Paul Betz (1861–1904). Ein Pionier der deutsch–sprachigen Komparatistik. Phil. Diss. Aachen 1997.

Minor, Jacob: Die Aufgaben und Methoden der neueren Literaturgeschichte. Vortrag, gehalten auf dem Congress of Arts and Sciences in St. Louis am 23.9.1904. In: Neue Freie Presse Nr.14455 (20.11.1904), S. 35–39.

Müller, Hans-Harald: Die Übertragung des Barockbegriffs von der Kunstwissenschaft auf die Literaturwissenschaft und ihre Konsequenzen bei Fritz Strich und Oskar Walzel. In: Klaus Garber u. a. (Hg.): Europäische Barock-Rezeption. Wiesbaden 1991, S. 95–112.

Paul, Hermann: Geschichte der germanischen Philologie. In: Paul (Hg.): Grundriss der germanischen Philologie. 1. Bd. Strassburg 1891, S. 9–151.

Proescholdt, Ludwig.: [Rez.]: W. Wetz: Shakespeare vom Standpunkte der vergleichenden Litteraturgeschichte. Erster Band: Die Menschen in Shakespeares Dramen. Worms 1890. In: Literaturblatt für germanische und romanische Philologie 12 (1891), Sp. 401–404.

Proescholdt, Ludwig: [Rez.] W. Wetz: Shakespeare vom Standpunkte der vergleichenden Litteraturgeschichte. Erster Band: Die Menschen in Shakespeares Dramen. Worms 1890. In: Jahrbuch der deutschen Shakespeare-Gesellschaft 27 (1892) S. 244–247.

Rothacker, Erich: Einleitung in die Geisteswissenschaften. Tübingen: [2]1930 [[1]1920].

Rothacker, Erich: Logik und Systematik der Geisteswissenschaften. München u.a. 1927.

Rothacker, Erich: Die vergleichende Methode in den Geisteswissenschaften. In: Zeitschrift für vergleichende Rechtswissenschaft 60 (1957), S. 13–33.

Rotter, Frank: Komparatistik – ein wissenschaftstheoretisches Problem? In: Alwin Diemer u.a. (Hg.): Der Methoden- und Theorienpluralismus in den Wissenschaften. Vorträge und Diskussionen des 5. wissenschaftstheoretischen Kolloquiums 1969 und des 6. wissenschaftstheoretischen Kolloquiums 1970. Meisenheim am Glan 1971 (Studien zur Wissenschaftstheorie. 6), S. 289–322.

Rüsen, Jörn/Jaeger, Friedrich: Geschichte des Historismus. Eine Einführung. München 1992.

Schaeffer, Thomas: Institutionen und Erkenntnis. Eine Analyse im Lichte der Popperschen Erkenntnis- und Wissenschaftstheorie. Berlin 2001 (Erfahrung und Denken. 88)

Scherer, Wilhelm: Kleine Schriften Bd. 1. Hg. von Konrad Burdach. Berlin 1893, S. 111–121.

Schönert, Jörg: Empirischer Autor, Impliziter Autor und Lyrisches Ich. In: Fotis Jannidis u.a. (Hg.): Rückkehr des Autors. Zur Erneuerung eines umstrittenen Begriffs. Tübingen 1999, S. 289–294.

Schröder, Susanne: Deutsche Komparatistik im Wilhelminischen Zeitalter 1871–1918. Bonn: 1979. (Aachener Beiträge zur Komparatistik. 4).

Schröer, Arnold: [Rez. Wetz:]. Shakespeare vom Standpunkte der vergleichenden Literaturgeschichte. In: Englische Studien 16 (1892), S. 282–289.

Schurz, Gerhard: Koexistenz rivalisierender Paradigmen. Eine begriffsklärende und problemtypologisierende Studie. In: Gerhard Schurz/Paul Weingartner (Hg.): Koexistenz rivalisierender Paradigmen. Eine post-kuhnsche Bestandsaufnahme zur Struktur gegenwärtiger Wissenschaft. Opladen 1998, S. 1–52.

Steiner, Helmut: Soziale und kognitive Bedingungen wissenschaftlicher Schulen in Geschichte und Gegenwart. In: Mikulinski, Semen R. (Hg.): Wissenschaftliche Schulen. 2 Bde. Berlin 1977 (Wissenschaft und Gesellschaft. 11.1 und 11.2), Bd. 1, S. 82–156.

Szacki, Jerzy: „Schulen" in der Soziologie [1973]. In: Lepenies, Wolf (Hg.): Geschichte der Soziologie. Studien zur kognitiven, sozialen und historischen Identität einer Disziplin. 4 Bde. Frankfurt am Main 1982, Bd. 2, S. 16–30.

Titzmann, Michael: Skizze einer integrativen Literaturgeschichte und ihres Ortes in einer Systematik der Literaturwissenschaft. In: Titzmann (Hg.): Modelle des literarischen Strukturwandels. Tübingen: 1991 (Studien und Texte zur Sozialgeschichte der Literatur. 33), S. 395–438.

Vicedo, Marga: Scientific Styles: Toward Some Common Ground in the History, Philosophy, and Sociology of Science. In: Perspectives on Science 3,2 (1995), S. 231–254.

Weimar, Klaus: Geschichte der deutschen Literaturwissenschaft bis zum Ende des 19. Jahrhunderts. München 1989.

Weimar, Klaus: Die Begründung der Literaturwissenschaft. In: Schönert, Jörg (Hg.): Literaturwissenschaft und Wissenschaftsforschung. Stuttgart u.a. 2000 (Germanistische Symposien. Berichtsbände. XXI), S. 135–149.

Weiss, Burghard: „Stil". Eine vereinheitlichende Kategorie in Kunst, Naturwissenschaft und Technik. In: Knobloch, Eberhard (Hg.): Wissenschaft – Technik – Kunst. Interpretationen – Strukturen – Wechselwirkungen. Wiesbaden 1997 (Gratia. Bamberger Schriften zur Renaissanceforschung. 31), S. 147–163.

Wetz, W[ilhelm]: Shakespeare vom Standpunkte der vergleichenden Litteraturgeschichte. Erster Band: Die Menschen in Shakespeares Dramen. Hamburg 1890.

Wetz, Wilhelm: Literaturwissenschaft. In. Kritischer Jahresbericht über die Fortschritte der Romanischen Philologie 1 (1890a), S. 157–192.

Wetz, W[ilhelm]: Über Litteraturgeschichte. Eine Kritik von ten Brink's Rede *Über die Aufgabe der Litteraturgeschichte*. Hamburg 1891.

Wetz, W[ilhelm]: [Rez.:] Ernst Elster: Die Aufgaben der Literaturgeschichte. Akademische Antrittsrede. Halle 1894. In: Euphorion 3 (1896) S. 124–127.

Dilthey gegen Scherer. Geistesgeschichte contra Positivismus. Zur Revision eines wissenschaftshistorischen Stereotyps

Tom Kindt und Hans-Harald Müller

Um 1910 erschienen in der neueren Germanistik zahlreiche Manifeste, die beanspruchten, die Disziplin aus dem Banne des Positivismus zu erlösen und in der Konsequenz nicht weniger forderten als eine ‚Revolution in der Literaturwissenschaft'.[1] Maximalistische Ansprüche dieser Art sind in programmatischen Manifesten nicht weiter problematisch, denn diese Textgattung erfüllt vordringlich andere Funktionen als die, empirisch überprüfbare Geltungsansprüche zu erheben. Behauptungen wie zum Beispiel die Rudolf Ungers, der Positivismus habe „[a]llen tieferen und schwierigeren Problemen der Literaturwissenschaft gegenüber [...] im Grunde versagt",[2] besaßen für Zeitgenossen vermutlich eine Art von Evidenz; sie lassen sich nicht in prüfbare Aussagen umformulieren. Selbst die ein wenig klarer umrissene Behauptung, Dilthey sei der Vorläufer der geistesgeschichtlichen

[1] S. Koischwitz (1926).

[2] Unger (1908, S. 5).

Erstdruck in: Deutsche Vierteljahrsschrift für Literaturwissenschaft und Geistesgeschichte 74 (2000), S. 685–709.

T. Kindt (✉)
Departement für Germanistik, Universität Fribourg, Fribourg, Schweiz
E-Mail: tom.kindt@unifr.ch

H.-H. Müller
Institut für Germanistik, Universität Hamburg, Hamburg, Deutschland
E-Mail: harrym@uni-hamburg.de

H.-H. Müller (Hrsg.), *Kleine Schritte und große Sprünge*, Abhandlungen zur Literaturwissenschaft, https://doi.org/10.1007/978-3-662-71105-7_7

Literaturwissenschaft gewesen, lässt sich, wie wir gezeigt haben,[3] ohne weitläufige Interpretation empirisch kaum überprüfen.

Alles andere als unproblematisch ist es hingegen, dass – von wenigen Ausnahmen abgesehen[4] – seit den zwanziger Jahren die meisten wissenschaftshistorischen Darstellungen, seien sie affirmativ oder (ideologie-)kritisch, seien sie an Kuhn oder Luhmann orientiert, die Ansprüche und Positionsbestimmungen der einstigen Manifeste übernommen haben, als handle es sich um historisch zutreffende Feststellungen. Wenngleich uns die gängige Wissenschaftshistoriographie der Germanistik für den Zeitraum von 1860 bis 1930 insgesamt revisionsbedürftig scheint, werden wir uns im folgenden darauf beschränken, das Stereotyp von der Opposition zwischen Geistesgeschichte und Positivismus in Frage zu stellen, sofern es mit der Gegenüberstellung von Dilthey und Scherer begründet wird.[5]

Die Fachgeschichtsschreibung folgte nämlich im Fall der – später unter dem Namen „Geistesgeschichte“ zusammengefassten – Ansätze nicht allein deren Selbstdeutung; oft übernahm sie auch die suggestive Form, in der die geistesgeschichtliche Literaturwissenschaft ihre Positionsbestimmung vortrug: die Personalisierung. Die Programmschriften der Geistesgeschichte inszenierten den Kampf gegen den „literaturwissenschaftlichen Positivismus“[6] nicht allein als den Konflikt zweier wissenschaftlicher Richtungen, sondern zugleich als den ihrer vermeintlichen Schulhäupter. Den Germanisten Wilhelm Scherer machten sie für das Programm und die Praxis eines positivistischen „Philologismus“[7] verantwortlich: Durch diesen sei mit der Metaphysik sogleich die gesamte Philosophie aus der Germanistik verbannt worden und die Disziplin zu „mikrologischer Nichtigkeits-

[3] Vgl. Kindt/Müller (2000).

[4] Innerhalb der neueren Fachgeschichtsschreibung sind als Ausnahmen hervorzuheben: Sternsdorff (1979); Weimar (1989); Barner (1993) und Kruckis (1995).

[5] Um die Verständigung nicht schon an der Terminologie scheitern zu lassen, sei vorausgeschickt, dass wir bei der Verwendung des „Positivismus“-Begriffs drei Varianten unterschieden wissen möchten:

(1) den französischen und englischen Positivismus der Comte, Mill und Buckle;
(2) den seit etwa 1860 unternommenen Versuch, einige Prinzipien des Positivismus (1) auf die historischen und philologischen Disziplinen zu übertragen. Dabei entstand in mehreren Disziplinen eine eigenständige Wissenschaftskonzeption, die, wie schon Rothacker 1930 gezeigt hat, eine Verknüpfung von Elementen des westeuropäischen Positivismus mit Traditionen der deutschen historischen Schule darstellt;
(3) die polemische Variante des Begriffs, die einen blinden Faktizismus bezeichnet – jene „gedankenlose Anhäufung wohlgesichteten Materials“, gegen die sich Scherer ebenso vehement wendete wie die Geistesgeschichte (vgl. unten Abschn. 3.).

Unter dem Begriff der „geistesgeschichtlichen Literaturwissenschaft“ fassen wir die in sich heterogenen Richtungen der Literaturwissenschaft zusammen, die seit Beginn des 20. Jahrhunderts vor allem die Opposition gegen den – undifferenziert verwendeten – „Positivismus“ des 19. Jahrhunderts verband.

[6] Unger (1908, S. 5).

[7] Unger (1908, S. 9).

krämerei"[8] degeneriert. Als Gegenbild zu Scherer galt der Geistesgeschichte Wilhelm Dilthey, der für eine philosophisch orientierte Literarhistorie eingetreten sei; ihn verstand die geistesgeschichtliche Literaturwissenschaft als „Vorbild"[9] und „Führer"[10] für die eigenen Bestrebungen.[11]

Diese programmatische Selbstinszenierung der Geistesgeschichte wurde schon sehr früh zur kanonischen Richtschnur der germanistischen Wissenschaftshistoriographie: Bereits in den ersten Überblicken über die Geschichte und Schulen der Germanistik wurde die ‚Ablösung' des Positivismus durch die Geistesgeschichte oft als ‚Revolution', allemal aber als ‚Überwindung' der Positionen Scherers durch Dilthey charakterisiert. Wenn beispielsweise Werner Mahrholz in seiner populären Monographie zur Entwicklung und Lage der Literaturwissenschaft „Diltheys stilles Wirken" als „Opposition vom Wesen her zu dem mehr an der Oberfläche hintastenden Bemühen der Schererschule"[12] deutete, so war das ein moderates, durchaus repräsentatives Urteil. Obwohl es immer wieder Hinweise auf konzeptionelle Übereinstimmungen zwischen Dilthey und Scherer gegeben hat,[13] prägen noch bis in die Gegenwart die geistesgeschichtliche Selbsteinschätzung und ihre griffige Personalisierung die Sichtweise der Fachgeschichte. Für Walter Müller-Seidel etwa kulminiert Diltheys Leistung in einer „Grundlegung" der Geistesgeschichte, während ihm Scherer als „Wortführer" einer naturwissenschaftlich orientierten Philologie gilt.[14] „Trotz der Freundschaft, die beide Gelehrte verband", so bekräftigt Müller-Seidel das wissenschaftsgeschichtliche Stereotyp, „ist über die Gegensätze in ihrem Wissenschaftsverständnis nicht hinwegzusehen."[15]

In der folgenden Untersuchung geht es uns nicht darum, die Forschungsleistungen der geistesgeschichtlichen Literaturwissenschaft zu kritisieren.[16] Wir

---

[8] Unger (1908, S. 8).

[9] Petersen (1924, S. 410).

[10] Unger (1923/24, S. 6).

[11] S. Kindt/Müller (2000).

[12] Mahrholz (1932, S. 23), s. auch S. 43–44: „Man kann Diltheys Essays Versuche einer metaphysischen Psychologie nennen, die sich eben durch den Schuß von Metaphysik von der positivistischen, empirischen Psychologie der Scherer-Schule unterscheiden." – Entsprechende Einschätzungen finden sich beispielsweise auch bei Benda (1928, S. 7–10).

[13] Begründete Zweifel an der geistesgeschichtlichen Selbstdeutung finden sich bereits bei Meyer (1914) und Schultz (1929). Auf die enge Zusammenarbeit Scherers und Diltheys wies – unter Berücksichtigung der ungedruckten Korrespondenz – Petersen (1941) hin. Für seine eigene wissenschaftsgeschichtliche Beurteilung Scherers und Diltheys zog Petersen aus seinen Hinweisen freilich keine Konsequenz.

[14] Müller-Seidel (1993, S. 133–134). – Vgl. dazu etwa auch Hermand (1993, S. 71), der Ungers wissenschaftshistorische Einordnung bruchlos übernimmt: „Der Germanist, der sich nach 1900 wohl am nachdrücklichsten auf Dilthey berief, das heißt die positivistische Methodologie Scherers und seiner Schule durch eine stärkere Berücksichtigung weltanschaulich-philosophischer Konzepte zu verdrängen suchte, war Rudolf Unger."

[15] Müller-Seidel (1993, S. 134). – Ganz entsprechend heißt es auch bei Müller-Seidel (1995, S. 58): „Nach außen scheint sie [Dilthey und Scherer] nichts zu trennen; in Wirklichkeit sind sie durch Welten voneinander getrennt."

[16] Zur Geistesgeschichte s. die Beiträge in König/Lämmert (1993).

möchten vielmehr zeigen, dass die Gegenüberstellung Diltheys und Scherers als wissenschaftliche Antipoden unhaltbar und die mit ihr verknüpfte Behauptung, die Geistesgeschichte habe den literaturwissenschaftlichen Positivismus überwunden, grundsätzlich in Zweifel zu ziehen ist. Daher werden wir in unserer konzeptionsgeschichtlichen[17] Untersuchung die grundlegenden und sehr weitreichenden Gemeinsamkeiten in den Vordergrund stellen, an denen Dilthey größtenteils auch nach Scherers Tod festhielt.[18]

1 (Wissenschafts-)historische Rekonstruktion der Beziehungen zwischen Dilthey und Scherer

Wir beginnen mit einer Skizze der freundschaftlichen Beziehungen und des wissenschaftlichen Austauschs zwischen Scherer und Dilthey (1), umreißen sodann deren übereinstimmende Auffassungen zur Situation und Reform der historisch-philologischen Disziplinen (2), stellen im weiteren deren Versuche dar, geplante Reformprojekte zu verwirklichen (3), um schließlich am Beispiel der Konzeptionen von Poetik, Biographie und Literaturgeschichte die gemeinsame wissenschaftliche Orientierung Diltheys und Scherers genauer zu charakterisieren (4).

Wann Scherer und Dilthey einander kennenlernten, lässt sich noch nicht mit Gewissheit bestimmen. Die bislang bekannten Indizien sprechen dafür, dass sie sich zu Beginn der 1860er-Jahre in einem Kreis junger Gelehrter und Privatdozenten begegneten, von dem auch heute kaum mehr bekannt ist als das, was Erich Rothacker bereits 1920 in seiner *Einleitung in die Geisteswissenschaften* mitteilte.[19] Den Kern dieses Kreises, der mit wechselnden Teilnehmern über verschiedene Themen – darunter wiederholt auch über den Positivismus – diskutierte, bildeten vier jüngere Wissenschaftler: der homme de lettres und Kunsthistoriker Herman Grimm, der Historiker Bernhard Erdmannsdörffer, Wilhelm Scherer und Wilhelm Dilthey. Dilthey hatte in Heidelberg und Berlin das Theologiestudium absolviert, bevor er bei Friedrich Trendelenburg Philosophie studierte und 1864 sowohl promoviert als auch habilitiert wurde. Diltheys Beschäftigung mit dem Positivismus setzte vermutlich in der Mitte der 1850er-Jahre[20] ein. Scherer hatte sein Studium der Germanistik in Wien im Frühjahr 1860 abgebrochen, um in Berlin bei Moriz Haupt und Karl Müllenhoff „Methode“[21] zu lernen; seine Bekanntschaft mit dem Positivismus geht

[17] Institutionsgeschichtliche Gesichtspunkte lassen wir hier außer Acht.

[18] Die mit Scherer geteilten Überzeugungen blieben von der zunehmend lebensphilosophischen Interpretation der Diltheyschen Positionen seit den 1890er-Jahren nahezu unberührt. – Zur Evolution der Diltheyschen Philosophie vgl. Lessing (1984); Makkreel (1991) und Rütsche (1999).

[19] Rothacker (1930, S. 137–139).

[20] In dieser Zeit beginnt Diltheys Austausch mit Moritz Lazarus und Heymann Steinthal, den Begründern der Völkerpsychologie, die sich seit den frühen 1850er-Jahren mit dem Positivismus beschäftigten, vgl. dazu Steinthal an Lazarus vom 12./13.9.1852. In: Lazarus/Steinthal (1971, S. 265–268).

[21] Wilhelm Scherer an Ludwig Speidel vom 27. Mai 1880. In: Scherer (1887, S. 3).

wahrscheinlich schon auf seine Wiener Jahre und die Beziehungen zu dem einflussreichen klassischen Philologen Theodor Gomperz zurück.[22]

Eine regelmäßige Korrespondenz über den geselligen Verkehr und die Zusammenarbeit der vier Wissenschaftler findet sich erst seit 1865; in diesem Jahr musste die informelle Kommunikation durch eine schriftliche ersetzt werden, da Scherer nach Abschluss seines Studiums, der Promotion und Habilitation in Wien als Privatdozent lehrte und nur noch in den Ferien nach Berlin zurückkehrte. Wie eng die Beziehungen zwischen den vier Gelehrten waren, verdeutlicht nicht allein der freundschaftliche Ton der erhaltenen Briefe; es geht auch daraus hervor, dass Erdmannsdörffer seine Wohnung von 1864 bis zu dessen Berufung nach Basel im Jahr 1867 mit Dilthey,[23] danach zeitweise mit Scherer[24] teilte.

Aus der überlieferten Korrespondenz ist zu entnehmen, dass Dilthey an Scherers Forschungen von Beginn an sehr interessiert war; die zahlreichen Stellungnahmen, auf die aus Raumgründen nur in einer Anmerkung verwiesen werden soll, reichen von Scherers frühesten Publikationen bis zu dessen Literaturgeschichte.[25] Ein ähnlich kontinuierliches Interesse Scherers an Diltheys Arbeiten kann vermutet, jedoch nur unvollständig dokumentiert werden, da Scherers Briefe an Dilthey nur ausnahmsweise überliefert sind; allerdings lassen sich Bezugnahmen Scherers auf Diltheys Veröffentlichungen mittelbar rekonstruieren. Einige von ihnen, die auf Scherers Vertrautheit mit den Arbeiten Diltheys schließen lassen, sollen kurz erwähnt werden.

Am 29.5.1865 berichtete Dilthey von seinen Arbeiten an der Schleiermacher–Biographie[26] und der Absicht, Scherer seinen Novalis-Aufsatz[27] zu schicken.[28] In seinem Brief vom 10.3.1867 bedauerte er, dass er an seinem – von Scherer vermutlich zuvor kritisierten – Lessing-Aufsatz[29] „leider nichts mehr ändern" konnte; zugleich äußerte er den Wunsch, mit Scherer über eine Aufsatzsammlung zu sprechen, wie er sie dann fast 40 Jahre später unter dem Titel *Das Erlebnis und die Dichtung* veröffentlichte: „Wenn Sie hier sind, will ich Ihnen einen Plan vorlegen, diese Aufsätze und andere, die halb fertig geschrieben daliegen, zu einem Ganzen (wie es wirklich vor den Theilen da war) zu verbinden, das für das Studium der Literaturgeschichte von Nutzen sein könnte."[30] Am 2. Juni 1870 teilte Dilthey Scherer mit, dass er sich „unbändig" darüber freue, dass der Freund seine Schleiermacher-Biographie anzeigen wolle.[31] Auf Scherers kongeniale Rezension, die am 3. September in der Wiener *Neuen Freien Presse*[32]

[22] Vgl. dazu Müller/Nottscheid (1999).

[23] Vgl. dazu den undatierten Brief Diltheys an Herman Grimm [Sept. 1864]. In: Dilthey (2011, S. 308, Nr. 167).

[24] Vgl. Scherers Brief an die Eltern vom 20.12.1867, Scherer-Nachlass, Staatsbibliothek Preußischer Kulturbesitz, Berlin.

[25] S. dazu die genaue Dokumentation in Kindt/Müller (2000, S. 690–691).

[26] Vgl. Dilthey (1979) und Dilthey (1985).

[27] Dilthey (1865).

[28] Vgl. Misch (1933, S. 198–199).

[29] Dilthey (1867).

[30] Misch (1933, S. 233).

[31] Vgl. Misch (1933, S. 286–287).

[32] Scherer (1874, S. 373–388).

erschien, kommen wir unten zurück. Im Dezember 1877 schickte Dilthey seinem Freund den Aufsatz „Über die Einbildungskraft der Dichter“[33] und bemerkte: „Von den Hauptgedanken des Aufsatzes der hier folgt haben wir öfters gesprochen u[nd] sie sind Ihnen glaube ich auch schon aus einem alten kleinen Aufsatz von mir bekannt“[34]; am 14.12. 1877 fragte er nach: „Hat Ihnen die Einbildungskraft Spaß gemacht oder wußten Sie schon selbst so ziemlich was darin steht?“[35]

2 Zur theoretischen Neubegründung und Reform der historisch-philologischen Wissenschaften durch Dilthey und Scherer

Den Interessenhintergrund des freundschaftlichen Verkehrs und brieflichen Austauschs zwischen Dilthey und Scherer bildete die übereinstimmende Beurteilung der Lage der geisteswissenschaftlichen Fächer. Dilthey und Scherer teilten die Auffassung, dass die Abkehr vom Idealismus[36] die Ursache für einen beachtlichen Aufschwung der historisch-philologischen Wissenschaften war, der zu einer institutionellen Konsolidierung und einer vor allem im Bereich der Quellen- und Textkritik sichtbaren Verfeinerung der methodischen Praxis geführt habe. Einig waren sie freilich auch darüber, dass die Abgrenzung von der systemphilosophischen Spekulation keinesfalls zur Herrschaft einer unreflektierten empiristischen Praxis führen dürfe.[37] Im Gegenteil: Es galt, auch für die Geisteswissenschaften eine philosophische Begründung von der Art zu liefern, wie sie ihrer Auffassung nach die Ursache des theoretischen Aufschwungs und der immensen praktischen Erfolge der Naturwissenschaften gewesen war.[38] Angeregt durch den westeuropäischen Positivismus und Empirismus, aber auch durch die deutschen Bemühungen um eine empirisch orientierte Geschichtsphilosophie[39] traten Dilthey und Scherer deshalb für eine

[33] Dilthey (1878).

[34] Dilthey an Scherer, November/Anfang Dezember 1877 in: Dilthey (2011, S. 800.) – Gemeint ist: Wilhelm Dilthey: Phantastische Gesichtserscheinungen von Goethe, Tieck und Otto Ludwig [1866]. In: Dilthey (1970, S. 93–101).

[35] Dilthey an Scherer Ende 1877, in: Dilthey (2011, S. 801, Nr. 501).

[36] An der Abgrenzung von der Hegelschen Philosophie hielten Scherer und Dilthey zeit ihres Lebens fest; Scherer (1883, S. 629) bemerkte in seiner Literaturgeschichte zur postidealistischen Epoche noch einmal: „Die Geschichte trat an die Stelle der construierenden Vernunft.“ 1910 betonte Dilthey (1927, S. 197): „Hegel konstruiert metaphysisch; wir analysieren das Gegebene.“

[37] Vgl. Scherer (1886, S. 11–12).

[38] Ein locus classicus dieser Überzeugung findet sich bei Dilthey (1883, S. XVI): „[...] die historische Schule hat bis heute die inneren Schranken nicht durchbrochen, welche ihre theoretische Ausbildung wie ihren Einfluß auf das Leben hemmen mußten.“

[39] Als eine solche verstanden Dilthey und Scherer etwa die von Hermann Lotze oder auch von Moritz Lazarus und Heymann Steinthal unternommenen Versuche, Herders Idee einer Philosophie der Geschichte zu verwirklichen, die auf umfassenden empirischen Untersuchungen basiert. – Eine Übersicht über entsprechende Versuche gibt Jürgen Bona Meyer, der zu den regelmäßigen Teilnehmern des Berliner Kreises um Dilthey und Scherer zählte, vgl. Meyer (1871).

theoretische Begründung der historisch-philologischen Disziplinen ein, die nicht zuletzt deren lebensweltliche Bedeutung untermauern sollte.[40]

Wenngleich Dilthey den aufwendigen Versuch einer Grundlegung der Geisteswissenschaften nahezu allein unternahm, war er mit Scherer doch nicht nur über die Bedeutung, sondern auch über die Konzeption eines solchen Vorhabens weitgehend einig. Scherer hielt es für dringend geboten, „das weiße Blatt endlich zu füllen, welches die Logik und Wissenschaftslehre, für sie [scil. die historisch-philologischen Fächer] offen hält“.[41] Denn „der Forscher“, so mahnte Dilthey, „darf nicht an seinem Fach arbeiten, wie der Arbeiter an der Maschine, deren Zusammenhang er nicht begreift“.[42] Eine theoretische Grundlegung der Geisteswissenschaften, so hofften die beiden, werde die in der Praxis bewährten Methoden aller historischen Fächer in ihrer Struktur, ihrer Berechtigung und ihrem Zusammenhang erhellen und so auch zur Verbesserung der Zusammenarbeit zwischen den einzelnen Disziplinen beitragen. Die erforderliche Begründung und Vermittlung der Wissenschaften aber sollte eine – erst noch zu entwickelnde – geisteswissenschaftlich orientierte Psychologie leisten.[43]

Eine Explikation und Systematisierung der Traditionen der deutschen historischen Schule sollte die erforderliche Theoretisierung der Philologien, Geschichts- und Gesellschaftswissenschaften vorbereiten. „Wir sind es endlich müde, in der bloßen gedankenlosen Anhäufung wohlgesichteten Materials den höchsten Triumph der Forschung zu erblicken“, schrieb Scherer in der Einleitung *Zur Geschichte der deutschen Sprache*[44] – es gelte vielmehr, zur Erklärung der Tatsachen überzugehen; die Kausalität müsse als „Grundkategorie“[45] auch der historisch-philologischen Wissenschaften anerkannt werden. Ausgehend von der Überzeugung, „daß in dem Reiche der geschichtlichen wie der natürlichen Begebenheiten überall das Gesetz der Notwendigkeit herrscht“,[46] forderte Dilthey, dass auch die geschichtlich-gesellschaftlichen Erscheinungen vor dem Hintergrund fester Prinzipien und im Hinblick auf umfangreiche Generalisierungen untersucht werden müssten: „Wir wollen die Verkettungen der Ursachen und Wirkungen, in welchen intellektuelle

[40] Dilthey und Scherer sahen die angestrebte praktische Relevanz der Geisteswissenschaften nicht allein in deren Bildungswert, sondern ebensosehr in deren sozialtechnologischer Anwendung.

[41] Wilhelm Scherer: [Rez.]: K. Lachmann: Kleinere Schriften I. Zur deutschen Philologie, II. Zur classischen Philologie [1876]. In: Scherer (1893a, S. S. 99).

[42] Dilthey (1990, S. 34–35).

[43] Dilthey hielt dieses Ziel schon in seinen frühen Tagebüchern fest, vgl. etwa Misch (1933, S. 80–81); seit den 1880er-Jahren widmete er sich dann eingehend der Entwicklung einer deskriptiven Psychologie, s. vor allem Dilthey: Ideen über eine beschreibende und zergliedernde Psychologie [1894]. In: Dilthey (1978, S. 139–240). – Scherer, der oft als Gegner der Psychologie gesehen wird, teilte Diltheys Auffassung, wie etwa Scherers Brief an Rudolf Haym vom 17.10.1864 anzeigt, s. Rosenberg (1933, S. 232–233).

[44] Scherer (1868, S. VIII).

[45] Scherer, Wilhelm: [Rez.] H. Hettner, Litteraturgeschichte des 18. Jahrhunderts. 3. Theil, 2. Buch. Braunschweig. In: Scherer (1893b, S. 66).

[46] Dilthey, Wilhelm: Geschichte und Wissenschaft [Rez. H. Th. Buckle: Geschichte der Civilisation in England, 2. Bde., Leipzig, Heidelberg 1860/61] [1862]. In: Dilthey (1970, S. 101).

Vorgänge so gut verlaufen als die der politischen Historie, in einer lückenlosen Ordnung überblicken. Aufdeckung der kausalen Verknüpfung der Begebenheiten fordern wir auch in diesem Falle."[47]

Wenngleich Dilthey und Scherer davon ausgingen, dass Geschichts- und Naturprozesse gleichermaßen festen Gesetzen folgen, so wollten sie doch keinesfalls die Wissenschaften der Geschichte denen der Natur unterordnen. Gewarnt durch entsprechende Versuche in Comtes *Cours de philosophie positive* oder Mills *System of Logic* traten die beiden für den Versuch einer sinngemäßen Übertragung der Methoden der naturwissenschaftlichen Disziplinen ein, bei dem die Eigenheiten der Geisteswissenschaften berücksichtigt werden sollten.[48] Neben dem Stellenwert der Ermittlung ursächlicher Zusammenhänge betonten sie etwa die Bedeutung exakten Beobachtens und induktiven Vorgehens,[49] der zergliedernden Untersuchung[50] und vor allem der vergleichenden Verfahren, die sie als geisteswissenschaftliches Äquivalent zum naturwissenschaftlichen Experiment betrachteten.[51]

Vorbildlich erschien Dilthey und Scherer an den Naturwissenschaften schließlich auch die Kooperation zwischen den einzelnen Disziplinen.[52] Allzu lange hätten die verschiedenen geisteswissenschaftlichen Fächer in der Vergangenheit aus der Unkenntnis ihrer Grundlagen und dem Mangel an allgemeinen Gesetzen isoliert nebeneinander her gearbeitet; die Gegenwart müsse auch in den historisch-philologischen Disziplinen das Prinzip der „Arbeitsteilung" durch das der „Arbeitsvereinigung" ersetzen.[53] Von einer verstärkten Interdisziplinarität versprachen sich beide Forscher eine wechselseitige Befruchtung der Wissenschaften und Anregungen für deren Weiterentwicklung.

3 Reformpläne und -projekte

Bei einer Diagnose der zeitgenössischen Situation der Geisteswissenschaften und Überlegungen zu deren Verbesserung ließen es Dilthey und Scherer nicht bewenden; mit Erdmannsdörffer und Grimm schmiedeten sie Pläne, um ihre Vorstellungen zu

[47] Dilthey, Wilhelm: Literarhistorische Arbeiten über das klassische Zeitalter unserer Dichtung [1866]. In: Dilthey (1936, S. 198).

[48] Im Fall Diltheys ist dies unstrittig, im Fall Scherers oft übersehen worden, vgl. dazu etwa Scherer: Goethe-Philologie, in: Scherer (1877).

[49] Dilthey betonte noch im „Aufbau der geschichtlichen Welt" (1927, S. 212) von 1910 die Relevanz des Induktivismus.

[50] S. etwa Dilthey (1878, S. 73–74). Entsprechend auch Scherer: [Rez.] E. Petsche: Geschichte und Geschichtsschreibung unserer Zeit. Leipzig 1865. In: Scherer (1893b, S. 170).

[51] S. hierzu vor allem Meyer (1909).

[52] S. z. B. Misch (1933, S. 241); hier vertritt Dilthey die Meinung, es könne nun auch in den Geisteswissenschaften „ein ineinandergreifendes Zusammenarbeiten, wie es in den Naturwissenschaften besteht, endlich geschaffen werden".

[53] Zu diesen Begriffen vgl. Scherer, Wilhelm: Die neue Generation [1870]. In: Scherer (1874, S. 410).

verwirklichen. Der erste Plan betraf die Gründung einer gemeinsamen Zeitschrift, der zweite den Vorsatz, an einer Universität zusammenzuarbeiten, um diese zu einer in Struktur und Organisation der Disziplinen vorbildlichen Hochschule umzugestalten.

Wie weit das Zeitschriftenprojekt bereits gediehen war, geht aus einem Brief Diltheys an Scherer vom 12.5.1867 hervor, in dem es u. a. heißt:

> „Erdmannsdörffer hat Ihnen wohl geschrieben daß wir noch in Berlin den Beschluß gefaßt haben, *falls* Sie *jetzt* damit einverstanden sind, die vielbesprochene Zeitschrift nächste Ostern anfangen zu lassen. Liebster Scherer, viel zu thun haben wir alle, aber diese Angelegenheit scheint mir wichtiger als alles einzelne, was einer von uns thun könnte. Ich weiß mir vor Arbeit nicht zu helfen. Aber wenn es zu Stande kommt, verpflichte ich mich mit Freuden, … einen einleitenden Aufsatz über Philosophie und Geschichte, am liebsten mit Ihnen zusammen, jedenfalls mit allseitigen Beiträgen und von uns vieren revidiert, sowie eine gründliche Untersuchung über die moralischen Erscheinungen, ihren geschichtlichen Wechsel, das Stetige in ihm, den moralischen Fortschritt usw. für den ersten Jahrgang zu liefern.“[54]

Da wir über das nach umfangreichen Planungen abgebrochene Zeitschriftenprojekt an anderer Stelle berichtet haben,[55] soll hier nur der wichtigste Abschnitt des Programms wiedergegeben werden, das von Dilthey konzipiert, von Erdmannsdörffer, Herman Grimm und dem Philosophen Jürgen Bona Meyer überarbeitet worden war:

> „Wir beabsichtigen, für die Pflege der Geisteswissenschaften in ihrem Zusammenhang eine Zeitschrift zu gründen. Es scheint dem Aufschwung dieser wichtigen Studien besonders hinderlich, wie sie an Geschichte, Philosophie, Philologie, Jurisprudenz, Staatswissenschaften, Theologie vertheilt sind: die Grenzsperren der Facultäten, die scharfe Sonderung der Fachzeitschriften isoliren die Arbeitenden in einem willkürlich herausgehobenen Kreis und hindern dadurch nur zu oft die fruchtbare Gemeinschaft mit anderen Forschungen.
>
> Denn der große fruchtbare Zusammenhang der Geisteswissenschaften, wie er nicht in irgend einer philosophischen Gruppierung, sondern in dem methodischen Ineinandergreifen der Forschungen selber liegt, tritt heute immer klarer hervor. Sie ergänzen sich, fördern sich gegenseitig weiter, dem gemeinsamen Ziele entgegen: die Bedingungen, die elementaren Kräfte, den gesetzlichen Zusammenhang zu erforschen, wie sie den einzelnen Gruppen und schließlich dem Ganzen der intellektuellen, moralischen, sozialen, politischen Erscheinungen zu Grund liegen. Auf dem Grunde dieser Bedingungen, Kräfte und Gesetze vollzieht sich der Fortschritt der menschlichen Cultur. An ihr Studium erscheint die stätige und methodische Förderung dieses Fortschritts gebunden.“[56]

Dass das Zeitschriftenprojekt mit ehrgeizigeren Plänen zusammenhing, geht aus einem Brief Diltheys vom 1.1.1867 hervor, in dem er Scherer mitteilte, dass er den Ruf nach Basel annehmen werde, um hinzuzufügen: „Also, liebster Scherer, unsere Pläne sind nur aufgeschoben, nicht aufgehoben. Erdmannsdörffer, Sie und ich müssen noch an eine Universität zusammenkommen und eine Zeitschrift machen.“[57]

---

[54] Misch (1933, S. 239).

[55] Vgl. Kindt/Müller (1999).

[56] Kindt/Müller (1999, S. 184).

[57] Misch (1933, S. 228).

Kurz darauf ermahnte Erdmannsdörffer Scherer, er möge am Zeitschriftenplan festhalten – „denn darauf hat ja von Anfang an alles beruht, daß wir Berliner Freunde und Gesinnungsgenossen, welche dereinst in grauer Zukunft an einer noch unbenannten deutschen Universität zusammenwirken und diese zur deutschen Musteranstalt machen werden, daß wir auch hier vorerst gemeinsam auftreten".[58] Im August 1867 erinnerte schließlich Scherer Dilthey an „unsere alten Träume von künftiger gemeinsamer Wirksamkeit".[59]

Wie ironisch auf diese Träume auch angespielt wurde, sie besaßen einen realitätshaltigen Kern. Zunächst setzte Scherer sich seit dem Frühjahr 1870 mit großem Nachdruck dafür ein, dass sein Freund nach Wien berufen würde – auf zwei Berufunglisten stand Dilthey zunächst mit einem, dann mit zwei anderen Nominierten aequo loco auf dem ersten Platz: die Liste wurde jedoch vom Unterrichtsministerium nicht akzeptiert; das – für die Geschichte der positivistischen Philosophie bedeutungsvolle – Verfahren zog sich bis 1874 hin, berufen wurde schließlich Franz Brentano.[60]

Am 14. Juli 1871 berichtete Dilthey Scherer von einem Gespräch mit dem Staatssekretär Schmidt aus dem preußischen Kultusministerium, von dem er gebeten worden war, seine Vorstellungen über die unter deutscher Herrschaft neu zu gründende Universität Straßburg[61] zu artikulieren. Er habe, schrieb Dilthey, nachdrücklich betont, dass jede neue Universität „ein Eigenthümliches" haben müsse, und da die Universität Straßburg mit Berlin, Heidelberg, Leipzig und Wien in den Naturwissenschaften nicht konkurrieren könne, solle sie ihnen auf dem Gebiet der Geisteswissenschaften Konkurrenz machen. Hier gelte es, die „kritisch empirischen Wissenschaften" weiter zu spezialisieren; zugleich aber die „auf größerer Generalisation beruhenden vergleichenden Wissenschaften", wie die Vergleichende Religionsgeschichte und Vergleichende Literaturwissenschaft, zu verstärken; schließlich sollten die Dozenten der Philosophie einen „näheren Anschluß an die Aufgabe allgemeinster Generalisationen in den Geisteswissenschaften"[62] suchen. Seine Ausführungen hätten den Staatssekretär so beeindruckt, dass dieser ihn um ein schriftliches Gutachten für den Reichskanzler gebeten habe, schrieb Dilthey, der Scherer im gleichen Brief um beratende Unterstützung bat. Ob Dilthey ein solches Gutachten einreichte, ist unklar; im Nachlass fand sich zumindest ein entsprechender Entwurf, der, obgleich ein wichtiges bildungsgeschichtliches Dokument, nur an

[58] Erdmannsdörffer an Scherer [Januar 1867]; Scherer-Nachlass, Berlin-Brandenburgische Akademie der Wissenschaften.

[59] Scherer an Dilthey 1867, in: Dilthey (2011, S. 430, Nr. 250). – Julius Petersen behauptet, Dilthey habe sich bereits am Ende der 1860er-Jahre für eine Berufung Scherers nach Basel eingesetzt; er dokumentiert diese Behauptung allerdings nicht, s. Petersen (1941, S. 80).

[60] Eine knappe, auf den Akten des Universitätsarchivs basierende Skizze des Verfahrens, auf das Scherer als Mitglied der Fakultätskommission Einfluss zu nehmen versuchte, findet sich in Müller/Nottscheid (1999, S. 138, Anm. 59).– S. ergänzend Dilthey an Scherer Juli 1870, in Dilthey (2011, S. 656, Nr. 348).

[61] Vgl. zum historischen Kontext Craig (1984) und Nebelin (1991)

[62] Dilthey an Scherer 1871, in: Dilthey (2011, S. 605, Nr. 376).

sehr entlegener Stelle publiziert ist.[63] Der Entwurf enthält neben einer Ausführung der skizzierten Überlegungen auch Personalvorschläge für die meisten Lehrstühle – als Germanist wird „Scherer in Wien"[64] vorgeschlagen. Die später tatsächlich erfolgte Berufung nach Straßburg hatte Scherer freilich nicht dem Vorschlag Diltheys zu verdanken, sondern dem seines Lehrers Karl Müllenhoff.[65] Wie gern er mit seinem Freund in Straßburg zusammengearbeitet hätte, vertraute Dilthey, der im Herbst 1871 gerade von Kiel nach Breslau berufen worden war, Scherer in einem Brief vom Ende des Jahres an.

1882 wurde Dilthey gegen beträchtliche Widerstände in der philosophischen Fakultät nach Berlin berufen; an diesem Verfahren hatte Scherer, der 1877 von Straßburg nach Berlin gewechselt war, maßgeblich mitgewirkt.[66] Vermutlich aber hatten Scherer und Dilthey den Plan, aus einer Stätte gemeinsamen Wirkens eine „deutsche Musteranstalt" zu machen, zu diesem Zeitpunkt längst aufgegeben.

4 Poetik, Biographie, Literaturgeschichte – gemeinsame Orientierungen von Scherer und Dilthey

Im Zentrum der Überlegungen Scherers und Diltheys zur theoretischen Reform der philologischen Disziplinen stand das Projekt einer neuen Poetik. Die Poetik sollte die literarischen Gattungen und deren Klassifikation nicht aus dem apriorischen Wesen der Dichtung ableiten, sondern aus der empirischen Untersuchung des Schaffensvorgangs der Dichter behutsam generalisieren, um auf diese Weise der Analyse und Historiographie der Literatur eine neue Grundlage zu schaffen. „Die Erforschung der dichterischen Phantasie", so fasste Dilthey Gegenstand und Ziel der neuen Lehre der Dichtkunst zusammen, „ist die naturgemäße Grundlegung des wissenschaftlichen Studiums der poetischen Litteratur und ihrer Geschichte."[67]

Schon im Rahmen ihrer literaturgeschichtlichen Arbeiten der 1860er-Jahre waren Dilthey und Scherer zu der Einschätzung gelangt, dass die Philologie ebensowenig ohne die Ästhetik auskomme wie diese ohne jene.[68] Seither betrachteten

---

[63] S. Dilthey (1941).

[64] Dilthey (1941, S. 84).

[65] Müllenhoff schrieb Scherer schon am 3. Oktober 1870, er habe „an geeignetem Orte" vorgebracht, dass man Scherer nach Straßburg schicken solle. S. Müllenhoff/Scherer (1937, S. 403, Nr. 170) und Scherers Replik (1937, S. 406, Nr. 171): „Ihren Plan mit Straßburg finde ich reizend. Das wäre eine Mission, und ich glaube, die Schwierigkeit der Aufgabe würde was Erziehendes, was Vervollkommnendes für mich haben." – Dilthey schrieb Scherer bereits im Juli 1871, dass „Sie ohne Zweifel nach Straßburg kommen", Dilthey (2011, S. 606, Nr. 376).

[66] Vgl. dazu zuletzt die quellengestützte Darstellung des Berufungsvorgangs in: Gerhardt (1999, S. 145–146). – Die Verf. heben hervor, dass es Scherer gelang, Dilthey gegen das Votum der zuständigen Philosophen durchzusetzen. Ergänzende Fakten zu diesem Berufungsvorgang finden sich bei Jahnk (1991, S. 317).

[67] Dilthey (1878, S. 49 u.ö).

[68] Vgl. Wilhelm Dilthey: Wilhelm Scherer [1886]. In: Dilthey (1936, S. 251–252).
Vgl. auch Scherer: Die Brüder Grimm und die Romantik in: Scherer (1893a, S. 46). – Zur Entwicklung der Konzeption einer empirischen Poetik bei Dilthey s. Müller-Vollmer (1963, S. 51–94); für Scherer s. Höppner (1993, S. 81–88).

beide ihre biographischen Skizzen und literarhistorischen Studien immer auch als Vorarbeiten und Fallstudien zu dieser neuen Poetik.[69] Wie eng und kontinuierlich Dilthey und Scherer auf diesem Gebiet zusammenarbeiteten, lässt sich – wie erwähnt – aus ihrem Briefwechsel ersehen. Eine Art Zwischenbilanz ihrer Bemühungen um die Poetik lieferten sie in den 1870er-Jahren in Beispieluntersuchungen zur Goetheschen Einbildungskraft. Scherer legte 1876 einen Aufsatz zu Goethes *Stella* vor, der, wie Dilthey rühmte, „die Bahn bricht für Untersuchungen Goethe betreffend, welche überall den Kernpunkt der Geschichte von Dichtungen ausmachen, die Motive und die Art ihrer Umgestaltung in der dichterischen Phantasie".[70] Dilthey selbst suchte ein gutes Jahr darauf in seiner Abhandlung „Über die Einbildungskraft der Dichter" das Projekt der Poetik zu konkretisieren.[71] In den 1880er-Jahren machten sich beide Wissenschaftler schließlich an eine vorläufige Ausarbeitung ihrer langjährigen Auseinandersetzung mit den Problemen der Literaturtheorie.[72]

Wenngleich Dilthey und Scherer ihre Poetiken letztlich nicht zu vollenden vermochten,[73] so lassen doch schon ihre Entwürfe große Gemeinsamkeiten in Anlage und Ausführung erkennen. Beide bemühten sich, die Lehre der Dichtkunst in Abgrenzung von der traditionellen Poetik Aristoteles' und der spekulativen Ästhetik des Idealismus als deskriptiv-empirische Wissenschaft neu zu begründen. Als Vorbild dieser Versuche diente die von Jacob Grimm vollzogene Neubestimmung der Grammatik. Die moderne Poetik sollte, so Scherer, „der früheren Betrachtungsweise gegenüberstehen wie die historische und vergleichende Grammatik seit J. Grimm der gesetzgebenden Grammatik vor J. Grimm gegenübersteht".[74] Auch die Lehre der Dichtung müsse, wie Dilthey formulierte, zu einer „modernen Erfahrungswissenschaft" umgestaltet werden, die auf „empirischer Kausalerkenntnis"[75] beruhe.

---

[69] Vgl. z. B. Misch (1933, S. 286).

[70] Dilthey an Scherer [Frühjahr 1876] in: Dilthey (2011, S. 786, Nr. 487).

[71] Dilthey (1878).

[72] In dieser Zeit wurde der zuvor briefliche Austausch offensichtlich mündlich fortgeführt, s. Dilthey: Wilhelm Scherer, in: Dilthey (1936, S. 252).

[73] Scherers Poetik liegt in einer von Richard M. Meyer 1888 herausgebenen Fassung vor, die – nicht zuletzt auf Wunsch Diltheys – auf der Grundlage von Vorlesungsmitschriften rekonstruiert und redigiert wurde. – Dass Dilthey seine Abhandlung „Die Einbildungskraft des Dichters" im Untertitel mit Bedacht als „Bausteine zu einer Poetik" bezeichnete, geht aus einem Brief an seinen Breslauer Freund Yorck aus dem Jahr 1894 hervor, in dem Dilthey feststellte, dass aus seinen literarhistorischen Studien endlich „eine Poetik erwachsen muß", s. von der Schulenburg (1923, S. 11). – Nach der Jahrhundertwende begann Dilthey dann mit einer Überarbeitung seiner bisherigen Überlegungen zur Poetik, s. dazu die im Nachlass gefundenen Fragmente zur Poetik, in: Dilthey (1978, S. 307–321).

[74] Scherer (1977, S. 50). Vgl. ferner Wilhelm Dilthey: Die Einbildungskraft des Dichters. Bausteine zur Poetik [1887]. In: Dilthey (1978, S. 123–124).

[75] Dilthey (1978, S. 123).

Den Kern der Dichtungslehre bildete bei Dilthey wie bei Scherer die Beziehung zwischen dem Leben und den Werken von Dichtern oder – anders gesagt – die Umformung von Erlebnissen in Dichtungen. Überzeugt von „der überall gleichen Natur des Menschen"[76] sahen sie in der dichterischen Einbildungskraft jene Größe, durch deren Analyse die Poetik nach der historischen Problematisierung überkommener Literatur- und Gattungsbegriffe ihre einstige Bedeutung zurückerlangen könne. Dem Zusammenhang zwischen Leben und Dichtung suchten Dilthey und Scherer ‚induktiv' nachzugehen; sie hofften, auf der Grundlage von dichterischen Selbstzeugnissen, anthropologischen und ethnologischen Untersuchungen zu einer erklärenden Charakterisierung der Tätigkeit der Phantasie zu gelangen.[77]

Auch wenn Dilthey sich in seinen Studien zu einer literarischen Ästhetik vor allem der ‚deskriptiven Psychologie' bediente,[78] während Scherer in seinen Vorlesungen zur Poetik vornehmlich auf die Methode der ‚wechselseitigen Erhellung' vertraute,[79] so schwebte ihnen doch gleichermaßen eine Verbindung von psychologisch-beschreibenden und historisch-vergleichenden Verfahren vor. Entgegen einem verbreiteten Vorurteil[80] stand für Scherer die Wichtigkeit psychologischer Analysen ebenso außer Frage, wie Dilthey von der Bedeutung komparativer Methoden überzeugt war[81]:

> „So wird die Poetik den Vorzug nutzen müssen, mit den Hilfsmitteln äußerer Beobachtung, gegenseitiger Erhellung, Verallgemeinerung durch Vergleichung, Herstellung von Reihen zusammengehöriger Momente einer Entwicklung und Ergänzung derselben usw. das psychologische Studium des dichterischen Schaffens zu verbinden. Wenn im folgenden das Psychologische überwiegt, weil es sich um die Grundlegung handelt: so würde bei einer Durchführung der Poetik ersichtlich werden, welchen Gewinn jene andere Seite der modernen Methode zu gewähren vermag, insbesondere, wenn die älteste erreichbare Kunde und die primitiven dichterischen Leistungen der Naturvölker die Unterlage des vergleichenden Verfahrens bilden."[82]

---

[76] Scherer (1977, S. 19); vgl. dazu die nahezu identische Formulierung in Dilthey (1978, S. 115).

[77] Zum empirischen Material der induktiven Poetik vgl. Dilthey: Phantastische Gesichtserscheinungen von Goethe, Tieck und Otto Ludwig, In: Dilthey (1970, S. 93–101); ders.: Über die Einbildungskraft der Dichter: Dilthey (1878, S. 81–82); Scherer: [Rez.] Des Minnesangs Frühling" [1875]. In: Scherer (1893a, S. 696); Scherer (1977, S. 19 und 113–114.)

[78] Vgl. dazu besonders Dilthey (1978, S. 144–145)

[79] Vgl. dazu besonders Scherer (1977, S. 5–51).

[80] Es geht erstaunlicherweise auf Diltheys Ausführungen zu Scherers Poetik zurück, s. Dilthey (1936, S. 252).

[81] Vgl. etwa Scherer (1977, S. 101–124). – Für Zeitgenossen war das offensichtlich, wie ein Brief Rudolf Hayms an Oskar Walzel aus dem Jahr 1891 verdeutlicht, in dem Dilthey und Scherer wie selbstverständlich einer Bewegung der Verwissenschaftlichung der Poetik zugerechnet werden, s. Rosenberg (1933, S. 351).

[82] Dilthey: Die Einbildungskraft des Dichters. Bausteine zur Poetik [1887]. In: Dilthey (1978, S. 127).

Dilthey und Scherer vermochten in ihren Entwürfen zu einer neuen Dichtungslehre die Ziele nicht zu erreichen, die sie ursprünglich mit dem Projekt einer induktiv-empirischen Poetik verknüpft hatten. Es gelang ihnen weder die Ermittlung von „Normen der Kritik“[83] oder „Regeln der Production [...] von einer ganz andern Sicherheit, als welche die bisherige Ästhetik in Anspruch nehmen kann“,[84] noch gar „eine Entdeckung“ auf dem Gebiet der Poetik „wie die des Lautgesetzes auf dem Gebiet der Grammatik“.[85] Sie erreichten auf diesem Wege nicht die erhoffte Grundlegung der Geschichts- und Literaturwissenschaft, geschweige denn eine lebensweltliche Orientierung, wie sie vor allem Dilthey angesichts der „Anarchie auf dem weiten Gebiete der Dichtung in allen Ländern“[86] sich erhofft hatte. Die Verknüpfung von systematischen Überlegungen zu den Zusammenhängen zwischen Lebens-, Literatur- und Kulturgeschichte führten bei beiden jedoch zu neuartigen Anforderungen an die Biographie und Literaturgeschichtsschreibung, die im Folgenden charakterisiert werden sollen.

Mit der Diskreditierung der idealistischen Systemphilosophie waren zugleich die historiographischen Großformen in Verruf geraten und im Gegenzug die empirischen monographischen Gattungen zu neuem Ansehen gelangt. Auch Dilthey und Scherer maßen der Form der Biographie im Kontext der Historiographie einen hohen Stellenwert bei; sie wiesen allerdings mahnend darauf hin, dass die Ablehnung einer sich an Hegel orientierenden Geschichtsschreibung nicht zum Verzicht auf universalgeschichtliche Ansprüche führen dürfe. Die Beschränkung auf rein lebensgeschichtliche Darstellungen bedeute nicht allein eine Vernachlässigung entscheidender historiographischer Aufgaben, sie schade auch der Gattung der Biographie selbst.[87] Früh schon warnten Dilthey und Scherer in diesem Zusammenhang vor der Gefahr eines reduktionistischen ‚Biographismus‘, der isolierte Bestandteile von Dichtungen auf Erlebnisse ihrer Verfasser zurückführe. So mahnte etwa Scherer 1879: „[...] die Literaturgeschichte hat sich, mehr als gut ist, der Neigung überlassen, nach den Schriftstellern zu fragen, dichterische Werke nicht um ihrer selbst willen, sondern nur als Zeugniß für das innere und äußere Leben der Autoren zu betrachten.“[88]

[83] Dilthey (1978, S. 107).

[84] Scherer, Wilhelm: [Rez]. E. Höpfner, J. Zacher (Hg.), „Zeitschrift für deutsche Philologie“ [1868]. In: Scherer (1893a, S. 189–190).

[85] von der Schulenburg (1923, S. 64).

[86] Dilthey: Die Einbildungskraft des Dichters, in: Dilthey (1978, S. 103).

[87] Vgl. etwa Dilthey: Literarhistorische Arbeiten über das klassische Zeitalter unserer Dichtung, in: Dilthey (1936, S. 202).

[88] Scherer (1879, S. 2). – In die gleiche Richtung geht eine Reihe von Hinweisen Diltheys, die sich gegen ein reduktionistisches Konzept des ‚Erlebnisses‘ wenden; wie Scherer forderte auch Dilthey eine „feinere Charakteristik der Dichter“: „Möchte [...] auch das Übermaß des persönlichen Klatschs wieder verschwinden, in welchem zur Zeit die Literarhistorie schwelgt!“. Dilthey: Die Einbildungskraft des Dichters, in: Dilthey (1978, S. 196).

Solchen Verzerrungen der biographischen Gattung traten Dilthey und Scherer energisch entgegen; ihnen galt die Biographie aufgrund der empirischen Orientierung, der systematischen Stellung und der differenzierten literarischen Möglichkeiten der Gattung als Ausgangspunkt für die Reform der Historiographie insgesamt.[89] Dass es sich bei ihren eigenen biographischen Untersuchungen mithin stets um historiographische Arbeiten in exemplarischer Absicht handelte, lässt sich an Diltheys unvollendet gebliebenem *Leben Schleiermachers* besonders deutlich erkennen. Hatte er die biographischen Studien zu Lessing, Novalis oder Goethe mit dem Ziel geschrieben, sie „zu einem Ganzen … zu verbinden, das für das Studium der Literaturgeschichte von Nutzen sein könnte",[90] so erhoffte Dilthey sich auch von seiner Darstellung der Vita Schleiermachers umfassende Aufschlüsse über deren komplexen kulturgeschichtlichen Hintergrund[91] – war es doch ursprünglich sein Ziel gewesen, „eine Geschichte der romantischen Schule aus den ungedruckten Quellen"[92] zu schreiben. Die Schleiermacher-Biographie war für ihn mithin ein weiterer exemplarischer Versuch, „größere geschichtliche Kausalzusammenhänge aus genauen Detailstudien festzustellen".[93] Diltheys Interesse galt Schleiermacher, der Romantik oder dem Idealismus indes nicht mehr als der biographischen Methode selbst. Seinen Untersuchungsgegenstand fasste er als eine „moderne Analogie"[94] auf, an der er beispielhaft zu erproben suchte, wie sich Lebens-, Ideen- und Sozialgeschichte aufeinander beziehen ließen.[95] Da er sich in diesem Interesse bei vielen Zeitgenossen unverstanden fühlte, beruhigte ihn zumindest, dass „Freunde wie Scherer usw. sich durch die objektive Versenkung in eine Kulturrichtung nicht zu voreiligen Schlüssen verleiten lassen".[96] Dass Scherer Diltheys Intentionen kon-

[89] Misch (1933, S. 141): „Die Geschichte des Geistes ist noch formlos und ohne jedes spannende Interesse. Nur in der Biographie ist diese Schranke durchbrochen." Vgl. z. B. auch Dilthey (1979, S. XLV).

[90] Misch (1933, S. 233).

[91] Vgl. dazu Lessing (1988, S. 113–130). – Lessing charakterisiert Diltheys Schleiermacher-Biographie treffend als „Epochen-Biographie" (S. 130).

[92] Misch (1933, S. 137).

[93] Dilthey an Rudolf Haym aus dem Juli 1873. In: Dilthey-Haym (1936, S. 35).

[94] Misch (1933, S. 282).

[95] Vgl. dazu vor allem Diltheys Brief an Herman Grimm von April/Mai 1870, in: Dilthey (2011, S. 543, Nr. 336). – Dilthey umreißt hier für Grimm den Plan und das Vorgehen des Schleiermacher-Buches knapp und schließt mit der Bemerkung: „Mit diesem Allem versuchte ich die Aufgabe des Geschichtsschreibers der Philosophie in einer Weise zu lösen … in der sie bisher nicht gefaßt war: genetische Erklärung aus allen Elementen auf strenger exakter kritischer Grundlage."

[96] Misch (1933, S. 289).

genial erkannte, wird aus seiner Rezension zur Schleiermacher-Biographie deutlich, in der es u.a. heißt:

> „Schleiermacher erklären heißt: Sein Denken und Empfinden auf große Gedanken und Empfindungsrichtungen vor ihm und neben ihm zurückzuführen. Es heißt nachweisen, wie seine Eigenthümlichkeit durch das Allgemeine bedingt ist, wie seine Individualität durch den Gang der Geschichte gefordert und geschaffen wurde. Es heißt zeigen, was alt ist an Schleiermacher und was neu, worin er fortsetzt und worin er anfängt, was er aufnimmt und was er producirt, worin er abhängig ist und worin originell, und wie die Originalität oft nur in der neuen Combination, in der Zusammenfassung gegebener Richtungen liegt."[97]

Eine Biographie hatte nach Diltheys und Scherers Auffassung mithin Leben und Werk eines Menschen als strukturierten Zusammenhang darzustellen und diesen zugleich als Bestandteil umfassender kulturgeschichtlicher Entwicklungen zu begreifen, die es systematisch zu analysieren galt.[98] Die Darstellung eines Lebens sollte derart sowohl konkret-empirisch wie auch exemplarisch-theoretisch zur Grundlegung der Geschichtsschreibung beitragen; die Biographie lieferte das Material der Geschichte[99] und die Exempel der Geschichtstheorie,[100] sie vermochte, so glaubten Dilthey und Scherer, die Anforderungen einer philosophischen Geschichtsbetrachtung mit denen einer empirischen auf vorbildliche Weise zu vermitteln.[101]

Dass die grundlegende Übereinstimmung zwischen Dilthey und Scherer über Konzeption und Bedeutung der Biographie in der Folgezeit aus dem Blick geriet, ist nicht zuletzt auf deren uneinheitliche Verwendung des „Erlebnis"-Begriffs zurückzuführen. Hatten sich beide mit diesem Begriff zunächst auf die Momente aus dem Leben von Schriftstellern bezogen, denen für die Entstehung und Gestaltung der Werke eine entscheidende Bedeutung zukam, so bezeichnete Dilthey mit dem Begriff des „Erlebnisses" zunehmend auch weltanschauliche Grundüberzeugungen von Dichtern oder dominante Inhalte ihrer Werke; unter „Erlebnissen" verstand er also immer weniger einzelne lebensgeschichtliche Erfahrungen als vielmehr deren

[97] Scherer (1870, S. 379).

[98] Schon am 31.10.1861 hatte Dilthey an Haym geschrieben: „... das 1. Leben 2. Lehre hasse ich ohnehin". Dilthey/Haym (1936, S. 8–9).

[99] Dilthey (1978, S. 33): „Die Stellung der Biographie innerhalb der allgemeinen Geschichtswissenschaft entspricht der Stellung der Anthropologie innerhalb der theoretischen Wissenschaften der geschichtlich-gesellschaftlichen Wirklichkeit."

[100] Nach Dilthey war die Biographie „ein wichtiges Hilfsmittel für die weitere Entwicklung einer wahren Realpsychologie". Dilthey (1978, S. 34).

[101] Vgl. zum Beispiel Scherer (1888, S. 22).

intuitive Ausdeutung und literarische Umsetzung.[102] Dieser weite Begriff des „Erlebnisses“ besaß für die lebensphilosophisch inspirierte Geistesgeschichte eine so große Anziehungskraft; dass ihr der ursprünglich enge Begriff als Ausdruck eines unphilosophischen ‚Biographismus‘ erschien. Sowohl die Geistesgeschichte als auch die Wissenschaftsgeschichte übersahen, dass all das, was Dilthey unter diesen Begriff subsumierte, bei Scherer ebenfalls Berücksichtigung gefunden hatte, allerdings unter anderen Begriffen.[103]

Bei der Biographie war es Dilthey und Scherer um die theoretische Unterfütterung der literarischen Gattung der Charakteristik gegangen; im Falle der Literaturgeschichtsschreibung wollten sie die Gattung der Geschichtserzählung mit Hilfe der – vor allem durch den englischen Empirismus beeinflussten – Prinzipien einer allgemeinen Geschichtstheorie neu begründen und strukturieren. Mit diesen Prinzipien setzte Scherer sich gründlich in seinen frühen Rezensionen auseinander. Die Rezension der Literaturgeschichte Hettners wählte er 1865 zum Ausgangspunkt für Überlegungen zur Theorie und Praxis der Literaturgeschichte; hier skizzierte er in Abgrenzung von Hettner und in völliger Übereinstimmung mit Dilthey ein Verfahren, das für die Literaturgeschichtsschreibung angemessen sei:

> „Die wahre Methode litterarhistorischer Forschung geht von den überlieferten Schicksalen und von der schärfsten Analyse des geistigen Inhaltes der Individuen aus; sucht aus jenen die natürlichen Anlagen und äußerlichen Lebensbedingungen, aus dieser die treibenden Einflüsse am Einzelnen zu erspähen; steigt durch die Zusammenfassung des Verwandten, das sich bietet, zu einem realen Allgemeinen auf, und stellt dieses als bewegende Kraft hin, deren Entstehung aus einer Summe individueller Leistungen ein weiteres Object der Forschung, ein vorausgehendes Moment der Darstellung bildet.“[104]

Ein Jahr später nahm Scherer eine Arbeit über *Geschichte und Geschichtsschreibung in unserer Zeit* zum Anlass für allgemeinere Überlegungen zur empirischen Geschichtsphilosophie und Historiographie. Von grundlegender Bedeutung ist in dieser Rezension die Unterscheidung zwischen der „erzählenden Geschichtswissenschaft“, deren Aufgabe die Darstellung der „Individualität der Erscheinungen“

[102] Entsprechend charakterisierte Dilthey Goethes „Erlebnis“ als „das Streben des Individuums nach unbegrenzter Entfaltung in Erkenntnis, Genuß und Tätigkeit.“ Dilthey: Die Einbildungskraft des Dichters, in: Dilthey (1978, S. 217) oder Schleiermachers „Erlebnis“ als das „einer aus den Tiefen unseres Verhältnisses zum Universum entspringenden Religion“. Dilthey (1979, S. XXXV). – Seit den späten 1880er-Jahren arbeitete Dilthey an einer erkenntnistheoretischen Präzisierung des „Erlebnis“-Begriffs, mit der allerdings dessen literaturgeschichtliche Verwendung nur selten Schritt zu halten vermochte, vgl. etwa Dilthey (1927).

[103] Die bislang einzige eingehendere Studie zum Diltheyschen Begriff des „Erlebnisses“ zeichnet zwar dessen ursprüngliche Bestimmung und Verwendung nach, berücksichtigt aber dessen Wandel und Spielarten nicht hinreichend, s. Sauerland (1972). – Deutliche Hinweise auf die Mehrdeutigkeit des „Erlebnis“-Begriffs finden sich bei Gadamer (1985).

[104] Wilhelm Scherer: [Rez.] H. Hettner, Litteraturgeschichte des 18. Jahrhunderts Scherer, in: Scherer (1893b, S. 68).

ist, und der „allgemeinen Geschichtswissenschaft", die „das generelle Element in jedem Factum, in jedem besonderen Zustand"[105] herauszustellen hat.[106]

In Scherers literaturgeschichtlichen Arbeiten geht es stets um die Verbindung dieser beiden Arten von Historiographie. In der gemeinsam mit Ottokar Lorenz verfassten populären *Geschichte des Elsasses* sind freilich, wie Scherer in einem Brief an seinen Lehrer Karl Müllenhoff hervorhob, nicht allein die theoretischen Ambitionen, sondern auch die extensive eigenständige Quellenarbeit aus schriftstellerischen Gründen unkenntlich gemacht – „die gelehrte Bemühung wird ... vollständig versteckt".[107] Dilthey jedoch wies in seiner Rezension auf die neuartige Verbindung allgemeiner Ursachen und individueller Charakteristiken hin:

> „Ein bemerkenswerther Grundzug dieser Schrift macht sie überhaupt für praktische Einsicht vorzüglich verwerthbar. Sie strebt überall, in den einzelnen Begebenheiten die hervorbringenden stetigen Faktoren zu erkennen. Die Engländer pflegen diesen Grundzug in den positiven Wissenschaften als philosophisch zu bezeichnen. Nicht als leiteten sie denselben aus der Philosophie ab. Nicht als wollten sie einen philosophischen Bestandtheil der positiven Wissenschaften durch diesen Ausdruck ausscheiden. Sie drücken den zu den universellen Gesetzen der uns vorliegenden Erscheinungen hinleitenden Grundzug in aller Einzelforschung durch diese Bezeichnung aus. Und auch das haben von Baco ab die englischen Denker und Historiker hervorgehoben, wie die Erkenntniß stetiger Verhältnisse vorzüglich fruchtbar sei für die Praxis des Lebens. Denn in ihnen ergreift man die fortwirkenden Ursachen, mit welchen zu rechnen ist. Solch fortwirkende Ursachen der Politik und Kultur des Elsaß legt das vorliegende Werk mit offenbar bewußtem Streben blos. Es lehrt dadurch, durch die augenblickliche Situation sich den Blick nicht willkürlich beengen zu lassen, sondern die Angelegenheiten des Elsasses in ihrem großen stetigen geschichtlichen Zusammenhang zu erkennen und zu behandeln."[108]

Wie der *Geschichte des Elsasses* liegt auch der *Geschichte der deutschen Litteratur* eine kulturgeschichtliche Konzeption[109] zugrunde, in der Scherer jene Methode der Literaturgeschichtsschreibung einzulösen trachtete, deren Mängel er bei Hettner kritisiert hatte. Dilthey verfolgte die Entstehung der Literaturgeschichte mit großer Anteilnahme, begrüßte deren Konzeption im großen, sparte gelegentlich aber nicht mit Kritik im einzelnen. Zum zweiten Heft, das im Juni 1880 erschien, merkte er beispielsweise an:

---

[105] Scherer: [Rez.] E. Petsche: Geschichte und Geschichtsschreibung unserer Zeit Scherer, in: Scherer (1893b, S. 170).

[106] Vgl. dazu auch Dilthey: Geschichte und Wissenschaft, in: Dilthey (1970, S. 100).

[107] Müllenhoff/Scherer (1937, S. 405, Nr. 171 vom 31.10.1870).

[108] Dilthey (1871), bislang ungedruckt.

[109] Vgl. Scherer (1883, Anhang, S. 723): „Mein Absehen war in erster Linie auf die Geschichte der Dichtung gerichtet; erst in zweiter auf die Geschichte der Prosa und der Wissenschaft." – Es war die kulturgeschichtliche Orientierung, die Scherer einen Glückwunsch des Historikers Karl Lamprecht eintrug, s. Lamprecht an Scherer vom 5.9.1884, Scherer-Nachlass, Berlin-Brandenburgische Akademie der Wissenschaften.

„Eben kommt mir, lieber Scherer, das zweite Heft Ihrer Literaturgeschichte zu, ich habe es gleich verschlungen, und ich kann Ihnen zu diesem Buche nur glückwünschen. Es hat alle Elemente zu einem neuen dauerhaften u[nd] werthvollen nationalen Geschichtsbuch in sich. Viel, sehr viel hätte ich mit Ihnen darüber zu sprechen. En gros habe ich inhaltlich nur den Wunsch, daß mehr Einheit der Bewegung auf welcher dann das Experiment beruht in einer neuen Auflage hineinkomme. Hierzu würde wahrscheinlich eine straffere Beziehung mit dem politisch-socialen Untergrund u[nd] den andern Elementen der Kultur, durch welche die Natur des nationalen Wuchses u[nd] neuern Treibens mehr zur Seele des Werkes würde, dienlich sein [...].“[110]

Die weiteren Stellungnahmen Diltheys zu Scherers *Geschichte der deutschen Litteratur* sind uneingeschränkt positiv; in seinem Nachruf machte Dilthey dann freilich einen Gesichtspunkt kritisch geltend, den er zu Lebzeiten Scherers nicht erwähnt hatte, dass in dessen Literaturgeschichte nämlich gegenüber dem Ideal der inneren Entfaltung nationalen Lebens „die universalhistorische Betrachtung zu sehr zurückgedrängt“[111] sei.

5 Konsequenzen für die Wissenschaftshistoriographie der Philologien

Die Konstatierung eines grundlegenden Widerspruchs zwischen den literaturwissenschaftlichen Positionen Diltheys und Scherers ist nicht haltbar. Die exklusive Berufung auf Dilthey dürfte zu den Versuchen der geistesgeschichtlichen Literaturwissenschaft zu rechnen sein, „sich gleichsam a posteriori eine Vergangenheit zu geben, aus der man stammen möchte, im Gegensatz zu der, aus der man stammt“.[112] Mag unsere Revision eines zähen Stereotyps der germanistischen Wissenschaftsgeschichte historisch überfällig sein, so gilt das nicht für eine Reihe von Fragen, die sich an diese Revision anschließen.

Worauf ist es zurückzuführen, dass die Wissenschaftshistoriographie den Selbstdeutungen der Geistesgeschichte so lange gefolgt ist? In welchem Umfang soll die Wissenschaftsgeschichtsschreibung die eigenen Ansprüche und die Programmatik der von ihr untersuchten Ansätze und Richtungen in der Wissenschaft berücksichtigen? Welche Prüfungsverpflichtungen muss sie übernehmen? Muss sie nicht zum Beispiel prüfen, wie ‚schlagend‘ die Kritik der Geistesgeschichte am literaturwissenschaftlichen Positivismus war oder in welch unterschiedlichem Umfang die einzelnen Richtungen der Geistesgeschichte sogar mit ihm vereinbar waren? Soll die Wissenschaftshistoriographie der geistesgeschichtlichen Literaturwissenschaft möglicherweise das Etikett eines eigenen ‚Paradigmas‘ entziehen? Spräche dafür nicht unter anderem die Tatsache, dass die Geistesgeschichte von Beginn an eine in sich äußerst heterogene Richtung der Literaturwissenschaft war, der „selbst bei einer großzügigen Schätzung [...] in der Weimarer Republik nur etwa 20 Prozent der

[110] Dilthey an Scherer, o.O., o.D., Scherer-Nachlass, Berlin-Brandenburgische Akademie der Wissenschaften.

[111] Dilthey: Wilhelm Scherer, in: Dilthey (1936, S. 249).

[112] Nietzsche (1988, S. 270).

Germanisten"[113] zugehörten? War nicht die einzige feste institutionelle Säule dieser Richtung eine erfolgreiche Zeitschrift, die den Begriff „Geistesgeschichte" zwar im Titel führt(e), sich deren Programmatik aber nicht zu eigen machte und einen dezidiert integrativen Kurs steuerte?[114] In der deutschen Geschichtswissenschaft der zwanziger Jahre misslang eine separate geistesgeschichtliche Zeitschriftengründung,[115] und in deren Fachgeschichte gilt die Geistesgeschichte heute „keineswegs" als „Sprengung, wohl aber" als „Erweiterung des traditionellen historistischen Paradigmas".[116]

Diese und andere Fragen müssen im gegenwärtigen Zusammenhang wohl ebenso offen bleiben wie die, ob auf den Begriff und die wissenschaftshistoriographische Konzeption des „Paradigma" im Bereich der Geisteswissenschaften nicht zugunsten anderer Konzepte verzichtet werden sollte.[117] Nicht allein die Kontroverse zwischen Geistesgeschichte und Positivismus verdeutlicht aber, dass die Germanistik zu Beginn des 21. Jahrhunderts allen Anlass hat, sich ihrer Geschichte und Identität aufs neue zu versichern. Dies um so mehr, als die Kontroverse um Geistesgeschichte und Positivismus zwar eine historische, keinesfalls aber eine erledigte Angelegenheit ist: in den Kontroversen zwischen „Poststrukturalismus" und „Szientismus" ist ihr Nachhall unüberhörbar.

Literatur

Barner, Wilfried: Zwischen Gravitation und Opposition. Philologie in der Epoche der Geistesgeschichte. In: König/Lämmert 1993, S. 201–231.

Benda, Oskar: Der gegenwärtige Stand der deutschen Literaturwissenschaft. Wien u.a. 1928.

Blank, Horst Walter: Historiographiegeschichte als Historik. Stuttgart u.a. 1991 (Fundamenta Historica).

Craig, John E.: Scholarship and Nation Building. The Universities of Strasbourg and Alsatian Society 1870–1930. Chicago u. a. 1984.

Dainat, Holger: ‚Erlösung von jenem ertötenden Historismus'. Die Neuere deutsche Literaturwissenschaft zu Beginn der zwanziger Jahre. In: Wolfgang Bialas, Gérard Raulet (Hg.): Die Historismusdebatte in der Weimarer Republik. Frankfurt a.M. u.a. 1996, S. 248–271.

Dilthey, Wilhelm: Novalis. In: Preußische Jahrbücher 15 (1865), S. 596–650.

Dilthey, Wilhelm, Über Gotth. Ephr. Lessing. In: Preußische Jahrbücher 19 (1867), S. 117–161 und S. 271–294.

Dilthey, Wilhelm: Zur Elsaß-Literatur [Rez. Ottokar Lorenz, Wilhelm Scherer: Geschichte des Elsasses von den ältesten Zeiten bis auf die Gegenwart. Berlin 1871]. In: National-Zeitung 24, Nr. 337 (22.7.1871, Morgen-Ausgabe).

[113] Dainat (1996, S. 255). – Zu dieser Einschätzung vgl. auch Kolk, Rainer, Reflexionsformel und Ethikangebot. In: König/Lämmert (1993, S. 39).

[114] Vgl. dazu Kluckhohn/Rothacker (1923) und Rothacker (1956, S. 145–156).

[115] Vgl. Blank (1991, S. 544).

[116] Blank (1991, S. 366); vgl. auch S. 412.

[117] Vgl. dazu etwa den Vorschlag der „theoretical patterns" bei Smith (1991, S. 7–9).

Dilthey, Wilhelm: Über die Einbildungskraft der Dichter. Mit Rücksicht auf: Herman Grimm: Goethe. In: Zeitschrift für Völkerpsychologie und Sprachwissenschaft 10 (1878), S. 42–104.

Dilthey, Wilhelm: Einleitung in die Geisteswissenschaften. Versuch einer Grundlegung für das Studium der Gesellschaft und der Geschichte [1883]. Hg. von Bernhard Groethuysen. Stuttgart [8]1979 (Dilthey: Gesammelte Schriften. 1)

Dilthey, Wilhelm: Der Aufbau der geschichtlichen Welt in den Geisteswissenschaften. Hg. von Bernhard Groethuysen. Leipzig u.a. 1927 (Dilthey: Gesammelte Schriften. 7).

Dilthey, Wilhelm: Vom Aufgang des geschichtlichen Bewußtseins. Jugendaufsätze und Erinnerungen. Hg. von Weniger, Erich. Leipzig u.a. 1936 (Dilthey: Gesammelte Schriften. 11).

Dilthey, Wilhelm/Haym, Rudolf: Briefe Wilhelm Diltheys an Rudolf Haym 1861–1873. In: Abhandlungen der preußischen Akademie der Wissenschaften 1936, philosophisch–historische Klasse 9, mitgeteilt von Prof. Dr. Erich Weniger in Frankfurt an Main. Berlin 1936.

Dilthey, Wilhelm: Entwurf zu einem Gutachten über die Gründung der Universität Straßburg [1871]. In: Die Erziehung. Monatsschrift für den Zusammenhang von Kultur und Erziehung in Wissenschaft und Leben 16 (1941), S. 81–85.

Dilthey, Wilhelm: Zur Geistesgeschichte des 19. Jahrhunderts. Portraits und biographische Skizzen. Quellenstudien und Literaturberichte zur Theologie und Philosophie. Hg. von Ulrich Herrmann. Göttingen 1970 (Dilthey: Gesammelte Schriften 15).

Dilthey, Wilhelm: Die geistige Welt. Einleitung in die Philosophie des Lebens. Hg. von Georg Misch. Stuttgart u.a.: Teubner [6]1978 (Dilthey: Gesammelte Schriften 5).

Dilthey, Wilhelm: Leben Schleiermachers. Hg. von Martin Redeker. Göttingen 1979, 1985 (Dilthey: Gesammelte Schriften 13,1 u.2; 14,1 u. 2).

Dilthey, Wilhelm: Basler-Logik [1867]. In: Dilthey: Logik und System der philosophischen Wissenschaften. Hg. von Frithjof Rodi und Hans-Ulrich Lessing. Leipzig u.a. 1990 (Dilthey: Gesammelte Schriften 20), S. 33–126.

Dilthey, Wilhelm: Briefwechsel. Band 1: 1852–1882. Hg. von Gudrun Kühne-Bertram und Hans-Ulrich Lessing. Göttingen 2011.

Gadamer, Hans-Georg: Wilhelm Dilthey nach 150 Jahren. (Zwischen Romantik und Positivismus. Ein Diskussionsbeitrag). In: Ernst–Wolfgang Orth (Hg.): Dilthey und die Philosophie der Gegenwart. Freiburg u.a. 1985, S. 157–182.

Gerhardt, Volker, u.a. (Hg).: Berliner Geist. Eine Geschichte der Berliner Universitätsphilosophie bis 1946. Mit einem Ausblick auf die Gegenwart der Humboldt-Universität. Berlin 1999.

Hermand, Jost: Geschichte der Germanistik. Hamburg 1993.

Höppner, Wolfgang, Das „Ererbte, Erlebte und Erlernte" im Werk Wilhelm Scherers. Ein Beitrag zur Geschichte der Germanistik. Köln u.a. 1993.

Jahnk, Ulrich: Promotor des Fortschritts!? Friedrich Althoff und die deutsche Universitätspsychologie. In: Bernhard vom Brocke (Hg.): Wissenschaftsgeschichte und Wissenschaftspolitik im Industriezeitalter. Das „System Althoff" in historischer Perspektive. Hildesheim 1991, S. 307–336.

Kindt, Tom/Müller, Hans-Harald: Dilthey, Scherer, Erdmannsdörffer, Grimm – ein ‚positivistisches' Zeitschriftenprojekt in den 1860er Jahren. In: Berichte zur Wissenschaftsgeschichte 22 (1999), S. 180–188.

Kindt, Tom/Müller, Hans-Harald: Konstruierte Ahnen. Forschungsprogramme und ihre Vorläufer. Dargestellt am Beispiel des Verhältnisses der geistesgeschichtlichen Literaturwissenschaft zu Wilhelm Dilthey. In: Jörg Schöner (Hg.): Literaturwissenschaft und Wissenschaftsforschung. Stuttgart u. a. 2000, S. 150–173.

König, Christoph/Lämmert, Eberhard (Hg.): Literaturwissenschaft und Geistesgeschichte 1910–1925. Frankfurt a. M. 1993.

Kluckhohn, Paul/Rothacker Erich: [Vorwort]. In: Deutsche Vierteljahrsschrift für Literaturwissenschaft und Geistesgeschichte 1 (1923), S. V–VI.

Koischwitz, Otto: Die Revolution in der deutschen Literaturwissenschaft. Berlin 1926.

Kruckis, Hans-Martin: Ein potenziertes Abbild der Menschheit: Biographischer Diskurs und Etablierung der Neugermanistik in der Goethe-Biographik bis Gundolf. Heidelberg 1995 (Probleme der Dichtung. 24).

Lazarus, Moritz/Steinthal, Heymann. Die Begründer der Völkerpsychologie in ihren Briefen. Mit einer Einleitung hg. von Ingrid Belke. Tübingen 1971 (Schriftenreihe wissenschaftlicher Abhandlungen des Leo-Baeck-Instituts. 21).

Lessing, Hans-Ulrich: Die Idee einer Kritik der historischen Vernunft. Wilhelm Diltheys erkenntnistheoretisch-logisch-methodologische Grundlegung der Geisteswissenschaften. Freiburg 1984.

Lessing, Hans-Ulrich: Dilthey als Historiker. Das *Leben Schleiermachers* als Paradigma. In: Notker Hammerstein (Hg.): Deutsche Geschichtswissenschaft um 1900. Stuttgart 1988.

Mahrholz, Werner: Literargeschichte und Literarwissenschaft. Durchgesehen und mit Nachwort von Franz Schultz. 2., durchgesehene Auflage. Leipzig 1932 [^{1}1922].

Makkreel, Rudolf: Dilthey. Philosoph der Geisteswissenschaften. Frankfurt a. M. 1991.

Meyer, Jürgen Bona: Neue Versuche einer Philosophie der Geschichte. In: Historische Zeitschrift 25 (1871), S. 303–378.

Meyer, Richard M.: Die Methode der wechselseitigen Erhellung. In: Neue Jahrbücher für das klassische Altertum, Geschichte und deutsche Literatur und für Pädagogik 12 (1909), S. 56–64.

Meyer, Richard M.: Literaturforschung in Deutschland. In: Edda 1 (1914), S. 19–32.

Misch, Clara (Hg.): Der junge Dilthey. Ein Lebensbild in Briefen und Tagebüchern 1852–1870. Leipzig 1933.

Müllenhoff, Karl /Scherer, Wilhelm: Briefwechsel zwischen Karl Müllenhoff und Wilhelm Scherer. Im Auftrage der Preußischen Akademie der Wissenschaften hg. von Albert Leitzmann mit einer Einführung von Edward Schröder. Berlin u.a. 1937 (Das Literatur-Archiv 5).

Müller, Hans-Harald/Nottscheid Mirko: Der Briefwechsel zwischen Theodor Gomperz und Wilhelm Scherer. Eine Gelehrtenkorrespondenz vom Ausgang des 19. Jahrhunderts. In: Anzeiger der phil.-hist. Klasse der Österreichischen Akademie der Wissenschaften Jg. 134 (1997–1999) 2. Teilband, S. 127–156.

Müller-Seidel, Walter: Literaturwissenschaft als Geistesgeschichte und literarische Moderne im wissenschaftsgeschichtlichen Kontext. In: König/Lämmert 1993, S. 123–148.

Müller-Seidel: Diltheys Rehabilitierung Hölderlins. In: Gerhard Kurz u.a. (Hg.): Hölderlin und die Moderne. Eine Bestandsaufnahme. Tübingen 1995, S. 41–73.

Müller-Vollmer, Kurt: Towards a Phenomenological Theory of Literature. A Study of Wilhelm Dilthey's Poetik. The Hague 1963 (Stanford Studies in Germanics and Slavics. 1).

Nebelin, Manfred: Die Reichsuniversität Straßburg als Modell und Ausgangspunkt der deutschen Hochschulreform. In: Bernhard vom Brocke (Hg.): Wissenschaftsgeschichte und Wissenschaftspolitik im Industriezeitalter. Das „System Althoff" in historischer Perspektive. Hildesheim 1991, S. 61–68.

Nietzsche, Friedrich: Vom Nutzen und Nachtheil der Historie für das Leben. Sämtliche Werke. Kritische Studienausgabe in 15 Einzelbänden. Hg. von Giorgio Colli/Mazzino Montinari. Berlin u. a. 1988. Bd. 1, S. 243–334.

Petersen, Julius: Literaturwissenschaft und Deutschkunde. In: Zeitschrift für Deutschkunde 38 (1924), S. 403–415.

Petersen, Julius: Zum Gedächtnis Wilhelm Scherers. In: Deutsche Rundschau 267 (April–Juni 1941), S. 79–83.

Rosenberg, Hans (Hg.): Ausgewählter Briefwechsel Rudolf Hayms. Stuttgart u.a 1933.

Rothacker, Erich: Einleitung in die Geisteswissenschaften. Tübingen ^{2}1930 [^{1}1920].

Rothacker, Erich: Rückblick und Besinnung. In: Deutsche Vierteljahrsschrift für Literaturwissenschaft und Geistesgeschichte 30 (1956), S. 145–156.

Rütsche, Johannes: Das Leben aus der Schrift verstehen. Wilhelm Diltheys Hermeneutik. Bern u.a. 1999 (Europäische Hochschulschriften 20, 576).

Sauerland, Karol: Diltheys Erlebnisbegriff. Entstehung, Glanzzeit und Verkümmerung eines literarhistorischen Begriffs. Berlin u. a. 1972.

Scherer, Wilhelm: Zur Geschichte der deutschen Sprache. Berlin 1868.

Scherer, Wilhelm: Friedrich Schleiermacher. In: Neue Freie Presse Nr. 243 (3.9.1870). Abgedruckt in Wilhelm Scherer: Vorträge und Aufsätze zur Geschichte des geistigen Lebens in Deutschland und Österreich. Berlin 1874, S. 373–388.

Scherer, Wilhelm: Skizzen aus der älteren deutschen Litteraturgeschichte. Ulfilas. In: Neue Freie Presse Nr. 5349 (18.7.1879), S. 1–2.

Scherer, Wilhelm: Geschichte der deutschen Litteratur. Berlin 1883.

Scherer, Wilhelm: Goethe-Philologie [1877]. In: Scherer: Aufsätze über Goethe. Hg. von Erich Schmidt. Berlin 1886, S. 3–27.

Scherer, Wilhelm: Briefe. Mitgetheilt von Ludwig Speidel. In: Neue Freie Presse Nr. 8269 (4.9.1887), S. 1–4.

Scherer, Wilhelm: Kleine Schriften zur altdeutschen Philologie. Hg. von Konrad Burdach. Berlin 1893a.

Scherer, Wilhelm: Kleine Schriften zur neueren Litteratur, Kunst und Zeitgeschichte. Hg. von Erich Schmidt und Konrad Burdach. Berlin 1893b.

Scherer, Wilhelm: Poetik [1888, Hg. von Meyer, Richard M.]. Mit einer Einleitung und Materialien zur Rezeptionsanalyse hg. von Gunter Reiss. Tübingen 1977.

Schulenburg, Sigrid von der (Hg.): Briefwechsel zwischen Wilhelm Dilthey und dem Grafen Paul Yorck von Wartenburg. 1877–1897. Halle/S. 1923.

Schultz, Franz: Das Schicksal der deutschen Literaturgeschichte. Ein Gespräch. Frankfurt a.M. 1929.

Smith, Woodruff: Politics and the Science of Culture in Germany 1840–1920. New York u.a. 1991.

Sternsdorff, Jürgen: Wissenschaftskonstitution und Reichsgründung. Die Entwicklung der Germanistik bei Wilhelm Scherer. Eine Biographie nach unveröffentlichten Quellen Frankfurt a. M. 1979 (Europäische Hochschulschriften 1, 321).

Unger, Rudolf: Philosophische Probleme der neueren Literaturwissenschaft [1908]. In: Unger: Gesammelte Studien. 3 Bde. Darmstadt 1966 [[1]1929]. I: Aufsätze zur Prinzipienlehre der Literaturgeschichte, S. 1–32.

Unger, Rudolf: Moderne Strömungen in der deutschen Literaturwissenschaft 1. In: Die Literatur. Monatsschrift für Literaturfreunde 21 (1923/24), S. 65–73.

Weimar, Klaus: Geschichte der deutschen Literaturwissenschaft bis zum Ende des 19. Jahrhunderts. München 1989.

Über Seminare

Hans-Harald Müller und Myriam Isabell Richter

Die Geschichtsschreibung beginnt in der Krise. Als Wilhelm Erben 1913 die erste fächerübergreifende institutionengeschichtliche Untersuchung über die Geschichte der Seminare veröffentlichte,[1] war die ursprüngliche Institution selbst bereits im Kern bedroht, in ihrer ursprünglichen Konzeption kaum mehr anzutreffen: zum einen war das die Konsequenz der Überfüllung der Seminare, zum anderen eine Folge der Ausgliederung der Forschung aus der Universität.[2] Gleichwohl schenkte die deutsche Forschung[3] den Seminaren im 20. Jahrhundert keine große Beachtung. Bernhard vom Brocke hob 1996 hervor, dass es über „die Bedeutung der Einrichtung von Seminaren/Instituten für den wissenschaftlichen Fortschritt" und die Etablierung neuer Disziplinen „keinen Zweifel" geben könne, aber dennoch fehlten „für die meisten Fächer vergleichende und längsschnittartige Untersuchungen über die Entwicklung der einzelnen Seminare/Institute, die Praxis der Seminartätigkeit,

[1] S. Erben (1913).

[2] Vgl. dazu Middell (2006, S. 167) und Gestrich (2006, S. 148). Heimpel (1959, S. 140, Anm. 1), weist darauf hin, dass Erbens Aufsatz „offenbar unter dem Eindruck der Gründung des Kaiser-Wilhelm-Instituts geschrieben" sei.

[3] Clarks epochemachende Studie „On the Dialectical Origins of the Research Seminar" (Clark 1989) wurde in Deutschland mit einiger Verspätung meist erst nach der Wende zum 21. Jahrhundert rezipiert.

Erstdruck in: Müller, Hans-Harald; Richter, Myriam Isabell: Praktizierte Germanistik. Die Berichte des Seminars für deutsche Philologie der Universität Graz 1873–1918. Unter Mitarbeit von Margarete Payer. Stuttgart: Hirzel 2013 (Beiträge zur Geschichte der Germanistik. 5) S. 9–25.

H.-H. Müller (✉) · M. I. Richter
Institut für Germanistik, Universität Hamburg, Hamburg, Deutschland
E-Mail: harrym@uni-hamburg.de; myriam.richter@uni-hamburg.de

H.-H. Müller (Hrsg.), *Kleine Schritte und große Sprünge*, Abhandlungen zur Literaturwissenschaft, https://doi.org/10.1007/978-3-662-71105-7_8

den Ausbau und Funktionswandel der Seminar-/Institutsbibliotheken, die Differenzierung der Studienformen, der Fachinhalte und der Personalstruktur".[4] Angesichts der „Schlüssel-Rolle" der Seminare für die Wissenschaftsentwicklung hielt es auch Gerd Schubring im Jahre 2000 für erstaunlich, „daß es noch keine umfassende moderne Untersuchung über Tätigkeit, Praxis und Entwicklung der geisteswissenschaftlichen Seminare an den deutschen Universitäten gibt".[5]

Was für die Forschungssituation über die Seminare im Allgemeinen galt, traf im Besonderen auch für die germanistischen Seminare zu. Als Fritz Tschirch 1956 seine materialreiche Studie über die „Vor- und Frühgeschichte der Greifswalder Universitätsgermanistik" veröffentlichte, musste er im Hinblick auf die Institutionalisierungsgeschichte germanistischer Seminare in Deutschland feststellen: „Forschungen oder auch nur Zusammenstellungen hierüber gibt es nicht."[6] Nachdem Hartmut Schmidt[7] 1985 und Klaus Weimar[8] 1989 die Daten für die Gründung germanistischer Seminare zusammengestellt und Klaus Düwel[9] 2004 deren unterschiedliche Bezeichnungen dokumentiert hatten, gab Uwe Meves, gestützt auf langjährige Vorarbeiten, 2011 eine zweibändige Dokumentensammlung heraus, die den Institutionalisierungsprozess der deutschen Philologie im 19. Jahrhundert an den preußischen Universitäten aus meist unveröffentlichten Quellen dokumentierte und informative Dokumente über die Geschichte, Hintergründe und Ziele der Seminargründungen enthielt.[10]

Ein besonderer Anreiz zur Beschäftigung mit den Seminaren ging in den letzten Jahren von dem „practice turn"[11] in der internationalen Wissenschaftshistoriographie aus. Ihm folgend wandten sich einige neuere Arbeiten besonders der „Praxis der Seminartätigkeit"[12] zu, deren Erforschung vom Brocke bereits 1996 als dringendes Desiderat bezeichnet hatte.[13] Nachdem Gert Schubring 2000 in seiner historischen Studie „Kabinett – Seminar – Institut: Raum und Rahmen des forschenden Lernens" bereits Arbeitsbedingungen in den philologischen und mathematischen Seminaren untersucht hatte, analysierten 2011 Mark-Georg Dehrmann und Carlos Spoerhase überlieferte Hausarbeiten aus dem Hallischen Seminar von Friedrich August Wolf samt deren Korrekturen und Randnotizen durch Kommilitonen und Wolf selbst;[14] Uwe Meves nahm 2013 erstmals „Die Jahresberichte der Seminardirektoren als Quellen für die Seminarpraxis"[15] in den Blick. Diese Ansätze zu einer differen-

[4] vom Brocke (1996, S. 361).

[5] Schubring (2000, S. 269–270).

[6] Tschirch (1956, S. 194).

[7] Vgl. Schmidt (1985, S. 233–234).

[8] Vgl. Weimar (1989, S. 418–429).

[9] Vgl. Düwel (2004, S. 649–694).

[10] Vgl. Meves (2011).

[11] Vgl. dazu (mit weiterer Literatur) Martus/Spoerhase (2009).

[12] Siehe vom Brocke (1911).

[13] S. vom Brocke (1911, S. 361).

[14] Vgl. Spoerhase/Dehrmann (2011).– Vgl. dazu ausführlicher Spoerhase (2012).

[15] Vgl. Meves (2013)

zierten Rekonstruktion sind lohnend und vielversprechend, selbst wenn man über sie nicht gleich „irgendwie zur einvernehmlichen ‚Solidarität' der *einen* Philologie gelangen oder gar zu einem fundamentalen Konsens geisteswissenschaftlicher Arbeitsformen durchdringen wird".[16]

Wir werden im Folgenden kurz auf den Forschungsstand zum Seminar im Allgemeinen eingehen, da sich aus ihm Perspektiven auch für die Erforschung der Geschichte und Praxis der germanistischen Seminare ergeben. Über die Begriffsgeschichte[17] des „seminarium" herrscht in der Forschung weitgehend Einigkeit. Der Begriff wurde im Mittelalter und im Humanismus für „jede geistige Bildungsstätte"[18] verwendet – ein Wortgebrauch, der sich insbesondere für die Gelehrtenschule bis ins 18. Jahrhundert erhalten hat.[19] Neben dieser allgemeinen gab es spätestens seit dem 16. Jahrhundert eine engere, eher terminologische Verwendung des Begriffs für die Stätte der Priesterausbildung.[20] „Da die Ausbildung für den geistlichen Stand seit alters her zugleich die Befähigung erhielt, Schulunterricht, d. h. Unterricht in der Lateinschule zu erteilen",[21] lag es im Zuge der Säkularisierung der Lehrerausbildung nahe, den Begriff von den geistlichen auf die Ausbildungsstätten für Lehrer insgesamt zu übertragen; die entsprechende Übertragung erfolgte bereits am Ende des 17. und zu Beginn des 18. Jahrhunderts. Diese Verwendungsweise des Begriffs blieb erhalten, als sich die Lehrerausbildung im Verlauf des 18. Jahrhunderts differenzierte in die „Lehrerbildung für nichtgelehrte Schulen, d. h. für Dorf- und niedere Stadtschulen", einerseits und die der „praktischen oder wissenschaftlichen Ausbildung der Lehrer für gelehrte oder höhere Schulen"[22] andrerseits. Der Begriff des modernen wissenschaftlichen Seminars stammt aus der letzteren Tradition und verdankt sich im engeren Sinne den philologischen Seminaren von Johann Matthias Gesner (1738) in Göttingen und Friedrich August Wolf in Halle (1797); in einer in Anknüpfung an diese Vorbilder von August Boeckh entwickelten Konzeption wurde das philologische Seminar an allen preußischen Universitäten institutionalisiert. Es ist vielleicht nicht unwichtig, zu betonen, dass sich der Begriff mit dieser Verwendungsweise von der Ausbildungsstätte abgelöst hat und die methodische bzw. didaktische Konzeption eines Lehrveranstaltungstypus bezeichnet, dessen Genese William Clark[23] auf kunstvolle Weise in seiner historischen Dialektik rekonstruiert und Markus Huttner kürzlich prägnant so umrissen hat:

---

[16] Spoerhase (2015, S. 74).

[17] Hier folgen wir Thiele (1938).

[18] Thiele (1938, S. 356).

[19] S. Thiele (1938, S. 357–359).

[20] Vgl. Thiele (1938, S. 362); Erben (1913, Sp. 1248), Clark (1989, S. 116). – Der Begriff „Stätte" umfasste bei den Jesuiten auch das Konviktorium.

[21] Thiele (1938, S. 363).

[22] Thiele (1938, S. 364). – Die Entwicklung der pädagogischen Seminare im Rahmen der Lehrerausbildung lassen wir im Folgenden unberücksichtigt; vgl. dazu zusammenfassend Tenorth (1987, S. 252–256).

Vgl. dazu knapp Turner (1987, S. 235) und Schubring (2000).

[23] Clark (1989, S. 119) zum (ironischen) Konstruktionsprinzip.

„Das Seminar erscheint als jene Organisationsform universitärer Studien, die die permanente Teilhabe der Studierenden am Prozeß wissenschaftlicher Forschung gewährleisten sollte und durch die Vermittlung der im Zentrum der Disziplinbildung stehenden Methoden als Agentur fachwissenschaftlicher Professionalisierung wirkte.“[24]

Es ist jedoch festzuhalten, dass die philologischen Seminare des 18. und frühen 19. Jahrhunderts zwar die konzeptionellen Vorbilder, nicht aber die historischen Vorläufer des modernen Forschungsseminars bildeten, das sich im 19. Jahrhundert auch in den Geschichtswissenschaften und den neueren Philologien durchsetzte. Unmittelbare Vorgänger der Seminare waren in den allermeisten Fällen die gelehrten Sozietäten des 18. Jahrhunderts und die privaten, meist universitätsnahen Gesellschaften oder Vereine,[25] die dieselben Ziele und Kommunikationsformen pflegten wie die Seminare, in die sie im 19. Jahrhundert meist verwandelt wurden. In aller Regel vollzog sich die Entwicklung „von der privaten, allein an die Person eines Lehrers gebundenen ‚Gesellschaft‘ zum ‚Seminar‘ als einer statutenmäßig festgelegten, seinen jeweiligen Leiter überlebenden Institution, und von der unmittelbaren Gymnasialpädagogik zu der nur mittelbar wirkenden Fachwissenschaft“.[26] Sehr anschaulich schilderte diesen Vorgang der Verstaatlichung selbstorganisierter Vereine zu Seminaren der Berater des österreichischen Unterrichtsministeriums, der klassische Philologe Hermann Bonitz im Jahre 1849. Bonitz charakterisierte die Selbsttätigkeit und den unmittelbaren persönlichen Verkehr als Ziel der

„wissenschaftlichen Vereine, zu welchen Studierende desselben Studiums zusammentreten und sich unter die Leitung eines Lehrers stellen, um regelmäßig wissenschaftliche Arbeiten aus dem Kreise ihrer Studien ihrer eigenen gegenseitigen Kritik und schließlich der Kritik des dem Vereine vorstehenden Lehrers zu unterwerfen.

Vereine dieser Art bestehen unter dem Namen *philosophischer Disputatorien, historischer, mathematischer Gesellschaften u.A.* fast überall an Universitäten, wo ein Lehrer seinem Lehrgegenstande solchen Eingang bei den Studierenden verschafft hat, daß er ihre Selbstthätigkeit anregt. Dieselben Vereine führen dann, wenn der Staat selbst ihre Pflege übernommen, und mit der Theilnahme an denselben bestimmte Berechtigungen oder Beneficien verbunden hat, den Namen von *Seminarien*.“[27]

---

[24] Huttner (2001, S. 46).

[25] In einem Brief von 1811, in dem er die Universität Berlin wegen ihres Vorrangs in der Philologie rühmte, führte Barthold G. Niebuhr aus: „Unter unseren Philologen bestehen freie und lebendige Privatvereinigungen, wie sie Ursache und Beweis der wahren Blüte der Wissenschaft sind.“ Zitiert nach Paulsen (1897, S. 249).

[26] Heimpel (1959, S. 104). – Vgl. vom Brocke (1996, S. 362) für die Germanistik: „In aufeinanderfolgenden Gründungswellen entstanden – anfangs aus privaten, allein an die Person des Lehrers gebundenen ‚Philologischen‘, ‚Historischen‘, ‚Deutschen Gesellschaften‘ oder ‚Mathematischen Vereinen‘, später unter Verweis auf bestehende Einrichtungen – Seminare und Institute.“

[27] Bonitz (1849, S. 1). Der Hinweis auf diesen Artikel, in dem Bonitz Ziele und Inhalte der Seminare erläutert, findet sich bei Erben (1913, Sp. 1357); Bonitz’ Autorschaft ist u. a. bezeugt in Frankfurter (1893, S. 120 und S. 164, Anm. 144). – Um die Studenten zur Selbsttätigkeit und -organisation anzuregen, schlug Bonitz in Wien vor, „zuerst die Sache bloß als eine private behandeln zu dürfen, dass sich Studenten zu einem Verein zusammenfinden, die die angegebenen Übungen gemeinsam betreiben; erst nach gesammelten Erfahrungen sollte dieser Verein zu einem Seminar werden, indem der Staat durch Ertheilung von gewissen Rechten oder von Beneficien an die Mitglieder sich der Sache annähme“, s. Frankfurter (1893, S. 120).

Umstritten ist die Frage, ob die philologischen Seminare, deren Einrichtung in Preußen um 1820,[28] in den deutschen Ländern um 1838[29] abgeschlossen war, rein fachwissenschaftlich orientiert waren oder auch pädagogische bzw. didaktische Ziele verfolgten; umstritten ist diese Frage nicht zuletzt deshalb, weil die Proponenten der jeweiligen Auffassung meist nicht explizieren, was sie unter diesen Begriffen verstehen bzw. was zu Beginn des 19. Jahrhunderts unter ihnen verstanden wurde. Hermann Bonitz beispielsweise, der als einstiger Gymnasiallehrer großen Wert auf Didaktik legte, warnte davor, sie zu überfordern. Wer von ihr erwarte, „dass sie lehre, wie Latein, Griechisch, Geschichte, Mathematik in der Schule am richtigsten behandelt werde“, der würde ihr „Ungebürliches zumuthen. Denn die den einzelnen Disziplinen angemessene Didaktik entspringt aus der Natur und dem Wesen derselben, ihren Methoden und Erkenntnismitteln, und was für Verbesserung der Didaktik und für Vereinfachung des Unterrichts im Laufe der Zeit gewonnen worden ist, ist nicht durch Fortschritte der Pädagogik, sondern durch die Fortschritte der einzelnen Wissenschaften gewonnen worden.“[30] Von einer ähnlichen Voraussetzung[31] ging vermutlich der Dezernent für das höhere Unterrichtswesen im preußischen Kultusministerium, der Pädagoge Ludwig Adolf Wiese aus, als er 1864 konstatierte, dass die Seminare eine fachwissenschaftliche Orientierung hätten:

> „Die auf den *Universitäten* selbst vorhandenen und mit denselben in mehr oder weniger engem Zusammenhang stehenden *Seminarien* haben, der Bestimmung der Universitäten entsprechend, einen überwiegend wissenschaftlichen Charakter. Obwohl zur Errichtung der meisten Universitäts-Seminarien das Bedürfniß der höheren Schulen den ersten Anlaß gegeben hat, so ist es doch jetzt in denselben zunächst nicht darauf abgesehen, daß das Lehren gelernt, sondern daß eine Anleitung zu selbständiger Anwendung und Förderung der Wissenschaft gegeben werde. In den philologischen Seminarien z. B. soll auch der künftige Gymnasiallehrer zuvörderst in strenge wissenschaftliche Übung genommen werden; er soll die Gesetze einer genauen, der Sache wie der Form gerecht werdenden Interpretation und die Erfordernisse wissenschaftlicher Kritik kennen lernen, und es in den auf solcher Kenntniß beruhenden Verfahren zu bewußter Sicherheit und Geläufigkeit bringen. Diese Einrichtung hat sich durchaus bewährt, und die Universitäts-Seminarien haben zur Bildung eines gelehrten und wissenschaftlich tüchtigen Schulstandes nachweisbar viel beigetragen.“[32]

[28] Vgl. Schubring (2000, S. 274).

[29] Vgl. Clark (1989, S. 120).

[30] Zitiert nach Frankfurter (1893, S. 124). – Vgl. ähnlich auch den ausgewogenen Artikel „Pädagogisches Seminar“ in: Schmid (1866, S. 802–805).

[31] Vgl. Wiese (1864, S. 575): „Es ist die Voraussetzung, daß eine gründliche Betreibung wissenschaftlicher Studien zugleich eine methodisch bildende Kraft habe, daß systematisch erworbene Wissenschaft auch zu einer methodischen Anwendung befähige, während Methode ohne tiefere Erfassung des Stoffes leicht zu einer leeren und äußerlichen Routine wird.“ Im Zusammenhang zitiert bei Paulsen (1897, S. 271).

[32] Wiese (1864, S. 525). – Vgl. auch Paulsen (1897, S. 270).

Diese Auffassung scheint sich in der Folgezeit durchgesetzt zu haben[33]; sie wird auch in dem einflussreichen Aufsatz von Erben vertreten.[34]

Die gegensätzliche Auffassung werden wir im Kontext einer sehr viel grundsätzlicheren Kritik darstellen, die gegen die von uns referierte herrschende Geschichtsschreibung der Seminare insbesondere von Seiten der Geschichtswissenschaft erhoben wurde. In einem bemerkenswerten Aufsatz über „Historische Gesellschaften und die Entstehung historischer Seminare" hat Markus Huttner 2001 kritisiert, dass der Institutionalisierungsprozess der historischen Seminare „allzu sehr von seinen Ergebnissen und seinem Ausgang her beurteilt wird, statt ihn historisierend in verschiedene Phasen zu zergliedern, um so zu einer Typenbildung von Institutionalisierungsformen im Bereich der universitären Geschichtswissenschaften zu gelangen".[35] Diese Kritik dürfte auch für die philologischen und germanistischen Seminare gelten – für die Historiographie der letzteren räumte Fritz Tschirch schon 1956 ein, dass in ihr insofern eine auf die Gründung gerichtete teleologische Perspektive herrsche,

> „als mit ihr eine ungebundene Entwicklung, die in keinerlei vorbestimmten Bahnen verläuft, nun in Paragraphen gefasste Normen eingefangen, in ein durch feste Organisationsformen vorgezeichnetes Geleis gelenkt wird. Ein bisher frei fließender Strom erhält sein gemauertes Bett. Denn wenn auch die Geschichte der Universitätsgermanistik im eigentlichen Sinn des Wortes mit der Begründung der germanistischen Seminare beginnt – in diesen Seminaren hat doch erst eine flutende Entwicklung ihre Verfestigung und Begrenzung in einer äußerlich sichtbaren Gestalt gefunden. Was vorher webte, empfängt seinen Sinn, seine geschichtliche Begründung recht eigentlich erst von diesem Kristallisationspunkt her."[36]

Hans-Jürgen Pandel hatte im Hinblick auf die historischen Seminare schon 1994 eine der Grundüberzeugungen des Historismus in Frage gestellt:

> „Im Selbstverständnis des Historismus waren die historischen Seminare nur an der reinen Wahrheitserkenntnis orientiert. Dennoch verdanken sie ihre Entstehung wesentlich den Nützlichkeitserwägungen der Aufklärung und den Praxisbedürfnissen des 19. Jahrhunderts. Die Behauptung, Grundlage und Entstehungsmotiv der historischen Seminare sei die Tren-

---

[33] Vgl. Paulsen (1897, S. 257): „Das Seminar ist ursprünglich einheimisch in der philosophischen Fakultät. Seminare für klassische Philologie sind die ältesten. Als Lehrseminare entstanden, wurden sie seit dem Ende des vorigen Jahrhunderts immer mehr zu Seminaren der Gelehrsamkeit. Zu ihnen kamen, mit der Vervielfältigung der philologischen Studien germanistische, romanistische, anglistische Seminare. Die übrigen Wissenschaften schlossen sich an [...]." Vgl. auch S. 269. – Für die philologischen Seminare in Bayern vgl. Neuerer (1978, S. 142) und den „Entwurf zur Ordnung des philologischen Seminars bey der Universität in München" (Neuerer 1978, S. 205–207).

[34] Vgl. Erben (1913, Sp. 1251), vgl. auch Sp. 1260: „Die schon in Göttingen angebahnte und von Wolf in Halle erfolgreich gegen die Wünsche der Regierung behauptete Entwicklung hatte eine bleibende Arbeitsteilung der Seminare zur Folge: von der Ausbildung zum Lehrer war die Ausbildung in der Wissenschaft geschieden." Vgl. zum Zusammenhang auch Kopp (1994, S. 707–708) und Jeismann (2000, S. 339).

[35] Huttner (2001, S. 47).

[36] Tschirch (1956, S. 138).

nung der ‚Ausbildung zum Lehrer' von der ‚Ausbildung in der Wissenschaft' (Erben 1913, 1260), entpuppen [sic] sich bei näherer Betrachtung als reine Legende."[37]

Pandel hält die traditionelle Auffassung, dass Friedrich August Wolfs Seminar von 1787 „Musterbeispiel eines rein fachwissenschaftlichen Seminars" gewesen sei, für „schlicht unhaltbar". Seine These, dass gerade die Verbindung von Fachwissenschaft und Fachdidaktik, von Wissenschaft und Unterricht den Charakter des Wolfschen Seminars ausgemacht habe, belegt Pandel u. a. mit einem Seminarbericht an den König, in dem Wolf 1802 den Inhalt des Seminars zusammenfasst:

„Die Beschäftigungen der Seminaristen waren, wie gewöhnlich, 1) kritische und exegetische Betrachtung griechischer und lateinischer Schriftsteller ...; wobei jeder Seminarist einen eigenen Vortrag hält, der von mir und anderen Zuhörern, da wo etwas genauer zu bestimmen oder sonst etwas zu berichten ist, unterbrochen zu werden pflegt; 2) Übungen im Disputiren oder freierem Vortrag über eine entweder zur Literatur oder Pädagogik gehörenden Materie, gewöhnlich in lateinischer Sprache, 3) förmliches Unterrichten vor einem Cötus junger Leute über grammatische, historische und andere in Schulen vorkommende Gegenstände."[38]

Die Frage, ob Seminare rein fachwissenschaftlich oder auch pädagogisch ausgerichtet waren,[39] scheint, soweit wir wissen, bislang nicht entschieden zu sein. Der einer fachwissenschaftlichen Interpretation zuneigende Wiese räumte in seiner Darstellung 1864 ein, dass bei den „neueren historischen Seminarien zu Greifswald und Breslau" eine „Ausnahme von der überwiegend oder ausschließlich wissenschaftlichen Bestimmung der Universitäts-Seminarien" vorläge. Der „§ 1 des breslauer Statuts" lautet: „Das historische Seminar hat die Aufgabe, sowohl in die Methode historischer Forschung einzuführen, als auch tüchtige Lehrer für den Unterricht in der Geschichte an höheren Schulanstalten vorzubilden."[40] Als der Germanist Karl Bartsch der 36. Versammlung deutscher Philologen und Schulmänner 1883 „Über die Gründung germanischer und romanischer Seminare und die Methode kritischer Übungen" referierte, musste er zur Ausrichtung der Seminare feststellen:

„Was nun die Ziele seminaristischer Thätigkeit betrifft, so werden wohl immer zwei Ansichten sich geltend machen, die mitunter sogar zu scharfem Gegensatz geführt haben. Die eine legt das Hauptgewicht auf die gelehrte Ausbildung der künftigen Philologen, die andere auf die *pädagogische* Schulung der künftigen Lehrer."[41]

Die Historiker warnen auch vor zu starken Homogenisierungsannahmen im Hinblick auf die Seminare. Pandel meinte, dass die philologischen Seminare nur in den Grundlinien übereinstimmten, nämlich in dem Bestreben, „aus Bruchstücken von

[37] Pandel (1994, S. 1). – Pandel (2004) folgt dieser Darstellung im Wesentlichen.

[38] Pandel (1994, S. 7).

[39] Vgl. auch Huttner (2001, S. 69).

[40] Wiese (1864, S. 526).

[41] Bartsch (1883, S. 239). – Dass diese Frage auch bei der Gründung fremdsprachlicher Seminare eine Rolle spielte, dokumentiert Christmann (1985, S. 31–34).

Kenntnissen über die alte Welt eine Philologie" zu schaffen, die lehrbar war; im Übrigen aber galt: „So unterschiedlich die Personen waren, so unterschiedlich waren auch ihre Seminargründungen."[42] Auch aus diesem Grund meinte Huttner, dass für den Prozess der Seminargründung die Forschungsstrategie einer „Statutenexegese"[43] ungeeignet sei; da „die ersten historischen Seminare ihren Vorläufereinrichtungen, den privaten Gesellschaften, viel ähnlicher" gewesen seien „als den unseren heutigen Universitätsbetrieb prägenden Seminarinstituten", empfehle sich eher eine „personenzentrierte Herangehensweise, die sich vom individuellen Gelehrtenprofil der Seminarleiter wichtigere Aufschlüsse über den Charakter der von ihnen begründeten Organisationsformen erwartet als von dem in den Statuten normativ festgeschriebenen Institutszweck".[44] Insgesamt, so Huttner, werde der Institutionalisierungsgrad privater universitätsnaher Übungszirkel ebenso unterschätzt wie die Vorläufer der Seminare in Gestalt privater gelehrter Vereine oder Sozietäten, wie er sie am Beispiel Leipzig charakterisiert:

> „Die meisten der Leipziger gelehrten Sozietäten des 18. Jahrhunderts wirkten in einer engen Symbiose mit der Universität. Sie wurden von Universitätsprofessoren geleitet und rekrutierten ihre Mitglieder zu einem wesentlichen Teil aus Magistern, oft auch aus der Studentenschaft. Allerdings waren die Aktivitäten und Zusammenkünfte dieser Gesellschaften – und darin unterschieden sie sich von den als unmittelbare Vorläufer der späteren Seminare auszumachenden philologischen Übungsgesellschaften – nicht Teil des universitären Lehrbetriebs. Insofern gehört – darauf weist die in besonderem Maße durch die Institutionalisierungsform der Privatgesellschaft geprägte Organisation gelehrt-philologischer Studien in Leipzig hin – die gesamte Tradition der gelehrten Gesellschaften zur Vorgeschichte der Universitätsseminare des 19. Jahrhunderts, auch wenn sich direkte institutionelle Kontinuitäten nicht nachweisen lassen."[45]

Im Hinblick auf die eher informellen Vorläufergesellschaften, -vereinigungen oder auch Übungszirkel besteht auch für die germanistischen Seminare ein wichtiges Forschungsdesiderat. Sowohl die „Deutschen Gesellschaften" des 18.[46] als auch die gleichnamigen, anders organisierten universitätsnahen Vereine des 19. Jahrhunderts[47] bedürfen genauerer Untersuchung. Die empirischen Beispiele zahlreicher Universitäten zeigen, dass die germanistischen Seminargründungen in aller Regel aus solchen Formationen hervorgingen[48] und bestätigen so Erbens These,

[42] Pandel (1994, S. 4, vgl. auch S. 6).

[43] Huttner (2001, S. 70).

[44] Huttner (2001, S. 76).

[45] Huttner (2001, S. 53).

[46] Vgl. dazu Fricke (1993).

[47] Vereinzelte Informationen zu ihnen finden sich schon bei Müller (1974, S. 63–65).

[48] Vgl. einige Angaben bei Schmidt (1985, S. 231), ein Überblick bei (Meves 1987, S. 112); Weimar (1989, S. 421–424); für Kiel: Debus (1976, S. 5) und Meves (2012, S. XVI); für Halle: Lemmer (1958, S, 362); für Jena und Greifswald: Tschirch (1956, S. 137 bzw. S. 145). Die Beispiele ließen sich leicht vermehren, eine vollständige Übersicht gibt es bislang nicht.

„daß die Entstehung von Seminaren aus freien Gesellschaften eine regelmäßige Erscheinung in der Geschichte der deutschen Universitäten darstellt".[49]

Für die weiteren Forschungen ist vielleicht das wichtigste Ergebnis, dass die privaten Vereine und Gesellschaften keinesfalls an allen Universitätsorten auf Antrag eines Ordinarius zu Seminaren verstaatlicht wurden, sondern im 19. Jahrhundert teils weiter bestanden oder auch neu gegründet wurden. Pandel und Huttner vertreten die These, dass neben dem Prozess der Institutionalisierung der Seminare der einer Selbstorganisation von seminarähnlichen wissenschaftlichen Gesellschaften und Vereinen kontinuierlich einherlief. Schon bei den klassischen Philologen habe es einen Zwiespalt gegeben „zwischen wissenschaftsorganisatorisch ambitionierten Universitätslehrern, die großen Wert auf die Dispositionsgewalt über ein staatlich gefördertes Seminarinstitut legten und jenen, die den sich ausbildenden universitären Institutionalisierungsformen eher gleichgültig gegenüberstanden oder in ihnen sogar eine potentielle Gefährdung der akademischen Lehrfreiheit erblickten".[50]

> „Es ist somit ein bislang viel zu wenig diskutierter Aspekt der Ausdifferenzierung und disziplinären Verfestigung der philologisch-historischen Wissenschaften im frühen 19. Jahrhundert, daß die sich ausbildenden universitären Institutionalisierungsformen von einigen derjenigen abgelehnt wurden, die den fachwissenschaftlichen Professionalisierungsprozeß sowohl durch ihre eigenen Arbeiten als auch durch ihre schulbildende Wirksamkeit entscheidend vorantrieben."[51]

Nichtseminaristische Gesellschaften von seminarähnlichem Charakter werden von Wiese 1864 als „die von vielen Universitätsdocenten geleiteten Privatvereine" angeführt, „die griechischen, lateinischen, philosophischen, pädagogischen, mathematischen u. a. Gesellschaften, aus denen gerade für das Verfahren beim Unterricht Viele einen dauerhaften Nutzen davon getragen haben".[52] Pandel weist darauf hin, dass sich nach dem Abschluss der Institutionalisierung der philologischen Seminare „mit dem Entstehen historischer Gesellschaften und historischer Übungen eine neue Bewegung" herausgebildet habe, „die anfangs direkt die Verwissenschaftlichung, indirekt die Geschichtslehrerausbildung zum Ziel hatte".[53] Sebastian Manhart sieht die Seminargründungen im Kontext „einer sich gegen externe Ausbildungsanforderungen durchsetzenden Binnendynamik des universitär verankerten Wissenssystems".[54]

---

[49] Erben (1913, Sp. 1355).

[50] Huttner (2001, S. 80/81).– Zu Gottfried Hermanns Bevorzugung seiner griechischen Gesellschaft vor einem eigenen Seminar vgl. kurz Erben (1913, Sp. 1344).

[51] Huttner (2001, S. 81).

[52] Wiese (1864, S. 527).

[53] Pandel (1994, S. 11).

[54] Manhart (2011, S. 154): „Sie [scil. die Seminare] sind organisatorische Elemente der weiteren Verfachlichung der wissenschaftlichen Ausbildung, indem sie vor allem der Habitualisierung und Auswahl des wissenschaftlichen Nachwuchses dienen."

Welche Vorzüge und Nachteile die staatlichen Seminare gegenüber den privaten universitätsnahen Vereinigungen hatten, wurde im Anschluss an Schleiermachers „Gelegentliche Gedanken“[55] unter dem Aspekt der Lehr- und Lernfreiheit immer wieder grundsätzlich diskutiert,[56] und es gab, vor allem bei den Historikern, einen längerfristigen Widerstand der Vereine gegen die Verstaatlichung.[57] Clarks These,[58] dass nach der Einrichtung philologischer Seminare universitätsnahe philologische Gesellschaften nur vorübergehende Einrichtungen waren, die auf die Institutionalisierung als Seminare warteten – oder als Gegeninstitutionen gegen die Seminare eine Angelegenheit verbitterter Professoren waren, dürfte schon für die klassische Philologie kaum haltbar, zumindest auf die historischen und fremdsprachlichen Seminare[59] aber nicht übertragbar sein.

Unumstritten ist freilich, dass der Typus und die Statuten der Seminare für klassische Philologie das Vorbild für die späteren Seminargründungen im 19. Jahrhundert bildeten. Darauf verwies nicht ohne Stolz Georg Curtius noch einmal, als er am 22. Mai 1872 die 28. Versammlung deutscher Philologen und Schulmänner in Leipzig eröffnete:

> „Nirgendwo fehlt es daher an reichlicher Gelegenheit zu eigner Übung in philologischen Seminaren, zu denen vielfach Proseminare und Vereinigungen zu besonderen, sehr mannichfaltigen Zwecken hinzugekommen sind. In dieser Beförderung der Selbstthätigkeit gegenüber dem bloßen Zuhören ist die classische Philologie allen anderen Disciplinen mit gutem Beispiel vorangegangen. Der persönliche Austausch zwischen Lehrenden und Lernenden ist nirgends so rege wie bei uns. Offenbar liegt hier der Fortschritt unseres gesammten jetzigen Universitätsunterrichts gegen die todte Weise vergangener Zeiten und darum findet unser Beispiel reichliche Nachahmung bei den Vertretern anderer Fächer.“[60]

Die Einrichtung der Seminare beinhaltete eine wechselseitige Verpflichtung von Seiten des Staates einerseits und der Universität, vertreten durch den Seminardirektor, andererseits. Rechtsform erhielt diese wechselseitige Verpflichtung durch ein – vom Kultusministerium erlassenes und meist als „Reglement“ bezeichnetes – Statut, das beide Seiten band. Mit der Institutionalisierung verpflichtete sich der Staat zur regelmäßigen Vorhaltung einer Lehr- bzw. Unterrichtsform, der „über den Wechsel der Personen hinweg bleibender Bestand gesichert wird“.[61] Im Statut werden unter anderem die Verpflichtungen des Seminardirektors gegenüber dem Staat und die Beziehungen zwischen Direktor und den Studierenden im Seminar geregelt;

[55] Eine zentrale Rolle spielte in den Diskussionen der erste Teil „Vom Verhältnis des wissenschaftlichen Vereins zum Staate“, auf den Erben (1913, Sp. 1341) noch einmal nachdrücklich hinwies, vgl. Schleiermacher (1808, S. 109–120).

[56] Vgl. dazu Erben (1913, Sp. 1339–1341).

[57] Vgl. Erben (1913, Sp. 1339–1341) und Heimpel (1959, S. 141).

[58] Vgl. Clark (1989, S. 120).

[59] Vgl. zur Anglistik die ausgezeichnete Untersuchung von Haenicke (1979).

[60] Curtius (1873, S. 5).

[61] Erben (1913, Sp. 1339).

auf diese Weise wurde ein Teil der bislang informellen Beziehungen zwischen Studierenden und Professoren formalisiert.

Der Staat verpflichtete sich überdies zur Etatisierung eines Betrags, der Stipendien für arme Studierende, bzw. Prämien für Studierende vorsah, die ausgezeichnete Seminararbeiten eingereicht hatten. Die Regelungen waren in den deutschen Staaten uneinheitlich, die Entwicklung ging jedoch vom Stipendien- zum Prämiensystem[62]; spätestens in den 1880er-Jahren wurden auch die Prämien gestrichen[63]; meist wurde der den Seminaren zugewendete Etat ausschließlich für die Anschaffung von Büchern für die Seminarbibliothek bestimmt.[64] Zusätzlich zu den Stipendien bzw. Prämien erhielten die Studierenden an einigen Universitäten immaterielle Privilegien, die sie vor Nichtseminaristen auszeichneten. So sah etwa der Paragraph 12 des Reglements für das Berliner philologische Seminar (1812) einen Druckkostenzuschuss für solche Studierende vor, „welche bei ihrem, in der Regel mit dem Abgang von der Universität erfolgenden Austritt aus der Anstalt [...] Spezimina des Fleißes und der Gelehrsamkeit" vorgelegt hätten, die „der öffentlichen Bekanntmachung würdig"[65] seien. Der Paragraph 9 des Greifswalder Reglements regelte die Bücherbeschaffung für Seminararbeiten wie folgt: „Zu dem Ende werden die nötigen Bücher von der Königl. Universitätsbibliothek ihnen verabfolgt, und wenn diese an andere Studirende, oder an Personen, die nicht angestellte Dozenten sind, schon ausgeliehen seyn sollten, zum Gebrauch für die Mitglieder der philologischen Gesellschaft eingefordert."[66] Zur Förderung der philologischen Studien und der „Geläufigkeit im klassischen lateinischen Ausdruck" fand das Ministerium es schließlich zweckmäßig, mit der philologischen Gesellschaft die jährliche Aufstel-

[62] Vgl. Schubring (2000, S. 284, Anm. 12); im Germanischen Seminar der Universität Leipzig hielten sich die Stipendien bis 1894, vgl. Sievers/Köster (1909, S. 101).

[63] Johannes Vahlen berichtet 1910, dass 1885 „bei sämtlichen Seminarien der Universität die bisher gezahlten Prämien aufgehoben" wurden, vgl. die Angabe bei Lenz (1910, S. 214); vgl. auch Debus (1976, S. 15): „Am 20. März 1884 teilt freilich der Minister dem Kurator mit, daß er beschlossen habe, „alle seminaristischen Prämien und Preise, soweit sie aus Staatsfonds fließen, vom 1. April des Jahres in Wegfall kommen zu lassen".

[64] Vgl. allgemein Heimpel (1959, S. 142). Vgl. auch Bartsch (1883, S. 239): „Für gering erachte ich den [scil. Vorteil] der Prämien, welche die Mitglieder bekommen, weil ein strebsamer Student nicht deswegen fleissig arbeiten wird. Wichtiger ist dagegen eine Seminarbibliothek, die den Studierenden den notwendigen Arbeitsapparat leichter zugänglich macht, als es auf den Universitätsbibliotheken möglich ist, sowie die Einrichtung eines Arbeitszimmers, welches den ganzen Tag geöffnet und in welchem die Bibliothek aufgestellt ist." – Sievers/Köster (1909, S. 101) berichten, dass Eduard Sievers bei Amtsantritt in Leipzig 1893 erfolgreich beantragte, „das Stipiendienwesen im allgemeinen abzuschaffen, die dafür bewilligte Jahressumme aber zur Vermehrung der Bibliothek zu verwenden"; ähnlich merkt Stölzle (1914, S. 226) an, dass in Würzburg „1902 unter dem Rektorate von Prof. Schanz die sämtlichen Stipendien, die zu mannigfachen Angriffen Anlaß gegeben hatten, in Bibliotheksgelder umgewandelt wurden".

[65] Koch (1840, II, 2, S. 562).

[66] Koch (1840, II, S. 720).

lung von zweien oder dreien Preisaufgaben zu verbinden", um die nur Mitglieder des Greifswalder Seminars konkurrieren konnten.[67]

Die Verpflichtungen des Seminardirektors lassen sich am besten im Zusammenhang mit der Systematik des „Reglement für das philologische Seminarium" in Berlin vom 28. Mai 1812 charakterisieren, dessen Struktur nicht allein von den Statuten der anderen preußischen Seminare für klassische Philologie übernommen wurde, sondern auch von den meisten historischen, mathematischen und neusprachlichen Seminaren. Paragraph 1 des Statuts definiert das philologische Seminarium als ein „öffentliches, mit der Universität verbundenes Institut, welches den Zweck hat, diejenigen, die für die Alterthumswissenschaften gehörig vorbereitet sind, durch möglich vielfache Übungen, die in das Innere der Wissenschaft führen, und durch literarische Unterstützung jeder Art weiter und so auszubilden, daß durch sie künftig diese Studien erhalten, fortgepflanzt und erweitert werden".[68] Die Paragraphen 2 und 3 nennen die Aufnahmevoraussetzungen ins Seminar: Philologie als Hauptstudienfach, mindestens ein halbes Jahr Immatrikulation an der Berliner oder einer anderen Universität. Paragraph 4 macht die Aufnahme ins Seminar von einer „strengen Prüfung" abhängig, nachdem der Aspirant zuvor bereits eine Probearbeit eingereicht hat, die vom Seminardirektor ebenso wie die „nöthigen Vorkenntnisse" „geprüft und reif befunden worden ist." Paragraph 5 ermöglicht die Aufnahme von Ausländern, Paragraph 6 legt eine Teilnehmerzahlbeschränkung von 8 Teilnehmern fest, die indes im Einvernehmen mit dem Kultusministerium erhöht werden kann. Paragraph 7 räumt das Recht, dem Seminar als „außerordentliche Mitglieder" beizuwohnen, auch Studierenden ein, die zur ordentlichen Mitgliedschaft noch nicht qualifiziert sind, wenn diese „gute Hoffnung" erkennen lassen, dass sie diese Qualifikation bald erwerben werden. Die Entscheidung über solche Fälle obliegt dem Seminardirektor, der hier, wie im Falle der Aufnahmeprüfung, (§ 4) eine uneingeschränkte Regelungsfreiheit hat. Paragraph 8 räumt Lehrern oder Lehramtskandidaten „zu ihrer wissenschaftlichen Vervollkommnung" den Zutritt zum Seminar ein. Nach Paragraph 9 kann der Seminardirektor einen Studenten aus dem Seminar „sofort entfernen", wenn dieser „unsittliches und rohes, Mangel an wissenschaftlichem Geist und an Sinn für edlere Bildung verrathendes Betragen" zeigt oder wenn der Direktor sich von der „Untüchtigkeit oder Indolenz" des Studenten überzeugt hat. Paragraph 10 betraut mit der Leitung des Seminars einen Direktor, „welcher zugleich ordentlicher Professor bei der philosophischen Fakultät" ist; er bezieht für diese Tätigkeit 100 Taler Gehalt aus dem Universitätsfonds. Paragraph 11 schließlich benennt Inhalt und Vorgehensweise des Seminars auf sehr explizite Weise:

[67] Koch (1840, II, S. 721); § 9 des Rostocker Statuts lautet: „Es soll ein um das andere Jahr, abwechselnd mit dem klassisch-philologischen Seminarium, bei dem deutsch-philologischen eine Preisaufgabe gestellt werden [...]", zitiert nach Bechstein (1883, S. 10.).

[68] Alle Angaben nach Koch (1840, II, 2, S. 560–562).

„Die Übungen und Verhandlungen des Seminars sind folgende, sämmtlich in lateinischer Sprache anzustellen: 1) genaue Interpretation der griechischen und lateinischen Schriftsteller mit beständiger Rücksicht auf Kritik, in zwei Stunden wöchentlich. 2) schriftliche Ausarbeitungen und mündliche geregelte Unterhaltungen, theils über Abschnitte aus Autoren, theils über Gegenstände aus den einzelnen Fächern der gesammten Alterthumswissenschaft. Alle vierzehn Tage ist eine Abendversammlung von unbestimmter Dauer zum Vorlesen von dergleichen Ausarbeitungen festgesetzt, wo denn zugleich die Seminaristen unter Leitung des Direktors, welcher die ihm eingehändigten Ausarbeitungen bei den ordentlichen Mitgliedern cirkuliren lassen, oder sie einem oder dem andern ordentlichen Mitgliede vorher geben kann, ihre Urtheile oder Gedanken über dieselben mitteilen, und sich im Disputiren und Lateinsprechen üben. Zu einer solchen Ausarbeitung bekommt jeder Seminarist acht Wochen Zeit. Auf die pünktliche Ablieferung der Arbeit wird strenge gehalten. Wer diese zweimal nicht zur rechten Zeit ohne gegründete Entschuldigung abgiebt, kann deswegen von dem Seminario ausgeschlossen werden. – Alle vierzehn Tage in denjenigen Wochen, in welchen keine Abhandlung gelesen wird, versammeln sich die Seminaristen gleichfalls Abends zu dem Zwekke, daß sie über dasjenige, was ihnen in ihren Studien dunkel geblieben, Fragen aufwerfen. Jedes ordentliche Mitglied ist dazu berechtigt; vier derselben abwechselnd sind aber verpflichtet, in einer Sitzung jeder eine Frage vorzulegen. Die Ordnung, in welcher diese Übungen gehalten werden, bleibt der Bestimmung des Direktors überlassen. – Die schriftlichen Ausarbeitungen hat der Direktor aufzubewahren, um, wenn es erforderlich ist, sein Urtheil über einzelne Seminaristen damit bei der Behörde zu belegen."

Aus der Formulierung geht hervor, dass der Inhalt des Seminars konzeptionell genau festgelegt, Unterrichtsformen und -schritte genau angegeben sind. Im Zusammenhang mit der Aufbewahrungspflicht der Seminararbeiten wird erstmals eine Begründungsverpflichtung des Seminardirektors gegenüber dem Kultusministerium angesprochen. Paragraph 12 regelt, dass die Studenten, „welche sich durch ihre Fortschritte empfehlen", bei der Verteilung der Stipendien und „anderer akademischer Benefizien" berücksichtigt werden; ferner können ihnen Prämien aus dem Universitätsfonds angewiesen werden, wenn der Seminardirektor dies unter Einsendung der entsprechenden Arbeit dem Departement für Kultus und öffentlichen Unterricht vorschlägt. Es folgt darauf der bereits erwähnte Passus, der einen Druckkostenzuschuss für besonders gelungene Abschlussarbeiten vorsieht. Für Prämien, Druckkostenzuschuss und die Remuneration für den Seminardirektor wird jährlich die Summe von 500 Talern ausgeworfen, die nach Vorlage des Berichts vom Departement angewiesen werden. Der 13. und letzte Paragraph schließlich verpflichtet den Direktor, jährlich zum Ende des Sommersemesters einen ausführlichen Bericht an das Departement zu erstatten, „in welchem eine Übersicht der angestellten Übungen gegeben wird, die Mitglieder genannt, die ausgezeichnetsten unter denselben in wissenschaftlicher Beziehung näher karakterisirt, und Probearbeiten von ihnen beigelegt, auch die zuerkannten Prämien angeführt werden. Empfehlungen von Subjekten, welche der Anstellung in Lehrämtern sich schon würdig zeigen, können hiermit füglich verbunden werden."[69]

---

[69] Informationen zur Berichtspflicht der (klassischen) philologischen Seminare an einzelnen Universitäten finden sich bei Clark (1989, S. 120); zur Berichtspflicht germanistischer Seminare Meves (2011, S. 813) und Meves (2013).

Die seit Wolfs Seminar in Halle[70] in allen Reglements der Zeit auftauchende Berichtspflicht ist einerseits zweifellos durch das Interesse des Staates an einer sinnvollen und ökonomischen Mittelverwendung motiviert; andererseits unterstellt sie – neben anderen Regelungen wie etwa der Einsendepflicht der zu prämierenden Arbeiten – dass das Departement neben der Organisation prinzipiell auch die Inhalte der seminaristischen Tätigkeiten und die Bewertung der prämierten studentischen Arbeiten nachvollziehen könne, dass also eine Kommunikation zwischen Seminardirektor und Departement nicht allein über Organisation und Finanzen, sondern auch über die Sache möglich war. Ob das je vorgekommen ist, muss dahingestellt bleiben und bedarf der empirischen Untersuchung. Mit der Differenzierung und quantitativen Ausweitung des Bildungswesens sowie der Institutionalisierung zahlreicher anderer Seminare im Laufe des Jahrhunderts wurde eine solche Kommunikation immer unwahrscheinlicher, die Berichte fanden in den Kultusministerien keine Leser mehr und wurden – in den einzelnen deutschen Staaten zu verschiedenen Zeitpunkten, doch wohl spätestens um die Wende zum 20. Jahrhundert – abgeschafft.[71]

Die Verwandlung selbstorganisierter Lern- und Forschungsgemeinschaften, die sich unter der Leitung eines Professors zusammenfanden, in (pro Disziplin) *eine* Institution unter staatlicher Aufsicht, die von einem Direktor geleitet wurde, hatte tief greifende und langfristig wirkende Konsequenzen, die nicht allein den Charakter der Seminare, sondern den der Universität insgesamt veränderten.[72] Wir werden im Folgenden nur einige Veränderungen kennzeichnen, die für die Entwicklung der Seminare von besonderer Bedeutung waren. Die wichtigste Funktionsveränderung betraf die Leitung des Seminars. In der Gestalt des Direktors verbanden sich nach Einführung der Reglements die natürliche Person eines Professors mit einer dem Kultusministerium verantwortlichen amtlichen Person, die uneingeschränkt über Aufnahme und Ausschluss von Seminarmitgliedern sowie über die Prämierung von deren Arbeiten entschied. Der Direktor erhielt für seine Tätigkeit eine persönliche Remuneration und darüber hinaus einen Etat für die Vergabe von Stipendien, Prämien und anderen Benefizien. Seinen Rechten stand eine völlig neuartige Verpflichtung gegenüber, nämlich die, dem Departement beziehungsweise dem Kultusministerium nicht allein Rechenschaft über die Verwendung des Etats abzustatten, sondern ihm als einem nicht am Seminargeschehen beteiligten Aufsichtsorgan[73] einen

[70] Vgl. dazu Schubring (2000, S. 272).

[71] Vgl. Tschirch (1956. S. 161): „Durch Erlass vom 30. Juni 1889 wird die Pflicht zur Erstattung eines Jahresberichts an den Minister über die Tätigkeit im Seminar allgemein aufgehoben"; vgl. auch Lenz (1910, S. 214), der diese Aufhebung „um so angemessener" empfand, „als schon seit 1887/88 die jährigen Chroniken der Universität erschienen, die auch über das philologische Seminar einen kurzen Bericht zu enthalten pflegten".

[72] Die Bedeutung der Verstaatlichung der informellen Vereine oder Gesellschaften ist bei Weimar (1989, S. 422–423) stark unterschätzt.

[73] Darauf macht Clark (1989, S. 120) nachdrücklich aufmerksam: "Neither the faculty nor academic senate, but rather an extramural agency acted as the supervisorial instance above the director."

ausführlichen Bericht zu erstatten, der über den Inhalt des Seminars Auskunft geben, eine Namensliste der Mitglieder enthalten und die prämierten Arbeiten charakterisieren sollte.

Wie sehr sich der Umfang von Rechten und Pflichten der Seminardirektoren im Laufe des 19. Jahrhunderts vergrößerte und deren Funktion von der des Leiters einer Lehrveranstaltung immer stärker zu der des Verwalters einer wissenschaftlichen Einrichtung gravitierte, kann im Folgenden nur knapp angedeutet werden. In Boeckhs Seminarreglement von 1812 war noch keine Rede von Bibliotheken und Räumen,[74] und das Reglement für das philologische Seminar in Bonn aus demselben Jahr hielt in Paragraph 13 eigens fest: „Es wird den Lehrern freigestellt, die Übungen in ihren Wohnungen, nicht, sie in öffentlichen Auditorien zu halten“[75] – ein Satz, der verdeutlicht, dass das Kultusministerium an eine Bereitstellung von Räumen für Seminare zunächst nicht dachte. Bis in die 1870er-Jahre besaßen die historischen Seminare,[76] bis in die 1880er-Jahre die germanistischen[77] und neusprachlichen[78] Seminare meist keine eigenen Räume für ihre Bibliotheken. Der Weg zu eigenen Bibliotheks- und schließlich Seminarräumen führte ursprünglich[79] über die zunehmende Bücheranschaffung zum Verwahrungsproblem der Bücher, zur Anschaffung von Schränken für die Bücher, zum Unterbringungsproblem der Schränke, zur Zuweisung von Räumen für die Schränke und schließlich – mit dem Argument, dass die Bücher in den Lehrveranstaltungen und für die Ausarbeitung der schriftlichen Arbeiten zugänglich sein müssten – zu Seminarräumen, in denen die dem Seminar gehörenden Bücher untergebracht waren.[80] Über die Anfänge des Rostocker Seminars, das sich nach der Gründung (1858) fünf Jahre ohne Bibliothek behelfen musste, bevor es einen eigenen Bücheretat erhielt, berichtete Reinhold Bechstein 1883:

> „Anfänglich musste das deutsch-philologische Seminar einen Bücherschrank mit dem historischen Seminar theilen. Später erhielt es einen eigenen größeren Schrank bewilligt, und als auch dieser im Laufe der Zeit angefüllt war, wurde unserem Seminar die abgesonderte

---

[74] In Johannes Vahlens Seminargeschichte heißt es: „Zur Aufbewahrung der Bücher war 1875 ein Schrank angeschafft worden [...]. Erst 1885 erhielt das philologische Seminar einen festen Raum im zweiten Stock des Universitätsgebäudes [...]; Angabe nach Lenz (1910, S. 212).

[75] Koch (1840, II, S. 681).

[76] Vgl. Höflechner (1997, S, 227); Huttner (2001, S. 77).

[77] Vgl. dazu Meves (2011, S. XVII) und die Hinweise zu den einzelnen preußischen Universitäten.

[78] Vgl. dazu Haenicke (1979. S. 253) und den Abschn. 4.3.6 (S. 269–273): „Zur Entwicklung der materiellen Ausstattung der Seminare“.

[79] Bei späteren Anträgen auf Errichtung von Seminaren wurden Bibliotheksmittel und ein Arbeitsraum gleich mitbeantragt, vgl. dazu den Antrag Karl Tomascheks auf Errichtung eines Seminars für deutsche Philologie in Wien von 1873, der bei Fuchs (1967, S. 223–224) zitiert ist.

[80] Vgl. dazu auch Schubring (2000, S. 281). – Weimar (1989, S. 423) weist darauf hin, dass die Identifikation der Bezeichnung „Seminar“ mit den Räumlichkeiten der Einrichtung eine „spätere Entwicklung“ darstellt.

Hälfte eines danebenstehenden zweiten Schrankes eingeräumt, der zugleich von dem classisch-philologischen Seminar benutzt wird."[81]

Das Problem der Verbindung des Bibliotheksraums mit dem Veranstaltungsraum für das Seminar schilderte Julius Zacher 1875 in seinem kommentierten „Entwurf einer Verfassung und eines Jahrgeldes für ein Seminar für deutsche Philologie zu Halle" sehr anschaulich:

„Gewöhnlich werden Seminarübungen in einem Auditorium der Universität gehalten. Dann ist man aber jedes Mal beschränkt auf die spärlichen litterarischen Hilfsmittel, welche Vorsteher und Mitglieder gerade für diese Stunde mit zur Stelle gebracht haben. Deshalb hat man wohl auch daran gedacht, die Seminarübungen im Locale der Seminarbibliothek abzuhalten, um stets diese gesammte Bibliothek zu augenblicklicher Verfügung zur Hand zu haben. Doch ist mir nicht bekannt geworden, daß dieser Gedanke irgendwo wirklich zu practischer Ausführung gekommen sei, und noch weniger, welchen Erfolg er gehabt habe.

Ich habe seit 20 Jahren mein Privatissimum in meiner Studierstube mitten unter meinen Büchern gehalten, und bezahle aus diesem Grunde gegenwärtig eine höhere Wohnungsmiete, um in der Nähe der Universität eine Wohnung zu haben mit einer Studierstube, die geräumig genug ist für eine Bibliothek und ein Privatissimum von 10 Theilnehmern. Diese Einrichtung ist den Studirenden sehr angenehm und hat sich durchaus bewährt."[82]

Der von Zacher erwähnte Gedanke kam in großem Maßstab in Straßburg zu praktischer Ausführung. Welchen Innovationsschub die neu gegründete Reichsuniversität in dieser Hinsicht auslöste, fasste Bernhard vom Brocke 1995 zusammen: „Zwei Drittel aller 1907 im Deutschen Reich bestehenden geisteswissenschaftlichen Seminare (Institute) sind nach 1870 errichtet worden. In Straßburg wurden erstmals die seminaristische Arbeitsweise und die Errichtung großzügiger Seminarbibliotheken für *alle* Disziplinen konsequent durchgeführt und eine komplette neue Universität in einem Jahrzehnt in neuen Gebäuden untergebracht, ein in diesem Umfang bis dahin noch nie verwirklichtes Programm."[83] In seiner bekannten „Promemoria" zum germanischen Seminar in Berlin erklärte Wilhelm Scherer 1884, es sei schon bei seiner Berufung (1877) seine Absicht gewesen, dem „Seminar eine festere Form zu geben und es mit einer den Mitgliedern zur Verfügung stehenden Handbibliothek zu verbinden", und er fügte hinzu: „Es handelte sich nämlich nur darum, in Berlin etwas einzuführen, was sich an vielen anderen Universitäten und besonders in Strassburg, dort auch ganz speziell unter meiner Leitung, bewährt

[81] Bechstein (1883, S. 22).

[82] Zitiert nach Meves (2011, S. 795). Zacher fügte hinzu: „Auf diese so beträchtlichen und so lang bewährten Vortheile möchte ich nun um so weniger verzichten, weil meine eigene Bibliothek erheblich reicher ist, und so lange ich als Docent wirke, auch bleiben wird, als die eben erst gegründete Seminarbibliothek."

[83] Brocke (1995, S. 195).

hat.“[84] Um die Wende zum 20. Jahrhundert dürften alle germanistischen Seminare in Deutschland über eigene Bibliotheken und Veranstaltungsräume verfügt haben; Dienstzimmer für Professoren in der Universität wurden hingegen in größerem Maßstab erst in den zwanziger 1920er-Jahren eingerichtet.[85]

In dem von Wilhelm Lexis herausgegebenen repräsentativen Werk über „Die deutschen Universitäten“ bezeichnete der Pädagoge Friedrich Paulsen die Seminare 1893 als „die eigentliche Pflanzschule der wissenschaftlichen Forschung“ und charakterisierte ihre Unterrichtsmethode idealtypisch:

> „Der Philolog, der Historiker, der Nationalökonom stellt eine Aufgabe, deren Lösung mit den dem Schüler zugänglichen Hilfsmitteln möglich ist; er bezeichnet das Material und lässt ihn dann selbst den Weg zur Lösung suchen. Die eingereichte Arbeit wird darauf einem oder mehreren Genossen zur Berichterstattung vorgelegt und endlich in gemeinsamer Sitzung des Seminars unter der Leitung des Lehrers besprochen, das Gelungene und das Verfehlte gezeigt. In ähnlicher Weise finden seminaristische Übungen in der theologischen und juristischen Fakultät statt.“[86]

Differenzierter beschrieb deren Ziele und Funktionen im selben Band der Historiker Theodor Lindner. „Die wichtigste Aufgabe der Seminare bleibt es aber immer“, schrieb Lindner, „die Studierenden in unmittelbare persönliche und doch ungezwungene Berührung mit dem Lehrer zu bringen und diesen dadurch in den Stand zu setzen, mehr als die eigentlichen Vorlesungen es gestatten, auf den wissenschaftlichen und geistigen Bildungsgang einzuwirken.“[87]

In den 1890er-Jahren war freilich die mit dem Namen „Seminar“ ursprünglich verknüpfte dialogische Lehrveranstaltungskonzeption mit eng begrenzter Teilnehmerzahl wegen der Überfüllung der Universitäten kaum noch anzutreffen.[88] Die germanistischen Seminare hatten sich überdies bis zur Jahrhundertwende zumeist in eine ältere und neuere Abteilung aufgegliedert,[89] und an vielen Universitätsorten wurden – nach dem Vorbild der klassischen Philologie – neben den Seminaren eigene Proseminare mit entsprechenden Reglements eingeführt; daneben wurden „Übungen“ und „Kolloquien“ in großer Zahl angeboten, um den Seminarbetrieb zu

[84] Zitiert nach Meves (2011, S. 843).

[85] Vgl. Friese/Wagner (1993, S. 75).

[86] Paulsen (1893, S. 75).

[87] Lindner (1893, S. 559–560). – Lindners Ausführungen zu Funktion und Zielen der Seminare sind zitiert bei Höflechner (1997, S. 228, Anm. 4).

[88] Es gibt bislang kaum belastbare Angaben zu den Teilnehmerzahlen an den Seminaren der deutschsprachigen Universitäten. Für die Universität Wien, die nicht repräsentativ sein dürfte, gibt Fuchs (1967, S. 230) auf der Basis der Seminarberichte für das Wintersemester 1881/82 68 Teilnehmer in der älteren, 81 Teilnehmer in der modernen Abteilung an; im Wintersemester 1904/05 waren in Heinzels Seminar 279, in Minors 323 Studierende eingeschrieben, s. Fuchs (1967, S. 260/61).

[89] Vgl. dazu die genauen Angaben bei Weimar (1989, S. 429–442).

entlasten. Die Seminardirektoren waren schon um die Jahrhundertwende mit einer Fülle von Verwaltungstätigkeiten belastet. Sie hatten steigende Budgets zu verwalten, Bücher anschaffen und katalogisieren zu lassen, Benutzungsordnungen für die Bibliothek zu erstellen, den Bibliotheksbetrieb zu organisieren und durch ältere Seminarmitglieder regeln zu lassen,[90] Schränke und Mobiliar für die Seminarräume zu beantragen und zu inventarisieren – und über all diese Vorgänge mit dem zuständigen Ministerium eine Korrespondenz zu führen, die einen immer höheren Zeitaufwand erforderte.[91]

Aus den Seminaren als einer Institution, die ursprünglich lediglich der Verstetigung einer Lehrveranstaltungskonzeption zu didaktischen und wissenschaftlichen Zwecken dienen sollte, waren am Ende des 19. Jahrhunderts kompakte Verwaltungseinheiten geworden, welche die Binnenstruktur der philosophischen Fakultät prägten und gegenüber dem Akademischen Senat und der Fakultät eine dritte Ebene der Universitätsverwaltung bildeten. Die Seminardirektoren vertraten in der Fakultät nicht allein die wissenschaftlichen Interessen ihrer Disziplin, sondern – etwa bei Verteilungskämpfen – zugleich die ihrer Institution. Dabei trat ein weiteres Problem auf. Zu Beginn des Jahrhunderts wurde jedes Fachgebiet zumeist lediglich durch einen Professor vertreten, der als der ‚natürliche' Repräsentant der Disziplin zum Direktor des Seminars berufen wurde. Im letzten Drittel des Jahrhunderts wurden auf Grund der Differenzierung der Disziplinen und der Überfüllung der Universitäten zahlreiche Fächer durch mehrere Professoren vertreten, durch Ordinarien, Extraordinarien oder Privatdozenten. Damit tauchte die Frage auf, wer von ihnen als Seminardirektor fungieren sollte und welche Rechte die übrigen Professoren besitzen konnten. Über die Mitgliedschaft im Seminar entschied nach Reglement allein der vom Ministerium bestellte Direktor, und die übrigen Fachvertreter, vor allem die Extraordinarien und Privatdozenten, konnten dem Seminar nur angehören, wenn der Direktor eine Aufnahme ausdrücklich aussprach. Nur sehr wenige Professoren waren so demokratisch eingestellt, dass sie – wie der Göttinger Mathematiker Felix Klein[92] – das Seminar/Institut kollegial leiteten. Das Germanische Seminar der Friedrich-Wilhelms-Universität in Berlin ist nur ein Beispiel dafür, dass jahrzehntelang bedeutende jüdische Gelehrte vom Seminar – und damit unter anderem vom Promotionsrecht und der Heranbildung des wissenschaftlichen Nachwuchses – ausgeschlossen blieben; in Berlin waren es u. a. die Extraordinarien Ludwig Geiger, Max Herrmann und Richard M. Meyer.[93] Dass – im Unterschied zum üblichen Professor – der Seminardirektor, „mit staatlicher Autorität umkleidet und

[90] Erich Schmidt und Richard Heinzel beantragten im Zusammenhang mit der Errichtung des Seminars in Wien sofort „eine Remuneration von 50 Gulden pro Semester für einen Amanuensis" der Seminarbibliothek, vgl. Fuchs (1967, S. 228).

[91] Vgl. auch die Aufzählung der Aufgaben des Seminarvorstands bei Haenicke (1979, S. 263).

[92] Vgl. dazu Schubring (2000, S. 282).

[93] Konsequent lässt Gustav Roethe in seiner Darstellung des Germanischen Seminars von 1910 alle drei unerwähnt. S. Roethe in Lenz (1910, S. 222–230).

eingeschärft",[94] sein Amt, etwa zur Bildung und Begünstigung einer besonderen wissenschaftlichen Schule, ungehindert einsetzen konnte, hatte schon Schleiermacher als Gefahr erkannt: „das größte und sichtbarste Übel ist, daß, wenn ein Lehrer mit solchen Begünstigungen versehen ist, der Anteil an den eignen Arbeiten der Jünglinge dadurch ein Monopol wird, und die andern außer Stand gesetzt werden, ihr Verhältnis zu den Jünglingen zur Vollendung zu bringen, und so viel zu nutzen als sie könnten."[95]

Literatur

Bartsch, Karl: Über die Gründung germanischer und romanischer Seminare und die Methode kritischer Übungen. In: Verhandlungen der 36. Versammlung deutscher Philologen und Schulmänner in Karlsruhe vom 27.–30. September 1883. Leipzig 1883, S. 237–245.

Bechstein, Reinhold: Denkschrift zur Feier des fünfundzwanzigjährigen Bestehens des deutschphilologischen Seminars auf der Universität zu Rostock am 11. Juni 1883. Rostock 1883.

[Bonitz, Hermann: Über philologische Seminarien]. In: Wiener Zeitung. Nr. 91 (17.4.1849), S. 1101–1102.

Brocke, Bernhard vom: Wege aus der Krise. Universitäts-Seminar, Akademie-Kommission oder Forschungsinstitut. Formen der Institutionalisierung in der Germanistik und Deutschen Literaturwissenschaft im Rahmen der Geistes- und Naturwissenschaften. 1858 – 1896 – 1946 – 1996. In: Zur Geschichte und Problematik der Nationalphilologien in Europa. 150 Jahre Erste Germanistenversammlung in Frankfurt am Main (1846–1996). Hg. von Frank Fürbeth u. a. Tübingen 1996, S. 359–378.

Christmann, Hans Helmut: Romanistik und Anglistik an der deutschen Universität im 19. Jahrhundert. Ihre Herausbildung als Fächer und ihr Verhältnis zu Germanistik und klassischer Philologie. In: Akademie der Wissenschaften und der Literatur Mainz. Abhandlungen der geistes- und sozialwissenschaftlichen Klasse. Jahrgang 1985. Nr. 1. Stuttgart 1985, S. 1–40.

Clark, William: On the Dialectical Origins of the Research Seminar. In: History of Science 27 (1989), S. 111–154.

Curtius, Georg: Rede zur Eröffnung der 28. Versammlung deutscher Philologen und Schulmänner. In: Verhandlungen der achtundzwanzigsten Versammlung deutscher Philologen und Schulmänner in Leipzig vom 22.–25. Mai 1872. Leipzig 1873, S. 1–8.

Debus, Friedhelm: Zur Entstehung und Geschichte des Germanistischen Seminars an der Christian-Albrechts-Universität Kiel. In: Christiana Albertina 20, N. F. 4 (April 1976), S. 5–27.

Doležel, Lubomír: Narrative Composition: A Link between German and Russian Poetics. In: Stephen Bann, John E. Bowlt (Hg.): Russian Formalism. A collection of articles and texts in translation. Edinburgh 1973 (20th Century Studies. 7–8), S. 73–84.

Düwel, Klaus: Zur Benennung der Universitäts-Institute: ‚Germanistisches Seminar' oder ‚Seminar für Deutsche Sprache und Literatur'. In: Zur Geschichte der Gleichung „germanisch-deutsch". Sprache und Namen, Geschichte und Institutionen. Hg. von Heinrich Beck u. a. Berlin u. a. 2004 (Reallexikon der Germanischen Altertumskunde. Ergänzungsband 34), S. 649–694.

Erben, Wilhelm: Die Entstehung der Universitäts-Seminare. In: Internationale Monatsschrift für Wissenschaft, Kunst und Technik 7 (1913), Sp. 1249–1263 u. 1335–1347.

[94] Erben (1913, Sp. 1340).

[95] Schleiermacher (1808, S. 157).

Fohrmann, Jürgen/Voßkamp, Werner: Wissenschaftsgeschichte der Germanistik im 19. Jahrhundert. Stuttgart, Weimar 1994.

Frankfurter, Salomon: Graf Leo Thun-Hohenstein, Franz Exner und Hermann Bonitz. Beiträge zur Geschichte der österreichischen Unterrichtsreform. Wien 1893.

Fricke, Corinna: Die Deutschen Gesellschaften des 18. Jahrhunderts – ein Forschungsdesiderat. In: Klaus D. Dutz (Hg.): Sprachwissenschaft im 18. Jahrhundert. Fallstudien und Überblicke. Münster 1993, S. 77–98.

Friese, Heidrun, Peter Wagner: Der Raum des Gelehrten. Eine Topographie akademischer Praxis. Berlin 1993.

Fuchs, Heide: Die Geschichte der germanistischen Lehrkanzel von ihrer Gründung im Jahre 1850 bis zum Jahre 1912. Diss. phil. Wien (Mschr.) 1967.

Gestrich, Andreas: „Ist vielleicht der Universitätsunterricht selber verbesserungsbedürftig?" Ernst Bernheim und die Diskussion um die Reform des universitären Geschichtsunterrichts um 1900. In: Lingelbach 2006, S. 129–154.

Haenicke, Gunta: Zur Geschichte der Anglistik an deutschsprachigen Universitäten 1850–1925. Augsburg 1979 (Augsburger I & I-Schriften. 8).

Heimpel, Hermann: Über Organisationsformen historischer Forschung in Deutschland. In: Historische Zeitschrift 189 (1959), S. 139–222.

Höflechner, Walter: Bemerkungen zu Charakter und Funktion des Seminars im Studium der Geschichte, vornehmlich am Beispiel der Universität Graz. In: Forschungen zur Geschichte des Alpen-Adria-Raumes. Festschrift für Othmar Pickl zum 70. Geburtstag. Hg. von Herwig Ebner u. a. Graz 1997, S. 227–240.

Huttner, Markus: Historische Gesellschaften und die Entstehung historischer Seminare – zu den Anfängen institutionalisierter Geschichtsstudien an den deutschen Universitäten des 19. Jahrhunderts. In: Matthias Middell, Gabriele Lingelbach, Frank Hadler (Hg.): Historische Institute im internationalen Vergleich. Leipzig 2001 (Geschichtswissenschaft und Geschichtskultur im 20. Jahrhundert. 3), S. 39–83.

Jeismann, Karl-Ernst: Zur Professionalisierung der Gymnasiallehrer im 19. Jahrhundert. In: Ders.: Geschichte und Bildung. Beiträge zur Geschichtsdidaktik und zur Historischen Bildungsforschung. Hg. und eingeleitet von Wolfgang Jacobmeyer und Bernd Schönemann. Paderborn u. a. 2000, S. 327–345.

Koch, Johann Friedrich Wilhelm (Hg.): Die Preussischen Universitäten. Eine Sammlung der Verordnungen, welche die Verfassung und Verwaltung dieser Anstalten betreffen. Zweiter Band. Zweite Abtheilung. Berlin 1840.

Kopp, Detlev: (Deutsche) Philologie und Erziehungssystem. In: Fohrmann/Voßkamp 1994, S. 669–741.

Kraus, Carl von: Konrad Zwierzina. In: Sitzungsberichte der Bayerischen Akademie der Wissenschaften in München. Philosophisch-historische Abteilung. Jahrgang 1941. Band II. Heft 11, S. 52–55.

Lemayer, Karl: Die Verwaltung der österreichischen Hochschulen von 1868–1877. Im Auftrag des k.k. Ministers für Cultus und Unterricht. Wien 1878.

Leitner, Erich: Die neuere deutsche Philologie an der Universität Graz 1851–1954. Ein Beitrag zur Geschichte der Germanistik in Österreich. Graz 1973 (Publikationen aus dem Archiv der Universität Graz. 1).

Lemmer, Manfred: Die hallische Universitätsgermanistik. In: Wissenschaftliche Zeitschrift der Martin-Luther-Universität Halle-Wittenberg. Gesellschafts- und sprachwissenschaftliche Reihe 8. Heft 3 (1958), S. 353–388.

Lenz, Max: Geschichte der königlichen Friedrich-Wilhelms-Universität zu Berlin. Dritter Band. Halle/Saale 1910.

Lindner Theodor: Mittlere und neuere Geschichte. In: Die Deutschen Universitäten. Für die Universitätsausstellung in Chicago 1893 unter Mitwirkung zahlreicher Fachgelehrter. Hg. von W. Lexis. Berlin 1893, S. 549–560.

Lingelbach, Gabriele (Hg.): Vorlesung, Seminar, Repetitorium. Universitäre geschichtswissenschaftliche Lehre im historischen Vergleich. München 2006.

Manhart, Sebastian: In den Feldern des Wissens. Studiengang, Fach und disziplinäre Semantik in den Geschichts- und Staatswissenschaften (1780–1860). Würzburg 2011 (Wittener kulturwissenschaftliche Studien. 9).

Martus, Steffen/Spoerhase, Carlos: Praxeologie in der Literaturwissenschaft. In: Geschichte der Germanistik. Heft 35/36 (2009), S. 89–96.

Meves, Uwe: Die Gründung germanistischer Seminare an den preußischen Universitäten (1875–1895). In: Deutsche Vierteljahrsschrift für Literaturwissenschaft und Geistesgeschichte 61 (1987), Sonderheft, S. 69*–122*.

Meves, Uwe (Hg.): Deutsche Philologie an den preußischen Universitäten im 19. Jahrhundert. Dokumente zum Institutionalisierungsprozess. 2 Bände. Berlin u. a. 2011.

Meves, Uwe: Die Jahresberichte der Seminardirektoren als Quellen für die Seminarpraxis. In: Zeitschrift für Germanistik N. F. 23 (2013), S. 242–258.

Middell, Matthias: Historischer Unterricht in Deutschland – Expansionskrisen und universitäre Reformen im diachronen Vergleich: Kaiserreich, DDR und aktuelle Reformdebatte in der Bundesrepublik. In: Lingelbach 2006, S. 155–192.

Minor, Jakob: [Rez.] Richard Maria Werner, Lyrik und Lyriker. Hamburg, Leipzig 1890. In: Göttingische gelehrte Anzeigen 154 (1892), S. 7–43.

Müllenhoff, Karl/Scherer Wilhelm: Briefwechsel. Im Auftrag der Preußischen Akademie der Wissenschaften hg. von Albert Leitzmann. Berlin u.a. 1937 (Das Literatur-Archiv. 5).

Müller, Jörg Jochen (Hg.): Germanistik – eine Form bürgerlicher Opposition. In: Germanistik und deutsche Nation 1806–1848. Zur Konstitution bürgerlichen Bewusstseins. Stuttgart 1974 (Literaturwissenschaft und Sozialwissenschaften. 2), S. 5–112.

Müller-Kampel, Beatrix/Müller, Reinhard (Hg.): Vom Seminar für deutsche Philologie Universität Graz zum Institut für Germanistik Karl-Franzens-Universität Graz. Forschung am Institut für Germanistik. Lebensläufe und Werkverzeichnisse. Aktueller Personalstand und laufende Projekte. Katalog zur Ausstellung an der Universitätsbibliothek Graz. Graz 1994.

Neuerer, Karl: Das höhere Lehramt in Bayern. Ausbildungsaspekte und ihre Realisationsformen, dargestellt unter besonderer Berücksichtigung der Lehrämter des humanistischen Gymnasiums und der Ausbildungsverhältnisse an der Ludwig-Maximilians-Universität München. Berlin 1978 (Ludovica Maximilianea. Forschungen. 10).

Nottscheid, Mirko: „Seltsame Begegnung im Polenlande“ – August Sauer in Lemberg. Die unveröffentlichte Korrespondenz mit Wilhelm Scherer als Quelle für eine wenig bekannte Phase seiner wissenschaftlichen Biografie. In: Steffen Höhne (Hg.): August Sauer (1855–1926). Ein Intellektueller in Prag zwischen Kultur- und Wissenschaftspolitik. Köln u. a. 2011, S. 105–132.

Nottscheid, Mirko: „vorbild und muster“. Praxeologische Aspekte in Wilhelm Scherers Korrespondenz mit deutschen und österreichischen Schülern in der Konstitutionsphase der neueren deutschen Literaturgeschichte (1876–1886). In: Zeitschrift für Germanistik N. F. 23 (2013), S. 374–389.

Pandel, Hans-Jürgen: Von der Teegesellschaft zum Forschungsinstitut. Die historischen Seminare vom Beginn des 19. Jahrhunderts bis zum Ende des Kaiserreichs. In: Horst Walter Blanke (Hg.): Transformationen des Historismus. Wissenschaftsorganisation und Bildungspolitik vor dem Ersten Weltkrieg. Interpretationen und Dokumente. Waltrop 1994 (Wissen und Kritik. 4), S. 1–33.

Pandel, Hans-Jürgen: Die Entwicklung der historischen Seminare in Deutschland. In: Werner Freitag (Hg.): Halle und die deutsche Geschichtswissenschaft um 1900. Beiträge des Kolloquiums „125 Jahre Historisches Seminar an der Universität Halle“ am 4./5. November 2000. Halle/Saale ^{2}2004 (Studien zur Landesgeschichte. 5), S. 25–36.

Paulsen, Friedrich: Wesen und geschichtliche Entwicklung der deutschen Universitäten. In: Die deutschen Universitäten. Für die Universitätsausstellung in Chicago 1893 unter Mitwirkung zahlreicher Fachgelehrter hg. von W. Lexis. Berlin 1893, S. 3–170.

Paulsen, Friedrich: Geschichte des gelehrten Unterrichts auf den deutschen Schulen und Universitäten vom Ausgang des Mittelalters bis zur Gegenwart. Mit besonderer Rücksicht auf den klassischen Unterricht. Zweite, umgearbeitete und sehr erweiterte Auflage. Band 2. Leipzig 1897.

Payer, Margarete: Der Teilnachlaß „Anton E. Schönbach" im Institut für Germanistik an der Karl-Franzens-Universität in Graz. Katalog. Forschungsprojekt Nr. 7366 des Jubiläumsfonds der Österreichischen Nationalbank. Projektleiter: Prof. Dr. Anton Schwob. Graz 2000.

Pischinger, Gudrun: Anton E. Schönbach und die USA: Ein Kapitel aus der Frühgeschichte der Amerikanistik. In: Amerikastudien 44 (1999), S. 49–63.

Pohl, Thorsten: Die studentische Hausarbeit. Rekonstruktion ihrer ideen- und institutionsgeschichtlichen Entstehung. Heidelberg 2009 (Wissenschaftskommunikation. 4).

Pohl, Thorsten: Die Seminararbeit. Eine Skizze ihrer institutionellen Rahmenbedingungen im 19. und beginnenden 20. Jahrhundert. In: Zeitschrift für Germanistik N. F. 23 (2013), S. 293–310.

Scherer, Wilhelm/Schmidt, Erich: Briefwechsel. Mit einer Bibliographie der Schriften von Erich Schmidt. Hg. von Werner Richter und Eberhard Lämmert. Berlin 1963.

Schleiermacher, Friedrich: Gelegentliche Gedanken über Universitäten in deutschem Sinn. Nebst einem Anhang über eine neu zu errichtende. Berlin 1808. In: Eduard Spranger (Hg.): Fichte, Schleiermacher, Steffens über das Wesen der Universität. Leipzig 1910 (Philosophische Bibliothek.120), S. 105–203.

Schmid, K. A. (Hg.): Encyklopädie des gesammten Erziehungs- und Unterrichtswesens, bearbeitet von einer Anzahl Schulmänner und Gelehrten. Band 5: Nachhülfekurse – Philologenverein. Gotha 1866.

Schmidt, Hartmut: Aspekte der Institutionalisierung. Zur Durchsetzung der neuen Denkmuster. In: Werner Bahner, Werner Neumann (Hg.): Sprachwissenschaftliche Germanistik. Ihre Herausbildung und Begründung. Berlin 1985, S. 151–281.

Schubring, Gert: Kabinett – Seminar – Institut: Raum und Rahmen des forschenden Lernens. In: Berichte zur Wissenschaftsgeschichte 23 (2000), S. 269–285.

Schweickhardt, Friedrich Freiherr von: Sammlung der für die österreichischen Universitäten giltigen Gesetze und Verordnungen. Hg. im Auftrage und mit Benützung der amtlichen Quellen des k. k. Ministeriums für Cultus und Unterricht. Wien ²1885.

Seifert, Sabine: August Boeckh und die Gründung des Berliner philologischen Seminars. Wissenschaftliche Herausbildung und Beziehungen zum Ministerium. In: Christiane Hackel, Sabine Seifert (Hg.): August Boeckh. Philologie, Hermeneutik und Wissenschaftspolitik. Berlin 2013, S. 159–178.

Seuffert, Bernhard: Die Legende von der Pfalzgräfin Genovefa. Habilitationsschrift der philosophischen Fakultät der Universität Würzburg. Würzburg 1877.

Sievers, Eduard/Köster, Albert: Das germanistische Institut. In: Festschrift zur Feier des 500jährigen Bestehens der Universität Leipzig. Hg. von Rektor und Senat. 4. Band, 1. Teil. Leipzig 1909, S. 96–105.

Sollinger, Margarete Heidelinde: Anton Emanuel Schönbach (1848–1911). Sein Leben und Wirken als Gelehrter und Publizist. Diss. phil. Wien 1969.

Spoerhase, Carlos/Mark-Georg Dehrmann: Die Idee der Universität. Friedrich August Wolf und die Praxis des Seminars. In: Zeitschrift für Ideengeschichte 5 (2011), Heft 1, S. 105–117.

Spoerhase, Carlos: Das Laboratorium der Philologie? Das philologische Seminar als ‚Raum' der Vermittlung von Praxiswissen bei Wilhelm Scherer, Julius Zacher und Wilhelm Dilthey. In: Andrea Albrecht u. a. (Hg.): Theorien, Methoden und Praktiken des Interpretierens. Berlin u.a. 2015 (Linguae & Litterae. 49), S. 53–80.

Stölzle, Remigius: Seminarien der philosophischen Fakultät. In: Carl Ziegler (Hg.): Hundert Jahre bayerisch. Ein Festbuch. Würzburg 1914, S. 225–230.

Tenorth, Heinz-Elmar: Lehrerberuf und Lehrerbildung. In: Handbuch der deutschen Bildungsgeschichte. Band III: 1800–1870. Von der Neuordnung Deutschlands bis zur Gründung des Deutschen Reiches. Hg. von Karl-Ernst Jeismann und Peter Lundgreen. München 1987, S. 250–269.

Thiele, Gunnar: Geschichte der Preußischen Lehrerseminare. Erster Teil: Allgemeine Voraussetzungen zur Geschichte der Preußischen Lehrerseminare. Berlin 1938. (Monumenta Germaniae Paedagogica. LXII).

Tschirch, Fritz: Vor- und Frühgeschichte der Greifswalder Universitätsgermanistik. In: Festschrift zur 500-Jahrfeier der Universität Greifswald, 17.10.1956. Hg. von der Ernst-Moritz-Arndt-Universität Greifswald. Band 2. Greifswald 1956, S. 136–199.

Turner, R. Steven: Universitäten. In: Handbuch der deutschen Bildungsgeschichte. Band III: 1800–1870. Von der Neuordnung Deutschlands bis zur Gründung des Deutschen Reiches. Hg. von Karl-Ernst Jeismann und Peter Lundgreen. München 1987, S. 221–249.

Weimar, Klaus: Geschichte der deutschen Literaturwissenschaft bis zum Ende des 19. Jahrhunderts. München 1989.

Werner, Richard Maria: Lyrik und Lyriker. Eine Untersuchung. Hamburg 1890 (Beiträge zur Ästhetik. 1).

Wiese, Ludwig Adolf (Hg.): Das höhere Schulwesen in Preußen. Historisch-statistische Darstellung, im Auftrage des Ministers der geistlichen, Unterrichts- und Medicinalangelegenheiten. Band 1. Berlin 1864.

Poetik, Ästhetik und Literaturwissenschaft zwischen 1890 und 1920

Hans-Harald Müller und Myriam Isabell Richter

„Kommt der Literaturwissenschaft ihr Gegenstand abhanden?"[1] Unter dieser von Wilfried Barner angeregten Fragestellung haben von 1997 bis 1999 zahlreiche Kolleginnen und Kollegen unter anderem über den ästhetischen Gegenstand und die Literarizität der Literatur diskutiert. Die Debatte hat zu einem Meinungsaustausch, aber keinem Ergebnis geführt – wie sollte sie auch? Übrigens auch nicht zu einem Konsens, wie sich angemessen über eine solche Frage diskutieren ließe.[2] Doch statt an diese Debatte anzuknüpfen, wollen wir im Folgenden untersuchen, wie sich der ästhetische Gegenstand der Literatur in der Theorie zwischen 1880 und 1920 veränderte. Dieser Zeitraum, der in der Wissenschaftsgeschichte gemeinhin mit dem Etikett ‚Vom Positivismus zur Geistesgeschichte' versehen wird, umfasst eine Phase der dynamischer poetischer Theoriebildung, die einschneidende Konsequenzen für die methodische Praxis des Fachs – insbesondere au dem Gebiet der Interpretation – hatte.

Als empirisches Forschungsobjekt einer ‚induktiven' Poetik wurde die Literatur schon zu einem Zeitpunkt konzipiert, da es die Neuere deutsche Literatur als akademische Wissenschaft noch gar nicht gab. Die spekulative Ästhetik des deutschen Idealismus war seit den 1930er-Jahren, spätestens aber nach der gescheiterten Revolution von 1848 in Verruf geraten, nicht zuletzt, weil sie sich für die historischen

[1] Barner (1997).

[2] Vgl. dazu etwa Winko u. a. (2009).

Erstdruck in: Jörn Brüggemann u. a. (Hrsg.): Literarizität. Herausforderungen für Literaturdidaktik und Literaturwissenschaft. Baltmannsweiler: Schneider Verlag 2016, S. 15–27.

H.-H. Müller (✉) · M. I. Richter
Institut für Germanistik, Universität Hamburg, Hamburg, Deutschland
E-Mail: harrym@uni-hamburg.de; myriam.richter@uni-hamburg.de

H.-H. Müller (Hrsg.), *Kleine Schritte und große Sprünge*, Abhandlungen zur Literaturwissenschaft, https://doi.org/10.1007/978-3-662-71105-7_9

Wissenschaften als wenig hilfreich erwiesen hatte. „Die ästhetischen Kategorien der idealistischen Schule sind verbraucht“, schrieb Wilhelm Dilthey 1886, „durch unsere jetzigen ästhetischen und kunsthistorischen Arbeiten geht ein Grundzug: aus der konstruktiven Technik des einzelnen Kunstgebietes wollen wir die Betrachtung der Kunstwerke verstehen und ihren ästhetischen Wert erfassen.“[3] Wilhelm Dilthey und Wilhelm Scherer waren seit den frühen 1860er-Jahren zu der Auffassung gelangt, dass eine neuartige Ästhetik für die historischen Kunstwissenschaften aus systematischen Gründen unverzichtbar sei[4]; für die Philologie gelte es, eine nichtnormative, induktive Poetik auszuarbeiten.[5] Mit der Idee einer derartigen Poetik verbanden Dilthey und Scherer ehrgeizige Pläne und Hoffnungen: Sie sollte als Modell einer allgemeinen theoretischen Grundlegung der historischen Disziplinen dienen[6], weil sich mit ihrer Hilfe „die innere Erklärung eines geistig geschichtlichen Ganzen nach kausaler Methode“[7] exemplarisch durchführen lasse:

> „Die Phantasie des Dichters in ihrer Stellung zur Welt der Erfahrungen bildet den notwendigen Ausgangspunkt für jede Theorie, welche die mannichfaltige Welt der Dichtungen in der Aufeinanderfolge ihrer Erscheinungen wirklich erklären will. Die Poetik in diesem Sinne ist die wahre Einleitung in die Geschichte der schönen Literatur, wie die Wissenschaftslehre in die Geschichte der geistigen Bewegungen.“[8]

Das kühne Ziel, von einer Entdeckung der ‚Regeln‘ der Phantasietätigkeit über eine induktiv-empirische Poetik zu einer Grundlegung der Geisteswissenschaften aufzusteigen, vermochten Dilthey und Scherer in ihren Arbeiten nicht zu erreichen, die Idee einer empirischen Poetik behielt für die Methode ihrer literarhistorischen und -ästhetischen Forschungen jedoch eine dauerhafte Anregungskraft.

Welche Rolle das literarische Werk für die Methode der poetischen Forschung spielte, können wir nur in den Grundzügen nachzeichnen. Zum einen bedarf das einzelne Werk als ästhetisches Objekt einer sehr genauen Analyse, die nach Analogie der Naturwissenschaften vorgenommen werden soll: „*Wir zerlegen jedes dichterische Werk als eine Gesamttatsache in Teiltatsachen*; wie wir an einem Natur-

[3] Wilhelm Dilthey: Wilhelm Scherer. In: Dilthey (1936, S. 250). – Vgl. auch Scherer (1977, S. 48): „Die Aufgabe der früheren Poetik, die wahre Poesie zu suchen, hat sich als unlösbar erwiesen.“

[4] Vgl. etwa Wilhelm Scherer: Die Brüder Grimm und die Romantik. In: Scherer (1893, S. 46): „Zu keiner Wissenschaft hat die Philologie eine nähere Verwandtschaft als zur Ästhetik.“ Konrad Burdach bezeichnete Scherers Bemühungen um die Poetik als Konsequenz seiner Einsicht, „daß neben der rein geschichtlichen Erforschung der Litteratur *eines* bestimmten Volkes in begrenzter Zeit noch eine selbständige Wissenschaft von der allgemeinen Natur und den allgemeinen Lebensbedingungen der Poesie zu begründen sei.“ (Burdach 1888, Sp. 1444).

[5] Vgl. dazu Scherer (1977, S. 50): „Diese philologische Poetik soll der früheren Betrachtungsweise gegenüberstehen wie die historische und vergleichende Grammatik seit J. Grimm der gesetzgebenden Grammatik vor J. Grimm gegenübersteht.“

[6] Vgl. dazu Lessing (1984).

[7] Dilthey: Die Einbildungskraft des Dichters. In: Dilthey (1978, S. 125).

[8] Dilthey: Über die Einbildungskraft der Dichter. In: Dilthey (1878, S. 57 s. auch S. 49): „Die Erforschung der dichterischen Phantasie ist die naturgemäße Grundlegung des wissenschaftlichen Studiums der poetischen Literatur und ihrer Geschichte.“

körper seine chemische Zusammensetzung, seine Schwere, seinen Wärmezustand zergliedernd, abstrahirend, unterscheiden, so sondern wir in dem dichterischen Werk Motiv, Fabel, Charaktere, Gliederung, Sprache."[9] Ergänzend zur Beschreibung und Analyse des literarischen Werks tritt seine genetische Rekonstruktion durch eine psychologische Analyse des dichterischen Schaffens im Zusammenhang des Seelenlebens, die den Hauptgegenstand von Diltheys theoretischen und literarhistorischen Untersuchungen bildete. Ähnlich wie Dilthey bezeichnete Scherer als Ziel seiner – freilich nur als Vorlesungsskript überlieferten – „Poetik" „eine vollständige Beschreibung der vorhandenen (und vielleicht versuchsweise der möglichen[10]) Formen dichterischer Production. Eine vollständige Beschreibung, d. h. eine solche, welche den Blick auch auf Ursachen und Wirkungen gerichtet hält."[11] Scherer legte den Akzent tendenziell mehr auf die genaue Beschreibung[12] und die ‚technische'[13] als auf die psychologische Analyse der Entstehung des Werks, er schrieb: „Wir legen hier übrigens auf die mögliche Hervorbringung kein besonderes Gewicht, sondern haben Genüge an den wirklichen Produkten."[14]

---

[9] Dilthey (1878, S. 73). – Vgl. auch Dilthey (1978, S. 215–216): „Wie wir an einem Naturkörper Dichtigkeit, Schwere, Wärmezustand trennen und nun diese allgemeinen Eigenschaften aller Körper isoliert untersuchen, wie wir die Funktionen des tierischen Stoffwechsels, der Empfindung und der willkürlichen Bewegung in der Physiologie des tierischen Körpers sondern und studieren; so trennen wir an dem dichterischen Werke Stoff, poetische Stimmung, Motiv, Fabel, Charaktere, Handlung und Darstellungsmittel."

[10] Zu dieser ‚protostrukturalistischen' Konzeption vgl. Scherer (1977, S. 49): „Es giebt auf allen Gebieten, bei denen wir die Bedingungen der Production kennen, die Möglichkeit, diese Bedingungen zu combiniren. So sind auf dem Gebiete der Lautphysiologie Laute durch Combination der uns bekannten Mittel theoretisch erschlossen worden, die dann später auch wirklich gefunden wurden. So kennen wir auch in der Poesie die Mittel, und daher muß es für eine wissenschaftliche Poetik möglich sein, ein Schema von allen möglichen Gattungen zu entwerfen."

[11] Scherer (1977, S. 49). Scherer knüpft hier an eine programmatische Formulierung aus seiner Literaturgeschichte an, s. Scherer (1883, S. 770).

[12] Lothar Schneider sieht in dieser Akzentuierung einen Einfluss der Herbartschen Ästhetik, vgl. Schneider: Realismus und formale Ästhetik. In: Hoeschen/Schneider (2001, S. 260 und 276). – Herbarts Einfluss ist erheblich stärker noch bei Scherers Freund und Kollegen Richard Heinzel, der die Literaturgeschichte als poetische Kunstgeschichte konzipiert wissen wollte. Vgl. dazu etwa Körner (1930, S. 75).

[13] Als ‚technisch' bezeichnete Scherer die Analyse sämtlicher literarischer Darstellungsmittel. Aus seinem Interesse an ihrer Erforschung resultierte nicht zuletzt die frühe Beschäftigung mit der Erzählforschung, vgl. Scherer (1879).

[14] Scherer (1977, S. 50). – Vgl. dazu auch die programmatische Stelle in Scherers „Fauststudien": „Es wäre ein schlechtes Zeugnis für ein litterarisches Kunstwerk, wenn es nicht den Schlüssel seines Verständnisses in sich selbst trüge, wenn es einer von außen her geholten Weisheit bedürfte, um in das Innere einzudringen, um den Zusammenhang, um die Schönheit zu begreifen und die volle Wirkung zu empfinden. Ja es fragt sich, ob die vielen Kenntnisse, die wir an unsere litterarischen Schätze heranbringen, das unbefangene Verständnis nicht mehr stören, als sie es fördern – und ob wir für die ästhetische Bildung nicht besser sorgen würden, wenn wir ihr weniger über die Entstehung der großen Dichtungen mittheilten und sie lieber an die Kunstwerke selbst heranführten, um den Blick für deren Schönheit zu schärfen", Scherer: Fauststudien. In: Scherer (1886, S. 327–355).

Die hier umrissene empirisch-induktive Poetik fand bis zum Ersten Weltkrieg zwar einige Nachfolger – Gregor Streim[15] nennt in seiner Untersuchung Eugen Wolff, Richard Maria Werner, Ernst Elster und Hubert Roetteken – insgesamt ist diese Konzeption einer psychologischen Poetik jedoch eher vergessen, wenngleich die Methode der genetischen Rekonstruktion bis heute zum Kernbestand der Interpretation literarischer Werke gehört.

Dieses Vergessen ist nicht das Ergebnis einer wissenschaftlichen Kritik, welche die empirisch-induktive Poetik erfahren hätte, sondern die Folge einer allgemeinen Umorientierung der Kultur und Ästhetik, die um die 1890er-Jahre einsetzte.[16] In ihrem Gefolge entstand ein wissenschafts- und kulturkritischer Diskurs[17] mit einer breiten Strömung der Historismus- und Positivismus-Kritik[18], die sich zunächst außerhalb der Universitäten formierte[19] und in zahlreichen, häufig miteinander zusammenhängenden Reformbewegungen artikulierte. Die für die Umorientierung der Ästhetik wichtigste Reformbewegung war die Kunsterziehungsbewegung. Sie vertrat die Auffassung, dass die „kunstgeschichtliche und kunsttheoretische Unterweisung die ästhetische Kultur, statt sie zu fördern, tief geschädigt hat“[20]; sie bekämpfte die entstehungsgeschichtliche Interpretation der Werke, weil diese angeblich jeden naiven Kunstgenuss verhinderte; sie wendete sich zugleich gegen die normative Ästhetik und die Kunstkritik der Zeit – kurz gegen alles, was die ‚vorurteilslose‘ Kunstbetrachtung beeinträchtigt. Ziel der Bewegung war es, „jedes Kunstwerk aus sich heraus zu verstehen, ihm unbefangen, also ohne kunsthistorisches Vorwissen, entgegenzutreten“.[21] Alfred Lichtwark, *spiritus rector* der Bewegung und Direktor der Hamburger Kunsthalle forderte programmatisch: „Wir brauchen ein lebendiges Erfassen und Eindringen, und das erreicht man nicht durch kühle Objectivität oder Wissenschaftlichkeit.“[22] Die Kunsterziehungsbewegung beschränkte sich nicht auf die bildende Kunst, sondern engagierte sich auch in der musikalischen und der literarischen[23] Erziehung. Der letzteren war der zweite Kunst-

[15] Vgl. Streim (2003, S. 15).

[16] Vgl. hierzu Müller (2010, S. 271–276).

[17] Vgl. dazu Kindt/Müller (2008, S. 668–671).

[18] Vgl. Schultze-Jahde (1930, S. 5): „Diese sog. Kunsterziehungsbewegung war ihrerseits auch nur Symptom derselben Reaktion, aus der die literaturwissenschaftliche Gegnerschaft gegen die Schererschule hervorging.“

[19] Vgl. dazu Richter (1909, S. 7): Die Kunsterziehungsbewegung „ist keine Erfindung der Katheder-pädagogen, kein Experiment der Methodiker; sie ist nicht der geistreiche Einfall dieses oder jenes bedeutenden Menschen, sondern sie ist ein Kulturproblem im umfassendsten Sinne, das notwendig und organisch aus tausend feinen Würzelchen emporwächst.“ Vgl. auch S. 172.

[20] Richter (1909, S. 45); vgl. S. 122: „Es ist offenbar, dass unsere überwiegende Buchgelehrsamkeit zum größten Teile die Schuld an der Verkrüppelung unserer Sinne, besonders unserer Augen trägt.“

[21] Präffcke (1986, S. 56).

[22] Zitiert nach Präffcke (1986, S. 143). Zum Kontext vgl. Junge-Gent (2012, bes. S. 256–266).

[23] Vgl. dazu Wilkending (1980).

erziehungstag 1903 in Weimar gewidmet, der unter der Parole „Rettung der Poesie aus der Umklammerung der Pedanten" stand[24] und vornehmlich populäre bis populistische Losungen gegen die Philologie[25] ausgab.

Der gesellschaftliche Erfolg der Kunsterziehungsbewegung bestand in der Aufwertung der künstlerischen Erziehung; im akademischen Bereich führte er zu einer Umorientierung der Ästhetik, die in den einzelnen Disziplinen unterschiedliche Wirkungen zeitigte. Grosso modo lässt sich sagen, dass in der Kunstgeschichte der ästhetische Subjektivismus tendenziell durch einen ästhetischen Objektivismus[26] abgelöst wurde[27], d. h. dass an die Stelle der auf die Genese und Wirkung des Kunstwerks gerichteten Kunstpsychologie eine Analyse des Kunstwerks als ästhetisches Objekt selbst trat, wobei dessen (formalen) Eigenschaften besonderes Augenmerk galt. Eine solche Akzentuierung des Formalen auf Kosten des Inhalts[28] lässt sich in der Literaturwissenschaft nur selten beobachten: Hier trat an die Stelle der autorzentrierten biographischen Interpretation recht bald die geistes- oder ideengeschichtliche Interpretation.

Im Unterschied zur Kunstwissenschaft findet sich eine systematische Reflexion auf die dermaßen veränderte Situation der Ästhetik in der Literaturwissenschaft vor dem Ersten Weltkrieg kaum. Am gründlichsten und differenziertesten ist vielleicht noch die Auseinandersetzung, die Rudolf Lehmann in seiner „Poetik"[29] vornahm. Lehmann ging davon aus, dass die Psychologie der Dichtkunst keine hinreichende Grundlage für die Poetik bot, weil sie zwar einen Beitrag zur Erkenntnis von Entstehung und Rezeption des literarischen Werks zu leisten vermochte, nicht aber zur Erkenntnis der objektiven Struktur des Werks selbst.[30] Sein Ziel war eine Poetik als Kunstlehre, „deren Gegenstand nicht das Subjekt des Künstlers, sondern das objektiv vorliegende Kunstwerk ist", „kurz eine objektive Lehre von der Dichtkunst und den Dichtungen." Dieses Ziel verfolgte Lehmann indessen nicht konsequent, da er

---

[24] Vgl. dazu auch Müller (2010, S. 273).

[25] Vergleichsweise zurückhaltend formuliert bei Richter (1909, S. 196): „Der Begriff des literarischen Kunstwerks war in der Tat innerhalb der Schulmauern mit geringen Ausnahmen verloren gegangen: nicht nach Übermittelung literarästhetischere Werte, sondern nach Aufzeigung des gedanklichen oder ethischen Inhalts, des Grundgedanken des Gedichtes, trachtete man. Das Zerlegen, Zergliedern, Zerpflücken und Zerklären galt als gute Methode für die Behandlung dichterischer Werke, und der feine Geist des Ganzen verflog darüber."

[26] Zum Gegensatzpaar Objektivismus und Subjektivismus in der Ästhetik s. etwa Dessoir (1905).

[27] S. dazu allgemein Hamburger (1915, S. 2) und, im Rückblick, Utitz (1927, S. 307).

[28] Vgl. Joerissen (1979, S. 224).

[29] Lehmann (1919). Vgl. dazu auch die Rezension von Frischeisen-Köhler (1909).

[30] Vgl. Lehmann (1919, S. 40). – Vgl. auch Hamburger (1915, S. 1–2). – Hintergrund ist der Kampf gegen den Psychologismus in der Philosophie und Ästhetik.

gleichberechtigt neben die ästhetische die genetische Erklärung stellte[31] und die ästhetische Methode nicht an den Formeigenschaften des literarischen Werks orientierte, sondern sie sehr allgemein als diejenige bestimmte, die „mit den Augen des Dichters zu sehen“ sich bemüht und „seinem Verfahren unmittelbar“[32] nachgeht. Gleichwohl behandelte Lehmann die ästhetische oder künstlerische Erklärung als eigenständige Methode und bestimmte die poetische Analyse vorausweisend als Heuristik für die Interpretation: „dem Verständnis der Dichtungen soll sie den Weg vorzeichnen und somit in praktischer Hinsicht nichts anderes sein als eine Methodenlehre für die künstlerische Interpretation.“[33]

Die Auseinandersetzungen um den ästhetischen Gegenstand waren in der Kunstwissenschaft nach der Jahrhundertwende bei Weitem intensiver, grundsätzlicher und ergiebiger als in der Literaturwissenschaft. Das hängt mit der besonderen Problemsituation der Kunstwissenschaft und der Ästhetik zusammen, die hier nur knapp umrissen werden kann.[34] Die im 19. Jahrhundert entstandene Kluft zwischen der philosophischen Ästhetik und den historischen Kunstwissenschaften hatte sich um die Jahrhundertwende vertieft, da die philosophische Ästhetik zu einer von der Empirie ausgehenden Grundlagenreflexion kaum etwas beizutragen hatte, während andererseits die mit der Kunst befassten Einzelwissenschaften kaum über die spezifisch disziplinären zu den allgemeinen Problemen der Kunst vorzudringen vermochten. Zudem hatte sich in Anknüpfung an Arbeiten Hugo Spitzers[35] und Max Dessoirs die Auffassung durchgesetzt, „dass es einerseits ästhetische Erscheinungen ausserhalb der Kunst gibt, andrerseits innerhalb der Kunst mehr als bloss ästhetische Werte“[36], dass mithin die Ästhetik durch die traditionelle Philosophie des Schönen ebenso unterbestimmt sei, wie die allgemeinen Probleme der kunstwissenschaftlichen Disziplinen durch die Ästhetik.[37] Als Sammelbecken[38] der Probleme, für die sich weder die philosophische Ästhetik noch die historischen Kunstwissen-

---

[31] Vgl. Lehmann (1919, S. 53, 55 u. ö.). Vgl. auch die eher defensive Propagierung der ästhetischen Interpretation bei Lehmann (1905, S. 136–137): „In streng wissenschaftlichem Sinne hat die genetische Erklärung vielleicht die größere Tragweite; stimmt sie doch zusammen mit der psychologisch und historisch gerichteten Ästhetik der Gegenwart. Die ästhetische Interpretation steht dafür unmittelbar im Dienste der Kunst und des künstlerischen Verständnisses, und unwürdig der Wissenschaft ist ein solcher Dienst gewiß nicht, am wenigsten einer Wissenschaft, die mit Recht den Anspruch darauf erhebt, Führerin und Lehrerin der Nation zum Verständnis und zur Würdigung ihrer großen Dichter zu sein.“

[32] Lehmann (1919, S. 55).

[33] Lehmann (1919, S. 52).

[34] Vgl. zum Folgenden die ausgezeichnete Untersuchung von Wolfhart Henckmann: Probleme der allgemeinen Kunstwissenschaft. In: Dittmann (1985), S. 223–324.

[35] Vgl. insbesondere Spitzer (1913). – Zu Spitzer als Anreger einer Allgemeinen Kunstwissenschaft vgl. Jodl 1904, S. 387; Odebrecht 1932, S. 3 und Wolfhart Henckmann in: Dittmann (1985, S. 268–269).

[36] Dessoir (1914, Sp. 2407).

[37] Vgl. dazu Dessoir, Max: Skeptizismus in der Ästhetik [1907]. In: Dessoir (1929, S. 9).

[38] Henckmann (1985, S. 280).

schaften als etablierte Disziplinen zuständig fühlten, schlug Max Dessoir die „Allgemeine Kunstwissenschaft“ und als ihr Forum die von ihm 1906 begründete „Zeitschrift für Ästhetik und allgemeine Kunstwissenschaft“ vor. Sie sollten sich mit den Problemen der „besonderen systematischen Wissenschaften“ beschäftigen, „die man Poetik, Musiktheorie und Kunstwissenschaft zu nennen pflegt“.[39] Dessoir war indes nicht allein Sachwalter einer „Allgemeinen Kunstwissenschaft“, sondern auch dezidierter Anwalt des ästhetischen Objektivismus. Das wurde deutlich auf dem interdisziplinären „Kongress für Ästhetik und allgemeine Kunstwissenschaft“, der 1913 in Berlin stattfand.[40] Dessen Ziel war „der Zusammenschluß derjenigen Wissenschaften, welche es mit irgendeiner Art des Kunstschaffens zu tun haben, mit einer objektivistisch gerichteten Ästhetik, – einer Ästhetik, die sich von deduktiver Begriffsspekulation ebenso fernhält wie von unsachlicher Schöngeisterei, vielmehr von den künstlerischen Gegebenheiten ausgeht“.[41] Dessoir wandte sich in seinem Einleitungsvortrag im Hinblick auf die Literaturwissenschaft nachdrücklich gegen die genetische Interpretation im Allgemeinen und den Biographismus im Besonderen[42] und forderte, dass die Ästhetik sich „den gesetzmäßigen Eigenschaften der künstlerischen Objekte selbst“[43] zuwenden solle.

Diese Forderung stieß in der literarischen Sektion des Kongresses zwar auf Zustimmung[44], sie wurde indes kaum im Hinblick auf ihre Konsequenzen diskutiert. Am deutlichsten formulierte diese ein Beitrag, der erst nach Abschluss des Kongresses publiziert wurde[45] und der nicht weniger als den harten Kern des theoretischen Programms der werkimmanenten Interpretation enthielt[46], die sich in der deutschen Literaturwissenschaft erst nach dem Zweiten Weltkrieg durchsetzte. Der Beitrag trug den Titel „Wesen und Methode der Literaturwissenschaft“, und sein Verfasser, August Hermann Kober, als engagierter Literaturtheoretiker ein Schüler Richard M. Meyers und Georg Simmels, entwickelte in ihm die skizzierten Ideen Lehmanns auf konstruktive Weise weiter. Kober wies der philologischen Kritik und der genetischen Methode lediglich eine heuristische Funktion für die Interpretation zu: „Beide Wissenschaften rücken das Objekt in die rechte Beleuchtung, präparieren es

---

[39] Dessoir (1906, S. 6). Dort auch die Aufzählung der Aufgaben der Allgemeinen Kunstwissenschaft.

[40] Zur Vorgeschichte und Konzeption des Kongresses vgl. Bernhart (2010).

[41] Wulff (1914, S. 556–557).

[42] Vgl. dazu Kindt/Müller (2002).

[43] Dessoir (1914a, S. 2).

[44] Vgl. dazu Müller (2010, S. 279–282).

[45] Kobers Aufsatz war ursprünglich geplant als Replik auf einen Beitrag des Bonner Literaturwissenschaftlers Berthold Litzmann über „Literarische Kritik“ für den „Kongreß für Ästhetik und Allgemeine Kunstwissenschaft“ – da Litzmann seinen Beitrag zurückzog, publizierte Kober, ein Schüler Richard M: Meyers und Georg Simmels, ihn separat. Zu Kober, der sich später dem Journalismus zuwandte, vgl. dessen Lebenserinnerungen: Kober (1956, S. 61–63) über die Studienzeit in Berlin.

[46] Dieser Hinweis zuerst bei Danneberg (1996, S. 342). – Auf die Bedeutung Kobers hatte 1973 bereits hingewiesen: Konstantinović (1973, S. 45), der Kober allerdings ohne Begründung der Phänomenologie zurechnete.

für den Operationstisch, nichts weiter."[47] „Die eigentliche Zentralaufgabe" der literaturwissenschaftlichen Interpretation sei es hingegen, „das künstlerische Denkmal völlig ohne Rücksicht auf seinen Entstehungsprozeß [zu] untersuchen."[48] Methodisch erfordere das: Nach der Analyse von Wortsinn und Satzsinn sowie des sprachlich-stilistischen Baus eines Gedichts gelte es, dessen Gehalt zu erfassen; „als einfacher Komplex einer Reihe von Einzelvorstellungen unter dem Gesichtspunkte eines alles bestimmenden Grundgefühles".[49] Auf derartigen Interpretationen könne eine neue Konzeption von Literaturgeschichte aufbauen, die nicht mehr „eine Aneinanderreihung schaffender Subjekte, mit ihren Objekten als Selbstdarstellungsformel", darstelle, sondern eine „Geschichte der Dichtungen ohne die der Dichter", in der man „die Werke als selbständige Objekte nimmt".[50] Die Idee, die Interpretation literarischer Werke ausschließlich auf Merkmale der Werke selbst und die Literaturgeschichte ausschließlich auf die Zusammenhänge objektiver Werkmerkmale zu stützen, stammte – und das ist möglicherweise kein Zufall – nicht von einem etablierten Repräsentanten der germanistischen Literaturwissenschaft, sondern von einem krassen Außenseiter.

Um elaboriertere Konzeptionen der formalen Interpretation literarischer Werke und der Literaturgeschichte kennenzulernen, müssen wir nach Österreich gehen[51], wo die Tradition der Herbartschen Philosophie und Ästhetik an den Universitäten einen erheblich größeren Einfluss gewann als in Deutschland.[52] Robert Zimmermann[53], von 1861 bis 1896 Professor der Philosophie an der Universität Wien – und dort zum Beispiel der Lehrer Wilhelm Scherers, Richard Heinzels und anderer Germanisten[54] –, beeinflusste mit seiner „Allgemeinen Ästhetik als Formwissenschaft" von 1865 eine ganze Generation der Kunst-[55], Musik- und Literaturwissenschaftler an den Universitäten und Gymnasien. Der Philosoph Friedrich Jodl betonte 1905, „daß die Formästhetik ihre geschichtlich bedeutsamste Ausbildung von öster-

---

[47] Kober (1919, S. 117).

[48] Kober (1919, S. 117).

[49] Kober (1919, S. 117).

[50] Kober (1919, S. 118). Vgl. dazu auch Kober (1915).

[51] Vgl. Jodl (1904, S. 386): „An der Entwicklung der neueren Ästhetik haben österreichische Gelehrte einen hervorragenden Anteil genommen. Nirgends haben die leitenden Gedanken der Ästhetik Herbarts so starken Widerhall gefunden; nirgends sind sie so selbständig ausgebaut worden."

[52] Vgl. dazu Jäger (1982, S. 195–219) und Stachel (2009).

[53] Vgl. Martin Seiler: Un „Manifest de la philosophie autrichienne". La nomination du philosophe Robert Zimmermann à l'Université de Vienne (1860/61). In: Trautmann-Waller/Maigné (2009, 47–72).

[54] Dieser Einfluss ist bislang nicht untersucht. Einzelne Hinweise finden sich bei Blaukopf (1995) und Schneider: Realismus und formale Ästhetik. In: Hoeschen/Schneider (2001, S. 260 und 276). – Richard Heinzel kritisierte Scherers Literaturgeschichte, weil diese eine „Geschichte des geistigen Lebens" gebe und damit deren Aufgabe als „poetische Kunstgeschichte" verfehle. Brief Heinzels (Nr. 320) an Scherer, Wien 26.3.1881 In: Müller/Oehmichen (2019, S. 529).

[55] Zum Einfluss des Herbartianismus auf Alois Riegl und die Wiener Schule der Kunstgeschichte s. Céline Trautmann-Waller,: L'école viennoise d'histoire de l'art et l'héritage herbartien: le cas d'Alois Riegl. In: Trautmann-Waller/Maigné (2009, S. 101–120).

reichischen Forschern gefunden hat".[56] Das für die Literaturwissenschaft wichtigste Zentrum der Formästhetik war nach der Wende zum 20. Jahrhundert vermutlich die Universität Graz. Hier lehrte der Philosoph Alexius Meinong, dessen Schüler Stephan Witasek eine begriffsanalytische psychologische Ästhetik unter dem Titel „Grundzüge der Allgemeinen Ästhetik"[57] veröffentlichte: hier lehrte der Philosoph Hugo Spitzer, einer der frühesten Anwälte einer Allgemeinen Kunstwissenschaft, und hier lehrte schließlich der Germanist Bernhard Seuffert, ein Schüler Wilhelm Scherers, der von Herrmann Hettner beeinflusst war und sich schwerpunktmäßig mit der Analyse der Komposition literarischer Werke beschäftigte. Seuffert war der Auffassung, dass vor allem die Anregungen aus der „neueren Kunstgeschichte" und die „Neugestaltung der Ästhetik" die deutsche Philologie zu „einer Art formaler Analyse" drängen würden, „die ihr die Mittel reicht, auch das Gebiet der Kunstwissenschaft zu betreten".[58] Seuffert publizierte von 1909 bis 1911 eine Reihe von Fallstudien, die er zurückhaltend „Beobachtung über dichterische Komposition" überschrieb und an die sein Schüler Otmar Schissel von Fleschenberg anknüpfte.[59] Die Ansätze Seufferts und Schissels erhielten am Ende des 20. Jahrhunderts eine gewisse Aufmerksamkeit, als Lubomír Doležel die Frage diskutierte, ob die kompositionstheoretischen Beiträge der Grazer Schule den Russischen Formalismus beeinflusst hätten.[60]

Schissels Konzeption einer systematischen Kompositionsanalyse kann nur in Kürze umrissen werden. Ziel seiner Untersuchungen, die sich auf die Literatur der antiken und modernen Erzählformen von der Antike bis zum 18. Jahrhundert erstrecken, ist „die architektonik des rhetorischen kunstwerkes". Sie wird bedingt durch die „komposition oder künstlerische gliederung" des Werks, die aus „einer relation der einzelnen stoffteile zueinander" hervorgeht. Der Stoff selbst besitzt „für die komposition keine bedeutung", er ist lediglich das ‚körperliche substrat', der ‚träger' des im jeweiligen Werk dargestellten architektonischen Prinzipes, wie der Steigerung, Konzentrizität, Variation, der Symmetrie, des Parallelismus, Kontrastes".[61] Eine solche Reduktion kompositorischer Möglichkeiten auf wenige allgemeine ‚architektonische Prinzipien' ist eine wichtige theoretische Verallgemeinerung, die sich in der Literatur zuvor so nicht findet. Die Kompositionsanalyse stellt sowohl eine Heuristik für die Interpretation von Einzelwerken dar, wie Schissel sie an Hoffmanns „Elixieren des Teufels"[62] vornahm, als auch für die Analyse der ‚Evolution' ganzer Gattungen. Im Zusammenhang seiner „Entwicklungsgeschichte des griechi-

[56] Jodl (1905, S. 240).

[57] Erschienen Leipzig 1904. S. dazu die Rezension in Meinong (1904).

[58] Seuffert (1909 I, S. 599).

[59] Seuffert (1909); Seuffert (1911a); Seuffert (1911b).

[60] Vgl. Doležel (1973, S. 73–84). S. auch Doležel (1990, S. 124–146). – Zum Zusammenhang s. auch Aumüller/Müller (2012).

[61] Alle Zitate aus Fleschenberg (1912, S. VI).

[62] S. Fleschenberg (1910).

schen Romanes im Altertum"[63] entwickelt Schissel die Konzeption einer Formgeschichte der Gattungen, welche die Gattungsentwicklung systematisch und nicht historisch rekonstruiert. Entsprechend schlug er bereits 1913 vor, eine allgemeine kunstwissenschaftliche „Systematik der Literatur"[64] zu unterscheiden von der traditionellen Literaturgeschichte.

Wir brechen hier ab und ziehen ein kurzes Fazit. Nach der pauschalen Ablehnung des Projekts einer ‚empirischen Poetik' hat sich die Germanistik – vergleicht man sie etwa mit der Kunstwissenschaft – mit der Konzeption ihres ästhetischen Gegenstands im Hinblick auf die Interpretation systematisch kaum noch auseinandergesetzt; Anregungen der neukantianischen[65] oder phänomenologischen[66] Ästhetik wurden bis 1933 kaum rezipiert. In der Germanistik waren es Außenseiter wie Kober oder Schissel von Fleschenberg, die sich vor dem Ersten Weltkrieg am intensivsten den methodischen Konsequenzen einer objektiven oder formalen Ästhetik widmeten – ihre Beiträge wurden nicht aufgenommen. Im Zuge einer allgemeinen Verweltanschaulichung der Literaturwissenschaft stießen im und nach dem Weltkrieg in der Germanistik eher die methodisch zweifelhaften Übertragungen der Wölfflinschen Grundbegriffe von Oskar Walzel und Fritz Strich auf Interesse[67]; die nach 1918 virulente Geistes- oder Ideengeschichte geriet in „Gefahr, das Kunstwerk nur geistesgeschichtlich zu fassen und damit seine Autonomie, seinen Eigenwert zu verkennen".[68]

Charakteristisch für die Germanistik dieser Zeit war, dass ihr Gegenstand sich nicht in einer Medienkonkurrenz befand wie heute. Tut die Germanistik heute genug, um ihren Gegenstand ästhetisch hinreichend zu charakterisieren? Hartmut Böhme meinte in der eingangs zitierten Debatte: „Germanisten, die sich nicht zuerst als Kunstwissenschaftler verstehen, gehören nicht ins Fach oder höchstens zu seinen Rändern." Gegenwärtig scheint die Germanistik breite Ränder zu haben.[69]

---

[63] S. Fleschenberg (1913).

[64] Fleschenberg (1913a, S. 382). – Auf diese Unterscheidung Schissels machte bereits 1914 Dessoir (1914b, Sp. 2411) aufmerksam.

[65] Vgl. Cohn (1901) oder Christiansen (1909). Zum Kontext s. Maerker (1973).

[66] S. Conrad (1908/09), dazu Konstantinović (1973, S. 38–50). – Vgl. auch Geiger (1928), und die Schriftensammlung mit dem Nachwort in Henckmann (1976). – Vgl. auch den systematischen Überblick von Ziegenfuß (1928).

[67] Vgl. dazu kritisch Utitz (1927, S. 322) und im Zusammenhang Müller (1991).

[68] Utitz (1927, S. 323).

[69] In den kulturwissenschaftlich orientierten programmatischen Texten oder Einführungen spielen Reflexionen über den ästhetischen Gegenstand kaum eine Rolle. Eine Ausnahme bildet die Einführung von Franziska Schößler (2006, S. VIII), die in einer „Vorbemerkung" schreibt: „Interdisziplinarität gilt mithin als Chance *und* Gefährdung, und zwar auch deshalb, weil der kulturwissenschaftliche Fokus, der den literarischen Text tendenziell kontextualisiert, also in außer-literarischen Bereichen wie Medizin, Ökonomie. Recht etc. positioniert, eine Deprivilegierung des Literarischen mit sich bringt."

Literatur

Aumüller, Matthias/Müller, Hans-Harald: Russischer Formalismus, deutscher Geist, österreichische Kompositionstheorie. Zur Klärung literaturtheoretischer Einflussbeziehungen. In: Scientia Poetica (2012), S. 97–122.

Barner, Wilfried: Kommt der Literaturwissenschaft ihr Gegenstand abhanden? Vorüberlegungen zu einer Diskussion. In: Jahrbuch der deutschen Schillergesellschaft 41 (1997), S. 1–8.

Bernhart, Toni: Dialog und Konkurrenz. Die Berliner „Vereinigung für ästhetische Forschung“ (1908–1914). In: Sandra Pott/Oliver Huck (Hg.): Konzert und Konkurrenz. Die Künste und ihre Wissenschaften im 19. Jahrhundert. Göttingen 2010, S. 253–268.

Blaukopf, Herta: Positivismus und Ideologie in der Germanistik. Aus den Anfängen der österreichischen Sprach- und Literaturforschung. In: Blaukopf, Kurt (Hg.): Philosophie, Literatur und Musik im Orchester der Wissenschaften. Wien: 1995 (Wissenschaftliche Weltauffassung und Kunst. 2), S. 53–80.

Burdach, Konrad: [Rez.;] Wilhelm Scherer: Poetik. In: Deutsche Literaturzeitung 8 (1888), Nr. 40, Sp. 1444 bis 1449.

Christiansen, Broder: Philosophie der Kunst. Hanau 1909.

Cohn, Jonas: Allgemeine Ästhetik. Leipzig 1901.

Conrad, Waldemar: Der ästhetische Gegenstand. In: Zeitschrift für Ästhetik und allgemeine Kunstwissenschaft 3 (1908), S. 71–118 u. S. 469–511, Jg. 4 (1909), S. 400–455.

Danneberg, Lutz: Zur Theorie der werkimmanenten Interpretation. In: Wilfried Barner/ Christoph König (Hg.): Zeitenwechsel. Germanistische Literaturwissenschaft vor und nach 1945. Frankfurt am Main 1996, S. 313–344.

Dessoir, Max: Die Grundfragen der gegenwärtigen Ästhetik. In: Die neue Rundschau 16 (1905), S. 931–943.

Dessoir, Max: Ästhetik und allgemeine Kunstwissenschaft. In den Grundzügen dargestellt. Stuttgart 1906.

Dessoir, Max: Allgemeine Kunstwissenschaft. In: Deutsche Literaturzeitung 35 (1914a), Sp. 2405–2415.

Dessoir, Max: Systematik und Geschichte der Künste. In: Zeitschrift für Ästhetik und allgemeine Kunstwissenschaft 9 (1914b), S. 1–15.

Dessoir, Max: Beiträge zur allgemeinen Kunstwissenschaft. Stuttgart 1929, S. 1–19.

Dilthey, Wilhelm: Über die Einbildungskraft der Dichter. In: Zeitschrift für Völkerpsychologie und Sprachwissenschaft 10 (1878), S. 42–104.

Dilthey, Wilhelm: Vom Aufgang des geschichtlichen Bewußtseins. Jugendaufsätze und Erinnerungen. Leipzig u.a. 1936. (Wilhelm Diltheys gesammelte Schriften. XI.), S. 236–253.

Dilthey, Wilhelm: Abhandlungen zur Poetik, Ethik und Pädagogik. Hg. von Georg Misch. Göttingen ^{6}1978 (Gesammelte Schriften, Bd. 6), S. 103–240.

Dittmann, Lorenz (Hg.): Kategorien und Methoden der deutschen Kunstgeschichte 1900–1930. Stuttgart 1985, S. 273–324.

Doležel, Lubomír: „Narrative Composition – A Link between German and Russian Poetics“. In: Russian Formalism. Ed. by Stephen Bann u. John E. Bowlt. Edinburgh 1973.

Doležel, Lubomir: Occidental Poetics. Tradition and Progress. Lincoln 1990.

Fleschenberg, Otmar Schissel von: Novellenkomposition in E.T.A. Hoffmanns ‚Elixieren des Teufels.‘ Ein prinzipieller Versuch. Halle a. S. 1910.

Fleschenberg, Otmar Schissel von: Novellenkränze Lukians. Halle a. S. 1912 (Rhetorische Forschungen I).

Fleschenberg, Otmar Schissel von: Entwicklungsgeschichte des griechischen Romanes im Altertum. Halle a. S. 1913a.

Fleschenberg, Otmar Schissel von: [Rezension:] S. M. Prem, Christian Schneller. Ein Beitrag zur tirolischen Literatur- und Geistesgeschichte des 19. Jahrhunderts. In: Zeitschrift des Ferdinandeums für Tirol und Vorarlberg, III. Folge, 57 (1913a), S. 382–387.

Frischeisen-Köhler, Max: [Rez.:] Rudolf Lehmann: Poetik. In: Zeitschrift für Ästhetik und allgemeine Kunstwissenschaft 4 (1909), S. 117–122.
Geiger, Moritz: Zugänge zur Ästhetik. Leipzig 1928.
Hamburger, Michael: Das Form-Problem in der neueren Ästhetik und Kunsttheorie. Heidelberg 1915 (Beiträge zur Philosophie. 7).
Henckmann, Wolfhart: Moritz Geiger: Die Bedeutung der Kunst. Zugänge zu einer materialen Wertästhetik. Gesammelte, aus dem Nachlaß ergänzte Schriften hg. von Klaus Berger/Wolfhart Henckmann. München 1976, S. 549–579.
Hoeschen, Andreas/Schneider, Lothar: Herbarts Kultursystem. Perspektiven der Transdisziplinarität im 19. Jahrhundert. Würzburg 2001.
Jäger, Georg: Die Herbartianische Ästhetik – ein österreichischer Weg in die Moderne. In: Herbert Zeman (Hg.): Die österreichische Literatur. Ihr Profil im 19. Jahrhundert (1830–1880). Graz 1982, S. 195–220.
Jodl, Friedrich: Neuere Literatur zur Ästhetik. In: Österreichische Rundschau 1 (1904), S. 386–387.
Jodl, Friedrich: Neuere Literatur zur Ästhetik. In: Österreichische Rundschau 2 (1905), S. 239–243.
Joerissen, Peter: Kunsterziehung und Kunstwissenschaft im Wilhelminischen Deutschland 1871–1918. Köln u.a. 1979 (Dissertationen zur Kunstgeschichte. 10).
Junge-Gent, Henrike: Alfred Lichtwark. Zwischen den Zeiten. München 2012 (Forschungen zur Geschichte der Hamburger Kunsthallte. 3).
Kindt, Tom/Müller, Hans-Harald: Was war eigentlich der Biographismus – und was ist aus ihm geworden? Eine Untersuchung. In: Heinrich Detering: Autorschaft. Positionen und Revisionen. Stuttgart u.a. 2002 (Germanistische Symposien. XVI), S. 355–375.
Kindt, Tom/Müller, Hans-Harald: Historische Wissenschaften – Geisteswissenschaften. In: Fin de Siècle. Hg. von Sabine Haupt und Bodo Würffel. Stuttgart 2008, S. 662–679.
Kober, August H.: Der Begriff der Literaturgeschichte. In: Zeitschrift für Ästhetik und allgemeine Kunstwissenschaft 10 (1915), S. 191–206.
Kober, August Heinrich: Wesen und Methode der Literaturwissenschaft. In: Germanisch-Romanische Monatsschrift 7 (1915–1919), S. 109–118.
Kober, A. H.: Einst in Berlin. Rhapsodie 14. Nach dem Tode des Verfassers hg. und bearbeitet von Richard Kirn. Hamburg 1956.
Körner, Josef: Deutsche Philologie. In: Deutsch-Österreichische Literaturgeschichte. Ein Handbuch zur Geschichte der deutschen Literatur in Österreich-Ungarn. Unter Mitwirkung hervorragender Fachgenossen nach dem Tode von Johann Willibald Nagl und Jakob Zeidler hg. von Castle. Eduard. Dritter Band. Von 1848–1890. Wien 1930, S. 48–89.
Konstantinović, Zoran: Phänomenologie und Literaturwissenschaft. Skizzen zu einer wissenschaftstheoretischen Begründung. München 1973.
Lehmann, Rudolf: Poetik. München ^{2}1919 (Handbuch des deutschen Unterrichts. Dritter Band. Zweiter Teil).
Lehmann, Rudolf: Goethes Lyrik und die Goethe-Philologie. In: Goethe-Jahrbuch 26 (1905), S. 133–158.
Lessing, Hans-Ulrich: Die Idee einer Kritik der historischen Vernunft. Wilhelm Diltheys erkenntnistheoretisch-logisch-methodologische Grundlegung der Geisteswissenschaften. Freiburg, u. a. 1984.
Maerker, Peter: Die Ästhetik der Südwestdeutschen Schule. Bonn: 1973 (Abhandlungen zur Philosophie, Psychologie und Pädagogik. 85).
Meinong, Alexius: [Rez.]: Stephan Witasek, Grundzüge der Allgemeinen Ästhetik. In: Deutsche Literaturzeitung 25 (1904), Sp. 2725–2730.
Müller, Hans-Harald: Die Übertragung des Barockbegriffs von der Kunstwissenschaft auf die Literaturwissenschaft und ihre Konsequenzen bei Fritz Strich und Oskar Walzel. In: Europäische Barock-Rezeption. In Verbindung mit Ferdinand van Ingen, u.a. hg. von Garber, Klaus. Teil I. Wiesbaden 1991, S. 95–112.
Müller, Hans-Harald: Zur Genealogie der werkimmanenten Interpretation. In: Sandra Pott / Oliver Huck (Hg.): Konzert und Konkurrenz. Die Künste und ihre Wissenschaften im 19. Jahrhundert. Göttingen 2010, S. 269–282.

Müller, Hans-Harald/Oehmichen, Felix (Hg.): Richard Heinzel: Briefe an Wilhelm Scherer. Unter Mitarbeit von Christine Putzo. Stuttgart 2019 (Beiträge zur Geschichte der Germanistik. 11).

Odebrecht, Rudolf: Ästhetik der Gegenwart. Berlin 1932 (Philosophische Forschungsberichte.15).

Präffcke Hans: Der Kunstbegriff Alfred Lichtwarks. Hildesheim 1986 (Studien zur Kunstgeschichte. 37).

Richter, Johannes: Die Entwicklung des kunsterzieherischen Gedankens. Als Kulturproblem der Gegenwart nach Hauptgesichtspunkten dargestellt. Leipzig 1909.

Scherer, Wilhelm: Zur Technik der modernen Erzählung. In: Deutsche Rundschau 20 (1879), S. 151–158.

Scherer, Wilhelm: Geschichte der deutschen Literatur. Berlin 1883.

Scherer, Wilhelm: Aufsätze über Goethe. Berlin 1886.

Scherer, Wilhelm: Kleine Schriften zur altdeutschen Philologie. Hg. von Konrad Burdach. Berlin 1893.

Scherer, Wilhelm: Poetik. [Berlin 1888] Mit einer Einleitung und Materialien zur Rezeptionsanalyse. Hg. von Gunter Reiss. Tübingen 1977.

Schneider, Lothar: Realismus und formale Ästhetik. Die Auseinandersetzung zwischen Robert Zimmermann und Friedrich Theodor Vischer als poetologische Leitdifferenz im späten neunzehnten Jahrhundert. In: Andreas Hoeschen/Lothar Schneider: Herbarts Kultursystem. Perspektiven der Transdisziplinarität im 19. Jahrhundert. Würzburg 2001, S. 259–281.

Schößler: Franziska: Literaturwissenschaft als Kulturwissenschaft. Eine Einführung. Tübingen 2006.

Schultze-Jahde, Karl: Ausdruckswerk und Stilbegriff. Berlin 1930.

Seuffert, Bernhard: Beobachtungen über dichterische Komposition. I. In: Germanisch-Romanische Monatsschrift 1 (1909), S. 599–617.

Seuffert, Bernhard: Beobachtungen über dichterische Komposition. II. In: Germanisch-Romanische Monatsschrift. II. (1911a), S. 569–584

Seuffert, Bernhard: Beobachtungen über dichterische Komposition. III. In: Germanisch-Romanische Monatsschrift 3 (1911b), S. 617–632.

Spitzer, Hugo: Untersuchungen zur Theorie und Geschichte der Ästhetik. Erster Band. Hermann Hettners kunstphilosophische Anfänge und Literarästhetik. I. Graz 1913.

Stachel, Peter: Bernard Bolzano et l'épanouissement de l'herbartisme dans la moncharchie habsbourgeoise. In: Trautmann-Waller/Maigné 2009, S. 17–45.

Streim, Gregor: Introspektion des Schöpferischen. Literaturwissenschaft und Experimentalpsychologie am Ende des 19. Jahrhunderts. Das Projekt der ‚empirisch-induktiven' Poetik. In: Scientia Poetica 7 (2003), S. 148–170.

Trautmann-Waller, Céline/Maigné, Carole (Hg.): Formalismes esthétiques et héritage herbartien. Vienne, Prague, Moscou. Hildesheim 2009 (Europeae Memoria. Reihe I, 64).

Utitz, Emil: Ästhetik und Philosophie der Kunst. In: Jahrbücher der Philosophie 3 (1927).

Wilkending, Gisela: Volksbildung und Pädagogik ‚vom Kinde aus'. Eine Untersuchung zur Geschichte der Literaturpädagogik in den Anfängen der Kunsterziehungsbewegung. Weinheim u. a. 1980.

Winko, Simone u. a. (Hg.): Grenzen der Literatur. Zu Begriff und Phänomen des Literarischen. Berlin u.a. 2009 (Revisionen. 2).

Wulff, Oskar: Grundsätzliches über Ästhetik, allgemeine und systematische Kunstwissenschaft. In: Zeitschrift für Ästhetik und allgemeine Kunstwissenschaft 9 (1914), S. 556–562.

Ziegenfuß, Werner: Die phänomenologische Ästhetik nach Grundsätzen und bisherigen Ergebnissen kritisch dargestellt. Berlin 1928.

Russischer Formalismus, deutscher Geist, österreichische Kompositionstheorie – zur Rekonstruktion literaturtheoretischer Einflussbeziehungen

Matthias Aumüller und Hans-Harald Müller

Unter den formal orientierten europäischen Literaturtheorien hat der Russische Formalismus besondere Aufmerksamkeit erfahren, weil er als genealogischer Vorläufer des tschechischen, französischen und schließlich des internationalen Strukturalismus gilt, der in Linguistik und Literaturwissenschaft ein entscheidendes, wenn nicht das entscheidende Forschungsparadigma des 20. Jahrhunderts darstellt. Aus diesem Grund gibt es eine differenzierte, empirisch gehaltvolle Wissenschaftshistoriographie zum Russischen Formalismus. Betrachtet man sie, so wird man feststellen, dass das Bild in groben Zügen festzustehen scheint, dass im Einzelnen aber Auffassungsunterschiede und Kontroversen bestehen. Ist der Russische Formalismus von der deutschen Geistesgeschichte beeinflusst? Ist die russische Kompositionstheorie dem Russischen Formalismus zuzurechnen oder gehört sie in eine andere Theorieformation? Hat die Grazer Kompositionstheorie den Russischen Formalismus beeinflusst? Fragen wie diese sind, wie wir zeigen möchten, nicht allein von wissenschaftshistorischem, sondern auch systematischem Interesse: der Russische

Erstdruck in: Scientia Poetica 16 (2012), S. 97–122.

M. Aumüller (✉)
Martin-Luther-Universität Halle-Wittenberg, Germanistisches Institut, Halle (Saale), Deutschland
E-Mail: matthias.aumueller@germanistik.uni-halle.de

H.-H. Müller
Institut für Germanistik, Universität Hamburg, Hamburg, Deutschland
E-Mail: harrym@uni-hamburg.de

H.-H. Müller (Hrsg.), *Kleine Schritte und große Sprünge*, Abhandlungen zur Literaturwissenschaft, https://doi.org/10.1007/978-3-662-71105-7_10

Formalismus kann so als Testfall für eine theoretisch anspruchsvolle Wissenschaftshistoriographie dienen.[1]

1 Adäquatheitsbedingungen für die Zuordnung einzelner wissenschaftlicher Konzeptionen zu übergreifenden Forschungsprogrammen

Literaturtheorien sind – um eine Formulierung Günther Patzigs aufzugreifen – Begriffs- und Satzsysteme, die der „Systematisierung, Interpretation und Erklärung" literarischer Phänomene dienen.[2] Historische Literaturtheorien wie den Russischen Formalismus kennen wir meist in Gestalt historiographischer Rekonstruktionen, die vor allem deshalb angefertigt werden, weil die ihm zugerechneten literaturtheoretischen Entwürfe zum einen alles andere als konsistent und zum andern so heterogen sind, dass sie sich ergänzen, überschneiden oder auch voneinander unterscheiden oder einander sogar ausschließen. Die historiographischen Rekonstruktionen von Literaturtheorien, die zu Beginn des 20. Jahrhunderts entstanden, zielen demnach auf die Systematisierung der historischen Vielfalt einerseits und auf die Erklärung für das Zustandekommen dieser Vielfalt andererseits; es geht darum, Ordnung herzustellen und Innovatives von Traditionellem zu scheiden.

Schon die Zeitgenossen der russischen Formalisten diskutierten die Frage nach einer Verwandtschaft des Russischen Formalismus mit westeuropäischen, insbesondere mit deutschen bzw. deutschsprachigen literaturwissenschaftlichen Ansätzen – mit deutlich polemischen Absichten. Rozalija Šor[3] zielte auf Gemeinsamkeiten der russischen Formalisten (unter denen sie vor allem den OPOJAZ versteht)[4] mit deutschen Autoren wie Wilhelm Dibelius, Otmar Schissel von Fleschenberg und Bernhard Seuffert. Ihr Ziel war es offenkundig, die jüngeren russischen Überlegungen gegenüber den älteren deutschen als unkreativ erscheinen zu lassen.[5] Pavel Medvedev[6] hingegen arbeitete mit Bezug auf Autoren wie Oskar Walzel und Heinrich Wölfflin eher die Unterschiede heraus, mit dem Ziel, die russische Position für einseitig und extremistisch zu erklären.[7] Mit einem Abstand von annähernd einem halben Jahrhundert subsumierte Lubomír Doležel unter Rückgriff auf Šor die russischen und deutschsprachigen Ansätze unter den Begriff der ‚formalistischen' Poe-

[1] Das systematische Interesse lässt sich knapp wie folgt formulieren: Wir möchten am Beispiel des Russischen Formalismus die Angemessenheit von Zuschreibungsakten wie den folgenden diskutieren: a) die theoretische Position X des Autors Z ist aus wissenschaftshistorischer Perspektive der Theorie oder Konzeption A zuzurechnen oder b) die Theorie B ist von der Theorie H beeinflusst.

[2] Patzig (1979, S. 139).

[3] Rozalija Šor (1894–1939) ist vor allem durch ihre linguistischen Arbeiten bekannt geworden.

[4] OPOJAZ = Obščestvo izučenija poėtičeskogo jazyka („Gesellschaft des Studiums der poetischen Sprache"). Seine berühmtesten Mitglieder sind Viktor Šklovskij, Boris Ėjchenbaum und Jurij Tynjanov.

[5] Šor (1927).

[6] Pavel Medvedev (1892–1938) gehörte zum sog. Bachtin-Kreis.

[7] Vgl. Medvedev (1976).

tik, um sie der ,semiotischen' Poetik der Prager Strukturalisten gegenüberzustellen.[8] Das *missing link* zwischen den beiden Konzeptionen sah er in der von ihm so bezeichneten „Kompositionsanalyse" von Michail Petrovskij und Aleksandr Reformatskij.[9]

Unter Berufung u. a. auf Doležel stellte auch Aage Hansen–Löve eine Verbindung zwischen russischen und deutschsprachigen Ansätzen her, wobei er allerdings Petrovskij und Reformatskij zusammen mit Marija Rybnikova,[10] Viktor Žirmunskij[11] und weiteren Autoren als Vertreter der Kompositionstheorie einstufte und diese der formalistischen Position Šklovskijs und seiner Freunde gegenüberstellte.[12] Doležel und Hansen-Löve stimmen also in der Konstatierung des deutschen Einflusses überein, ordnen ihn jedoch verschiedenen Richtungen zu: Doležel setzt die Position des OPOJAZ und der Kompositionstheorie im Begriff der formalistischen Poetik gleich, Hansen-Löve betrachtet sie als verschiedene Ansätze.

Wir stellen die kontroversen Auffassungen über das Verhältnis der russischen zu den deutschsprachigen Positionen zunächst zurück und wenden uns der Frage zu, ob es systematische Gründe gibt, die es gestatten, die zwischen Doležel und Hansen-Löve umstrittene Zuordnung der Kompositionstheorie zu entscheiden. Die Untersuchung dieser Problematik verspricht zugleich einen allgemeineren Aufschluss über das Zustandekommen und die Rechtfertigung historiographischer Zuordnungen.

Ein erstes mögliches Kriterium für historiographische Zuordnungen könnte man in der „institutionellen Verankerung" der Autoren erblicken. Auf der einen Seite steht der erwähnte OPOJAZ, die „Keimzelle" des Russischen Formalismus, mit Viktor Šklovskij als einem der Initiatoren und auffälligsten Repräsentanten.[13] Die *Gesellschaft des Studiums der poetischen Sprache* zeichnete in der Frühzeit eine anti-akademische Attitüde aus.[14] Mit ihr ging eine programmatische und personelle

[8] Doležel (1973), vgl. auch Doležel (1990).

[9] Aleksandr Reformatskij (1900–1978) wechselte noch in den 20er-Jahren zur Linguistik und machte sich mit Arbeiten zur Phonologie einen Namen.

[10] Marija Rybnikova (1885–1942) hat neben literaturwissenschaftlichen Arbeiten wichtige Arbeiten zur Literaturdidaktik verfasst.

[11] Viktor Žirmunskij (1891–1971) zählte eine Zeitlang zu den Sympathisanten der russischen Formalisten. Später wurde er zu einem der bekanntesten Germanisten der Sowjetunion.

[12] Hansen-Löve (1978).

[13] Manchmal ist auch vom Moskauer Linguistenkreis als „Keimzelle" die Rede, da diese Vereinigung nachweislich früher gegründet wurde. Der Kreis ging allerdings aus einer der im vorrevolutionären Russland zahlreichen akademischen Forschergruppen hervor, da die Arbeit an der Universität sich auf die Lehre konzentrierte. Als der OPOJAZ ab 1916 mit seinen ersten Sammelbänden zur Poetik hervortrat, befassten sich die Moskauer noch mit dialektologischer Feldforschung. Vgl. den Kommentar von Čudakov et al. (1977), sowie Toman (1995).

[14] Vgl. die polemischen Angriffe auf die damaligen akademischen Autoritäten Aleksandr A. Potebnja und Aleksandr N. Veselovskij in Šklovskij (1969); Viktor Šklovskij: Der Zusammenhang zwischen den Verfahren der Sujetfügung und den allgemeinen Stilverfahren (1919). In: Striedter (1969), S. 36–121.

Nähe zur künstlerischen Avantgarde einher.[15] Ganz anders Michail Petrovskij (1887–1937). Er war nicht Mitglied im OPOJAZ, sondern kam von der Moskauer Universität und lehrte in den 20er-Jahren an der Staatlichen Akademie der Kunstwissenschaften (GAChN). Wahrscheinlich war er Mitglied des Moskauer Linguistenkreises (MLK), exponierte sich als solches aber nicht. Demgegenüber war der OPOJAZ eine Petrograder (Leningrader) Vereinigung, deren Mitglieder in den 20er-Jahren im Staatlichen Institut der Geschichte der Künste (GIII) eine institutionelle Anbindung erhielten.[16]

Zur historiographischen Einordnung der theoretischen Position geben Informationen über die institutionelle Zugehörigkeit jedoch kaum mehr als einen Anhaltspunkt, da theoretische Positionen in keiner stabilen Beziehung zu Mitgliedschaften stehen.[17] Allerdings können Informationen über Mitgliedschaften bestimmte andere Sachverhalte erklären helfen, z. B. jenen, dass Petrovskij im literaturwissenschaftlichen Kollektivgedächtnis keinen rechten Platz gefunden hat und bis zu Doležels Wiederentdeckung überhaupt unbekannt war. Mit seinem Interesse für Erzähl- und Novellentheorie stand Petrovskij in Moskau nämlich ziemlich allein. Das dürfte auch einer der Gründe dafür sein, dass Roman Jakobson, dessen Anregungen sich die Karriere des Russischen Formalismus im Westen maßgeblich verdankt, ihn ignorierte. In Russland selbst vermochte Petrovskij allerdings auch keine Wirkung zu entfalten, zu speziell war sein schmales Werk. Hinzu kommt, dass er im Gegensatz zu den OPOJAZ-Mitgliedern keine Schülerschar hatte – wie die sogenannten Jungformalisten, die trotz der stalinistischen Kampagnen gegen den Formalismus für eine gewisse inoffizielle (kritische) Kontinuität sorgten.[18]

Seinen Zeitgenossen jedenfalls galt Petrovskij tatsächlich als Formalist. Damit kommen wir zu einem anderem Typ von Hinweisen, der als Kriterium für die theoriengeschichtliche Zuordnung von Bedeutung ist: die zeitgenössische Einschätzung. Zeitgenossen haben zwar prinzipiell nicht mehr Autorität als spätere Historiker, aber sie sind in ihren Einschätzungen doch insofern privilegiert, als sie Zu-

[15] Vgl. hierzu Pomorska (1968) und Hansen-Löve (1978).

[16] Zur GAChN vgl. Plotnikov (2014).– Zum GIII vgl. die Erinnerungen des Gründers Valentin Graf Zubow (1967).

[17] Man kann Mitglied einer Organisation sein, ohne die Annahmen zu teilen, die ihre Mitglieder vertreten, und man kann deren Annahmen auch vertreten, ohne Mitglied der Organisation zu sein.

[18] Dass diese im Falle Petrovskijs ausblieb, kann nicht allein an mangelnder institutioneller Arbeit und Förderung gelegen haben, sondern auch an seiner Persönlichkeit. Laut Aussage des Zeitzeugen Sergej M. Golicyn las er so „langweilig und trocken, dass die Hörer aufhörten, seine Vorlesung zu besuchen“, mit der Folge, dass er seine Stellung verlor. Dass zwischen seinem langweiligen Vortragsstil und dem Verlust des Arbeitsplatzes ein Zusammenhang besteht, ist jedoch nicht verbürgt. Seine Versetzung könnte auch politische Gründe gehabt haben, die mit dem zunehmenden stalinistischen Druck auf unabhängige Institutionen wie die GAChN im Allgemeinen und auf Repräsentanten des Formalismus im Besonderen zu tun hatten. Petrovskij wurde mehrmals verhaftet und schließlich mit ehemaligen Kollegen aus der längst abgewickelten GAChN 1937 ermordet. Vgl. Golicyn (1990, S. 301). Zur Verhaftung und Ermordung vgl. Polivanov u. a. (1995, S. 113).

ordnungen aus einer unmittelbaren Kenntnis der Lage treffen und spätere, anders lautende Einschätzungen die Beweislast dafür zu tragen haben, warum sie von der zeitgenössischen Einschätzung abweichen. Im Falle Petrovskijs gibt es mehrere voneinander unabhängige Zeugnisse, die ihn zu verschiedenen Zeiten als Formalisten bezeichnen.[19] Wir zitieren exemplarisch aus dem Lexikoneintrag zur „Formalen Schule“ aus dem *Handbuch literarischer Termini* (Frenkel's Literaturenzyklopädie):

> „FORMALE SCHULE. Unter dieser Bezeichnung versteht man gewöhnlich eine junge russische Schule von Literaturwissenschaftlern [...]; zu ihr gehören: Viktor Šklovskij, L. Jakubinskij, E. Polivanov, O. Brik, B. Ėjchenbaum, V. Žirmunskij, Ju. Tynjanov u. a. Ihnen nahe stehen einige Linguisten (R. Jakobson). Repräsentanten der formalen Methode sind auch einige Literaturwissenschaftler, die der oben genannten Gruppe nicht angehören, z. Beisp. M. Petrovskij.“[20]

Aus diesem Hinweis lässt sich die folgende hinreichende Adäquatheitsbedingung gewinnen:

(A1) Eine historiographische Zuordnung ist angemessen, wenn sie sich entweder auf relevante zeitgenössische Zuordnungen stützt oder, falls notwendig, erklärt, warum sie von ihnen abweicht.

Notwendig ist die Bedingung nicht, da auch angemessene historiographische Zuordnungen denkbar sind, die keine zeitgenössische Zuordnungen berücksichtigen. Nimmt man eine historiographische Zuordnung vor – wie etwa die Petrovskijs zum Russischen Formalismus –, so besteht der erste Schritt darin, nach sachlichen Gründen zu suchen, die für oder gegen diese Zuordnung sprechen. Voraussetzung dafür ist, dass man die für den Russischen Formalismus konstitutiven theoretischen Annahmen rekonstruiert und Petrovskijs Annahmen damit abgleicht. Petrovskijs Zuordnung zum Russischen Formalismus nun wäre zweifellos nicht umstritten, wenn es es eindeutige sachliche Gründe für oder gegen sie gäbe. Dies ist aber nicht der Fall: Für die Inklusionsthese (Doležel), der zufolge Petrovskijs Position zum Russischen Formalismus gehört, spricht, dass Petrovskij wie Šklovskij zwischen Fabel und Sujet unterscheidet (auch wenn er sie umgekehrt benennt),[21] dass er die

[19] Vgl. etwa die Lemmata „Petrovskij M. A.“ und „Nachgeschichte“ in der elfbändigen *Literaturnaja ėnciklopedija*, Moskau 1929–1939: Petrovskij M. A (1934, Sp. 622); Nachgeschichte (1934, Sp. 626–627).

[20] „FORMAL'NAJA ŠKOLA. Ėtim nazvaniem prinjato obznačat' moloduju russkuju školu literaturovedov [...]; k nej prinadležat: Viktor Šklovskij, L. Jakubinskij, E. Polivanov, O. Brik, B. Ėjchenbaum, V. Žirmunskij, Ju. Tynjanov i dr. Blizko k nim stojat nekotorye issledovateli lingvisty (R. Jakobson). Predstaviteljami formal'nogo že metoda javljajutsja nekotorye literaturovedy, s vyšeukazannoj gruppoj ne svjazannye, napr., M. Petrovskij.“ Stoljarov (1925, Bd. 2, Sp. 1042–1044).

[21] „Ich würde das Wort *Sujet* lieber im Sinne des *Stoffs* [materija] des Kunstwerks verwenden. Das Sujet ist gewissermaßen das System der Ereignisse und Handlungen (oder ein einzelnes Ereignis, das einfach oder komplex sein kann), das dem Dichter in einer bestimmten Formung vorlag, die

Form zum Gegenstand der Poetik erklärt,[22] dass er die „Verfahren“ als formale Grundelemente ansieht[23] und dass er ein artefaktimmanentes, „morphologisches“ Untersuchungsinteresse verfolgt.[24] Hinzu kommt, dass er sich einiger Schemata bedient, die schon auf den ersten Blick zumindest formale Vorlieben verraten. Hinter Hansen-Löves Exklusionsthese steht demgegenüber die Überlegung, dass der russische Formalismus auf der Basis des Verfremdungsprinzip als Abweichungspoetik rekonstruiert werden kann. Da Petrovskijs Position keine devianzpoetologischen Annahmen enthält und nicht einer Abweichungspoetik verpflichtet ist, kann sie, so läßt sich Hansen-Löves Argumentation rekonstruieren, nicht dem Russischen Formalismus zugerechnet werden. Äußerlich unterscheidet Petrovskij sich von den russischen Formalisten um Šklovskij dadurch, dass er keine Stilanalysen durchgeführt und nur eine schmale Sammlung von wenigen Erzählanalysen zu Novellen des 19. Jahrhunderts hinterlassen hat.

Wie diese knappen Ausführungen zeigen, ergibt die Sichtung der sachlichen Gründe allein noch keine Lösung des Problems. Erst die Gewichtung dieser Gründe schafft eine Voraussetzung für die angemessene historiographische Zuordnung eines Autors zu einer theoretischen Strömung im Sinne einer übergeordneten theoretischen Formation. Diese Gewichtung lässt sich als notwendige Adäquatheitsbedingung formulieren:

(A2) Die historiographische Zuordnung einer theoretischen Position zu einer übergeordneten theoretischen Formation ist nur dann angemessen, wenn Position und Formation zentrale Annahmen teilen.[25]

Nun ist jedoch nicht auszuschließen, dass zwei Positionen *einige* zentrale Annahmen einer Theorie teilen, andere aber nicht. Dieser Fall liegt bei den Positionen Petrovskijs einerseits und Vertretern des OPOJAZ andererseits vor. Will man hier zu

allerdings noch nicht das Resultat seiner eigenen, individuellen schöpferischen Arbeit ist. Das literarisch bearbeitete Sujet würde ich hingegen Fabel nennen“. Petrovskij (2009, S. 82). Für eine Erörterung der Positionen vgl. Schmid (2009).

[22] Nach Petrovskij, der den „Gehalt“ als Summe von „Form“ und „Materie“ ansieht und als Korrelat ästhetischer Wahrnehmung bestimmt, „beinhaltet die Poetik als Wissenschaft von der Literatur das Studium gerade der Form: Die Form nämlich ist Gegenstand des ästhetischen Wissens.“ Petrovskij (2009, S. 67).

[23] „[…] allein mit der morphologischen Analysemethode des literarischen Gehalts [können wir] die Materie des literarischen Werks gewinnen (abstrahieren) und darüber hinaus aus ihrer Gegenüberstellung mit dem literarischen Ganzen jene formalen Grundelemente (resp. „Verfahren“) feststellen, die einen gegebenen literarischen Organismus bilden.“ Petrovskij (2009, S. 68).

[24] Eine der „Hauptmethoden zur Untersuchung der literarischen Form“ ist „die unmittelbare, immanente Analyse des Gehalts im Sinne des literarischen Werks.“ Petrovskij (2009, S. 68).

[25] Die strittigen theoretischen Positionen müssen mithin dem ‚harten Kern’ der Theorie zugehören und dürfen nicht allein der Peripherie zugerechnet werden.

einer Entscheidung gelangen, so gilt es zusätzlich zu fragen, ob es angemessene Alternativen zu einer Zuordnung Petrovskijs zum Russischen Formalismus gibt. Betrachtet man das Verhältnis von Petrovskijs Position und der Position des OPOJAZ, ergeben sich zunächst zwei Möglichkeiten:

1. Petrovskijs Position gehört zu einer der zeitgenössischen Positionen/Formationen, die mit der Position des OPOJAZ (= Formation des Russischen Formalismus) konkurrieren.
2. Petrovskij formuliert eine eigene selbständige Position.

Als Konkurrenten des Formalismus in Russland, dessen sichtbarste Repräsentanten über die Jahre hinweg aus dem OPOJAZ stammen, gelten verschiedene Richtungen, die sich in der russischen Literaturwissenschaft formierten und sich in polemische Auseinandersetzungen mit den Formalisten begaben: die sogenannte ethnographische Formation in der Folge Aleksandr Veselovskijs (1838–1906), die psychologische Formation in der Folge Aleksandr Potebnjas (1835–1891), die marxistische Formation, die soziologische Formation.[26] Gleicht man Petrovskijs Position mit diesen nicht-formalistischen Positionen ab, so findet sich keine Übereinstimmung. Die Kritiker des Formalismus wenden sich gegen Annahmen, die auch Petrovskij teilt.

Gegen die zweite Möglichkeit, die Eigenständigkeit von Petrovskijs Position, sprechen zum einen die oben erwähnten Gemeinsamkeiten und zum anderen die zeitgenössische Einschätzung. Petrovskijs Position lässt sich auch nicht durch wesentliche weitere Annahmen charakterisieren, die eine Alternative zu der Position des OPOJAZ formulieren würden.[27] Da Petrovskijs Position nun weder einer mit der Position des OPOJAZ konkurrierenden Formation zugerechnet noch als eigenständig charakterisiert werden kann, gibt es mithin keinen guten Grund, sie der Position des OPOJAZ nicht zuzurechnen. Die entsprechende Adäquatheitsbedingung für theorie-historiographische Zuordnungen lässt sich wie folgt formulieren:

[26] Dass diese Formationen eine jeweils eigene Identität haben und sich als solche als Alternativen zum Formalismus verstanden, geht z. B. aus Diskussionsbeiträgen in Zeitschriften hervor, die speziell der Auseinandersetzung mit dem Formalismus gewidmet waren. Vgl. etwa den Artikel „K sporam o formal'nom metode" in der Zeitschrift *Pečat' i revoljucija* 1924 (H. 5), S. 1–38. Vgl. außerdem Cejtlin (1934).

[27] Was ihn von den Repräsentanten des OPOJAZ (abgesehen von seiner Indifferenz gegenüber dem Verfremdungskonzept) unterscheidet, sind sein auf theoretische Kontinuität ausgerichteter Personalstil und die in Ansätzen erkennbare Akzeptanz der Ansicht, dass man die Literaturwissenschaft in eine allgemeine Kunstwissenschaft integrieren könne. Ėjchenbaum zählte Petrovskij zu den unliebsamen Nachahmern, die die reine Lehre verwässerten. Vgl. seinen Brief an Žirmunskij vom 19. Oktober 1921. In: Ėjchenbaum/Žirmunskij (1988, S. 315).

(A3) Die historiographische Zuordnung einer theoretischen Position zu einer übergeordneten theoretischen Formation ist nur dann angemessen, wenn in der Zuordnung alternative zeitgenössische theoretische Formationen berücksichtigt und als Zuordnungskandidaten ausgeschlossen werden.

Die von uns gewählte Zuordnung impliziert nun aber nicht, dass man gezwungen wäre, die Unterschiede zwischen Petrovskijs Position und der des OPOJAZ zu nivellieren. Wie im Hinblick etwa auf die marxistische Formation, in der es zahlreiche unterschiedliche Positionen gab, ist es geboten, innerhalb der formalistischen Formation zwischen den einzelnen Positionen zu differenzieren. Wie insbesondere aus Hansen-Löves unübertroffen materialreicher Studie hervorgeht, hatten am Russischen Formalismus viele Autoren Anteil, nicht nur wie der Symbolist Andrej Belyj als bedeutende Ideengeber, sondern auch als Ideennehmer. Diese jedoch aus dem Kreis der russischen Formalisten lediglich deswegen auszuschließen, weil sie das Verfremdungsprinzip nicht teilen, erscheint arbiträr.[28] Zum einen würde dadurch die Bedeutung des Verfremdungsprinzips gegenüber anderen programmtragenden Annahmen des Russischen Formalismus überschätzt, zum anderen würden die konkurrierenden Theorien nicht hinreichend berücksichtigt.[29]

2 Anwendung der Adäquatheitsbedingungen auf die Prüfung transnationaler Einflussbeziehungen

Für eine Prüfung transnationaler Einflussbeziehungen gelten, wie wir zeigen möchten, die im Vorhergehenden genannten Adäquatheitsbedingungen in analoger Weise.[30] Im Einzelnen beinhaltet eine Einflussbehauptung mehrere Teilthesen.[31] Zur Begründung der Behauptung, dass eine Theorie von einer früheren Theorie beeinflusst worden sei, muss beim Autor der jüngeren Theorie nicht nur die Kenntnis der früheren Theorie nachgewiesen werden; die beiden Theorien müssen auch im Hinblick auf ein programmtragendes Element *ähnlich* sein, und die jüngere Theorie muss durch dieses von der älteren Theorie übernommene Element eine *Veränderung* erfahren haben. Während die Anforderung nach Ähnlichkeit im vorigen Abschnitt erörtert wurde, werden wir uns in diesem und dem nächsten Abschnitt mit der Frage nach der Veränderung beschäftigen, die eine mutmaßlich beeinflusste Theorie erfährt.

Für einen deutschen bzw. österreichischen Einfluss auf den Russischen Formalismus sind bislang im Wesentlichen zwei Quellen genannt worden: Doležel verwies im Rückgriff auf Šor auf die Kompositionstheorie Otmar Schissels von Fle-

[28] Bei Belyj greift die Bedingung A3: Obgleich er dem Formalismus einige Ideen geliefert hat, ist es aufgrund von A 3 unangemessen, ihn dem Formalismus zuzurechnen, weil er zu stark dem russischen Symbolismus verpflichtet ist.

[29] Dieser Abschnitt ist eine überarbeitete Version von Aumüller (2014).

[30] Die Adäquatheitsbedingung A1 spielt für die Feststellung transnationaler Einflussbeziehungen freilich nur eine geringe Rolle.

[31] Vgl. Hermerén (1975, bes. S. 177–257).

schenberg, und Michael Dewey wies erst 2004 auf den mutmaßlichen Einfluss der deutschen Geistesgeschichte hin. Dewey behauptet, dass eine theoriegeschichtlich progressive (weil in den Strukturalismus mündende) Annahme des Russischen Formalismus „dem Geistesbegriff der Deutschen Entscheidendes" schulde, „und zwar gerade der antipositivistischen Ausrichtung, die dieser Begriff Ende des 19. Jahrhunderts in Diltheys und Windelbands Gegenüberstellung von Natur- und Geisteswissenschaften erfuhr".[32] Dewey identifiziert eine verschiedenen theoretischen Formationen gemeinsame Annahme, die er als antipositivistisch charakterisiert, und versucht damit den Nachweis zu führen, dass die zwei gewöhnlich als Antagonisten gehandelten Formationen – hier Russischer Formalismus, dort deutsche Geistesgeschichte – einander in Wahrheit viel näher stehen, als die Formalisten selbst und die Wissenschaftshistoriographie es bis heute wahrhaben wollten. Diese These wird darüber hinaus mit einer Einflussbehauptung kombiniert, der zufolge der Russische Formalismus der deutschen Geisteswissenschaft etwas „Entscheidendes" verdanke.

Will man Deweys These prüfen, so wird man feststellen, dass die in ihr für die Einflussbeziehung verwendeten Begriffe „Geist" und „Antipositivismus" von so großer Allgemeinheit sind, dass sie sich in einem Theorienvergleich empirisch weder erhärten noch erschüttern lassen. Man muss also die Argumentation Deweys zuspitzend so rekonstruieren, dass sie sich vorläufig bestätigen oder widerlegen lässt.[33] Diesen Versuch wollen wir im Folgenden unternehmen, bevor wir die Frage beantworten, ob der Russische Formalismus der deutschen Geisteswissenschaft etwas „Entscheidendes" verdankt.

Dewey (2004, S. 77–78) geht davon aus, dass es den Formalisten „von Anfang an um die Aufdeckung von Gesetzen" gegangen sei, doch im Gegensatz zum Positivismus nicht um Naturgesetze, sondern, wie Dewey im Rekurs auf eine Formulierung Šklovskijs schreibt, um „Gesetze des künstlerischen Willens".[34] Die Schlussfolgerung, die Dewey aus Šklovskijs Formulierung zieht, lautet, dass dieser „Versuch, die formalistische Literaturwissenschaft als eine nichtpositivistische Gesetzeswissenschaft zu kreieren [...] für die weitere literaturwissenschaftliche Konzeptionsbildung der Formalisten sehr wichtig" geworden sei; durch ihn nämlich seien sie zur „Erarbeitung des für sie unumstößlichen Grundsatzes" gelangt, „daß die Wortkunst einen ganz und gar eigenständigen Bereich mit spezifischen Gesetzen bildet, der von einer ebenso eigenständigen und spezifischen Wissenschaft erforscht wird"

[32] Dewey (2004, S. 74). Weitere Seitenangaben im Haupttext.

[33] Das Missliche bei derartigen Rekonstruktionsanstrengungen besteht darin, dass derjenige, der eine solche generalisierende These aufgestellt hat, sich stets darauf zurückziehen kann, er sei falsch oder unzureichend rekonstruiert worden und müsse seine These schon deshalb aufrechterhalten.

[34] In der Tat spricht Šklovskij (1969) in „Verbindung" auch von „Gesetzen des künstlerischen Willens" – und meint damit unter Berufung auf Lev Tolstojs Brief an eine Leserin, die danach fragte, wer sein Fürst Bolkonskij aus *Krieg und Frieden* sei, Kompositionsgesetze, denen die Einführung literarischer Figuren geschuldet sei. Wie aus Šklovskijs Kommentierung des Tolstoj-Zitats hervorgeht, kommt es ihm darauf an, dass der Autor sich nicht „nach außerkompositorischen Gesetzen", d. h. nicht danach richtet, was wahrscheinlich oder realistisch ist, sondern dass er „von kompositorischen Gründen" geleitet wird.

(Dewey 2004, S. 86). Mit anderen Worten: Der Begriff des Geistes im Sinne der Geistesgeschichte habe dazu beigetragen, die Eigenständigkeit der literaturwissenschaftlichen Methodologie (die Eigenständigkeit von Untersuchungsprinzipien, die in der Eigentümlichkeit des Gegenstandes gründet) zu erkennen.[35]

In der Darstellung Deweys ist es vor allem Boris Ėjchenbaum, der diese Annahme in Abgrenzung zur Linguistik entwickelt und mit einer weiteren Annahme verknüpft. Diese Annahme betrifft das „Wechselspiel von Versrhythmus und Verssyntax", das für Ėjchenbaum die individuelle „Intonation" eines Gedichtes ausmacht. Damit, so Dewey (2004, S. 80), habe Ėjchenbaum „wesentlich Tynjanovs strukturalistischem Herangehen vorgearbeitet, denn die Essenz des strukturalen Ansatzes besteht darin, daß man es versteht, die Komponenten einer Struktur in ihrer dynamischen Korrelation zu analysieren."

Diese zweite Annahme entwickelt Ėjchenbaum in Auseinandersetzung mit Eduard Sievers' Ohrenphilologie, die wohl kaum im Verdacht steht, in der Tradition eines geistesgeschichtlichen Antipositivismus zu stehen.[36] Gerade aber in der Verknüpfung dieser beiden Annahmen erblickt Dewey offenbar den entscheidenden Hinweis darauf, dass die russischen Formalisten die Tradition der deutschen Geistesgeschichte an den Strukturalismus vermittelt hätten: „Das Tor zum Strukturalismus ist also bereits 1921 aufgestoßen, und – so paradox das klingen mag – Pate hat dabei die deutsche Gegenüberstellung von Natur- und Geisteswissenschaften gestanden" (Dewey 2004, S. 84). Darüber hinaus behaupte Ėjchenbaum, so Dewey, „indirekt", dass „die Literaturwissenschaft den Vorrang vor der Sprachwissenschaft" habe, weil „sie es doch mit dem Reich des Geistigen zu tun" habe, das „von der bewußten zwecksetzenden Tätigkeit des Menschen geprägt" sei (Dewey 2004, S. 84).

Unsere Kritik betrifft zum einen die empirische Angemessenheit von Deweys Argumentation. Antipositivistisch sollen jene Formulierungen Šklovskijs sein, die auf die freie Kreativität des Künstlers rekurrieren. Es fragt sich jedoch, ob diese Formulierungen weniger antipositivistisch inspiriert als vielmehr „Ausrutscher" sind, da sie in Šklovskijs Gesamtkonzeption einen Fremdkörper bilden.[37] Wie bereits erwähnt, steht hinter Šklovskijs Formulierungen die Überzeugung, dass es um Kompositionsgesetze geht, von denen sich der Künstler leiten lässt; damit ist nach Šklovskij seine künstlerische Souveränität eingeschränkt. Zudem hatte Roman Ja-

[35] Genau genommen, formuliert Dewey (2004) zwei Thesen: a) Šklovskijs Antipositivismus bestehe in der Anerkennung des künstlerischen Willens als des maßgeblichen Faktors für das Kunstwerk; b) diese Überzeugung sei es gewesen, die schließlich zu der erst eigentlich formalistischen These von der künstlerischen Eigengesetzlichkeit geführt habe, nachdem die Komponente des künstlerischen Willens fallen gelassen worden sei.

[36] Vgl. Meyer-Kalkus (2001, S. 131–135).

[37] Wenn Dewey (2004) richtig läge, gäbe es für einen russischen Vertreter der Geistesgeschichte wie Aleksandr Skaftymov keinen Grund, sich vom OPOJAZ zu distanzieren. Genau das tut er aber in der 1922/23 entstandenen Abhandlung (Skaftymov 1924) „Tematičeskaja kompozicija romana ‚Idiot. – Dt. Auszüge unter dem Titel „Die thematische Komposition des Romans ‚Der Idiot'". In: Schmid (2009a, S. 92). Aus Skaftymovs Ausführungen wird auch deutlich, dass er einen anderen Begriff von Teleologie hat als Ėjchenbaum.

kobson bereits in seiner 1921 erschienenen Chlebnikov-Abhandlung vom Verfahren als dem „einzigen Helden der Literaturwissenschaft“ und von Dichtung „als Sprache in ihrer ästhetischen Funktion“ gesprochen.[38] Diese Abhandlung geht auf einen 1919 im Moskauer Linguistenkreis im Beisein des OPOJAZ-Mitglieds Osip Brik gehaltenen Vortrag zurück.[39] Es gibt also genügend Hinweise, die belegen, dass die russischen Formalisten 1921 in ihrer Theoriebildung bereits weiter (bzw. anders orientiert) waren, als Dewey glauben machen will.

Zum anderen sind wir der Auffassung, dass Deweys Verknüpfung der zwei Annahmen zur Intonation von zweifelhaftem Wert für die Stützung seiner These ist. Zusammenfassend gesagt, handelt es sich um die *meta*theoretische Annahme einer epistemologischen Eigenständigkeit der Literaturwissenschaft und um die *metrik*theoretische Annahme, dass sich die „Intonation“ eines Gedichts aus dem je individuellen Zusammenspiel von Verssyntax und -rhythmus ergebe. Dass diese Annahmen historiographisch von Bedeutung sind, erschließt sich im ersten Fall aus der Überlegung, dass Ėjchenbaums Version des russischen Formalismus die Literaturwissenschaft von der Linguistik löst und als Disziplin *sui generis* etabliert, und im zweiten Fall aus dem Faktum, dass Ėjchenbaums Annahme über die Versintonation nach Deweys Auffassung im Strukturalismus produktiv geworden sei, da sie „zum ersten Mal einen neuartigen Begriff vom Kunstwerk als einer hierarchischen Ganzheitlichkeit aus miteinander in spannungsvoller Wechselwirkung stehenden Elementen“ geboten habe, „d. h. einen Werkbegriff, der bereits Tynjanovs spätere System- und Strukturauffassung in wesentlichem Maße vorwegnimmt“ (Dewey 2004, S. 83).

Betrachten wir zunächst die metatheoretische Eigenständigkeitsannahme mit Blick auf die mit ihr verbundene Einflussbeziehung. Dewey stützt sich besonders auf die mit „Methodologische Fragen“ betitelte Einleitung zu Ėjchenbaums Abhandlung über *Die Melodik des russischen Lyrikverses* aus dem Jahr 1922.[40] Hier versucht Ėjchenbaum, die Eigenständigkeit der Poetik (= Literaturwissenschaft) als „Geisteswissenschaft“ gegenüber der Linguistik, die er als „Naturwissenschaft“ bezeichnet, zu verteidigen.[41] Der Grund für die Eigenständigkeit liegt für Ėjchenbaum darin, dass die Linguistik die poetische Sprache nur als Teil oder Sondersprache betrachtet (analog zur Kanzlei- oder Umgangssprache, wie man ergänzen könnte) und sie nur im Hinblick auf ihre Gemeinsamkeiten mit anderen sprachlichen Erscheinungen untersucht. Darauf folgt bei Ėjchenbaum eine Bestimmung der Poetik, die nicht besonders klar ist. Bevor er auf den bereits erwähnten Unterschied zwischen Kausalität (Linguistik) und Teleologie (Poetik) zu sprechen kommt, stellt er die Poetik der Linguistik gegenüber, weil sie die poetische Sprache eben nicht als Teil- oder Sondersprache neben anderen ansieht, sondern als „Tätigkeit“ mit „einem besonderen Zweck“. Diese Gegenüberstellung könnte im Gegensatz zu Deweys Auslegung besagen, dass die Poetik auf die Eigentümlichkeiten der poetischen Sprache bzw. Literatur zielt. Dies stünde in Einklang mit anderen Formulierungen

[38] Vgl. Jakobson (1972, S. 131).

[39] Vgl. Šapir (1991).

[40] Ėjchenbaum (1922).

[41] Ėjchenbaum (1922, S. 14).

Ėjchenbaums. Nach Ėjchenbaum klassifiziert und generalisiert die Linguistik, während die Literaturwissenschaft spezifiziert, wie er es wenig später ausdrückt.[42]

Nach Dewey (2004, S. 81–82) greift Ėjchenbaum die (südwestdeutsch-)neukantianische Unterscheidung zwischen Natur- und Geisteswissenschaften auf, um die Eigenständigkeit der Poetik zu begründen. Doch selbst wenn sich dieser Zusammenhang bestätigen sollte, nützt er Deweys eigentlichem Argumentationsziel wenig, das in der Begründung eines Einflusses der geistesgeschichtlichen Literaturwissenschaft auf den Russischen Formalismus besteht: Die von Dewey (2004, S. 69, 74, 85) zitierten Äußerungen Tynjanovs und Ėjchenbaums, in denen sie sich vom „Geist" der Deutschen distanzieren, beziehen sich auf die deutsche geistesgeschichtliche Literaturwissenschaft – und nicht auf die neukantianische Wissenschaftsphilosophie. Es ist im besten Falle diskussionsbedürftig, ob der antipositivistische Gehalt in beiden Fällen derselbe ist, und überdies ist zu fragen, ob die Autonomiehypothese etwas spezifisch Antipositivistisches ist.

Die andere Annahme (die metriktheoretische Annahme über den Zusammenhang von Verssyntax und -rhythmus) verdankt nach Dewey der deutschen Geisteswissenschaft etwas „Entscheidendes". Dass die Ohrenphilologie nicht gut dem antipositivistischen Spektrum zugerechnet werden kann, wurde bereits erwähnt. Von Interesse aber ist, was die Formulierung „Entscheidendes" besagen soll. Was Ėjchenbaum von der Ohrenphilologie übernimmt, ist die Vorstellung, dass die Intonation bzw. Melodik in der Textstruktur angelegt ist. Sievers' Untersuchungsziel, diese These experimentell mit Hilfe von Schallanalysen zu erhärten, übernimmt er nicht. Stattdessen entwickelt er das Konzept von interagierenden Syntax- und Rhythmusstrukturen im Vers. Welche dieser beiden Vorstellungen ist nun diejenige, die im Strukturalismus wirksam geworden ist? Dewey schreibt selbst: Die von der Wechselwirkung. Das heißt, die Idee der Ohrenphilologie war allenfalls ein Anlass[43] für Ėjchenbaum, das Konzept von der Wechselwirkung zu entwickeln, das Konzept selbst stammt aber nicht von Sievers. Das „Entscheidende" verdankt er somit sich selbst (oder einer anderen Quelle). Deweys Behauptung, der russische Formalismus sei von der deutschen Geisteswissenschaft beeinflusst und verdanke „dem Geistesbegriff der Deutschen Entscheidendes", lässt sich in der Formulierung einer Einflussthese nicht halten: Der Russische Formalismus hat von der deutschen Geisteswissenschaft nichts übernommen, was zum programmtragenden harten Kern der theoretischen Annahmen des Formalismus gehörte.

Um die zu Anfang dieses Abschnitts eröffnete Überlegung zu Ende zu führen: Dewey diskutiert beide Fragen: die nach der Ähnlichkeit und die nach der Veränderung von Theorien. Allerdings verteilen sich seine Beobachtungen auf zwei verschiedene Annahmen und können daher nicht als Begründung auch nur für eine der

[42] Vgl. Ėjchenbaum (1973). Von Gesetzen spricht übrigens nur Šklovskij. Für Ėjchenbaum ist der springende Punkt, dass man Verfahren nur von Fall zu Fall spezifizieren kann. Weil die Kunst sich immer fortentwickelt, kann es keine Systematisierung von Verfahren geben. Darum auch stand er allen Systematisierungsversuchen so skeptisch gegenüber und ließ nur Arbeitshypothesen gelten. (Dass z. B. der Rhythmus eine Kategorie ist, die innerhalb der Poetik die Rolle einer grammatischen Kategorie in der Linguistik einnimmt, übersieht er.)

[43] Möglicherweise sogar, wie Dewey (2004, S. 79) schreibt, „eine der entscheidenden Anregungen". Entscheidende Anregungen, die zu gänzlich eigenständigen Konzeptionen führen, lassen sich aber weder unmittelbar noch mittelbar als Einflussbeziehungen rekonstruieren.

beiden Annahmen herangezogen werden: Dewey gibt mit Bezug auf die metatheoretische Annahme keine Hinweise, die erkennen lassen, dass in Ėjchenbaums Auseinandersetzung mit den deutschen Theoretikern ein Bestandteil der deutschen Theorie eine Veränderung in seiner theoretischen Orientierung bewirkt hätte, auch wenn es Ähnlichkeiten gibt. Mit Bezug auf die metriktheoretische Annahme ist es umgekehrt. Sievers' Überlegung mag der Impuls für eine Veränderung gewesen sein, sie ist aber dem formalistischen Ansatz völlig unähnlich.

3 Zum Einfluss der „Seuffert-School" auf den Russischen Formalismus

Ein anderer transnationaler Einfluss ging nach Doležel[44] von Bernhard Seuffert bzw. der „Seuffert-School" oder „Seuffert-group" aus. Da die Angaben zu dieser Gruppierung bei Doležel etwas rhapsodisch sind, sollen sie im Folgenden wissenschaftshistorisch etwas unterfüttert werden. Bernhard Seuffert gehörte zu den klügsten und einflussreichsten Schülern Wilhelm Scherers. Im Gegensatz zur Mehrheit der Scherer-Schüler besaß er ausgeprägte ästhetische Interessen – er hatte den Ästhetiker, Kunsthistoriker und Philologen Hermann Hettner[45] noch persönlich kennen gelernt,[46] und seiner ersten Publikation (über Maler Müller) war die Ehre einer Rezension aus Hettners Feder[47] zuteil geworden. Seuffert berücksichtigte in seinen literarhistorischen Untersuchungen ästhetische Fragen stets, zum Gegenstand eigener Untersuchungen machte er sie jedoch nur in einem dreiteiligen, zwischen 1909 und 1911 erschienenen Aufsatz, den er „Beobachtungen über dichterische Komposition"[48] überschrieb und zurückhaltend als „Vorarbeit"[49] kennzeichnete. Der Aufsatz enthielt detaillierte Untersuchungen zur Personenkonfiguration in Freytags *Soll und Haben* und in Kellers *Der grüne Heinrich*, in Goethes *Egmont*, *Iphigenie* und *Tasso* sowie in Schillers *Egmont*-Bearbeitung. Obgleich er im ersten Teil seiner Untersuchungsreihe von der Aussicht auf „Erfahrungssätze von einer gewissen Ge-

[44] Vgl. Doležel (1973).

[45] Zu ihm vgl. Schlott (1993).

[46] Vgl. Seuffert (1879, S. 1).

[47] Hettner (1879). Hettner hielt Seufferts Kompositionsstudien für bemerkenswert (S. 141): „Ich hebe mit Absicht dieses genauere Eingehen auf die künstlerische Seite hervor, denn ich leugne nicht, dass ich bei den Arbeiten unserer jüngeren Literar- und Kunsthistoriker oft das Gefühl habe, als seien wir in der Gefahr, wieder dem ödesten Alexandrinertum zu verfallen."

[48] Seuffert (1909/1911).

[49] Vgl. Seuffert (1909, S. 599). „Eine Vorarbeit, aber nicht mehr als eine solche, möchte ich in Beobachtungen über dichterische Komposition versuchen. Vor vielen Jahren bildete das Problem den Gegenstand lebhafter Unterredungen mit meinem Freunde A. E. Schönbach. Auf verschiedenen Wegen trachtete ich Lösungen der Aufgabe zu finden. In den Übungen meines Seminars habe ich mancherlei versucht, und die Mitarbeit meiner Zuhörer trieb mich fördernd weiter."– Schönbach dürfte kaum der „Seuffert-school" zuzurechnen sein: Von ihm sind Kompositionsstudien in Seufferts Sinne nicht publiziert, und Seuffert grenzte Schönbach von dessen Lehrer ab mit der Bemerkung: „Nur nach der Seite der Ästhetik war Schönbach nicht gleich empfänglich wie Scherer." (Seuffert 1912, S. 220).

meingültigkeit"[50] gesprochen hatte, gelangte er am Ende seiner Untersuchungen nicht zu theoretischen oder empirischen Verallgemeinerungen seiner Untersuchungen, sondern beschränkte deren Wert auf die Heuristik für die Interpretation. Die Komposition galt ihm als Ausdruck der Fähigkeit des Schöpfers, „die Auffassung in den Stoff hineinzubilden, Stoff und Auffassung, die zusammen den Inhalt ausmachen, zu gestalten":

> „Die innere Formgebung, die dichterische Aneignung des Stoffes hängt von der seelischen Lage des Autors ab. Da der Aufbau vor allem Ausdruck der inneren Form ist, kann die dichterische Absicht aus der Architektonik erhellt oder gar erst richtig erschlossen werden. Darum können Untersuchungen über die Komposition auch die Entstehungsgeschichte eines Werks beleuchten."[51]

Obgleich Seuffert sich auf das „Vorbild der beschreibenden Naturwissenschaften", der „Archäologie und der neueren Kunstgeschichte" und die „Neugestaltung der Ästhetik"[52] berief, sind seine Untersuchungen, deren heuristischer Wert für die Interpretation keinesfalls geschmälert werden soll, wissenschaftshistorisch eher als Einlösung oder Weiterentwicklung von Ideen Scherers zu betrachten denn als formale Analysen, die auf Modellbildungen oder eine Theorie der Komposition[53] im Bereich der Kompositionsstudien abzielten.

Ähnlich wie Seufferts Ansatz ist eine ganze Reihe von Untersuchungen im Umkreis von Scherer-Schülern wie Erich Schmidt und Berthold Litzmann zu charakterisieren, die sich bald nach der Wende zum 20. Jahrhundert meist mit dem Aufbau von Erzählwerken beschäftigten.[54] Die in Graz bei Bernhard Seuffert entstandenen Arbeiten weichen von diesem Typus nicht ab.[55] Während Seuffert und sein Schülerkreis die Form- und Kompositionsanalyse im Wesentlichen als Heuristik zur Interpretation von Einzelwerken einsetzten, entwickelte ein weiterer Schüler Seufferts, Otmar Schissel von Fleschenberg, in den Jahren bis zum Ersten Weltkrieg die Grundzüge einer Kompositionstheorie – doch Schissel lässt sich als „Schüler" Seufferts allenfalls im technischen Sinne bezeichnen.

---

[50] Seuffert (1909, S. 599–600).

[51] Seuffert (1911, S. 632).

[52] Seuffert: (1909, S. 599).

[53] Zur Kompositionstheorie vgl. die Begriffsbestimmung bei Aumüller (2009, S. 92).

[54] Vgl. dazu zusammenfassend Aumüller (2009, S. 114–120).

[55] Vgl. etwa Polheim (1908). Polheim schließt seine Untersuchung mit der Feststellung (S. 765): „Jedes Wort über Quellen und literarhistorische Zusammenhänge habe ich mit voller Absicht beiseite gelassen. Untersuchungen darüber sind aus der Anleitung zu erwarten, die Erich Schmidt jüngst in seinem Seminar gegeben hat, das auch mir den Anstoß gab, Kellers Legenden vorzunehmen. Die Betrachtungsweise dieser Arbeitsweise ist angebahnt und angeregt durch Bernhard Seuffert, der seit Jahren seinen Schülerkreis in die Ästhetik dichterischer Komposition und Formgebung einführt und unter anderem durch die Synthese der künstlerischen Elemente des ‚Grünen Heinrich' mir den Blick für diese Fragen und gerade für die Eigenart Kellers eröffnet und geschärft hat. Er hat denn auch diese erste Ausfahrt auf seinen Wegen mit reichen Winken betreut und begleitet." Zu anderen Beispielen vgl. Aumüller (2009, S. 115–116).

Der 1884 in Niederösterreich geborene Schissel hatte das Glück, in der um die Jahrhundertwende ungemein kreativen Umgebung der Grazer wissenschaftlichen Vereine und der Universität[56] gleich von drei herausragenden akademischen Lehrern prägende Anregungen zu empfangen: von Bernhard Seuffert, von dem Mediävisten Anton E. Schönbach und dem – seit längerem auf dem Gebiet der Ästhetik arbeitenden – Philosophen Hugo Spitzer. Im Übrigen aber war er ein völlig selbstständiger Geist von etwas tumultuarischer Kreativität und ausgedehntester Belesenheit. Um 1905 begann er gleich auf drei Gebieten zu publizieren: literarhistorische Arbeiten auf dem Gebiet der tirolischen Literaturgeschichte,[57] auf empirische Verallgemeinerungen orientierte Stilstudien zur mittelhochdeutschen Lyrik und Kompositionsstudien auf dem Gebiet des griechischen Romans und der Novelle. Die Dankbarkeit für Anregungen und Auseinandersetzungen, die zur Klärung seiner – und vermutlich auch Seufferts – Positionen beitrugen, brachte Schissel immer wieder (und gelegentlich ein wenig übertrieben) zum Ausdruck.[58]

Was Schissel Seufferts Arbeiten im Einzelnen verdankt, lässt sich kaum rekonstruieren, deutlich ist indes, dass er als Forscher schon eigene Wege verfolgte, als Seuffert seine Kompositionsstudien noch nicht publiziert hatte. In seinem Aufsatz über „Das weibliche Schönheitsideal nach seiner Darstellung im griechischen Romane“, der auf eine Anregung Spitzers zurückging,[59] charakterisierte er eingehend[60] die Technik der Schönheitsbeschreibung im griechischen Roman als eine bereits formelhaft „aufgereihte Summe von Merkmalen“, die „dem griechischen Schönheitsideale der Zeit entsprachen. Die Anordnung und Auswahl, also die Komposi-

[56] Vgl. den Versuch einer Zusammenschau in: (Acham 2009), insbesondere Teil III: Geisteswissenschaften in Graz seit dem 19. Jahrhundert.

[57] Unter dem Einfluss seines Lehrers Marian S. Prem, der als Germanist zugleich Spezialist für die Literaturgeschichte Tirols war.

[58] Das „Meinem hochverehrten Lehrer Bernhard Seuffert“ gewidmete Hoffmann-Buch (Schissel 1910) übersandte Schissel Seuffert u. a. mit den Worten: „Sie waren es ja doch, der meinem antiken denken, das sich vom neuplatonisch-romantischen anderer fachgenossen unbefriedigt fühlte, das ihm gemäße arbeitsgebiet erschloss, der mich ein kunstwerk als in sich vollendetes product verstehen und untersuchen lehrte. Eine scheinbar selbstverständliche forderung, dass man ein kunstwerk als solches und nicht als historisches detail in einer großen kette kultureller erscheinungen betrachte, um ihm gerecht zu werden; dass man auf die erkenntnis der inneren, seine ästhetische wirksamkeit hauptsächlich bedingenden form das hauptaugenmerk lenke und nicht auf die ‚geschichte‘ des zufälligen stoffes. Und doch habe ich nur bei ihnen, verehrter meister, verständnis für diese betrachtungsweise gefunden. Ohne ihren hinweis auf diese hätte ich nie die meiner natur allein zusagende wissenschaftliche denkweise kennen gelernt und hätte wohl eine mir darum ziemlich fremde wissenschaft bald verlassen, die nunmehr mein eigentlichstes lebenselement geworden ist, werden musste.“ Brief Schissels an Seuffert vom 27.5.1910 (Nachlass Bernhard Seuffert, Staatsarchiv Würzburg). Ein Großteil der hier Seuffert zugeschriebenen Verdienste gebührt mindestens im gleichen Umfang Hugo Spitzer. In einem Lebenslauf aus dem Jahre 1921 schrieb Schissel: „Von meinen Grazern und Wiener Lehrern hat Prof. Dr. phil. et med. Hugo Spitzer den für meine Forschungsrichtung am Meisten bestimmenden Einfluss auf mich geübt.“ (Personalakte Schissel von Fleschenberg, Unterrichtsministerium Wien, unbezeichnet).

[59] Vgl. Fleschenberg (1907, S. 405) „Herrn Professor Dr. Hugo Spitzer sage ich auch an dieser Stelle Dank für die Anregung zu der vorliegenden Arbeit.“

[60] Vgl. vor allem Fleschenberg (1907, S. 390–395).

tion dieser Merkmale, die immer eine streng durchdachte ist, bedeutet das für den einzelnen Dichter Charakteristische, unterscheidet sie voneinander. Die Merkmale selbst sind somit, weil von einem Idealtypus abgenommen, immer dieselben, das Persönliche des Verfassers kommt in ihrer Gruppierung und Auswahl zum Ausdrucke."[61] Schissel kennzeichnete die Schönheitsbeschreibung als ein Merkmal von hoher Konstanz und bestimmte deren Position und Funktion im Aufbau des griechischen Romans. Zugleich machte er auf das Fortleben der Schönheitsbeschreibung im mittelalterlichen und – vor allem infolge der Heliodor-Rezeption – im europäischen Roman von Renaissance und Barock aufmerksam.[62] Im Kern enthielt der Aufsatz des 23jährigen Schissel bereits das Programm, dem seine Forschungen bis zum Ersten Weltkrieg gewidmet waren und das er in einem Brief an Seuffert kurz darauf mit einigen rhapsodischen Sätzen umriss:

> „leider erwies sich auch Rohde ‚der griech*ische* roman'[63] als sehr ungenügende vorarbeit für meine auffassung des romans, deren aufstellungen an und für sich, wie ich nächstens öffentlich zeigen werde, von weniger als problematischem werte sind. seine induktive methode führte zu gänzlichem fiasko. […]
>
> meine aufgabe wird infolge Rohdes ungenügender vorarbeit zunächst ganz verschoben werden müssen und sich mit einer peinlich genauen untersuchung der komposition und technik der griechischen romane befassen müssen, um daraus den romantypus zu gewinnen (die grenzen der gattung schwimmen trotz Rohdes intuitiv richtiger bestimmungen in den litterarhist*orischen* darstellungen) und darauf seine unmittelbaren technischen vorbilder (in der sophistik). ich wendete mich auf grund dieser erkenntnis den ephesischen geschichten des Xenophon Ephesius zu, die teilweise nur in epitome vorliegen. als ihr kompositionelles prinzip ist schon nach Rohdes ungenauer inhaltsangabe (S. 409 ff) rücksichtslos durchgeführter parallelismus deutlich, das sich nach dem 1. psychologischer erklärung der liebe des heldenpaares gewidmeten buche in streng synchronistischer darstellung äußert. […]
>
> später gedenke ich einmal diese meine romanstudien auf das 17. und 18. jh. zu projiciren. auch epenlectüre des MA, vor allem des 13. jhs. habe ich aufgrund einstiger anregungen hofrat Sch*önbach*'s in allerausgedehntestem maße vorgenommen […]".[64]

Seine Untersuchungen zum griechischen Roman begann Schissel mit einer Reihe von Studien, die – anders als die Seufferts – nicht die Komposition einzelner Werke zum Ziel hatten, sondern Gattungsprobleme lösen wollten. Anhand der Komposition der Romanschlüsse wollte er den Typus des sophistischen vom Typus des neusophistischen Liebesromans unterscheiden,[65] aufgrund der konzeptionellen Verwandtschaft der lateinischen „Acta diurnia belli Troiani" mit dem griechischen Liebesroman schloss Schissel, dass die „Acta" die freie Bearbeitung einer griechischen Vorlage seien,[66] und in einer Untersuchung der Konzeption der Rahmenerzäh-

[61] Ebd. Fleschenberg (1907, S. 384).

[62] Vgl. vor allem Fleschenberg (1907, S. 383.)

[63] Rohde (1876).

[64] Brief Schissels an Seuffert vom 7.1.1908 (Nachlass Bernhard Seuffert, Staatsarchiv Würzburg); Abkürzungen sind kursiv aufgelöst.

[65] Vgl. Fleschenberg (1908).

[66] Vgl. Fleschenberg, Otmar Schissel von: Dares-Studien. Halle a. S.: 1908. Die Auffassung Schissels hat sich in der Forschung durchgesetzt, s. Beschorner (1992, S. 8.).

lung der „Ephesischen Geschichten" des Xenophon von Ephesus suchte Schissel die ursprüngliche Komposition der fragmentarisch überlieferten "Ephesischen Geschichten" zu rekonstruieren.[67]

Standen in den bislang erwähnten Arbeiten kompositorische Elemente im Vordergrund, deren Analyse auf induktivem Wege zu Verallgemeinerungen bzw. zu gattungsmäßigen Schlussfolgerungen führten, so folgte Schissels Habilitationsschrift über E.T.A. Hoffmanns *Elixiere des Teufels* eher den Kompositionsstudien Seufferts.[68] Ihr Ziel war von vornherein die Analyse der Gesamtkonzeption des Romans, selbst wenn er diese nur an der ersten ‚Novelle' des Romans exemplifizierte. Den Zusammenhang der germanistischen Studie mit seinen Untersuchungen zum griechischen Roman verdeutlichte Schissel in einer Mitteilung an Seuffert mit der Bemerkung, die Hoffmann-Arbeit sei „eigentlich mehr ein Vorläufer meiner Geschichte des griechischen Romanes, denn weiterer neuphilologischer Arbeiten".[69] Nach Schissels Auffassung besteht Hoffmanns Roman aus einer Reihe von Novellen, die syntagmatisch als sukzessive Stationen einer Reise, paradigmatisch in strenger Symmetrie um die Konzeption von moralischem Fall und Auferstehung angeordnet sind. Schissel verband diese These über die Komposition mit einer Hypothese zur Entstehung des Romans aus einzelnen Novellen. Diese werkgenetische Hypothese[70] wurde von der Forschung nicht akzeptiert oder nicht weiter verfolgt, und auch sonst fand Schissels Arbeit nicht viel Beachtung.[71]

Die Umrisse einer allgemeinen Theorie der Komposition legte Schissel 1912 im Programm der von ihm herausgegebenen Reihe „Rhetorische Forschungen"[72] dar. „Die *Rhetorischen forschungen*", so lautet der erste Satz des Programms, „dienen kunstwissenschaftlicher beschreibung der rhetorik." Den Begriff der Rhetorik wendet Schissel „in seinem weitesten Umfange"[73] auf alle literarischen Werke an, die nach Gesichtspunkten der antiken Rhetorik und ihrer Nachfolgeprogramme konzipiert sind, d. h. auf die europäische Literatur von der Antike bis ins 18. Jahrhundert – und zwar aller Sprachen, denn für „eine kunstwissenschaftliche behandlung der rhetorik" bestehen, so Schissel, „die schranken nicht, die die literaturgeschichte im anschluss an die sprachforschung errichtet hat".[74] Die kunstwissenschaftliche Ziel-

[67] Vgl. Fleschenberg (1909).

[68] Vgl. dazu Müller (2011).

[69] Karte Schissels an Seuffert vom 26.3.1910 (Nachlass Bernhard Seuffert, Staatsarchiv Würzburg).

[70] In einem Brief an Seuffert vom 13.8.1913 behauptet Schissel: „Übrigens haben sich die Resultate meiner Hoffmannarbeit, [...], wie mir Herr v. Müller schreibt, aus den Tagebüchern des Künstlers urkundlich bestätigen lassen." Einen entsprechenden Nachweis haben wir bei Hans von Müller nicht finden können.

[71] Dazu mag beigetragen haben, dass seine grundlegenden Ideen in der dichten Beschreibung des Aufbaus der ersten ‚Novelle' kaum sichtbar wurden und weder eine angemessene Einleitung noch ein Fazit am Ende auf das „Prinzipielle" seines Versuchs aufmerksam machten.

[72] In der von ihm und Joseph Glonar herausgegebenen Reihe erschienen bis zum Beginn des Weltkriegs nur zwei Arbeiten aus Schissels Feder: Fleschenberg (1912) und (Fleschenberg 1913). Nach dem Weltkrieg wurde die Reihe nicht fortgeführt.

[73] Fleschenberg (1912, S. V).

[74] Fleschenberg (1912, S. XVI).

setzung schließt im Anschluss an Hugo Spitzer zum einen die spekulative, zum anderen die psychologische Ästhetik aus. Ziel der kunstwissenschaftlichen Analyse ist „die architektonik des rhetorischen kunstwerkes". Sie wird bedingt durch die „komposition oder künstlerische gliederung" des Werks, die aus „einer relation der einzelnen stoffteile zueinander" hervorgeht und dessen „innere Form" ausmacht. Der Stoff selbst hingegen besitzt „für die komposition keine bedeutung. Er dient nur zum körperlichen substrate, zum träger des vom Sophisten in seinem Werke jeweils dargestellten architektonischen prinzipes, wie der Steigerung, Konzentrizität, Variation, der Symmetrie, des Parallelismus, Kontrastes". Die Reduktion kompositorischer Möglichkeiten auf wenige allgemeine ‚architektonische Prinzipien' ist eine wichtige theoretische Verallgemeinerung, die sich bei Seuffert nicht findet.

Die „komposition oder künstlerische gliederung"[75] unterscheidet Schissel von der Disposition, die die chronologische oder logische Reihenfolge der Teile des Werks bezeichnet oder auch die Anordnung ganzer konventioneller Gattungen bestimmt wie beispielsweise die Gerichtsrede. Für wichtig erachtet er den Unterschied zwischen Komposition und Technik,[76] vor allem wohl im Hinblick auf die Tatsache, dass seit Ende des 19. Jahrhunderts immer mehr Arbeiten zur Technik der verschiedensten literarischen Gattungen erschienen. Die Technik konnte, so Schissel, im besten Fall eine „Statistik aller der Mittel"[77] bieten, durch welche die Komposition jeweils erreicht wird, während die Komposition das architektonische Prinzip darstellt, in dessen Dienst die technischen Mittel gestellt werden.

Einen Großteil seiner programmatischen Ausführungen widmete Schissel der Abgrenzung seiner rhetorischen Forschungen von der traditionellen Literaturgeschichte. Sein – später deutlicher formuliertes – Ziel ist es, eine als Zweig der Kunstwissenschaft aufgefasste „allgemeine" Literaturwissenschaft[78] abzugrenzen von der historischen Stoff-, Quellen- und Autoranalyse. Diesem Ziel entsprechend beantragte Schissel 1918, ihm die venia docendi für „allgemeine Literaturwissenschaft" zu erteilen, und zwar gegen die Löschung seiner venia für „deutsche Sprache und Literatur". Dem Antrag wurde stattgegeben, und Schissel wurde, soweit wir wissen, der erste Privatdozent, dessen Lehregebiet ausdrücklich die Bezeichnung „allgemeine Literaturwissenschaft" erhielt.

Die im Programm der „Rhetorischen Forschungen" entwickelten Vorstellungen realisierte Schissel in monographischen Untersuchungen über *Novellenkränze Lukians* und über *Die Griechische Novelle. Rekonstruktion ihrer literarischen Form.* Die bedeutendste Anwendung seiner formgenetischen Kompositionsstudien findet sich jedoch in seiner *Entwicklungsgeschichte des griechischen Romans*, die 1913 erschien. In dieser schlanken Arbeit von wenig mehr als 100 Seiten wollte Schissel – in scharfer Absetzung von Erwin Rohdes 1900 in zweiter Auflage erschienenen

[75] Alle Zitate bei Fleschenberg (1912, S. VI).

[76] Vgl. dazu Fleschenberg (1910, S. 1–2).

[77] Brief Schissels an Bernhard Seuffert vom 18.10.1909 (Privatbesitz).

[78] Auf diese Unterscheidung Schissels machte 1914 bereits Max Dessoir (1914, Sp. 2411) aufmerksam.

voluminösen Untersuchung[79] – zeigen, dass die griechische Novelle und der griechische Roman derselben Gattung angehören und dass der sophistische Liebesroman aus den älteren Novellenzyklen hervorgegangen ist. Bei der von ihm (re-)konstruierten Abfolge von Prosa-Typen zwischen den Polen von zwei „kunsttheoretisch ermittelten literarischen Gattungsformen", nämlich Novellenzyklus und Roman, handelte es sich, wie er hervorhob, „um die genetische Folge von Abstraktionen und nicht um die historische Folge von konkreten Gebilden"; seine Rekonstruktion war keine chronologische, die die Typen literarhistorisch analysierte, sondern die systematische „Entwicklungsgeschichte einer Kunstform", die „die einzelnen Typen derselben aus einander herleitet, ihre Entstehung aus einander erklärt".[80] Epistemologisch war seine Entwicklungsgeschichte damit weder eine teleologische, noch – das sei vor allem in Abgrenzung zu Konzeptionen des russischen und deutschen Formalismus hervorgehoben – morphologische.[81]

Ohne die Frage der empirischen Angemessenheit seiner Forschungsergebnisse beurteilen zu wollen, können wir feststellen, dass Schissel, ausgehend von der antiken Rhetorik und Poetik, zumindest die Grundzüge einer allgemeinen Theorie der Komposition entwickelte, in der formale, vom Inhalt (Stoff) unterschiedene Kompositionselemente in ihrer Konfiguration deutlich herausgearbeitet und übergreifenden Kompositionsprinzipien zugeordnet werden.[82] Eine ganz andere Frage ist die, ob Schissels Konzeption für die russische Kompositionstheorie und damit für den Russischen Formalismus derart von Bedeutung gewesen ist, dass man sinnvoller Weise von einem Einfluss sprechen kann. Formal und philologisch spricht dafür die These, dass Petrovskij sich explizit auf Schissels Unterscheidung von Komposition und Disposition bezog.[83] Betrachtet man aber – in analoger Heranziehung der Adäquatheitsbedingung A3 – die zeitgenössische Theorienumgebung Petrovskijs, so wird schnell deutlich, dass sich Schissels Unterscheidung sinngemäß auch bei Šklovskij und Ėjchenbaum findet,[84] deren theoretische Annahmen denen Petrovskijs von der Grundorientierung bei weitem näher standen als die sehr voraussetzungsreiche rhetorische Theorie Schissels. Weshalb Petrovskij sich in seinem Aufsatz auf Schissel und nicht auf Šklovskij bezog, wird sich kaum klären lassen –

[79] Vgl. Rohde (1876, ^{2}1900).

[80] Fleschenberg (1913a, S. VI–VII).

[81] Vgl. Fleschenberg (1913a, S. X, Anm. 1): „Der naturhistorische Entwicklungsbegriff ist vom künstlerischen inhaltsverschieden. Handelt es sich in jenem um unbewusste Fortbildungen lebender Organismen, so in diesem [...] um willkürliche, zweckhafte Änderungen an abstrakten Formtypen."

[82] Zur Bestimmung des Begriffs „Kompositionstheorie" vgl. Aumüller (2009, S. 92).

[83] Vgl. Petrovskij (1987).

[84] Vgl. Šklovskij (1969), und Ėjchenbaum (1919). Hier schreibt Ėjchenbaum mit Bezug auf Lev Tolstojs Fragment gebliebene Erzählung „Der gefälschte Coupon": Tut nalico – dva ėlementa, iz kotorych slagaetsja povest': forma, kotoraja sostoit iz celogo rjada sceplenij, i material – otdel'nye figury i položenija" (315). („Hier gibt es zwei Elemente, aus denen die Erzählung zusammengesetzt ist: die Form, die aus einer ganzen Reihe von Verkettungen besteht, und das Material – das sind die einzelnen Figuren und Situationen".) Zu den Unterschieden zwischen Šklovskij und Petrovskij vgl. Schmid (2009).

deutlich aber ist, dass Petrovskij auf Schissels Unterscheidung nicht angewiesen war und dass also auch in seinem Fall von einem entscheidenden Einfluss auf die Kompositionstheorie und mithin auf den Russischen Formalismus keine Rede sein kann.

Literatur

Acham, Karl (Hg.): Kunst und Geisteswissenschaften aus Graz. Werk und Wirken überregional bedeutsamer Künstler und Gelehrter vom 15. Jahrhundert bis zur Jahrtausendwende. Wien u. a. 2009.

Aumüller, Matthias: Die russische Kompositionstheorie. In: Schmid (Hg.): Slavische Erzähltheorie. In: Wolf Schmid (Hg.): Slavische Erzähltheorie. Russische und tschechische Ansätze. Berlin u.a. 2009, S. 91–140.

Aumüller, Matthias: Russische Formalismen: OPOJAZ-Formalismus und Kompositionstheorie. Zur Verwendung wissenschaftshistorischer Ordnungsbegriffe. In: Plotnikov (2014), S. 337–348.

Beschorner, Andreas: Untersuchungen zu Dares Phrygius. Tübingen: 1992 (Classica Monacensia. 4).

Cejtlin A: [„Methoden der vormarxistischen Literaturwissenschaft“]. In: Literaturnaja ėncyklopedija: Metody domarksistskogo literaturovedenija. Bd. 7, Moskau 1934, Sp. 241–288. Online: http://feb-web.ru/feb/litenc/encyclop/le7/le7-2414.htm (11.7.2024).

Čudakov, Anton et al.: Kommentarij. In: Tynjanov, Jurij N.: Poėtika, istorija literatury, kino. Moskau 1977.

Dessoir, Max: Allgemeine Kunstwissenschaft. In: Deutsche Literaturzeitung Jg. 35 (1914), Sp. 2405–2415.

Dewey, Michael: „„Wir sind ohne den „Geist“ der Deutschen ausgekommen…‘“. In: Scientia Poetica 8 (2004), S. 69–96.

Doležel, Lubomír: Narrative Composition. A Link between German and Russian Poetics. In: Stephen Bann / John E. Bowlt (Hg.): Russian Formalism. Edinburgh 1973, S. 73–84.

Doležel, Lubomír: Occidental Poetics. Tradition and Progress. Lincoln 1990, S. 124–146.

Fleschenberg, Otmar Schissel von: Das weibliche Schönheitsideal nach seiner Darstellung im griechischen Romane. In: Zeitschrift für Ästhetik und allgemeine Kunstwissenschaft 2 (1907), S. 381–405.

Fleschenberg, Otmar Schissel von: Technik der Romanschlüsse im griechischen Liebesroman. In: Wiener Studien. Zeitschrift für klassische Philologie 30 (1908) S. 231–242.

Fleschenberg, Otmar Schissel von: Die Rahmenerzählung in den ephesischen Geschichten des Xenophon von Ephesus. Innsbruck 1909.

Fleschenberg, Otmar Schissel von: Novellenkomposition in E.T.A. Hoffmanns Elixieren des Teufels. Ein prinzipieller Versuch. Halle a. S. 1910.

Fleschenberg, Otmar Schissel von: Novellenkränze Lukians. Halle a. S. 1912 (Rhetorische Forschungen. 1)

Fleschenberg, Otmar Schissel von: Die Griechische Novelle. Rekonstruktion ihrer literarischen Form. Halle a. S. 1913 (Rhetorische Forschungen. 2).

Fleschenberg, Otmar Schissel von: Entwicklungsgeschichte des griechischen Romanes im Altertum. Halle a. S.: 1913a.

Golicyn, Sergej M.: Zapiski ucelevšego. Moskva: 1990, S. 301. Online: http://www.sakharov-center.ru/asfcd/auth/auth_pagesd959- 2.html?Key=17932&page=290 (12.8.2024)

Ėjchenbaum, Boris: Labirint sceplenii. In: Žizn‘ iskusstva (1919), Nr. 314 u. 315.

Ėjchenbaum, Boris: Melodika russkogo lirčeskogo sticha, Peterburg 1922.

Ėjchenbaum, B.: Vokrug voprosa o „formalistach“. In: Pečat‘ i revoljucija 1924 (H. 5), S. 1–12. Dt. „Zur Frage der ‚Formalisten‘“. In: Günther, Hans (Hg.): Marxismus und Formalismus. München 1973, S. 69–82.
Ėjchenbaum, Boris / Žirmunskij, Viktor: Perepiska. In: Tynjanovskij sbornik. Tret‘i Tynjanovskie čtenija. Riga 1988, S. 256–329.
Hansen-Löve, Aage: Der russische Formalismus. Wien 1978, S. 272–273.
Hermerén, Göran: Influence in Art and Literature. Princeton 1975.
Hettner, Hermann: [Rez.:] Maler Müller. Berlin 1877. In: Jenaer Literaturzeitung 1879, Nr. 10, S. 140–141.
Jakobson, Roman: Novejšaja russkaja poėzija. In: Stempel, Wolf-Dieter (Hg.): Texte der russischen Formalisten. Bd. 2: Texte zur Theorie des Verses und der poetischen Sprache. München: 1972, S. 18–135.
Medvedev, Pavel: [1928]: Formal‘nyj metod v literaturovedenii, Leningrad. Nachdruck: Hildesheim 1974. Dt.: Die formale Methode in der Literaturwissenschaft. Hg. und übersetzt von Helmut Glück. Mit einem Vorwort von Jurij Striedter. Stuttgart 1976.
Meyer-Kalkus, Reinhart: Stimme und Sprechkünste im 20. Jahrhundert. Berlin 2001.
Müller, Hans-Harald: Hoffmanns „Elixiere des Teufels“ und Schissel von Fleschenberg. Zur Kompositionsanalyse und Frühgeschichte des Strukturalismus In: Festschrift für Magdolna Orosz zum 60. Geburtstag. Zusammengestellt von den Mitarbeitern des Lehrstuhls für Deutschsprachige Literaturen, András F. Balogh und Péter Varga. Budapest 2011 (Budapester Beiträge zur Germanistik. 57), S. 112–121.
“Nachgeschichte”, in: *Literaturnaja ėnciklopedija*, Moskau 1929–1939 Bd. 7, Moskau 1934. Online: http://feb-web.ru/feb/litenc/encyclop/le7/le7-6262.htm (11.7.2024).
Patzig, Günther: Theoretische Elemente in der Geschichtswissenschaft. In: Jürgen Kocka /Thomas Nipperdey, (Hg.): Theorie und Erzählung in der Geschichtswissenschaft. München 1979, S. 137–152.
„Petrovskij M. A“, in: *Literaturnaja ėnciklopedija*, Moskau 1929–1939, Bd. 8, Moskau 1934, Sp. 622. Online: http://feb-web.ru/feb/litenc/encyclop/le8/le8-6221.htm (16.9. 2024) Petrovskij, Michail [1925]: Die Morphologie von Puškins „Der Schuss“. In: Schmid, Wolf (Hg.): Russische Proto-Narratologie. Texte in kommentierten Übersetzungen. Berlin u.a. 2009, S. 67–89.
Petrovskij, Michail: Kompozicija novelly u Mopassana. Opyt teoretičeskogo opisanija i analiza. In: *Načala* 1 (1921), S. 106–127. Ins Englische übertragen unter dem Titel „Short Story Composition in Maupassant: Toward a Theoretical Description and Analysis.” In: Essays in Poetics 12 (1987), S. 1–21.
Plotnikov, Nikolaj (Hg.): Kunst als Sprache – Sprachen der Kunst. Russische Ästhetik und Kunsttheorie der 1920er Jahre in der europäischen Diskussion. Hamburg 2014 (Sonderheft der Zeitschrift für Ästhetik und allgemeine Kunstwissenschaft. 12)
Polheim, Karl: Die zyklische Komposition der Sieben Legenden Gottfried Kellers. In: Euphorion 15 (1908), S. 753–765.
Polivanov, Michail K. u.a. (Hg.): Špet v Sibiri. Ssylka i gibel‘. Tomsk 1995.
Pomorska, Krystyna: Russian Formalist Theory and its Poetic Ambiance. The Hague 1968.
Rohde, Erwin: Der griechische Roman und seine Vorläufer. Leipzig 1876.
Šapir, M. I.: Materialy po istorii lingvističeskoj poėtiki v Rossii (Konec 1910-ch – načalo 1920-ch godov). In: Izvestija akademii nauk SSSR. Serija literatury i jazyka 50 (1991) H. 1, S. 43–57.
Schlott, Michael: Hermann Hettner. Idealistisches Bildungsprinzip versus Forschungs- imperativ. Zur Karriere eines ‚undisziplinierten‘ Gelehrten im 19. Jahrhundert. Tübingen 1993 (Studien und Texte zur Sozialgeschichte der Literatur. 39).
Schmid, Wolf: „Fabel“ und „Sujet“. In: Schmid (Hg.): Slavische Erzähltheorie. Russische und tschechische Ansätze. Berlin u.a. 2009, S. 1–45.
Schmid, Wolf (Hg.): Russische Proto-Narratologie. Berlin 2009a.
Seuffert, Bernhard: Hermann Hettner. In: Archiv für Litteraturgeschichte 12 (1884), S. 1–25.
Seuffert, Bernhard: Beobachtungen über dichterische Komposition. I. In: Germanisch- Romanische Monatsschrift 1 (1909), S. 599–617; II in: Germanisch-Romanische Monatsschrift 3 (1911), S. 569–585; III in: Germanisch-Romanische Monatsschrift S. 617–632.

Seuffert, Bernhard: Beobachtungen über dichterische Komposition. I. In: Germanisch- Romanische Monatsschrift 1 (1909), S. 599–617.
Seuffert: Beobachtungen über dichterische Komposition. III. In: Germanisch-Romanische Monatsschrift III (1911), S. 617–632.
Seuffert, Bernhard: Anton E. Schönbach. Geboren 29. Mai 1848, gestorben 25. August 1911. In: Deutsche Arbeit 11 (Okt. 1911 bis Sept. 1912), S. 218–224.
Skaftymov, Aleksandr: Tematičeskaja kompozicija romana ‚Idiot'". In: Brodskij, N. L. (Hg.): Tvorčeskij put' Dostoevskogo. Leningrad 1924, S. 131–185.
Šklovskij, Viktor: Potebnja. In: Poėtika. Sborniki po teorii poėtičeskogo jazyka, Petrograd 1919, S. 3–6 [zuerst in: Birževye vedomosti, Morgenausgabe 30.12.1916 a. St.];
Šklovskij, Viktor: Kunst als Verfahren (1917). In: Striedter 1969, S. 2–35.
Šklovskij, Viktor: Der Zusammenhang zwischen den Verfahren der Sujetfügung und den allgemeinen Stilverfahren (1919). In: Striedter (1969), S. 36–121.
Stoljarov, M.: Formal'naja škola. In: Literaturnaja ėnciklopedija. Slovar' literaturnych terminov. Moskau, Leningrad 1925, Bd. 2, Sp., 1042–1044. Online: http://feb-web.ru/feb/slt/abc/lt2/lt2-a421.htm (20.7.2024).
Striedter, Jurij (Hg.): Texte der russischen Formalisten. Bd. 1. München 1969.
Šor, Rozalija: „Formal'nyj metod" na zapade. In: Ars Poetica I. Sbornik statej, Moskva: GAChN 1927, S. 127–143.
Toman, Jindřich: The Magic of a Common Language. Jakobson, Mathesius, Trubetzkoy, and the Prague Linguistic Circle. Cambridge 1995.
Zubow, Valentin: Eine Welt ändert ihr Gesicht. Erinnerungen aus den Jahren der russischen Revolution (1917–1925). München 1967, S. 74–102.

Was war eigentlich der *Biographismus* – und was ist aus ihm geworden? Eine Untersuchung

Tom Kindt und Hans-Harald Müller

> „It might be worthwhile to ask, in light of our discipline's many dismissals of biography or biographically oriented work – as ‚gossip' (Calvin Thomas and others of the nineteenth century; Wimsatt and Beardsley in the twentieth), as reductive or tyrannical (Roland Barthes), as ‚cosmetic humanism' (Peggy Kamuf, following Michel Foucault) – what it is we are talking about when we talk about biography."[1]

1 Alltagssprachliche Verwendungen des „Biographismus" in Wörterbüchern

Beim *Biographismus* handelt es sich ähnlich wie beim *Psychologismus* oder *Nationalismus* um die Übertreibung eines im Grundwort angezeigten Prinzips; suggestive Begriffe dieser Art kennt jede(r) zu genau, um eine Definition zu benötigen, und zu ungenau, um eine zu formulieren.[2] Unklar ist auch, ob es sich um fach- oder

[1] Valerie Ross: Too Close to Home. Repressing Biography. Instituting Authority. In: Epstein (1991, S. 157).

[2] Als Beispiel mag hier ein Aufsatz dienen, der den Begriff zumindest im Untertitel führt: (Landwehr 1984).

Erstdruck in: Heinrich Detering (Hrsg.): Autorschaft. Positionen und Revisionen. Stuttgart u.a.: Metzler 2002 (Germanistische Symposien. XVI), S. 355–375.

T. Kindt (✉)
Departement für Germanistik, Universität Fribourg, Fribourg, Schweiz
E-Mail: tom.kindt@unifr.ch

H.-H. Müller
Institut für Germanistik, Universität Hamburg, Hamburg, Deutschland
E-Mail: harrym@uni-hamburg.de

H.-H. Müller (Hrsg.), *Kleine Schritte und große Sprünge*, Abhandlungen zur Literaturwissenschaft, https://doi.org/10.1007/978-3-662-71105-7_11

alltagssprachliche Begriffe handelt – glaubt man der Belegliste des Instituts für Deutsche Sprache in Mannheim, so ist der Begriff immerhin im Feuilleton der Presse heimisch.[3]

Für die alltagssprachliche Verwendung liefern die Fremdwörterbücher hinreichende Begriffsklärungen; sie erläutern *Biographismus* als ein „Interpretationsverfahren, das literarische Werke einseitig aus der Biographie des Autors erklärt"[4] – nähere Bestimmungen dessen, was unter „einseitig" zu verstehen ist, überlassen sie der Fachwissenschaft. Diese allerdings löst die Verpflichtung nicht ein. In der – im übrigen gar nicht genug zu rühmenden – Neubearbeitung des *Reallexikons* findet sich unter *Biographismus* kein Eintrag, dafür allerdings unter *biographische Methode* die Erläuterung: „Unter biographischer Methode versteht man den Versuch, Genese und Geltungsanspruch eines Werks aus der Perspektive seines Urhebers zu ‚rekonstruieren'."[5] Hier ist eine „einseitige" Anwendung ebensowenig vorgesehen wie in einer kürzlich erschienenen Anthologie von *Texten zur Theorie der Autorschaft*, in der zum *Biographismus* ausgeführt wird: „Seine Vertreter gehen davon aus, dass zwischen Leben und Werk eines Autors ein so enges Bedingungsverhältnis bestehe, dass eine Analyse der biographischen Fakten Aufschluss über die Bedeutung des literarischen Textes gebe."[6] Noch ein wenig unklarer wird die Beziehung zwischen *biographischer Methode* und *Biographismus*, wenn im *Lexikon Literatur- und Kulturtheorie* die Begriffe *Biographismus / Biographische Textdeutung* in irenischer Eintracht unter einem Stichwort abgehandelt werden: der entsprechende Eintrag bietet zahlreiche nützliche Informationen, gibt aber keine Auskunft darüber, was (wenn überhaupt) die beiden Begriffe voneinander trennt.[7] Keines der gebräuchlichen Nachschlagewerke liefert Erklärungen für Konnotationen wie Einseitigkeit, Missbräuchlichkeit, Obsoletheit oder sonstige politische Unkorrektheiten, die für jede(n) Sprecher(in) der literaturwissenschaftlichen und feuilletonistischen Fachsprache mit dem Begriff verknüpft sind.

Wir werden in der folgenden Explikationsskizze[8] zunächst den Kontext der Entstehungsgeschichte des Begriffs aufsuchen und einen knappen Überblick über dessen (Vor-)Geschichte geben, um schließlich, auf diese (hier nur in Abbreviatur dokumentierten) historischen Untersuchungen gestützt, einen Vorschlag zu machen, wie der Begriff des *Biographismus* in Zukunft unter keinen Umständen mehr verwendet werden sollte.

---

[3] S. v. *Biographismus* abzufragen unter: http://corpora.ids-mannheim.de/~cosmas/ (16.11.2000)

[4] Wahrig (1980, Bd. 1, S. 698); s. fast gleichlautend: Strauß (^{2}1995, Bd. 3, S. 327).

[5] Reallexikon (2007, S. 236).

[6] Jannidis (2000, S. 11).

[7] Nünning (1998, S. 50–51).

[8] Zur Explikation literaturwissenschaftlicher Begriffe vgl. die Beiträge von Lutz Danneberg und Hans-Harald Müller in Wagenknecht (1989).

2 Der „Biographismus" als illegitimes Kind der „biographischen Methode"

Systematisch betrachtet gehört die – vorläufig so bezeichnete – *biographische Methode*[9] zu den sehr verschiedenartigen Versuchen, das Leben des Künstlers als heuristische Quelle für eine nähere Bestimmung des Werks zu nutzen, sei es für dessen Datierung, Kommentierung oder Interpretation. Dieses Verfahren lässt sich bekanntlich bis in die Antike zurückverfolgen; es wird seit der Renaissance in unterschiedlich ausgestalteten Varianten angewendet – auch und gerade zu einer Zeit also, in der zuverlässige empirische Kenntnisse über die Künstlerviten kaum vorhanden waren und nicht selten aus Mythen oder Legenden substituiert wurden. Ernst Kris und Otto Kurz haben dieses Verfahren, das von der Voraussetzung ausgeht, „daß die lebendige Eigenart des Künstlers sich in seinem Werk" fortsetze, als *Biographik* bezeichnet und einige Anwendungsfälle charakterisiert:

> „Dort, wo absonderliche und nicht leicht verständliche Züge am Werke auftauchen, greifen denn auch Erklärungsversuche dieser Art zu abstrusen Thesen, als deren bekannteste die zu nennen ist, nach der der Stil des Greco aus seinem angeblichen Astigmatismus zu verstehen sei."[10]

Die Bezeichnung dieser Erklärung als „abstrus" scheint modern zu sein – Kris und Kurz geben keine Hinweise darauf, dass in der Tradition der *Biographik* legitime und illegitime bzw. vernünftige und abstruse Anwendungsweisen voneinander unterschieden worden wären. Nicht näher bekannt ist auch, wie weit das Verfahren der physiognomischen Textinterpretation im 18. Jahrhundert verbreitet war, bei dem es um die „Kunst" ging, „aus den Schriften eines Menschen sein Temperament, und aus diesem seine Neigung, Aufführung, Person und Gliedmaßen, den Farben und der Symmetrie nach zu entdecken".[11] Verblüffende Anwendungen einer solchen *Biographik* gibt es gelegentlich noch im 20. Jahrhundert. So bemerkte ein großer deutscher Kritiker, dem der Biographismus als eine Art galt, „sich mit dem Mob der Leihbüchereien zu enkanaillieren",[12] über Prousts Asthma: „Dieses Asthma ist in seine Kunst eingegangen, wenn nicht seine Kunst es geschaffen hat. Seine Syntax bildet rhythmisch auf Schritt und Tritt diese seine Erstickungsangst nach."[13]

Wie immer deviant derartige Anwendungen der biographischen Methode sein mögen, ihre Identifizierung als biographistisch setzt eine Verstetigung der Kommunikation über Interpretationsverfahren und deren Bezeichnung voraus, wie sie erst mit der Etablierung der neueren Germanistik als Universitätswissenschaft zu beob-

[9] Wir übernehmen diesen Terminus aus den Auseinandersetzungen über den Biographismus um 1900, obgleich es hier streng genommen nicht um eine „Methode" geht; siehe dazu auch unten Abschn. 4.

[10] Kris/Kurz (1980, S. 152).

[11] Vgl. dazu Kruckis (1995, S. 47, Anm. 88).

[12] Benjamin (1977, S. 315).

[13] Ebd. S. 323; s. dazu die treffenden Anmerkungen von Hoeges (1994, S. 53).

achten ist. Hier, vor allem im Kontext der Goethe-Philologie, wurde der Biographismus als illegitimes Kind der biographischen Methode ausgegrenzt.

3 Zur Geschichte der „biographischen Methode" und ihrer Verwissenschaftlichung im 19. Jahrhundert

Welch fundamentale Rolle die biographische Methode und die Biographie in der Goethe-Philologie gespielt haben, ist von Hans-Martin Kruckis in überzeugender Weise dargestellt worden; wir können uns daher auf eine knappe akzentuierende Zusammenfassung beschränken. Von Herder bis weit ins 20. Jahrhundert steht der (‚moderne', nachaufklärungshermeneutische) biographische Ansatz im Zentrum der entstehungsgeschichtlichen Erklärung der historisch-hermeneutischen Wissenschaften. Indem sie das Individuelle mit dem Allgemeinen auf eine gleichsam ‚natürliche' Weise zu verbinden gestattet, bietet die biographische Heuristik die Möglichkeit, in einem geschmeidigen narrativen Konzept die Vorteile zweier Erklärungsweisen miteinander zu verbinden, die, für sich genommen, beide defizient sind: zum einen die Erklärung aus der ‚organischen Entfaltung' individueller Anlagen und Kräfte, zum anderen die Erklärung aus den fördernden bzw. hemmenden Einflüssen der sozialen Umgebung. Auf dem Gebiet der Textinterpretation ist der Begriff des *Lebens* derjenige, der seit Herder das literarische Werk des Schöpfers mit der ideellen und materiellen Welt verbindet: Leben und Werk erklären sich wechselseitig. Herders Interpretationsmaxime „Das Leben des Autors ist der beste Commentar seiner Schriften"[14] besaß eine ungebrochene Geltung bis zum Ende des 19. Jahrhunderts. Eine beträchtliche Konkretisierung und Differenzierung erfuhr diese Maxime im Rahmen der „psychologischen Interpretation" in der Hermeneutik Schleiermachers. Diese verpflichtete – wobei sie selbstverständlich auf die vorromantische hermeneutische Tradition zurückgriff – den Interpreten auf die Lösung einer zweifachen Aufgabe:

> „Das eine ist, den ganzen Grundgedanken eines Werkes zu verstehen, das andere, die einzelnen Teile desselben aus dem Leben des Autors zu begreifen. Jenes ist, woraus sich alles entwickelt, dieses das an einem Werk am meisten Zufällige. Beides aber ist aus der persönlichen Eigentümlichkeit des Verfassers zu verstehen."[15]

Dass mit dieser Vorschrift nicht intendiert war, irgendwelche passageren Seelenzustände oder ephemeren Details aus dem Leben des Verfassers zur Deutung des Textes heranzuziehen, erhellt daraus, dass die „psychologische Interpretation" unter allen Umständen mit der „grammatischen Interpretation" übereinkommen muss. Die Intention des Verfassers ist also nur insofern relevant, als sie in der Konzeption und Zeichenfolge des Textes zum Ausdruck kommt. Gegen die Überflutung der Textinterpretation durch irrelevante biographische Details sicherten sich Schleiermacher und Schlegel überdies dadurch ab, dass sie biographisches Material nur in

[14] Herder: Vom Erkennen und Empfinden der menschlichen Seele. In: Herder (1994, S. 327–397, S. 366). Vgl. ebd.: „Wo es der Mühe lohnt, ist dies *lebendige Lesen*, diese Divination in die Seele des Urhebers das *einzige* Lesen und das tiefste Mittel der Bildung."

[15] Schleiermacher (1977, S. 185).

Gestalt der „Charakteristik" heranzogen. Die ‚Charakteristik', über die immer noch eine wirklich umfassende Untersuchung fehlt, wurde auf Grund einer spezifischen Problemkonstellation um die Wende des 18. zum 19. Jahrhundert zu einer bald modischen, mit zahlreichen unterschiedliche Anforderungen überhäuften Gattung.[16] Unvorgreiflich lassen sich zwei Hauptziele der Charakteristik unterscheiden, ein ästhetisches und ein epistemologisches. Das erstere gehört in den Kontext der Bemühungen, Abweichungen von der klassizistischen Ästhetik als intendierte zu kennzeichnen, zu begründen und zu legitimieren. Das letztere ist darauf gerichtet, die (philologische) Kritik gegen den von der Philosophie der Zeit erhobenen Vorwurf der unwissenschaftlichen ‚Aggregathaftigkeit' dadurch zu verteidigen, dass man der systematischen Gattung der Charakteristik der Vorzug vor der aggregathaften Gattung der Biographie gab. Das verbindende Glied zwischen den beiden Zielen war die Absicht, das prädikativ Wesentliche eines Menschen, eines Werks oder eines Zeitalters[17] zu bestimmen. Zu einer solchen Bestimmung aber bedurfte es der Zusammenarbeit von Philosophie und Historiographie bzw. Biographie.[18] Entsprechend bezeichnete Schlegel die Charakteristik bekanntlich als „die höchste Aufgabe der Kritik und die innigste Vermählung der Historie und Philosophie". Nur mit Hilfe dieser Verbindung lässt sich die Voraussetzung für jenes „gründliche Verstehen" schaffen, das „Charakterisieren heißt" und das Schlegel so bestimmte: „Und doch kann man nur dann sagen, daß man ein Werk, einen Geist verstehe, wenn man den Gang und Gliederbau nachkonstruieren kann."[19] Da dieses „Nachkonstruieren" sich sowohl auf das Werk als auch auf dessen Genese bezieht, umschrieb Schlegel die Qualifikationen, die für diese Tätigkeit die Voraussetzung bilden, recht ausführlich:

> „Das Wesen, der substantielle Theil (das Herz seines Lebens) eines Kunstwerkes ist das, worauf alles andre hindeutet, woraus es entspringt, weshalb es da ist, der letzte Zweck und der erste Grund des Ganzen. Die Karakteristik erfodert 1) gleichsam eine *Geographie* ein leichtes und korrektes Skelett 2) eine geistige und aesthetische *Architektonik* des Werks, seines Wesens, seines Tons; und endlich 3) eine psychologische Genesis, die Entstehung aus seiner Veranlaßung, durch Gesetze und Bedingungen der menschlichen Natur."[20]

Für die Goethe-Philologie boten Biographie und biographische Methode sich – ganz unabhängig von den Zielen der Charakteristik – schon deshalb an, weil Goethe selbst ein prinzipienfester Anhänger der entstehungsgeschichtlichen Erklärung

---

[16] Vgl. dazu die materialreiche Untersuchung von Günter Oesterle: „Kunstwerk der Kritik" oder „Vorübung zur Geschichtsschreibung". In: Barner (1990, S. 64–86).

[17] Vgl. dazu paradigmatisch Wilhelm von Humboldt: Das achtzehnte Jahrhundert. In: Humboldt (1980, Bd. 1, S. 376–505); s. dort auch Humboldts Bestimmung der Aufgaben und Methoden der Charakteristik.

[18] Vgl. auch die knappe Bestimmung der Aufgabe der Charakteristik in Wilhelm von Humboldts Brief an Schiller vom 31. May 1796. In: Oellers (Hg.) (1972, S. 218–220).

[19] Schlegel, Friedrich: Lessings Geist. In: Schlegel (1975, S. 60).

[20] Schlegel, Friedrich: Schriften aus dem Nachlass. Fragmente zur Poesie und Literatur. In: Schlegel (1981, S. 9, Nr. 24). – Auf Schlegels Ausführungen über das „Besser verstehen", die in der Forschung häufig für eine antibiographische Interpretation reklamiert wurden, können wir hier nicht eingehen. Über die Problematik dieser Einvernahme und zur Tradition des Besserverstehens s. Danneberg (2003).

war,[21] der literarische Werke im allgemeinen und die eigenen im besonderen im Entstehungskontext zu untersuchen geraten und in seinen *Skizzen zu einer Schilderung Winckelmanns* dessen Werk im Hinblick auf den Charakter des Verfassers zu betrachten empfohlen hatte:

> „Wenn bei sehr vielen Menschen, besonders aber bei Gelehrten, dasjenige, was sie leisten, als die Hauptsache erscheint, und der Charakter sich dabei wenig äußert, so trifft im Gegenteil bei Winckelmann der Fall ein, daß alles dasjenige, was er hervorbringt, hauptsächlich deswegen merkwürdig und schätzenswert ist, weil sein Charakter sich immer dabei offenbart."[22]

Eine besondere Rolle spielten biographische Methode und Biographie im Kontext der seit Mitte der 1860er-Jahre von Wilhelm Dilthey und Wilhelm Scherer unternommenen Versuche, die in Opposition gegen die Hegelsche Philosophie gleichsam naturwüchsig entstandenen und theorielos gebliebenen historisch-hermeneutischen Wissenschaften unter kritischer Rezeption des Positivismus auf eine neue Grundlage zu stellen.[23] Für dieses Unternehmen erlangte die Goethe-Biographie in epistemologischer und ästhetischer Hinsicht große Bedeutung. In der Konzeption der kritischen Biographie oder Charakteristik ließ sich auf paradigmatische Weise der epistemologische Anspruch Diltheys und Scherers einlösen, eine „genetische Erklärung aus allen Elementen auf strenger exakter kritischer Grundlage"[24] zu liefern. Dieser Anspruch lässt sich in wissenschaftsgeschichtlicher Hinsicht unschwer als szientifische Modernisierung der Ziele erkennen, die Schlegel und Schleiermacher mit der ‚Charakteristik' verbanden. „An die Stelle der geistlosen Reproduktion" biographischen Materials müsse, so forderte Dilthey, die kritische „Charakteristik treten", deren Ziel es ist, den leitenden ‚Gedanken einer Zeit', die ‚innere Form eines Werks' und die „Weltanschauung" – oder wie Dilthey hierfür seit den 1870er-Jahren sagte – das ‚Erlebnis' eines Dichters herauszuarbeiten.[25] 1875 bedauerte und kritisierte Dilthey die fortwährende Unzugänglichkeit des Goethes-Nachlasses, da ihm eine an den genannten Zielen orientierte Biographie Goethes als „eine der höchsten Aufgaben für die Geschichte des 18. und unseres eigenen Jahrhunderts" erschien:

> „Aber die Jahre verstreichen und das Material für die Lösung derselben bleibt verschlossen. Das Studium der größten Epoche unserer Literatur steht immer noch vor etwas Verborgenem oder Verschlossenem. Dies ist ein Verlust für die ganze Nation, denn nur das volle biographische Verständnis kann ihr den ganzen Goethe zueignen; und was könnte uns

---

[21] Diesen Sachverhalt fasste Scherer in die Worte: „Der Verfasser des *Götz* gehört nicht bloß neben Justus Möser zu den idealen Ahnherrn der ‚historischen Schule': er gehört auch zu den wenigen Deutschen, welche die geschichtlichen Erscheinungen in ihren causalen Zusammenhängen zu betrachten wissen." Wilhelm Scherer: Goethe–Philologie. In: Scherer (1886, S. 1–28, S. 13).

[22] Goethe: Skizzen zu einer Schilderung Winckelmanns. In: Goethe (1998, S. 205).

[23] Vgl. dazu Kindt/Müller (2000).

[24] Mit diesem Worten hatte Dilthey das Ziel seiner Schleiermacher-Biographie charakterisiert, vgl. dazu (mit Quellenangabe) Kindt (2000, S. 57).

[25] Zum Zusammenhang s. Kindt (2000, S. 58).

> Goethe nicht heute sein: der höchste Typus innerer Bildung einem Zeitalter, welches in dem Kampfe ums Dasein und die Geltung in der Gesellschaft die Menschen sich verzehren und ihre höchsten Kräfte vergeuden sieht!"[26]

Ähnlich wie für Dilthey war Goethe für Scherer, „nicht bloß ein hervorragender, nahe liegender, höchst dankbarer Gegenstand der Forschung".[27] Die Goethe-Philologie stellte gleichsam ein experimentum crucis für die entscheidende Frage seiner wissenschaftlichen Konzeption dar, nämlich, „ ob die allgemeine Gesetzmäßigkeit der Natur sich auch auf poetische Productionen erstreckt, oder ob für die Willkür der Phantasie eine Ausnahmestelle im Weltplan offen gehalten ist".[28]

Mit dieser „Fundamentalfrage" war eines der zentralen gemeinsamen Arbeitsprojekte von Dilthey und Scherer verbunden, die „induktive Poetik", die im Gegensatz zur normativen Poetik der idealistischen Philosophie eine auf „empirischer Kausalerkenntnis" beruhende „moderne Erfahrungswissenschaft"[29] sein sollte. Von ihr erwarteten Dilthey und Scherer, dass sie Gesetze der Phantasietätigkeit zu entdecken, die Literaturgeschichte zu fundieren und die Gegenwart zu orientieren vermöchte. Welche ehrgeizigen Hoffnungen in den siebziger und achtziger Jahren des 19. Jahrhunderts mit diesem Projekt einer induktiven Poetik verknüpft waren, geht aus dem folgenden Zitat von Dilthey hervor:

> „Durchsichtig pulsiert gleichsam das schaffende Leben, das sie hervorbrachte, in den dichterischen Werken. Vielfach kann noch in ihrer Gestalt das Gesetz ihrer Bildung erfaßt werden. Indem nun unsere Beobachtungen über dichterisches Schaffen und die ihm verwandte ästhetische Empfänglichkeit sowie die Zeugnisse über ihre Vorgänge uns gegenwärtig sind, indem wir die so erlangten psychologischen Einsichten alsdann in die äußere Geschichte der Ausbildung von Dichtungen übertragen, indem wir endlich die fertige durchsichtige Gestalt der Dichtungen zergliedern und hierdurch die Einsicht in die Genesis vervollständigen und bestätigen: eröffnet sich auf diesem Gebiet eine hinreißende Aussicht; hier vielleicht wird es zuerst gelingen, eine Kausalerklärung aus den erzeugenden Vorgängen durchzuführen; die Poetik scheint unter Bedingungen zu stehen, welche vielleicht ihr zuerst die innere Erklärung eines geistig-geschichtlichen Ganzen nach kausaler Methode ermöglichen."[30]

Vor diesem Hintergrund ist auch Scherers vielzitierte Ermunterung zu lesen: „man kann in sorgfältiger und besonnener Aufsuchung von Ähnlichkeiten in dem Leben und der Bildung eines Dichters einerseits und in seinen Werken andererseits gar nicht weit genug gehen"[31]

Diltheys und Scherers systematische Überlegungen zur Poetik wurden nach den Poetik-Diskussionen der achtziger und neunziger Jahre schnell vergessen; der Blick

---

[26] Dilthey, Wilhelm: Goethe und Corona Schröter. In: Dilthey (1970, S. 199–204, S. 200).

[27] Scherer: Goethe-Philologie. In: Scherer (1886, S. 12).

[28] Scherer, Wilhelm: Bemerkungen über Goethes *Stella*. In: Scherer (1886, S. 127).

[29] Dilthey, Wilhelm: Die Einbildungskraft des Dichters. Bausteine für eine Poetik. In: Dilthey (1978, S. 123); vgl. dazu auch Kindt (2000, S. 60–61).

[30] Dilthey: Die Einbildungskraft des Dichters. In: Dilthey (1978, S. 125).

[31] Scherer, Wilhelm: Bemerkungen über Goethes *Stella*. In: Scherer (1886, S. 128).

auf den Zusammenhang des Projekts der induktiven Poetik mit der Grundlegung der Geisteswissenschaften blieb annähernd 100 Jahre verstellt.[32] Dilthey wurde von der geistesgeschichtlichen Literaturwissenschaft zum Antipoden Scherers stilisiert, dieser aber wurde zum Anwalt jener Auffassung gemacht, die er am meisten perhorreszierte, nämlich „in der bloßen gedankenlosen Anhäufung wohlgesichteten Materials den höchsten Triumph der Forschung zu erblicken".[33] Weder Dilthey noch Scherer besaßen irgendein Interesse für biographisches Belegmaterial an sich. Erst durch die Integration in einen von der induktiven Poetik systematisierten Zusammenhang könne, so Dilthey, „die Fülle des literarhistorischen Stoffes verwertbar gemacht werden"[34]:

„Dann wird in gesunder Wechselwirkung die literarhistorische Empirie und Vergleichung benutzt werden, die Natur des Schaffens aufzuklären, seine unveränderlichen Normen zu entwerfen, die Geschichtlichkeit der Technik zu zeigen und solchergestalt die Vergangenheit zu begreifen und der Zukunft den Weg zu weisen. Die aus solcher Arbeitsvereinigung entsprungene Poetik wird der Literaturgeschichte die Mittel für eine viel feinere Charakteristik der Dichter schaffen. Möchte dann auch das Übermaß des persönlichen Klatschs wieder schwinden, in welchem zur zeit die Literaturhistorie schwelgt!"[35]

Scherer hatte schon 1873 im Kontext eines Aufsatzes über Caroline Schelling angemerkt: „Man heftet sich ohnedies viel zu sehr an biographische Details, die – an sich vielleicht höchst lehrreich und interessant – doch für die Hauptsache wenig austragen."[36] In einem Vorabdruck seiner Literaturgeschichte kritisierte er, seine Disziplin habe „sich, mehr als gut ist, der Neigung überlassen, nach den Schriftstellern zu fragen, dichterische Werke nicht um ihrer selbst willen, sondern nur als Zeugniß für das innere und äußere Leben der Autoren zu betrachten."[37] An einer Stelle, die Goethe-Philologen kaum übersehen konnten, nämlich in seinen „Faust-Studien", formulierte Scherer schließlich:

„Seit ein wissenschaftlicher Betrieb der neueren deutschen Litteraturgeschichte mehr und mehr emporkommt, hört man oft die Behauptung, es bedürfe zum vollen Verständnis Goethescher Dichtungen verschiedener von außen her geholter Kenntnisse, welcher nur der Forscher und Vertreter der Wissenschaft herbeizuschaffen im Stande sei. Um den *Werther* zu verstehen, soll es nöthig sein, etwas über Goethes Verkehr mit Kestner und Lotte zu wissen. Um die Lieder an Lili zu würdigen, soll man Lilis Biographie kennen. Um in den westöstlichen Divan einzudringen, soll man etwas von Marianne von Willemer gehört haben. Ich möchte solchen Behauptungen auf das entschiedenste entgegentreten. Ich will zwar niemand abhalten, sich über alle diese und viele andere hübsche Dinge zu belehren. Aber ich bin sehr tief davon durchdrungen, daß es zum Verständnis des *Werther* nicht nothwendig ist, eine Silbe von Goethes Liebe zu Lotte und von dem Selbstmord des jungen Jerusalem zu wissen.

[32] Grundlegend die Untersuchung von Müller-Vollmer (1986), die von der Forschung fast völlig übersehen wurde.

[33] Scherer (1868, S. VIII).

[34] Dilthey: Die Einbildungskraft des Dichters. In: Dilthey (1978, S. 195).

[35] Dilthey: Die Einbildungskraft des Dichters. In: Dilthey (1978, S. 196).

[36] Scherer, Wilhelm: Caroline. In: Scherer (1874, S. 356–369, S. 359).

[37] Scherer (1879); auf dieses Zitat hat Sternsdorff (1979. S. 240) erstmals aufmerksam gemacht.

Es wäre ein schlechtes Zeugnis für ein litterarisches Kunstwerk, wenn es nicht den Schlüssel seines Verständnisses in sich selbst trüge, wenn es einer von außen her geholten Weisheit bedürfte, um in das Innere einzudringen, um den Zusammenhang, um die Schönheit zu begreifen und die volle Wirkung zu empfinden. Ja es fragt sich, ob die vielen Kenntnisse, die wir an unsere litterarischen Schätze heranbringen, das unbefangene Verständnis nicht mehr stören, als sie es fördern – und ob wir für die ästhetische Bildung nicht besser sorgen würden, wenn wir ihr weniger über die Entstehung der großen Dichtungen mittheilten und sie lieber an die Kunstwerke selbst heranführten, um den Blick für deren Schönheit zu schärfen. Nicht auf das Wissen kommt es an, sondern auf den Geschmack und die Fähigkeit zu genießen."[38]

4 Die einseitige Verwendung der „biographischen Methode" in der Germanistik des 19. Jahrhunderts

Welche Wirkung die Konzeptionen von Dilthey und Scherer in der zeitgenössischen Germanistik hatten, ist bis heute kaum untersucht; zu vermuten ist, dass sie die traditionell theoriearme Philologie kaum nachhaltig beeinflussten. In der Goethe-Philologie setzte sich – zumal nach der Öffnung des Goethe-Nachlasses – eine weitgehend theorielose Suche nach „Abhängigkeiten" der Goetheschen Texte von „Vorbildern" durch. Zwei Varianten solch einer dekontextualisierten Abhängigkeitssuche wurden in der Folgezeit als *Biographismus* vom Hauptstrom der biographischen Textinterpretation ausgegrenzt: die Suche nach literarischen Reminiszenzen und die Suche nach Vorbildern aus Goethes Leben für seine literarischen Gestalten. Vor allem die letztere scheint eine suchtbildende Funktion gehabt zu haben; aus dem Rückblick schildert Max Herrmann das zugrunde liegende Verfahren wie folgt:

> „Irgend eine Ähnlichkeit muß gefunden werden zwischen der Goetheschen Figur und einem Menschen aus Goethes persönlicher oder litterarischer Nähe: meist ist es irgend eine Wendung, die jemand einmal an mehr oder minder versteckter Stelle gebraucht hat und die nun einigen Worten der Jahrmarktfigur ähnlich klingen soll, ein Charakterzug, einen Lebenssituation, die wohl durch einen einer solchen Figur eigenen Zug symbolisiert werden soll: ist das gelungen, dann *ist* Figur A oder B der oder die."[39]

Die von Herrmann geschilderte „Modelljagd" stieß in der neueren Literaturgeschichte seit dem Ende der achtziger Jahre[40] zunehmend auf Kritik. Eine in der Forschung immer wieder erwähnte Philippika gegen *Göthekult und Göthephilologie* hielt der Tübinger Schulrektor Friedrich Braitmaier, der in theoretischen Fragen kein Pardon kannte. Scherer galt ihm als Exponent für „die antipolitische, antinationale, französisierende"[41] Richtung" in der Literaturgeschichte, Scherers *Poetik* war für ihn das Pendant zu Büchners *Kraft und Stoff*, die Göthephilologie schließlich nur ein „Analogon zu dem neuesten Naturalismus in der Kunst",[42] denn

[38] Scherer, Wilhelm: Faust-Studien. In: Scherer (1886, S. 329–330). Auf diese – die Klischee-Vorstellungen von Scherer konterkarierende – Stelle hat nachdrücklich hingewiesen Weimar (1989, S. 474).

[39] Herrmann (1900, S. 152).

[40] Vgl. dazu Kruckis (1995, S. 249).

[41] Braitmaier (1892, S. 37).

[42] Braitmaier (1892, S. 68).

> „sie sieht in dem Erlebten vornehmlich private äußere Begegnisse besonders Liebesverhältnisse und schwelgt in deren Aufspürung auf eine Weise, die dem indiskreten Klatsch, einer der widrigsten Gelehrtenuntugenden, recht nahe verwandt ist. Sie betreibt besonders eine eifrige Jagd auf ‚Modelle' für seine Frauengestalten. Über die Bedeutung des Modells für den Künstler hat sie ganz seltsame Ansichten, von denen verständige Künstler auch urtheilen würden, sie verstehe nichts von der Sache."[43]

In unserem Zusammenhang ist vor allem die Feststellung wichtig, dass die „Modelljagd" bis zur Jahrhundertwende als eine deviante Form der biographischen Methode inkriminiert wurde, ohne dass diese selbst als Verfahren der Textinterpretation in Verruf geriet. Selbst der idiosynkratische Braitmaier hob hervor:

> „Nichts gegen das sorgfältige Aufspüren der Stoffelemente, auch der persönlichen Beziehungen an sich wenden wir uns, sondern nur gegen die willkürliche, masslose und indiskrete Weise, in der dies geschieht; gegen die thörichte Überschätzung solcher Leistungen und vor allem gegen den Wahn, als ob solcher Stoffnachweis eine Analyse des Kunstwerks oder gar des Genius wäre."[44]

Ebenso wichtig ist die Feststellung, dass es Vertreter der Goethe-Philologie selbst waren, welche die „Modelljagd", den *Biographismus,* als eine mangelhafte Anwendung der biographischen Methode erkannten und kritisierten. So schrieb Max Herrmann 1900 im Rückblick:

> „Vor zwanzig Jahren stand der Biographismus in der Goethephilologie gerade in der vollsten Jugendblüte, und in der berechtigten Freude über das eben durchgedrungene Prinzip, über die wundersame Erhellung, die nicht wenige Goethesche Leistungen durch die stete Heranziehung äußerer Hergänge in des Dichters Leben gewannen, durfte man gelegentlich in der Betonung solcher Beziehung, in der Ausdehnung zumal der Modellphilologie etwas zu weit gehen ohne doch ganz unwissenschaftlich zu werden."[45]

Auswüchse dieses Biographismus wurden von Scherer-Schülern wie Erich Schmidt („Goetheklatsch", 1878[46]) und Otto Brahm („Goethe-Philologie"[47]) in der Presse dem Spott anheimgegeben, und Max Herrmann merkte zehn Jahre später an: „Wir haben seither zu viele Fortschritte in der Erfassung künstlerischen Schaffens im allgemeinen, der Arbeitsweise des jungen Goethe im besonderen gemacht, als daß wir noch, um nur ja recht viel Äußerlich-Biographisches anzubringen, dem Litterarisch-Ästhetischen gar zu wenig gerecht werden möchten."[48] Herrmann ließ keinen Zweifel daran, dass die „Überschätzung des Biographischen" überwunden wäre: „die schrankenlose Modellphilologie wird heutzutage von den eigentlichen Zunftgenossen kaum noch betrieben und ist fast ausschließlich den Halb- oder Ganzdilettanten anheim gefallen."[49]

[43] Braitmaier (1892, S. 73).

[44] Braitmaier (1892, S. 70).

[45] Herrmann (1900, S. 2).

[46] Schmidt (1878).

[47] Brahm (1890).

[48] Herrmann (1900, S. 4).

[49] Herrmann (1900, S. 8).

5 Fehleinschätzungen der „biographischen Methode" in der geistesgeschichtlichen Literaturwissenschaft

Der „Biographismus", so lässt sich unsere bisherige Untersuchung zusammenfassen, tritt exemplarisch in der Goethe-Philologie als einseitige Verwendung der biographischen Methode der Textinterpretation auf. Sein Mangel bestand nicht darin, dass er die Biographie als Heuristik für die Werkinterpretation heranzog, sondern dass der isolierte Nachweis von Parallelen zwischen Werk und Leben des Autors oder von ‚Entlehnungen' des Autors aus anderen Werken zur Werkinterpretation noch keinen Beitrag leistete[50] und vor dem „Ideal des philologischen Verstehens"[51] versagte. Dieses Defizit des Biographismus wurde in der Goethe-Philologie nach einer gewissen Zeit erkannt und zu vermeiden gesucht. Das erste Kapitel der Themenkarriere des Biographismus ist damit abgeschlossen – und damit wäre die Laufbahn des Begriffs auch schon beendet, wenn er nicht nach der Jahrhundertwende eine signifikante Bedeutungserweiterung erfahren hätte.

Diese Erweiterung hängt mit der durchgreifenden Umorientierung zusammen, die seit den neunziger Jahren im Deutschen Reich die gesamte Kultur erfasste und sich in der Literatur als Ablehnung des Naturalismus, in der Philosophie als Hinwendung zu neoidealistischen Strömungen, in der Alltagskultur im Aufkommen mannigfacher Reformbewegungen, in den historisch-hermeneutischen Wissenschaften im allgemeinen als Ablehnung des ‚Positivismus', in der Literaturwissenschaft als ‚geistesgeschichtliche Revolution' manifestierte – „dieses (bis zur Disparatheit) komplexe Feld harrt noch der Aufarbeitung".[52]

Nicht untersucht ist bislang, in welcher Weise die Grundbegrifflichkeit der historisch-hermeneutischen Wissenschaften von diesem kulturellen Wandel erfasst wurde – eine Begrifflichkeit, die sich, wie Max Webers 1904 hellsichtig erkannte, in kein abschließendes System bringen lässt:

> „Endlos wälzt sich der Strom des unermeßlichen Geschehens der Ewigkeit entgegen. Immer neu und anders gefärbt bilden sich die Kulturprobleme, welche die Menschen bewegen, flüssig bleibt damit der Umkreis dessen, was aus jenem stets gleich unendlichen Strome des Individuellen Sinn und Bedeutung für uns erhält, ‚historisches Individuum' wird. Es wechseln die Gedankenzusammenhänge, unter denen es betrachtet und wissenschaftlich erfaßt wird. Die Ausgangspunkte der Kulturwissenschaften bleiben wandelbar in die grenzenlose Zukunft hinein, solange nicht chinesische Erstarrung des Geisteslebens die Menschheit entwöhnt, neue Fragen an das immer gleich unerschöpfliche Leben zu stellen. Ein System der Kulturwissenschaften auch nur in dem Sinne einer definitiven, objektiv gül-

[50] Vgl. dazu die treffende Formulierung von Leslie A. Fiedler (1952, S. 259): „It is because the old-line biographist fails to connect his facts with the works they presumably illuminate, and not because he does connect them that he is a poor critic."

[51] Vgl. dazu Dilthey (1915, S. 31): „Die Komposition, der Anfangspunkt, von dem dieselbe ausgegangen, die Wendungen, die von diesem aus genommen, und die Form der Erstellung, die Gruppen und ihre Fragen, wie sich die Geistesbewegung, aus welcher das Werk entsprungen ist, bis in die Form des Satzes ausprägt – dies ist das Ideal philologischen Verstehens" (17. Februar 1861).

[52] Kruckis (1995, S. 267).

tigen, systematisierenden Fixierung der *Fragen* und *Gebiete*, von denen sie zu handeln berufen sein sollen, wäre ein Unsinn in sich [...].“[53]

In dieser ‚Verflüssigung‘ der Kulturprobleme[54] vollzogen sich zumindest in drei zentralen Bereichen der historisch-hermeneutischen Wissenschaften grundlegende normative Umorientierungen: im Bereich der Geschichtsauffassung, im ästhetischen und im epistemologischen Bereich. Die Komplexität des Umorientierungsprozesses im ganzen besteht nun u. a. darin, dass Einflüsse aus allen drei Bereichen nicht allein in den Wissenschaften auf sehr unterschiedliche Weise zusammenwirkten, sondern dass sich in der Nietzsche-Nachfolge in populären Büchern, Zeitungen und Zeitschriften spätestens seit Beginn der 1890er-Jahre ein wissenschaftskritischer Diskurs herausbildete, der auf die Wissenschaften Einfluss nahm und in ihnen mittelfristig sehr unterschiedliche Reaktionen hervorrief. Erschwerend kam hinzu, dass die Wissenschaftler in aller Regel kein Bewusstsein von der Art und den möglichen Konsequenzen der Umorientierung entwickelten – Zeitgenossen wie Max Weber und Ernst Troeltsch waren selten, und ihre Arbeiten wurden in den departementalisierten Einzelwissenschaften kaum rezipiert.

In die Verflüssigung der Terminologie geriet auch der Begriff *Biographismus*. Wie allmählich sich die normative Neubewertung des Begriffs vollzog, lässt sich deutlich am Beispiel des 1905 erschienenen Aufsatzes „Goethes Lyrik und die Goethe-Philologie“ von Rudolf Lehmann zeigen. Lehmann unterschied zwischen zwei Interpretationsarten: der genetisch-biographischen, als deren Exponenten er respektvoll Wilhelm Scherer bezeichnete,[55] und der von ihm favorisierten ästhetischen Interpretation, die er „unmittelbar im Dienst der Kunst und des künstlerischen Verständnisses“[56] sah. Das entscheidend Neue und Zukunftsträchtige an Lehmanns Aufsatz war die Tatsache, dass er nicht zwischen biographischer Methode und Biographismus unterschied, sondern unter dem Begriff *biographische Methode* einigermaßen wahllos sinnvolle und missbräuchliche Anwendungen aus Arbeiten von Herman Grimm, Wilhelm Scherer, Albert Bielschowsky und Berthold Litzmann anführte. Prinzipiell hielt Lehmann die biographische Methode für zulässig:

> „Was von der genetischen Methode im allgemeinen gesagt ist, das gilt nun insbesondere von der *biographischen Erklärungsart*, um diesen Ausdruck zu gebrauchen. Das Werk eines Dichters ist das unmittelbarste Zeugnis seiner Eigenart und daher, richtig verstanden, auch stets eine wichtige Quelle für seine Entwicklung und sein inneres Leben. Niemandem kann es einfallen, die Verwertung desselben und die hierzu nötige Analyse dem Biographen zu untersagen.“[57]

[53] Weber, Max: Die ‚Objektivität‘ sozialwissenschaftlicher Erkenntnis In: Weber (1985, S. 184), Hervorhebung im Original.

[54] Vgl. dazu den ausgezeichneten Überblick bei vom Bruch (1989) und vom Bruch (1997).

[55] Lehmann (1905, S. 136).

[56] Lehmann (1905, S. 137).

[57] Lehmann (1905, S. 139).

Kurz darauf wird allerdings deutlich, dass Lehmann die biographische Methode nur für den „Biographen“ für relevant hielt, jedoch nicht für den Interpreten: „Allein es ist doch ein großer Irrtum daß diese Momente zum Verständnis der Dichtung selbst irgend etwas Wesentliches beitragen.“[58] Aus heutiger Perspektive scheint es schwer verständlich, aber es ist in der Tat so, dass Lehmann der biographischen Methode schlechthin – und damit einer die Philologie seit 100 Jahren anleitenden – Interpretationsweise das Verständnis von Dichtung absprach. Durchaus nachvollziehbar ist Lehmanns Abneigung gegen die biografisch orientierte Goethe-Philologie, die in der zweiten Hälfte des 19. Jahrhunderts ironischerweise Opfer ihrer unbestreitbaren Erfolge geworden war. Die biographische Methode, die zu Beginn des 19. Jahrhunderts Garant einer integralen genetischen Textdeutung gewesen war, hatte im Ausgang des Jahrhunderts zu einer als ‚einseitig‘ empfundenen Kontextualisierung der Texte und zu einer ‚lebenspraktisch unerträglichen‘ Überspezialisierung[59] der Interpretation geführt, die den Lesern die Texte eher entfremdete als verständlich machte. Unproblematisch wäre es mithin gewesen, wenn Lehmann den biographischen Zugang zu den Goethe-Texten als unergiebig, überlebt, den Anforderungen der Zeit nicht mehr angemessen, d. h. also für normativ inakzeptabel bezeichnet hätte. Lehmann aber erklärte die Wahl der Interpretationsweise zu einer empirisch entscheidbaren wissenschaftlichen Frage:

> „Wenn wir das *Mondlied* in seiner endgültigen Gestalt verstehen wollen, wie es der Intention des Dichters und dem Wesen des lyrischen Gedichts entspricht, so werden wir künstlerisch wie wissenschaftlich berechtigt, ja verpflichtet sein, uns ganz an diese zu halten und nichts hinein zu interpretieren, was nur aus der Entstehungsgeschichte oder der ersten Fassung stammt. Nur wenn sich in der abschließenden Gestalt dunkles oder unverständliches finden sollte, müßten wir auf die frühere Form oder Entwicklung zurückgreifen.“[60]

Zu dem von Lehmann verordneten Verfahren gibt es eine Berechtigung, aber keine – wie immer geartete – Verpflichtung. Es kann hier nicht darum gehen zu zeigen, dass Lehmann nicht zwischen normativen und empirischen Fragen der Interpretation zu unterscheiden vermochte – dieses Problem teilt er nicht nur mit nahezu allen geistesgeschichtlichen Literaturwissenschaftlern. Die Einsicht, dass auf dem Gebiet der Normen der Interpretation „eben auch verschiedene Götter miteinander“ streiten und dass auf dem Feld „dieses Kampfes der Götter der einzelnen Ordnungen und Werte“ unwiderruflich ein „Polytheismus“[61] angesagt war – diese Einsicht Max Webers findet sich in der Literaturwissenschaft der Zeit nicht. Festzuhalten ist aus Lehmanns Aufsatz, dass er bei der *biographischen Methode* zwischen legitimen und missbräuchlichen Anwendungen nicht unterschied und so den Eindruck erweckte, es handle sich bei ihr um eine für die Interpretation schlechthin irrelevante Methode.

[58] Lehmann (1905, S. 139).

[59] Vgl. dazu auch Posner (1984, S. 191–192).

[60] Lehmann (1905, S. 155–156).

[61] Weber, Max: Wissenschaft als Beruf. In: Weber (1985, S. 605–606).

Die Goethe-Philologie, auf die Lehmanns Kritik der biographischen Methode zielte, war ein zwar zentrales, aber immerhin noch begrenztes Feld der Literaturwissenschaft. Acht Jahre später aber wurden *Biographismus* und *biographische Methode* zum Gegenstand der Erörterungen des Ersten Kongresses für Ästhetik und Allgemeine Kunstwissenschaft, der von der gleichnamigen Gesellschaft in Berlin abgehalten wurde. In seinem Eröffnungsreferat erklärte Max Dessoir, der umtriebige Vorsitzende dieser Gesellschaft, die beanspruchte, die philosophische Leitdisziplin für alle Kunstwissenschaften zu sein, die Ästhetik der Gegenwart befinde sich in einer Umorientierung, sie beginne, sich „von der bislang herrschenden Überernährung mit bloß historischer Betrachtungsweise frei zu machen" und sich einem neuen „Objektvismus" zuzuwenden, womit gemeint war, dass sich die Ästhetik nunmehr „den gesetzmäßigen Eigenschaften der künstlerischen Objekte selbst"[62] zuwende. Um diese Umorientierung zu verdeutlichen, blickte Dessoir auf die einzelnen Kunstwissenschaften zurück, und dabei galt seine Kritik vor allem der Philologie:

> „Das einfachste und daher verbreitetste Verfahren ist das des Biographismus. [...] Namentlich der Literaturgeschichte ist es zum Verhängnis geworden, daß so viele Selbstzeugnisse und Theorien der Dichter zur Hand sind, denn es wird meist übersehen, daß im Erzeugen und Gestalten sich Kräfte bekunden können, von denen der Dichter selbst nichts weiß oder die er verkennt. Noch gefährlicher wirkt der Wahn, der in dem Rohstoff des Lebens ein untrügliches Erklärungsmittel erblickt. Eine gewisse Goethe-Philologie erledigt die Seelenhaftigkeit des Orest und des Pylades durch den Hinweis auf zwei Phasen in des Dichters Entwicklung, findet in Iphigenie nichts als ein Bild der Frau v. Stein, verklärt durch Goethes Frauenideal und glaubt sich anscheinend weiterer Pflichten gegenüber dem Kunstwerk enthoben."[63]

Wie Lehmann differenzierte auch Dessoir nicht zwischen legitimen und missbräuchlichen Anwendungen der biographischen Methode, im Gegensatz zu ihm fasst er beide jedoch unter dem pejorativen Begriff des *Biographismus* zusammen – ein Verfahren, das sich in der Folgezeit einbürgern sollte. „Blicken wir zurück", so resümierte Dessoir, „so stellt sich uns der Biographismus in zwei Formen dar: in einer äußerlichen und in einer psychologischen."[64] Er selbst aber fügte noch eine dritte Variante hinzu, die „kulturgeschichtliche Betrachtungsweise", die dann vorliege, wenn „die Individualität des Künstlers als Ausfluss der ganzen Zeit verstanden wird".[65] Diese drei Varianten des Biographismus stellte Dessoir allerdings nur vor, um sie in Bausch und Bogen zu verwerfen:

[62] Dessoir (1914, S. 2).

[63] Dessoir (1914, S. 8).

[64] Dessoir (1914, S. 10).

[65] Dessoir (1914, S. 10). An dieser Stelle wird deutlich, daß Dessoir sich in der Geschichte nicht recht auskennt, denn selbstverständlich sind Scherer, Dilthey und vermutlich der Hauptstrom der Tradition der ‚biographischen Methode' in der Textinterpretation nach Dessoirs Terminologie der ‚kulturgeschichtlichen Methode' zuzurechnen.

> „Mir nun scheint, daß alle diese Behandlungsweisen im Grunde die Umgebung des Kunstwerks treffen: sie verfolgen das Gebilde irgendwie nach rückwärts, durchspähen sein Milieu, tasten an der kulturgeschichtlichen Kreislinie herum, bleiben jedoch außerhalb des Mittelpunktes, außerhalb der Sache selbst."[66]

Dass für die Bestimmung „der Sache selbst" normative Gesichtspunkte ausschlaggebend sind, war auch Dessoir nicht klar, der seinen Vortrag mit der Bemerkung schloss, dass die „Wendung vom Teil zum Ganzen, vom Außen zum Innen sich gegenwärtig in allen kunstwissenschaftlichen Disziplinen" vollziehe – Formulierungen, die spätestens seit der Jahrhundertwende zum festen Bestand des wissenschaftskritischen Jargons gehörten.

Durch Dessoirs Eröffnungsvortrag fühlte sich der Literarhistoriker Richard Moritz Meyer, der ebenfalls der *Gesellschaft für Ästhetik und allgemeine Kunstwissenschaft* angehörte, zu einer Stellungnahme provoziert, die 1914 unter dem Titel „Der *Biographismus* in der Literaturgeschichte" in der Zeitschrift der Gesellschaft erschien. Meyer hatte schon 1910 in einem lesenswerten Beitrag über „Wissenschaftliche Moden" über die „antibiographische Mode und die Überschätzung der Phantasie" geklagt, „zwei Dinge, die kaum zu trennen sind". Er hatte zwar eingeräumt, „daß wir (besonders in der Geschichte des Minnesangs, und in der Goethe-Philologie) die unmittelbare biographische Ausnutzung der Poesie unzweifelhaft übertrieben haben. [...] Aber nun hat eine Reaktion eingesetzt, die Dichtung und Leben, all unseren Erfahrungen an neueren Künstlern zum Trotz, fast völlig trennen will".[67]

Von Dessoirs Beitrag fühlte Meyer sich herausgefordert, „für das sogenannte biographische Prinzip eine Lanze einzulegen – ich brauche nicht erst zu sagen: nicht für unverständige Anwendungen. Denn wenn man uns mit denen schlagen will, welche Methode und welche Wissenschaft ist vor Schlägen sicher?"[68] Mit dieser Formulierung trennte Meyer wiederum die von Lehmann und Dessoir vorgenommene Identifikation der sinnvollen und devianten Anwendungen des biographischen Prinzips. Meyer wies außerdem darauf hin, dass moderne Interpreten häufig die prinzipielle Irrelevanz biographischen Wissens behaupteten und dennoch Gebrauch von diesem Wissen machten[69] – ein Hinweis, der auf viele antibiographische und ‚werkimmanente' Interpretationsrichtungen des 20. Jahrhunderts zutrifft.[70] Meyers Argumentation lief auf die Frage hinaus: „Welche methodische Rücksicht kann uns zwingen, unser Verständnis künstlich zu erschweren oder zu verringern? Aber es helfe gar nichts zum Verständnis! behaupten die Antibiographisten. Möge selbst im ganzen das Leben etwas beweisen für den Dichter, im

---

[66] Dessoir (1914, S. 11).

[67] Meyer (1910, S. 142).

[68] Meyer (1914, S. 249).

[69] Vgl. Meyer (1914, S. 249–250): „Der Moderne hat gut reden, weil er von dem, was er prinzipiell für überflüssig erklären mag, hinter seinem eigenen Rücken doch wieder Gebrauch zu machen imstande ist; [...]."

[70] Nicht die Verwendung biographischen Wissens für eine nichtbiographische Interpretation ist hierbei das Problem, sondern die prinzipielle Leugnung der Relevanz dieses Wissens.

einzelnen für die Dichtung soll es wertlos sein [...]".[71] Am Ende wird aus Meyers Argumentation deutlich, dass auch er, der Anwalt einer ‚verständigen' Anwendung der biographischen Methode, nicht bemerkte, dass er es hier mit einem normativen Problem zu tun hatte. Wie seine Gegner fasste nämlich auch er die Frage, wie ein Text interpretiert werden soll, als eine empirische, vom jeweiligen Gegenstand her zu beantwortende Frage auf: „Wenn sich ein starker Einfluß biographischer Bedingungen auf das Kunstwerk aufzeigen läßt, nun, dann ist eben die dichterische Kunst ‚frei' mindestens nicht in höherem Maße, als andere Kundgebungen auserlesener Geister auch."[72]

Meyers Apologie der biographischen Methode und die prinzipielle Trennung von deren ‚unverständiger' Anwendung setzte sich in der Folgezeit nicht durch – Differenzierungen waren in dem grundlegenden Umorientierungsprozess der Ästhetik prinzipiell nicht gefragt. Während den Anhängern und Gegnern der biographischen Methode einerseits nicht klar war, dass sie es mit einem normativen Problem der Bedeutungskonzeption von Interpretationen zu tun hatten, schlugen sie andererseits mit den grobschlächtigsten weltanschaulichen Keulen auf einander ein. Selbst ein so feinsinniger Interpret wie Georg Simmel rechnete in seinem *Goethe* von 1913 in einem einzigen Absatz ideologisch mit der biographischen Methode ab, zu der er sowohl die Exzesse der ‚Modelljagd' als auch Diltheys Interpretationstheorie zählte:

> „Das Aufgraben des Modells als der vor-künstlerischen Gegebenheit hebt gerade das hervor, was ja mit dem Kunstwerk, das als *Kunstwerk* in Frage steht, überhaupt nichts zu tun hat. Diese, durch die ganze populäre und wissenschaftliche Kunstbetrachtung gehende, übertriebene Wertung des Modells ist nichts Zufälliges. Sie entstammt vielmehr der mechanistisch-mathematisierenden Weltanschauung, die alle Wirklichkeit dann und erst dann verstanden glaubt, wenn sie in Gleichungen aufgelöst ist. [...] Schließlich ist es die Milieutheorie, mit all ihrer Grobheit und Äußerlichkeit, die in der Überschätzung des Modells als Erklärungsgrundes [sic] des Kunstwerks zu Worte kommt. [...] Wenn man nun neuerdings in dem ‚Erlebnis' die Quelle des Kunstwerks findet, so ist damit die Genesis aus Milieu und Modell keineswegs grundsätzlich verlassen, sondern nur subjektivistisch verfeinert. Denn auch aus dem Erlebnis wächst unmittelbar keine Überleitung zu der künstlerischen Spontaneität."[73]

Wenngleich diese Passage zu den schwächsten des ganzen Buches[74] zählt, findet sich in ihr doch jene Bedeutungserweiterung des *Biographismus* exemplarisch formuliert, die auf die biographische Methode schlechthin zielt. Sie nun ist seit dem wissenschaftskritischen Diskurs der populären Kulturkritik der Jahrhundertwende bis in unsere Tage virulent und besagt, in aller Kürze: der *Biographismus* ist ein ba-

[71] Meyer (1914, S. 250).

[72] Meyer (1914, S. 251).

[73] Simmel (1913, S. 15–16).

[74] Richard Moritz Meyer (1913, S. 32) schloss seine bewundernd-kritische Rezension des Buchs mit dem Satz: „es ist doch eigentlich nur die Richtung, die Absicht, die Methode, die ich glaube bekämpfen zu sollen – gerade weil sie nicht glänzender als durch diesen Mann und durch dieses Buch vertreten werden können.".

nausisches Relikt aus dem mechanistischen, szientistischen und materialistischen Geist des 19. Jahrhunderts, er ist eine überholte und fehlerhafte Methode der Textinterpretation.

> „All the traditional questions remain, questions about what constitutes a biography, about what is and is not biographical evidence, about what kind of entities can have biographies, and so on."[75]

6 Bestimmungen des „Biographismus" im 20. Jahrhundert – und ein Verwendungsvorschlag

Dass unsere historische Skizze differenzierungsbedürftig ist, bedarf keiner Erläuterung. Die eindrucksvolle, annähernd 200 Jahre umfassende Kontinuität der biographischen Methode der Textinterpretation würde sich bei genauerer Analyse vermutlich als eine Affiliation recht unterschiedlicher ästhetischer, philosophischer, epistemologischer und anderer Interessen erweisen.

Ähnliches gilt freilich auch für den massiven Traditionszusammenhang antibiographischer oder anti-intentionalistischer Interpretationstheorien im 20. Jahrhundert, die den Autor im Kontext der Textinterpretation für eine entbehrliche Größe halten. Da diese Traditionen ungleich populärer und, wenigstens zum Teil, besser erforscht sind als die des 18. und 19. Jahrhunderts, wollen wir die wichtigsten von ihnen hier unter den geläufigen Etiketten hier lediglich nennen: Russischer Formalismus, Prager Strukturalismus, phänomenologische Literaturbetrachtung, New Criticism, französischer Strukturalismus, Poststrukturalismus bzw. Deconstruction. Alle diese Strömungen, von denen die ersten vier in Deutschland kaum vor den 1960er-Jahren rezipiert wurden, haben dafür gesorgt, dass das Schreckbild des „Biographismus" bekräftigt wurde und neue Nahrung erhielt – für welche Verwendung auch immer. Ein gutes Gewissen erhielt die Instrumentalisierung des Begriffs gegen missliebige Interpretationstheorien durch den bekannten Aufsatz von Wimsatt und Beardsley über den ‚intentionalen Fehlschluss'[76] (1946), dessen Titel den Charakter eines Slogans annahm.

Im Deutschland der 1950er- und 1960er-Jahre verstärkte der New Criticism lediglich autochthone Traditionen der ‚werkimmanenten Interpretation'. In systematischer Hinsicht war nämlich mit den Vorträgen auf dem Kongress für Ästhetik und allgemeine Kunstwissenschaft 1913 bereits die Gegenposition zu einer entstehungsgeschichtlichen Interpretation von Kunstwerken voll entfaltet und damit zumindest die Grundlage zur werkimmanenten Interpretation gelegt. Am deutlichsten hat diese Position in ästhetischen Kontext vielleicht der junge Georg Lukács in seiner *Heidelberger Philosophie der Kunst*[77] (1911–14) dargestellt, die Max Weber mit der Feststellung begrüßte: „Daß, nachdem man Ästhetik vom ‚Standpunkt' des Rezipierenden, dann jetzt von dem des Schaffenden zu treiben versucht hat, nun endlich das ‚Werk' als solches zu Wort kommt, ist eine Wohltat."[78] In der

[75] Fish, Stanley: Biography and Intention. In: Epstein (1991, S. 9–16, S. 15).

[76] S. Wimsatt/Beardsley (1954, S. 3–18).– Vgl. dazu auch Danneberg/Müller (1983).

[77] Lukács (1974).

[78] Max Weber an Georg Lukács, Heidelberg 10.3.1913. In: Lukács (1982, S. 320, Nr. 185).

deutschen Literaturwissenschaft der 1920iger und 1930iger Jahre konnte sich diese Art der Werkanalyse indes nicht durchsetzen[79] – Impulse zu einer formalen Kunst- und Textinterpretation fanden sich in der stark verweltanschaulichten Geistesgeschichte und Stilanalyse kaum. Noch in den ‚werkimmanenten' Interpretationen der 1950er- und 1960er-Jahre finden sich trotz eines programmatischen Antipositivismus und Antibiographismus entstehungsgeschichtliche und biographische Kontexte fast regelhaft berücksichtigt.

Im Hinblick auf die Eliminierung des Autors waren der französische Strukturalismus und Poststrukturalismus ungleich radikaler, und in ihrem Gefolge erfuhr auch in Deutschland die kategorische Ablehnung des „Biographismus" abermals eine Bestätigung. Die gegenwärtigen Diskussionen über eine „Rückkehr des Autors"[80] in die Interpretation(stheorie) zeigen an, dass es ungeachtet der ultimativen Toterklärungen von Roland Barthes und Michel Foucault noch einen erheblichen Diskussionsbedarf über die Rolle(n) des Autors in der literarischen Kommunikation und Interpretation gibt. In den USA erscheinen die ersten Untersuchungen über die „social functions and institutional repressions of biography in American literary culture",[81] und überrascht stellen die meisten Literaturwissenschaftler:innen fest, dass es neben dem mainstream von annähernd hundert Jahren Anti-Intentionalismus eine kontinuierliche, theoretisch anspruchsvolle Unterströmung der intentionalistischen Textinterpretation gab und gibt, die im Unterschied zu anderen Interpretationsrichtungen auch methodologische Interessen[82] verfolgt und deren Ergebnisse erst noch aufzuarbeiten sind.

Chimären wie der überkommene Begriff des „Biographismus" sind bei der Überprüfung früherer Positionen eher hinderlich. Auch wenn unsere historische Skizze eine differenzierte Explikation des Begriffs nur vorbereitet, so liefert sie doch zumindest zwei grundlegende Hinweise für dessen zukünftige Verwendung: Zum einen legen unsere Ausführungen die Forderung nahe, die Gleichsetzung des „Biographismus" mit einer intentionalistischen Konzeption der Textinterpretation unter strenge Strafe zu stellen. Zum anderen lässt es der Blick auf die Themenkarriere ratsam erscheinen, den Begriff ausdrücklich für missbräuchliche Anwendungen des biographischen Prinzips zu reservieren. Anders als in einigen der entsprechenden Abgrenzungen des ausgehenden 19. Jahrhunderts lassen sich Anwendungen allerdings nicht bereits dann als ‚missbräuchlich' qualifizieren, wenn sie einer Interpretationskonzeption verpflichtet sind, nach der Texte im Rückgriff auf die Biographien ihrer Verfasser zu erklären sind – denn auch gegen eine solche Form der Auslegung lassen sich keine empirischen oder logischen, sondern allenfalls norma-

[79] Interessante Ansätze finden sich in zwei Beiträgen eines Schülers von Richard M. Meyer; s. Kober (1915) und Kober (1915/16).– Diese Beiträge werden mit einigem Recht als ‚Vorläufer' der ‚werkimmanenten Interpretation' bezeichnet, s. Danneberg (1996, S. 342).

[80] Vgl. dazu stellvertretend die Beiträge des mit reichhaltigen Literaturangaben versehenen Bandes: Jannidis u. a. (1999).

[81] Ross (1991, S. 137).

[82] Vgl. dazu den resümierenden Überblick von Lutz Danneberg: Zum Autorkonstrukt und zu einem methodologischen Konzept der Autorintention. In: Jannidis u. a. (1990, S. 77–106).

tive Einwände vorbringen. Als ,missbräuchlich' und also ,biographistisch' sollten vielmehr nur solche Anwendungen des biographischen Prinzips charakterisiert werden, die isolierte Teile von Werken auf das Leben ihrer Verfasser zurückführen, ohne die Relevanz solcher Verknüpfungen für die Konzeption und integrative Deutung des Werks auszuweisen.

Literatur

Barner, Wilfried (Hg.): Literaturkritik – Anspruch und Wirklichkeit. DFG-Symposion 1989. Stuttgart 1990 (Germanistische Symposien. Berichtsbände. 12).

Benjamin, Walter: Zum Bilde Prousts. In: Benjamin: Gesammelte Schriften II,1. Hg. von Rolf Tiedemann und Hermann Schweppenhäuser. Frankfurt am Main 1977, S. 310–324.

Brahm, Otto: Goethe-Philologie. In: Freie Bühne für modernes Leben 1 (1890), S. 637–640.

Braitmaier, [Friedrich]: Göthekult und Göthephilologie. Eine Streitschrift. Tübingen 1892.

Bruch, Rüdiger vom u.a. (Hg.): Kultur und Kulturwissenschaften um 1900. I. Krise der Moderne und Glaube an die Wissenschaft. Stuttgart 1989.

Bruch, Rüdiger vom u.a. (Hg.): Kultur und Kulturwissenschaften um 1900 II. Idealismus und Positivismus. Stuttgart 1997.

Danneberg, Lutz / Müller, Hans-Harald: Der ,intentionale Fehlschluss' – ein Dogma? Systematischer Forschungsbericht zur Kontroverse um eine intentionalistische Konzeption in den Textwissenschaften. In: Zeitschrift für allgemeine Wissenschaftstheorie 14 (1983), S. 103–137 und S. 376–411.

Danneberg, Lutz, Zur Theorie der werkimmanenten Interpretation. In: Wilfried Barner / Christoph König (Hg.): Zeitenwechsel. Germanistische Literaturwissenschaft vor und nach 1945. Frankfurt am Main 1996, S. 313–344.

Danneberg, Lutz: Besserverstehen. In: Fotis Jannidis, u.a. (Hg.): Regeln der Bedeutung. Berlin u. a. 2003, S. 633–711.

Dessoir, Max: Systematik und Geschichte der Künste. In: Zeitschrift für Ästhetik und allgemeine Kunstwissenschaft 9 (1914), S. 1–15.

Dilthey, Wilhelm: Ethica. Berlin: Litteraturarchiv-Gesellschaft 1915. Mittheilungen aus dem Litteraturarchive in Berlin. N.F. 10.

Dilthey, Wilhelm: Zur Geistesgeschichte des 19. Jahrhunderts. Hg. von Herrmann, Ulrich. Göttingen 1970 (Gesammelte Schriften. 15).

Dilthey: Abhandlungen zur Poetik, Ethik und Pädagogik. Hg. von Georg Misch. Stuttgart u.a. ^{6}1978 (Gesammelte Schriften. 6).

Epstein, William H.: Contesting the Subject. Essays in the Postmodern Theory and Practice of Biography and Biographical Criticism. West Lafayaette 1991.

Fiedler, Leslie A.: Archetype and Signature: A Study of the Relationship between Biography and Poetry. In: The Sewanee Review 60 (1952), S. 253–273.

Goethe: Ästhetische Schriften 1806–1815. Hg. von Friedemar Apel. Frankfurt am Main 1998. (Frankfurter Ausgabe I. Abt., Bd. 19).

Herder, Johann Gottfried: Schriften zu Philosophie, Literatur, Kunst und Altertum 1774–1787. Hg. von Jürgen Brummack und Martin Bollacher. Frankfurt am Main 1994 (Herder: Werke in zehn Bänden. Band 4).

Herrmann, Max: Jahrmarktsfest zu Plundersweilern. Entstehungs- und Bühnen–geschichte. Berlin 1900.

Hoeges, Dirk: Kontroverse am Abgrund. Ernst Robert Curtius und Karl Mannheim. Intellektuelle und 'freischwebende Intelligenz' in der Weimarer Republik. Frankfurt am Main 1994.

Humboldt, Wilhelm von: Werke in fünf Bänden. Hg. von Andreas Flitner, u. a. Darmstadt 1980.

Jannidis, Fotis u.a. (Hg.): Rückkehr des Autors. Zur Erneuerung eines umstrittenen Begriffs. Tübingen 1999.

Jannidis, Fotis u.a. (Hg.): Texte zur Theorie der Autorschaft. Stuttgart 2000.

Kindt, Tom: Wilhelm Dilthey. In: König, Christoph u. a. (Hg.): Wissenschaftsgeschichte der Germanistik in Porträts. Berlin u.a.: 2000, S. 53–68.

Kindt, Tom / Müller, Hans-Harald: Dilthey gegen Scherer. Geistesgeschichte contra Positivismus. Zur Revision eines wissenschaftshistorischen Stereotyps. In: Deutsche Vierteljahrsschrift für Literaturwissenschaft und Geistesgeschichte 74 (2000), S. 685-709.

Kober, August H.: Der Begriff der Literaturgeschichte. In: Zeitschrift für Ästhetik und allgemeine Kunstwissenschaft 10 (1915), S. 191–206.

Kober, August H.: Wesen und Methode der Literaturwissenschaft. In: Germanisch-Romanische Monatsschrift 7 (1915–1916), S. 109–116.

Kris, Ernst / Kurz, Otto: Die Legende vom Künstler. Ein geschichtlicher Versuch. Mit einem Vorwort von Ernst H. Gombrich. Frankfurt am Main 1980.

Kruckis, Hans-Martin, Ein potenziertes Abbild der Menschheit. Biographischer Diskurs und Etablierung der Neugermanistik in der Goethe-Biographik bis Gundolf. Heidelberg: 1995.

Landwehr, Jürgen: Von der Pluralität der Subjekte im Gedicht und der Unumgänglichkeit des Autors. Goethes Sturm-und-Drang-Lyrik zwischen Biographismus, Poetik und Lesegewohnheiten. In: Hans-Werner Eroms / Hartmut Laufhütte (Hg.): Vielfalt der Perspektiven. Wissenschaft und Kunst in der Auseinandersetzung mit Goethes Werk. Dokumentation des Goethe-Symposiums an der Universität Passau vom 17. bis 19.11.1982. Passau 1984, 123–148.

Lehmann, Rudolf: Goethes Lyrik und die Goethe-Philologie. In: Goethe-Jahrbuch 26 (1905), S. 133–158.

Lukács, Georg: Heidelberger Philosophie der Kunst (1912–1914). Aus dem Nachlaß hg. von György Márkus und Frank Benseler. Darmstadt u.a. 1974 (Georg Lukács. Werke. 16).

Lukács, Georg: Briefwechsel 1902–1917. Hg. von Eva Karádi / Eva Fekete. Stuttgart: 1982.

Meyer, Richard M.: Wissenschaftliche Moden. In: Nord und Süd 133 (1910), S. 44–50 u. 138–145.

Meyer, Richard M.: Metaphysik der Individualität. [Rez.:] Goethe. Von Georg Simmel. Leipzig 1913. In: Neue Freie Presse Nr. 17395 (26. 1.1913), Beilage S. 32.

Meyer, Richard M.: Der „Biographismus" in der Literaturgeschichte. In: Zeitschrift für Ästhetik und allgemeine Kunstwissenschaft 9 (1914), S. 249–254.

Müller-Vollmer, Kurt: The Digested and the Indigestible. Abandonment as a Category in the History of German Criticism. In: Stanford Literature Review (Spring 1986), S. 31–46.

Nünning, Ansgar (Hg.): Metzler Lexikon Literatur- und Kulturtheorie. Stuttgart u.a. 1998.

Oellers, Norbert (Hg.): Briefe an Schiller: 1.11.1795 – 31.3.1797. Weimar 1972 (Schiller: National-Ausgabe Bd. 36, Teil 1).

Reallexikon der deutschen Literaturwissenschaft. Hg. von Harald Fricke u.a. Bd.1. Berlin u.a. 2007.

Ross, Valerie: Too Close to Home. Repressing Biography. Instituting Authority. In: Epstein 1991, S. 135–165.

Scherer, Wilhelm: Zur Geschichte der deutschen Sprache. Berlin 1868.

Scherer: Vorträge und Aufsätze zur Geschichte des geistigen Lebens in Deutschland und Österreich. Berlin 1874.

Scherer, Wilhelm: Ulfilas. In: Neue Freie Presse Nr. 5349 (18.7.1879).

Scherer, Wilhelm: Aufsätze über Goethe. Berlin 1886.

Schlegel, Friedrich: Charakteristiken und Kritiken II. (1802–1829). Kritische Neuausgabe. Hg. und eingeleitet von Hans Eichner. Paderborn 1975. (Schlegel: Kritische Ausgabe. Abt. 1, Bd. 3).

Schlegel, Friedrich: Fragmente aus dem Nachlass. Hg. mit Einleitung und Kommentar von Hans Eichner. Paderborn 1981 (Schlegel: Kritische Ausgabe. Abt. 2, Bd. 16).

Schleiermacher, Friedrich Daniel Ernst: Hermeneutik und Kritik [Hg. von Friedrich Lücke 1838]. Mit einem Anhang sprachphilosophischer Texte Schleiermachers. Hg. und eingeleitet von Manfred Frank. Frankfurt am Main 1977.

Schmidt, Erich: Goetheklatsch. In: Im neuen Reich 8,1 (1878), S. 533–535.

Simmel, Georg: Goethe. Leipzig 1913.

Sternsdorff, Jürgen: Wissenschaftskonstitution und Reichsgründung. Die Entwicklung der Germanistik bei Wilhelm Scherer. Eine Biographie nach unveröffentlichten Quellen. Frankfurt am Main usw. 1979 (Europäische Hochschulschriften. Reihe I, Bd. 321).

Strauß, Gerhard (Hg.): Deutsches Fremdwörterbuch. [...]Berlin u.a. 1995.

Wahrig, Gerhard u.a. (Hg.): Brockhaus/Wahrig: Deutsches Wörterbuch in sechs Bänden. Stuttgart 1980.

Wagenknecht, Christian (Hg.): Zur Terminologie der Literaturwissenschaft. Akten des IX. Symposiums der Deutschen Forschungsgemeinschaft Würzburg 1986. Stuttgart: 1989 (Germanistische Symposien. Berichtsbände. 9).

Weber, Max: Gesammelte Aufsätze zur Wissenschaftslehre. Sechste, erneut durchgesehene Auflage. Hg. von Johannes Winckelmann. Tübingen 1985, S. 146–214.

Weimar, Klaus: Geschichte der deutschen Literaturwissenschaft bis zum Ende des 19. Jahrhunderts. München 1989.

Wimsatt, William K. / Beardsley, Monroe C.: The Intentional Fallacy. In: Wimsatt: The Verbal Icon. Studies in the Meaning of Poetry. Lexington: 1954, S. 3–18.

Wissenschaftsgeschichte und Editionsphilologie

Hans-Harald Müller

Mit der Editionsphilologie und der Wissenschaftsgeschichte treffen sich zwei lange marginalisierte Subdisziplinen, die ins Zentrum des Fachs gehören. Sie treffen sich heute aber, wenn mich nicht alles täuscht, nicht in gekränkter Würde, sondern in der Zuversicht, ins Zentrum des Fachs zurückzukehren und der schwächelnden kulturalistischen Event-Kultur zu zeigen, was Philologie ist und kann. Dass für Goethe, von dem die neuere deutsche Literaturwissenschaft in mannigfacher Hinsicht herrührt, die Geschichte der Wissenschaft noch „die Wissenschaft selbst"[1] war, sollten wir der Germanistik ebenso deutlich ins Gedächtnis rufen, wie die Tatsache, dass die Editionsphilologie einer der wenigen Orte ist, an dem die Einheit unseres Fachs noch anzutreffen ist, denn hier ist, um mit den Worten Klaus Hurlebuschs zu sprechen, „noch verbunden, was sich sonst voneinander abgesondert hat: z. B. Handschriftenkunde, Buchwissenschaft, Textkritik, Text- und Literaturtheorie, Literaturhistorie, Geschichtswissenschaft und deren Hilfsdisziplinen".[2] „Die elementaren philologischen Tätigkeiten sind Herausgeben und Erklären", formulierte Wilhelm Scherer 1877 mit dem ihm eigenen Sinn fürs Wesentliche, und dass diese beiden, mit der Literaturgeschichte vereint. die tragenden Säulen unseres Fachs bilden, haben 125 Jahre später zwei einflussreiche Germanisten noch einmal versichert.[3] Wir haben also keinen Grund kleinlaut zu sein.

[1] Goethe, Johann Wolfgang: Karl Wilhelm Nose. In: Goethe (1892, S. 184).

[2] Hurlebusch (2004, S. 217).

[3] Scherer (1886, S. 10); Strohschneider/Vollhardt (2002, S. 100).

Erstdruck in: editio 23 (2009), S. 1–13.

H.-H. Müller (✉)
Institut für Germanistik, Universität Hamburg, Hamburg, Deutschland
E-Mail: harrym@uni-hamburg.de

H.-H. Müller (Hrsg.), *Kleine Schritte und große Sprünge*, Abhandlungen zur Literaturwissenschaft, https://doi.org/10.1007/978-3-662-71105-7_12

Auf die – auch am internationalen Forschungskontext gemessen – nicht unerheblichen Leistungen der Wissenschaftsgeschichte der Germanistik, die in den letzten 30 Jahren eng mit Marbach verbunden waren und hoffentlich auch verbunden bleiben werden, möchte ich der Kürze halber nicht eingehen – das Nötigste darüber kann man jetzt bequem zusammengefasst im *Handbuch Literaturwissenschaft*[4] nachlesen. Ich möchte die Zeit vielmehr dazu nutzen, einige konkrete Vorschläge für den Dialog zwischen Wissenschaftsgeschichte und Editionsphilologie zu machen, und ich bitte um Nachsicht, wenn ich als Fast-Laie die Editionsphilologie nicht mit dem gebührenden Respekt und der erforderlichen Differenzierung behandle. Ich werde mich den zentralen Fragen der Editionsphilologie von der Peripherie her nähern.

Für einen Wissenschaftshistoriker ist es erstaunlich, dass die Editionsphilologen es gleichsam für natürlich zu halten scheinen, dass im 19. Jahrhundert so viele und so viele maßstabsetzende Editionen erscheinen, während die geistesgeschichtliche Literaturwissenschaft ein editionsphilologisch ödes Land ist.[5] Erklärungen für den Wechsel von textualistischen zu kontextualistischen Phasen unserer Wissenschaft finden sich selten, und Winfried Woeslers en passant eingestreuter Hinweis auf das Bedürfnis nach nationaler Selbstrepräsentation und den Bedarf eines Textcorpus für den Hochschulunterricht[6] ist selbstverständlich unzureichend. Auch wenn man auf den engen Zusammenhang von Editionstätigkeit und Bildungsbürgertum hinweist – und hier selbstverständlich in erster Linie auf den Bedarf der Gymnasein – hat man noch nicht erklärt, weshalb es im 19. Jahrhundert im Unterschied zum 20. für Wissenschaftler attraktiv war, Texte nach mehr oder minder wissenschaftlichen Gesichtspunkten zu edieren. Ich will nicht behaupten, dass die von mir im Folgenden zitierte Quellensorte eine erschöpfende Erklärung bietet, aber man sollte sie vielleicht im Auge behalten. August Sauer schreibt am 7. Juni 1882 aus Lemberg an Bernhard Seuffert, er müsse sich dafür entschuldigen, dass er in Kürschners Reihe „Deutsche Nationalliteratur" einige Texte in einer populären, normalisierten Ausgabe noch einmal bringe, die zuvor bereits in Seufferts „Deutsche Litteraturdenkmale" erschienen seien. Er fügt hinzu:

> „Noch ein Wort zu meiner Rechtfertigung. Ich habe Speemanns Anerbieten hauptsächlich aus pekuniären Gründen annehmen müßen. Die Arbeit ist nicht groß – der Sommer wird freilich draufgehen – u. das Honorar erträglich, zumal da die Correcturen wegfallen. So lange ich keine Anstellung habe, kann ich nichts von mir weisen, was den Lebensunterhalt halbwegs erträglich macht."[7]

[4] Vgl. Anz (2007).

[5] 1924 schreibt Bernhard Seuffert an Karl Polheim: „Es ist jetzt [1924] jedoch eine Abneigung gegen textkritische Ausgaben Mode [...] Das war bei Beginn der Sophienausgabe anders gelagert, da stand die Textphilologie noch im Ansehen, und es war ein testimonium eruditionis scientificae, sich darin sattelfest zu zeigen." Zitiert nach: Leitner (1971, S. 12).– Vgl. auch Günter Arnold: Herder-Editionen. In: Nutt-Kofoth/Plachta (2005, S. 169): „Mit allen diesen [Herder-]Ausgaben war der Bedarf der Leserwelt für lange Zeit gedeckt, und die sich in den 1920er-Jahren etablierende geistesgeschichtlich-hermeneutische Literaturwissenschaft war kaum auf Texte angewiesen."

[6] Vgl. Woesler, Winfried: Neugermanistische Editionsleistungen des 19. Jahrhunderts. In: Roloff (2003, S. 124).

[7] August Sauer an Bernhard Seuffert, Brief vom 7.6.1882. Wien, Österreichische Nationalbibliothek, Autogr. 422/1–19.

Sauer erhielt in Lemberg als Supplent einen knappen Unterhaltszuschuss und kein Gehalt – wer die Besoldungsverhältnisse der Nichtordinarien im 19. Jahrhundert kennt, wird verstehen, weshalb so viele von ihnen sich im 19. Jahrhundert am Editionswesen beteiligten. Ich denke, es wäre ein kultur-, wissenschafts- und editionsgeschichtlich interessantes Projekt, eine Typologie der nach Aufhebung des Klassiker-Privilegs im 19. Jahrhundert erschienenen wissenschaftlichen Ausgaben aufzustellen und zu untersuchen, von wem jeweils die editorische Initiative ausging, von Verlagen, einzelnen Wissenschaftlern oder Liebhabern, Vereinen oder gelehrten bzw. bibliophilen Gesellschaften, Akademien o. ä. – für die größeren Editionsreihen hat Bodo Plachta[8] das vor kurzem begonnen. Ein ehrgeizigeres Projekt wäre eine eigene Literaturgeschichte auf der Basis der edierten Texte samt Vorworten von 1860 bis 1914, die zu vergleichen wäre mit den Literaturgeschichten desselben Zeitraums.

Die Zusammenarbeit von Wissenschaftsgeschichte und Editionsphilologie könnte überdies zu einer angemesseneren Beurteilung der Editionstheorie und -praxis der klassischen Philologie führen. Hier hat es sich in der Nachfolge Beißners eingebürgert, ausschließlich das „verhängnisvolle Vorbild“[9] zu beklagen, das, im Verein mit dem herrschenden Positivismus, auch in der Germanistik zu einem überwiegend mechanischen Editions(un)wesen geführt habe. So schreibt etwa Hans-Joachim Simm: „Der Rausch des naturwissenschaftlichen Zeitalters schlug sich etwa seit 1880 in objektivistischen, an der klassischen Philologie geschulten Editionstechniken nieder.“[10] Wie Simm neigen die Neugermanisten im Allgemeinen dazu, die Editionstechnik des 19. Jahrhunderts auf die „niedere Kritik“ zu reduzieren. Der Kürze halber möchte ich mit Schleiermacher in Erinnerung rufen: „Wolf unterscheidet nach Verfahrungsweisen. Nämlich die niedere, die er deswegen lieber die beurkundende nennen möchte, belegt ihre Entscheidungen mit urkundlichen Zeugnissen; die höhere aber, die er deshalb lieber die divinatorische nennen möchte, findet ihre Ergebnisse mit Hilfe von innern Beweisgründen.“[11] Zugang zu diesen inneren Beweisgründen verschafften die Beherrschung von Grammatik, Sprachgeschichte und Sprachgebrauch des jeweiligen Autors, darüber hinaus aber auch „die Kunst des Stils und der Composition, sowohl in Prosa als in Versen, nebst den Grundsätzen der alten Metrik. Denn nur die Fertigkeit nach der Weise der Alten zu schreiben, nur eigenes productives Talent befähigt uns, fremde Productionen gleicher Art zu verstehen [...].“[12] Dass das Edieren von Texten keine mechanische, reproduktive, sondern eine produktive Tätigkeit ist, stand im 19. Jahrhundert außer Zweifel; Wilhelm Scherer etwa schrieb: „Der Kritiker ist ein Künstler. Er muß das Werk, das ihm vorliegt, nachschaffen. Er muß das Gedicht, das er in echter Gestalt herstellen soll, nachdichten. Er muß sich in die Seele des Autors versetzen, er muß aus dem Zentrum der productiven Persönlichkeit heraus entscheiden, ob ein Dichter

[8] Vgl. Plachta (2015). Unzureichend ist Simm (1984).

[9] Beißner (2005, S. 255).

[10] Simm (1984, S. 375).

[11] Schleiermacher (1977, S. 349).

[12] Wolf (1985, S. 42).

so oder so geschrieben haben könne."[13] Ein solcher Künstler war für Scherer auch Karl Lachmann, der es freilich versäumt hatte, „den Ton, den Stil nicht mehr blos zu fühlen und durch ein andeutendes Wort zu bezeichnen, sondern ihn streng zu demonstriren, die ganze künstlerische Technik, Composition und Darstellungsweise nach genauer Observation zu analysiren und zu charakterisiren". Im Hinblick auf diese Begründungspflicht war Scherer unnachgiebig, denn: „Wenn in die Kritik und Interpretation das subjective Meinen und Belieben einreißt, wenn hier die richtige Methode verloren geht, so geräth die ganze Wissenschaft ins Schwanken."[14]

Einer differenzierteren Betrachtung bedürfte auch der Begriff des „Stils". So schreibt etwa Rüdiger Nutt-Kofoth im Hinblick auf die Tatsache, dass Bodmer und Breitinger in ihrer Opitz-Ausgabe Varianten aufgenommen hatten, die zur Dokumentation der „Entwicklungsgeschichte des Textes" hätten verwendet werden können: „Hier wird diese jedoch vornehmlich als Stilgeschichte des Autors verstanden, eine Vorstellung, die dann bis ins beginnende 20. Jahrhundert den Umgang mit den neuphilologischen Varianten bestimmen sollte."[15] Die Vorstellung vom Stil hat sich in dem von Nutt-Kofoth bezeichneten Zeitraum indes erheblich verändert. Die Editoren vor dem Historismus dürften am Stil ein weder auf die Textgenese noch auf das Individuum bezogenes, sondern ein vorwiegend symptomatisches Interesse gehabt haben: aus Opitz' Varianten ließ sich etwas über die Optimierung des Stils lernen, Klopstocks „Veränderungen und Verbesserungen" der ersten fünf Gesänge des „Messias" (1755) empfahl Lessing der sorgfältigen Beachtung, denn „man studieret in ihnen die feinsten Regeln der Kunst".[16] Seit dem Historismus aber, für den gelungene Erklärungen genetische Erklärungen sind, ist das editorische Interesse an Textvarianten im Allgemeinen und stilistischen Varianten im Besonderen ein genetisches – wenngleich kein textgenetisches. Der Stil gilt als Inbegriff aller kreativen Fähigkeiten des Individuums, in Scherers Formulierung:

> „Stil umgreift die ganze Folge vom Stoff bis zur äußeren und inneren Form, von dem rohen Stoff, der überhaupt in den Gesichtskreis des Dichters fällt, von der Auswahl aus diesem Stoffe, von der besonderen Auffassung bis zur besonderen Einkleidung, zur Wahl der Dichtungsgattung, bis zu den sprachlichen und metrischen Mitteln, mit einem Wort: es muß der gesamte dichterische Prozeß durchlaufen und überall die Eigenart aufgesucht und nachgewiesen werden."[17]

[13] Scherer, Wilhelm: Moriz Haupt [1874]. In: Scherer (1893, S. 118). – Vgl. auch Hermann Useners Rektoratsrede „Philologie und Geschichtswissenschaft", Usener (1907, S. 35) von 1882: „In der Tat darf die meisterhafte divinatorisch-kritische Restitution eines Literaturwerkes, wie Hermanns Äschylus, Ritschls Plautus, Lachmanns Lucretius oder Scaligers Festus, und ebenso die abgerundete Interpretation sich ein Kunstwerk nennen. Die Kongenialität des Verständnisses und die kritische Divination sind schöpferische Eigenschaften, deren Betätigung dem geistigen Zeugungsakte des Literaturwerks selbst vergleichbar sind.".

[14] Scherer, Wilhelm: Karl Lachmann. In: Scherer (1893, S. 99–111, S. 117).

[15] Nutt-Kofoth, Rüdiger: Einleitung zu Nutt-Kofoth/Plachta (2005, S. XVII).

[16] Vgl. zum Zusammenhang mit Quellenangaben Nutt-Kofoth/Plachta (2005, S. XVIII).

[17] Scherer (1884, S. 308).

Es ist also nicht der aus der elocutio-Lehre stammende technische, sondern dieser umfassende, werkgenetisch relevante Stil-Begriff, den Scherers Schüler Bernhard Seuffert in den „Prolegomena zu einer Wieland-Ausgabe“ verwendete, wenn er von den Editoren forderte, sie sollten nicht nur „Sammler und Textkritiker“ sein, sondern „mindestens einen Ansatz zur Verarbeitung der Lesarten für die Entwickelungsgeschichte des Stiles machen“.[18] Die Erforschung der Werkgenese ist das Ziel jeder wissenschaftlichen Beschäftigung mit literarischen Texten am Ende des 19. Jahrhunderts. Die „höchste Aufgabe jeder kunstmäßigen Interpretation“ ist es, so Scherer, „den Entstehungsprozeß des Werkes in der Seele des Autors [zu] erforschen“.[19] Welche fundamentale Erkenntnis Wilhelm Dilthey, von dem bekanntlich die Forderung nach „Archiven für Litteratur“[20] stammt, von der Erforschung der Genese literarischer Werke erhoffte, geht unter anderem aus seinem Aufsatz über „Die Einbildungskraft des Dichters“ hervor:

> „Durchsichtig pulsiert gleichsam das schaffende Leben, das sie hervorbrachte, in den dichterischen Werken. Vielfach kann noch in ihrer Gestalt das Gesetz ihrer Bildung erfaßt werden. Indem nun unsere Beobachtungen über dichterisches Schaffen und die ihm verwandte ästhetische Empfänglichkeit sowie die Zeugnisse über ihre Vorgänge uns gegenwärtig sind, indem wir die so erlangten psychologischen Einsichten alsdann in die äußere Geschichte der Ausbildung von Dichtungen übertragen, indem wir endlich die fertige durchsichtige Gestalt der Dichtungen zergliedern und hierdurch die Einsicht in die Genesis vervollständigen und bestätigen: eröffnet sich auf diesem Gebiet eine hinreißende Aussicht; hier vielleicht wird es zuerst gelingen, eine Kausalerklärung aus den erzeugenden Vorgängen durchzuführen; die Poetik scheint unter Bedingungen zu stehen, welche vielleicht ihr zuerst die innere Erklärung eines geistig-geschichtlichen Ganzen nach kausaler Methode ermöglichen.“[21]

All diese funkelnden wissenschaftshistorischen Subtilitäten sind den Editionsphilologen verdunkelt worden durch die Sophien-Ausgabe, die trotz Paul Raabes[22] Rettungsversuch in notorisch schlechtem Ruf steht. Ich will und kann auf diese Ausgabe, deren Entstehungsumstände erbärmlich schlecht erforscht sind, hier nicht eingehen, will aber auch meine Meinung nicht verhehlen, dass seine Überzeugung und die Umstände Wilhelm Scherer keine andere Wahl ließen, als sich an der Ausgabe zu orientieren, von der er annahm, sie sei die der letzten Hand – eine Edition der Werke „in der Reihenfolge ihrer Entstehung“ hielt er ‚vermutlich zu Recht, für einen „Luxus“, den „wir nicht bezahlen können“.[23] Zumindest ist es eine groteske Verzeichnung der wissenschaftshistorischen Situation, wenn Manfred Windfuhr in

[18] Prolegomenon IV (1905), zitiert nach Nutt-Kofoth (2005, S. 55–63, S. 62). – Auch Hans Zeller hält dies für eine „Einschränkung auf das Stilistische“. Zeller, Hans: Zur gegenwärtigen Aufgabe der Editionstechnik [1958. In: Nutt-Kofoth (2005, S. 194–214, S. 195).

[19] Scherer (1886, S. 17).

[20] Vgl. Dilthey (1889).

[21] Dilthey (1978, S. 125).

[22] Vgl. Raabe (2001).

[23] Scherer, Wilhelm: Über die Anordnung Goethescher Schriften III (1884). Zitiert nach Nutt-Kofoth/Plachta (2005, S. 33–35, S. 34). – Vgl. auch schon Scherers Kommentar zum Plan einer Goethe-Ausgabe in seinem Brief an Erich Schmidt, Scherer/Schmidt (1962, S. 203) vom 21. Mai 1885: „Die kritische Ausgabe Goethes, die ‚Archiv-Ausgabe‘ will Loeper sie nennen, wird von Zeit zu Zeit gewiß erneuert werden müssen.“– Dieses Zitat findet sich schon in der editionshistorischen Fundgrube von Kanzog (1979, S. 16).

diesem Zusammenhang von einem „Mythos" der „Kanonisierung des letzten Willens" spricht und anmerkt: „Es wirkte daher wie die Entdeckung eines vergessenen Kontinents, als Max Morris seine Ausgabe des ‚Jungen Goethe' herausbrachte."[24] Scherer hatte bereits die dreibändige Hirzelsche Ausgabe des ‚Jungen Goethe' von 1875 als „ein unschätzbares, lange schmerzlich entbehrtes Hilfsmittel"[25] begrüßt und „Beiträge oder Vorarbeiten" zu einem „Commentare" dieser Ausgabe in dem gemeinsam mit Jacob Minor und Erich Schmidt herausgegebenen Band „Aus Goethes Frühzeit"[26] hinzugefügt. Sein Nachfolger Erich Schmidt wollte ein literarisches Werk „von den ersten wahrnehmbaren Keimen und plötzlichen Inspirationen an" durch den „Kunstverstand gebildet sehen" und forderte die Entstehungsgeschichte in weitestem Umfang zu erforschen:

> „Allgemeine und einzelne Bekenntnisse der Schöpfer, ihre gesamtem, nur von falscher Vornehmheit oder aus privatem Eifer zurückgehaltenen oder beschnittenen Briefe und Tagebücher, die verschiedenartigen Entwürfe ihre Werkstätten, abweichende Fassungen auch in blossen einzelnen Lesarten, spätere Umbildungen und Fortsetzungen geben uns reiche Aufschlüsse über abhängiges und selbständiges Wachstum, auch über ein Nachlassen des schöpferischen Vermögens."[27]

Genauere Untersuchungen im Umkreis der Scherer-Schule würden, so möchte ich thesenartig behaupten, ergeben, dass es dort in der Editionspraxis seit Beginn der achtziger Jahre deutliche Absetzbewegungen vom Prinzip der Ausgabe letzter Hand gab, die in der Programmatik oder Theorie erst später eingeholt wurden. Da diese These sich im vorliegenden Zusammenhang nicht empirisch erhärten lässt, möchte ich zu ihrer Illustration einen Brief von Max Morris anführen, der als Mitschüler und Freund Otto Pniowers und Richard Moritz Meyers dem weiteren Umkreis der Scherer-Schule zuzurechnen ist. Morris schreibt am 4. November 1913 an Gustav Roethe:

> „Sehr verehrter Herr Geh. Rat!
>
> Ich habe mir erlaubt, in Ihrem Kolleg zu hospitieren und habe also heute dankbar mitangehört, wie freundlich Sie die Neuausgabe des Jungen Goethe behandelten. Aber nicht deswegen schreibe ich, sondern ich möchte Ihnen mitteilen, daß ich eine solche Ausgabe der Gedichte in zeitlicher Folge, wie Sie sie forderten, seit längerer Zeit vorbereite und im nächsten Jahr mit der Herausgabe im Insel-Verlag beginne. Die Vorbedingungen sind erst jetzt gegeben, mit Bd. 5^{II} der Weimarer Ausgabe und mit Gräfs Zeugnißwerk, dessen letzter Band mir in Aushängebogen schon vorliegt. Ich gebe Goethes Hss. buchstäblich wieder und habe zu Anfang dieses Jahres 4 Monate mit der Kollation der dortigen Hss. zugebracht und

[24] Windfuhr, Manfred: Die neugermanistische Edition [1957] in: Nutt-Kofoth/Plachta (2005, S. 174–193, S. 179).

[25] Scherer (1886, S. 15).

[26] Vgl. Scherer (1879, S. 34).– Jacob Minor und August Sauer kündigten ein Jahr später in ihren „Studien zur Goethe-Philologie", Minor/Sauer 1880, S. VII im Hinblick auf die textphilologischen Untersuchungen der „zwei ältesten Bearbeitungen des Götz von Berlichingen" an: „Eine nahe bevorstehende Epoche deutscher Philologie wird aus der Vergleichung umgearbeiteter Texte noch grösseren Nutzen ziehen können".

[27] Schmidt (1909, S. 21–22).

dabei auch die bisher sekretierten Gedichte (römische Elegien, venetianische Epigramme und manches andere) einsehen dürfen, die im Supplementband 53 der Weimarer Ausgabe herauskommen. Auch die kleineren Hss.-Massen in Leipzig, Frankfurt, Hannover (Kestner-Museum) sind verglichen und von den sonst in der Welt zerstreuten Hss. habe ich mir nach Möglichkeit philologische Abschriften oder Photographien beschafft. Dieses Aufsuchen der zersprengten Hss. war recht mühsam, hat sich aber durch Auffindung manches noch unbekannten Blättchens belohnt [!]. Bei dieser Neuvergleichung aller Hss. hat sich auch manches zur Chronologie ergeben, denn die ersten Entwürfe finden sich häufig zusammen mit Briefkonzepten und anderen genau datierbaren Entwürfen, die Loeper häufig nicht zur Zeitbestimmung ausgebeutet hat, was ja auch damals in den Anfängen der Weimarer Ausgabe schwieriger war als heute.

Die nicht eigenhändig überlieferten Gedichte übertrug ich der Einheitlichkeit wegen in Goethes Rechtschreibung, ~~übertragen~~ die ich auch in ihren Schwankungen und ihrer Entwicklung mit Hilfe eines dafür angelegten Vokabulars übersehen kann.

Die Ausgabe ist auf 4–5 Bände Text und 1 Band Kommentar angelegt und soll sehr reich mit Faksimiles von Hss. ausgestattet werden. Ich denke etwa 100 Faksimile-Beigaben zu bringen, zum weitaus größeren Teil noch nie reproduzierte Hss., nur die berühmtesten und schönsten der schon anderswo wiedergegebenen Hss. muß ich eben auch bringen.

Erheblich umgearbeitete Gedichte erscheinen ~~zweimal an~~ in beiden Fassungen an den zeitlich gegebenen Stellen, geringere Umarbeitungen werden im Kommentar vermerkt. [...]"[28]

Der Brief ist an dieser Stelle noch nicht zu Ende, und welches Schicksal die von Morris vorbereitete Ausgabe hatte, ist bislang nicht bekannt, aber vielleicht trägt er auch so zu einer Differenzierung der Meinungen über die Editionspraxis in der Zeit vor dem Ersten Weltkrieg bei.

Von der Peripherie komme ich nun zum Zentrum. Was ist es für eine Geschichte, die einst die Historiographie der Editionsphilologie erzählen wird? Nimmt man einmal das Paradigma der textgenetischen Edition, zu dem am meisten publiziert worden ist, so handelt es sich zweifellos um eine Fortschrittsgeschichte. Sie reicht von virtuellen Vorläufern wie der lediglich geplanten Klopstock-Auswahlausgabe Carl Friedrich Cramers[29] über veritable Vorläufer wie Goedekes Schiller-Edition,[30] Seufferts „Prolegomena zur Wieland-Ausgabe", Zinkernagels Hölderlin-Edition,[31] Backmanns Ausführungen zur Apparatgestaltung in der großen Grillparzer-Ausgabe,[32] Beißners Hölderlin-Ausgabe,[33] Zellers Ausgabe der Gedichte Conrad Ferdinand Meyers bis zu Sattlers Hölderlin-Ausgabe – um hier vorsichtigerweise zunächst innezuhalten. Über diese Evolutionslinie gibt es unter den Fachleuten eine Einigkeit, wie sie in der Literaturwissenschaft selten ist. Aber handelt es sich wirklich um eine Fortschrittsgeschichte? Hans Zeller hat Bedenken:

[28] Max Morris an Gustav Roethe in Berlin, Berlin, 4. November 1913. SUB Göttingen, Cod. Ms. Roethe 142: 2; 2 Bl., 4 S. (S. 1–4 beschrieben). Transkription von Mirko Nottscheid.

[29] Vgl. dazu Hurlebusch (2005, S. 293).

[30] S. dazu Plachta (2005, S. 391–392). Vgl. Zeller (2003, S. 161) und Hurlebusch (1996, S. 480).

[31] Vgl. dazu Hoffmann/Zils (2005, S. 209).

[32] Vgl. dazu Nutt-Kofoth/Plachta (2005, S. 210); Hurlebusch (1998, S. 23) und Zeller (2003, S. 159).

[33] Vgl. dazu Hoffmann/Zils (2005, S. 219–220).

> „Die älteren, von Goedeke und Backmann entwickelten Zielvorstellungen hatten zu ihrer Zeit so wenig Beachtung gefunden, daß der Weg der germanistischen Edition von der Weimarer Goethe- und Seufferts Wieland-Ausgabe zu Beißners Hölderlin-Ausgabe unter diesem Aspekt als eine linear fortschreitende Entwicklung gesehen werden konnte. Tatsächlich scheint die Geschichte der Editionsphilologie eher in einer Folge von Reaktionen zu verlaufen, jedenfalls sind immer wieder Reaktionen, Pendelausschläge nach der einen wie nach der entgegengesetzten Richtung zu beobachten.“[34]

Existieren in der Editionsphilologie keine Standards, hinter die es kein Zurück gibt? Auch da gibt es Zweifler. Ihr prominentester ist vielleicht Manfred Windfuhr, der 1957 statuierte, „daß jedes dichterische Werk besondere Aufgaben stellt, die *individuell* gelöst werden müssen. Allgemeingültige Rezepte und Modelle erscheinen als zweifelhaft und müssen vor dem Einzelfall weichen. Die heutige Editionswissenschaft sieht die Probleme wesentlich differenzierter und hat den Regelglauben erschüttert.“[35] „Heute“, schrieb Windfuhr 1957, „neigt man ganz allgemein dazu, die ‚bessere' Fassung der vom Dichter ‚autorisierten' vorzuziehen. Was die ‚bessere' Fassung ist, kann nur im einzelnen Fall interpretatorisch entscheiden werden.“[36] „Verbindliche Anweisungen gibt es“, so Windfuhr, „nur für den Bereich des *Handwerklichen*“,[37] im Übrigen „stellen sich bei jeder Interpretation die Probleme grundsätzlich neu“.[38] Den althergebrachten Grundsatz *de singularibus non est scientia* suchte Windfuhr mit dem in der Editionsphilologie vermutlich meistzitierten Satz außer Kraft zu setzen: „*Edition ist Interpretation*“.[39] Wer sich in analytischen Sätzen auskennt oder auch nur die in der Literaturwissenschaft unbedingt erforderliche Verblüffungsresistenz mitbringt, stellt sofort fest, dass das nicht stimmt. Edition ist offensichtlich etwas ganz anderes als Interpretation, und die Äquivokation tut der Interpretation mindestens soviel Unrecht wie der Edition. Nach dem caritas-Prinzip sollte man unterstellen, dass Windfuhr etwas Sinnvolles, Spezifisches aussagen wollte, aber seiner Formulierung ist das nicht zu entnehmen. Mit der Unterscheidung von „Befund und Deutung“[40] und der Differenzierung zwischen der „editorischen Interpretation der Hs.“ einerseits sowie der „Interpretation des Textes“[41] andrerseits hat Hans Zeller zumindest den globalen Geltungsanspruch der Windfuhrschen These begründet zurückgewiesen; ein Vorbild für diese Differenzierung hätte sich übrigens schon in der Vorrede zum Neuen Testament finden lassen, in der Lachmann 1842 statuierte: „recensere [...] sine interpretatione et pos-

[34] Zeller (2003, S. 461) und Hurlebusch (1996, S. 481–482).

[35] Windfuhr (2005, S. 178).

[36] Windfuhr (2005, S. 181).

[37] Windfuhr (2005, S.178).

[38] Windfuhr (2005, S.185).

[39] Windfuhr (2005, S. 191) – bei Windfuhr gesperrt.

[40] Zeller (1971, S.45–89).

[41] Zeller (2005, S. 284).

sumus et debemus".[42] In der grundlegenden Frage aber, welche Rolle die Interpretation in welchen Bereichen des Editionsgeschäfts spielt, hat es die neugermanistische Editionsphilologie bislang noch zu keiner annähernden Klärung gebracht. Jens Stüben hat mit der Differenzierung von a) Deutung graphischer Zeichen, b) Konjektur, c) Emendation, d) Auswahl des zu edierenden Textes aus der historischen Mannigfaltigkeit, e) Transkription, f) Variantenzuordnung und Erkenntnis von Korrekturzusammenhängen, g) Interpretation von „avant-textes" eine vorzügliche Arbeitstypologie von Deutungstätigkeiten in der Edition vorgelegt,[43] doch bedauerlicherweise alle diese Tätigkeiten mit ein und demselben Begriff der Interpretation belegt – dabei wäre es ein Leichtes gewesen, Art, Umfang, Vorgehen und Begründungsstrategien der Deutung bei diesen Tätigkeiten präzise zu beschreiben.

Nach dieser wissenschaftshistorischen Digression komme ich zur systematischen Frage zurück, ob die Geschichte der Editionsphilologie eine Fortschrittsgeschichte ist und ob es unverrückbare Standards in ihr gibt. Um sie beantworten zu können, muss man sich zunächst mit der Frage beschäftigen, welche Gestalt eigentlich die Editionstheorie besitzt – eine Frage, die selten gestellt wird, weil die Editionspraxis schneller[44] (und vielleicht auch interessanter) ist als die Theorie. Einmal sehr grob betrachtet, bestehen Theorien der Edition wie die der Interpretation aus zwei Komponenten, einer normativen und einer methodologischen. Die erstere enthält mögliche Normen, die mit den Zielen der Edition zusammenhängen, die letztere all die verschiedenartigen Methoden, die zur Erreichung des Ziels notwendig sind. Mit einer sorgfältigen Analyse dieser beiden Komponenten lassen sich die Ideen und Verfahrensweisen rekonstruieren, die bestimmten Editionen zugrunde liegen. In seinen „Prolegomena zu einer Goethe-Ausgabe" bestimmte es Ernst Grumach 1951 als Aufgabe des kritischen Editors, „*den besten Text herzustellen*". Er fügte sogleich hinzu, „das klingt tautologisch" – damit meinte er vermutlich, dass es selbstverständlich und trivial klinge – aber im Gegensatz zu Windfuhr, der es 1957 bei dieser Trivialität beließ, bestimmte Grumach sodann, was er unter dieser Aufgabe verstand, nämlich „unter Berücksichtigung aller vorhandenen Zeugen eines Textes und aller seine Geschichte bestimmenden Faktoren die Textfassung herzustellen, die der Intention des Autors den adäquatesten Ausdruck verleiht."[45] Welche Textfassung das ist, bedürfte noch einer präziseren normativen Bestimmung, aber gegen die Zielbestimmung ist nichts einzuwenden – selbst wenn man das Ziel nicht teilt. Normative Bestimmungen nämlich kann man teilen oder nicht teilen – sie lassen sich in einem wissenschaftlichen Sinne nicht widerlegen. Mit Recht hat Klaus Hurlebusch festgestellt: „Solange es Autoren gibt, die in hinreichend deutlicher Weise darüber entschieden haben, in welchen Textfassungen sie gelesen werden

---

[42] Vgl. zum Zusammenhang Maurer (1984, S. 336). Maurers Einordnung dieser bekannten Formulierung in die „verbissenen Anstrengungen der deutschen Textphilologie des 19. Jahrhunderts, das Eindringen der hermeneutischen Komponente in die Textrekonstruktion zu unterbinden" (ebd.), teile ich nicht.

[43] Stüben (2000).

[44] Vgl. dazu die vorzügliche Abhandlung von Senger (1987, S. 2).

[45] Grumach (2005, S. 150.)

wollen und solange es Leser gibt, die sich der Seelenführung von Autoren überlassen wollen, kann dieses Editionskonzept nicht als veraltet gelten."[46]

Welche Bedeutung solche normativen Bestimmungen für die Methodologie der Editionspraxis besitzen, möchte ich zum Schluss in einer schematischen Rekonstruktion des Auffassungsunterschieds über die Methode der Variantenverzeichnung zwischen Hans Zeller und Friedrich Beißner illustrieren. Zeller ist in seinem Aufsatz „Zur gegenwärtigen Aufgabe der Editionstechnik" von 1958, wenn ich richtig sehe, im Wesentlichen zwei Normen verpflichtet. Die erste ist eine zugleich ästhetische und essentialistische, sie besagt:

> „Eine Dichter-Handschrift ist etwas Lebendiges; davon soll die Textübertragung möglichst viel bewahren. Gibt sie nur den Wortlaut und die vermutliche Abfolge der Änderungen wieder, so ist sie tot. Sprechend wird sie erst, wenn sie die Änderungen auf die angegebene Weise charakterisiert. Dann kann man sich die Handschrift vorstellen oder auf dem Papier rekonstruieren."[47]

Zu dieser essentialistischen Norm tritt eine epistemologische, sie besagt: „Der Leser darf den Entscheiden des Herausgebers nicht ausgeliefert sein. Er muß sie nachprüfen und die verschiedenen Möglichkeiten selbst abwägen können."[48] In der Forderung nach der Rekonstruierbarkeit der Handschrift verbinden sich die zwei normativen Bestimmungen zu einem Optimierungskonzept: es geht darum, soviel von der lebendigen Handschrift zu erhalten wie irgend möglich und dem Leser zugleich den argumentativen Nachvollzug der editorischen Entscheidung so genau es geht zu ermöglichen.

Beißner findet das Bedürfnis nach Rekonstruierbarkeit der Handschrift aus dem Lesartenapparat ‚sonderlich',[49] so sonderlich, wie er vermutlich Backmanns lebensphilosophisch inspirierte Werkästhetik gefunden hätte, die in dem Bekenntnis gipfelt, dass alles Vollendete ein Kompromiss sei, „weil das lebendige Werden stets tiefere Blicke tun läßt als das Gewordene".[50]

Beißner reagiert auf Zellers normative Bestimmungen mit zwei Argumenten. Gestützt auf empirische Beispiele meint er, dass der tatsächliche Korrekturvorgang in der Handschrift „sich in allen seinen Phasen nicht rekonstruieren" lässt. Dieses Argument zeigt, dass sich Zellers Ziel nicht in allen Fällen realisieren lassen wird – es ist aber kein Argument dagegen, diesem Ziel zu folgen, wo immer das möglich ist. Wichtiger als dieser destruktive ist denn auch der konstruktive Teil der Argumentation Beißners. Er stellt klar, dass eine „absolute Chronologie" der Korrekturen in der Handschrift von ihm „niemals beabsichtigt" war, denn das Ziel seines

[46] Hurlebusch (1986, S. 22).
[47] Zeller (2005, S. 200).
[48] Zeller (2005, S. 198).
[49] Beißner (2005, S. 260).
[50] Backmann (2005, S. 125).

Verfahrens sei es gewesen, „das ideale Wachstum des Gedichtes“ darzustellen, „nicht das tatsächliche“ oder, wie es anderer Stelle heißt:

> „Der Unterschied liegt darin, daß Zinkernagel, Backmann und Zeller die *Handschrift* in ihrem räumlichen Zustand und graphischen Erscheinungsbild reproduzieren wollen, während die Stuttgarter Ausgabe versucht, das *Gedicht* in seinem Werden darzustellen.“[51]

Bereits an dieser Stelle wird hinlänglich deutlich, dass die Kontroverse zwischen Zeller und Beißner nicht um die Verzeichnungsmethode chronologischer Änderungen geht, sondern – wie bei editorischen Kontroversen übrigens nicht selten – um die Ontologie des Kunstwerks. Beißner besitzt ein Wissen über das Gedicht, das von dessen fertiger Gestalt bestimmt und an der Handschrift nur insoweit interessiert ist, als sie das „Sein als Gewordenes“ oder das „ideale Wachstum“ widerspiegelt.[52] Zellers Rekonstruktion zielt letztlich auch auf das Gedicht, aber sein Wissen über das Gedicht soll sich – gewissermaßen unter Einklammerung des Vorwissens – erst aus der Mannigfaltigkeit von Optionen der empirischen Textgenese herausbilden. In Kontroversen dieser Art wird die Geschichte der Editionsphilologie, wie Klaus Hurlebusch formuliert hat, einsichtig „nicht bloß als Archiv textkritischer Entscheidungsfälle und Entscheidungshilfen“, sondern „als Teil der Geistesgeschichte“.[53] Der vorliegende Fall ist insofern noch von besonderem Interesse, als hier nicht allein verschiedene Auffassungen über das Kunstwerk, sondern auch zwei verschiedene epistemische Stile aufeinander treffen, deren Kontroverse die Naturwissenschaften des ausgehenden 19. Jahrhunderts beherrschte: Idealisierung gegen empirietreue Objektivität.[54]

Ein Fazit zum Schluss. Mein Rekonstruktionsbeispiel sollte einen Sachverhalt illustrieren, der nicht allein für die Geschichte der Editionsphilologie von Bedeutung ist. Zwischen ihren Zielen gibt es weder Kontinuität noch Fortschritt, die den Zielen zugeordneten Methodologien aber, der gesamte Bereich der Editionstechnik, ist kumulativ, hier gibt es Standards, hinter die es kein Zurück gibt. Wenn Editionsphilologen und Wissenschaftshistoriker sich zusammentun zu einem gemeinsamen historiographischen Projekt, dann hätten sie eine Aufgabe schon ins Visier genommen, die der Literaturwissenschaft im Ganzen noch bevorsteht: Ihre Geschichte als eine Geschichte variabler Ziele und kumulativer Methodologien zu schreiben, die kulturelle Offenheit mit kognitiver Kontinuität verbindet.

---

[51] Alle Zitate bei Beißner (2005, S. 260).

[52] Gegen die – vermutlich unter dem Einfluss von Goethes Morphologie – den Varianten im Sinne eines ‚idealen Wachstums‘ unterstellte Kontinuität oder Teleologie hat – in der Nachfolge von Hans Pyritz – Gunter Martens in seinem Aufsatz „Textkonstitution in Varianten“ 1979 begründete Bedenken erhoben – der Zusammenhang ist aufgearbeitet und dokumentiert bei Maurer (1984, S. 345–348).

[53] Hurlebusch (1986, S. 5).

[54] Vgl. dazu Daston/Galison (2007).

Literatur

Anz, Thomas (Hg.): Handbuch Literaturwissenschaft. Band 3: Institutionen und Praxisfelder. Stuttgart u.a. 2007.

Backmann, Reinhold: Die Gestaltung des Apparates in den kritischen Ausgaben neuerer deutscher Dichter. In: Nutt-Kofoth 2005, S. 115–137.

Beißner, Friedrich: Editionsmethoden der neueren deutschen Philologie (1964). In: Nutt-Kofoth 2005, S. 252–273.

Daston, Lorraine, Galison, Peter: Objektivität. Aus dem Amerikanischen von Christa Krüger. Frankfurt am Main 2007.

Dilthey, Wilhelm: Archive für Literatur. In: Deutsche Rundschau 58 (1889), S. 360–375.

Dilthey, Wilhelm: Die Einbildungskraft des Dichters. Bausteine für eine Poetik. In: Dilthey: Abhandlungen zur Poetik, Ethik und Pädagogik. Hg. von Misch, Georg. Stuttgart u.a. 1978 (Gesammelte Schriften. 6), S. 103–240.

Goethe, Johann Wolfgang: Goethes Werke. Hg. im Auftrage der Großherzogin Sophie von Sachsen. Abth. II: Goethes Naturwissenschaftliche Schriften. Bd. 9: Zur Naturwissenschaft überhaupt. Mineralogie und Geologie. Th. 1. Weimar 1892, S. 183–195.

Grumach, Ernst: Prolegomena zu einer Goethe-Ausgabe (1950/51). In: Nutt-Kofoth 2005, S. 150–153.

Hoffmann, Dierk O./Zils, Harald: Hölderlin-Editionen. In: Nutt-Kofoth/Plachta 2005, S. 99– 246.

Hurlebusch, Klaus: Deutungen literarischer Arbeitsweise. In: Zeitschrift für deutsche Philologie 105 (1986), Sonderheft „Editionsprobleme in der Literaturwissenschaft“, S. 4–42.

Hurlebusch, Klaus: „Edition“. In: Das Fischer-Lexikon Literatur. Hg. von Ulfert Ricklef. Frankfurt/M. 1996. Bd. 1, S. 457–487.

Hurlebusch, Klaus: Den Autor besser verstehen: aus seiner Arbeitsweise. Prolegomenon zu einer Hermeneutik textgenetischen Schreibens. In: Textgenetische Edition. Hg. von Hans Zeller und Gunter Martens, Tübingen 1998, (Beihefte zu editio. 10), S. 7–51.

Hurlebusch, Klaus: Editionsphilologen einmal wieder auf Abwegen? Einblicke in ihre Werkstatt für interessierte Laien aufgrund einer Ausstellung der Hamburger Klopstock-Ausgabe. In: editio 18 (2004), S. 213–238.

Hurlebusch, Klaus: Klopstock-Editionen. Annäherungen an den Autor. In: Nutt-Kofoth/Plachta 2005 S. 285–314.

Kanzog, Klaus: Edition und Engagement. 150 Jahre Editionsgeschichte der Werke und Briefe Heinrich von Kleists. Bd. 1: Darstellung. Berlin u.a. 1979. (Quellen und Forschungen Neue Folge 74).

Leitner, Erich: Eine unveröffentlichte Kritik der Weimarer Goethe-Ausgabe aus dem Nachlaß Bernhard Seufferts. In: Jahrbuch des Wiener Goethe-Vereins 75 (1971), S. 8–13.

Maurer, Karl: Textkritik und Interpretation. In: Poetica 6 (1984), S. 324–355.

Minor, Jacob/Sauer, August: Studien zur Goethe-Philologie. Wien 1880.

Nutt-Kofoth, Rüdiger (Hg.): Dokumente zur Geschichte der neugermanistischen Edition. Tübingen 2005

Nutt-Kofoth, Rüdiger/Plachta, Bodo (Hg.): Editionen zu deutschsprachigen Autoren als Spiegel der Editionsgeschichte. Tübingen 2005, S. 163–178.

Plachta, Bodo: Schiller-Editionen. In: Nutt-Kofoth/Plachta 2005, S. 389–402.

Plachta, Bodo: Editionsreihen – Konzepte und Ziele einer Editionsform des 19. Jahrhunderts. In: Vom Nutzen der Editionen. Zur Bedeutung moderner Editorik für die Erforschung von Literatur- und Kulturgeschichte. Hg. von Thomas Bein. Berlin u.a. 2015 (Beihefte zu editio. 39), S. 259–265.

Raabe, Paul: Die Weimarer Goethe-Ausgabe nach hundert Jahren. In: Jochen Golz (Hg.): Goethe-Philologie im Jubiläumsjahr – Bilanz und Perspektiven. Kolloquium der Stiftung Weimarer Klassik und der Arbeitsgemeinschaft für germanistische Editionen. Tübingen 2001 (Beihefte zu editio. 16), S. 3–20.

Roloff, Hans-Gert (Hg.): Geschichte der Editionsverfahren vom Altertum bis zur Gegenwart im Überblick. Berlin 2003 (Berliner Beiträge zur Editionswissenschaft. 5).

Scherer, Wilhelm: Aus Goethes Frühzeit. Bruchstücke eines Commentars zum jungen Goethe. Mit Beiträgen von Jacob Minor, Max Posner, Erich Schmidt. Strassburg 1879 (Quellen und Forschungen zur Sprach- und Culturgeschichte der germanischen Völker. 34).

Scherer, Wilhelm: Rez. von Wilmanns zweiter Ausgabe der Gedichte Walthers von der Vogelweide. Halle 1883. In: Anzeiger für deutsches Altertum 10 (1884), S. 305–312.

Scherer, Wilhelm: Goethe-Philologie [1877]. In: Scherer: Aufsätze über Goethe. Berlin 1886, S. 1–28.

Scherer, Wilhelm: Kleine Schriften zur altdeutschen Philologie. Herausgegeben von Konrad Burdach. Berlin 1893 (Scherer: Kleine Schriften. Erster Band).

Scherer, Wilhelm – Schmidt Erich: Briefwechsel. Mit einer Bibliographie der Schriften von Erich Schmidt. Hg. von Werner Richter und Eberhard Lämmert. Berlin 1963.

Schleiermacher, F. D. E.: Über Begriff und Einteilung der philologischen Kritik. In: Schleiermacher: Hermeneutik und Kritik. Hg. und eingeleitet von Manfred Frank. Frankfurt am Main 1977, S. 347–360.

Schmidt, Erich: Die litterarische Persönlichkeit. Rede zum Antritt des Rektorates der Königlichen Friedrich-Wilhelms-Universität gehalten in der Aula am 15. Oktober 1909. Berlin 1909.

Senger, Hans Gerhard: Die historisch-kritische Edition historisch-kritisch betrachtet. In: Buchstabe und Geist. Zur Überlieferung und Edition philosophischer Texte. Hg. von Walter Jaeschke u.a. Hamburg 1987, S. 1–26.

Simm, Hans-Joachim: Zur sozialgeschichtlichen und editionsphilologischen Stellung sogenannter Lese- und Studienausgaben deutscher Klassiker. In: Germanistik. Forschungsstand und Perspektiven. Vorträge des Deutschen Germanistentages 1984. Hg. von Georg Stötzel. Berlin u.a. 1985, Bd. 2, S. 370–384.

Strohschneider, Peter/Vollhardt, Friedrich: Interpretation. In: Mitteilungen des Deutschen Germanistenverbandes 49 (2002), S. 98–102.

Stüben, Jens: Edition und Interpretation. In: Nutt-Kofoth, Rüdiger u.a. (Hg.): Text und Edition. Positionen und Perspektiven. Berlin 2000, S. 263–302.

Usener, Hermann: Vorträge und Aufsätze. Hg. von Albrecht Dieterich. Leipzig u.a. 1907.

Windfuhr, Manfred: Die neugermanistische Edition (1957), in: Nutt-Kofoth 2005, S. 174– 193.

Wolf, Friedrich August: Darstellung der Altertumswissenschaft nach Begriff, Umfang, Zweck und Wert. [Museum der Alterthums-Wissenschaft, 1807]. Berlin 1985 (Dokumente der Wissenschaftsgeschichte).

Zeller, Hans: Befund und Deutung. Interpretation und Dokumentation als Ziel und Methode der Edition. In: Gunter Martens/Hans Zeller (Hg.): Texte und Varianten. Probleme ihrer Edition und Interpretation. München 1971, S. 45–89.

Zeller, Hans: Die Entwicklung der textgenetischen Edition im 20. Jahrhundert. In: Roloff 2003, S. 143–207.

Zeller: Edition und Interpretation (1966). In: Nutt-Kofoth/Plachta 2005, S. 279–288.

Zeller, Hans: Zur gegenwärtigen Aufgabe der Editionstechnik (1958). In: Nutt-Kofoth/Plachta 2005a, S. 194–214.

Zwischen Forschung und Geselligkeit. Die Berliner Gesellschaft für deutsche Literatur und ihre Stellung innerhalb des wissenschaftlich-philologischen Vereinswesens zwischen Kaiserreich und Nationalsozialismus. Ein Forschungsbericht

Mirko Nottscheid und Hans-Harald Müller

1 Ausgangslage, Ziele und Arbeitsprogramm

Wir geben im Folgenden eine knappe Zusammenfassung der Ergebnisse eines dreijährigen Forschungsprojekts (DFG), die wir 2011 in Buchform publiziert haben.[1] Das Projekt (2006–2008) selbst ist einem Zufallsfund zu verdanken: Im Zusammenhang mit Quellenerhebungen zur Geschichte der Berliner Germanistik seit den 1860er-Jahren stießen wir im Jahr 2000 im Zentrum für Berlinstudien (heute: Berlin-Sammlungen) der Zentral- und Landesbibliothek Berlin auf eine ungedruckte Festschrift, die Bruno Th. Satori-Neumann, der letzte Schriftführer der *Gesellschaft für deutsche Literatur*, 1938 anlässlich des fünfzigjährigen Bestehens des Vereins

[1] Müller/Nottscheid (2011). – Im Folgenden beschränken wir Anmerkungen im Wesentlichen auf den Nachweis von Zitaten sowie Hinweise auf neuere Literatur, die nach dem Druck des Buchs erschienen ist. An kleineren Publikationen, die im Zusammenhang mit dem Forschungsprojekt entstanden sind, vgl. noch Müller/Nottscheid (2003); Nottscheid (2010); Nottscheid (2018).

Erstdruck in: Scientia Poetica 24 (2020), S. 409–432.

M. Nottscheid (✉)
Deutsches Literaturarchiv, Abteilung Bilder und Objekte, Marbach am Neckar, Deutschland
E-Mail: mirko.nottscheid@dla-marbach.de

H.-H. Müller
Institut für Germanistik, Universität Hamburg, Hamburg, Deutschland
E-Mail: harrym@uni-hamburg.de

H.-H. Müller (Hrsg.), *Kleine Schritte und große Sprünge*, Abhandlungen zur Literaturwissenschaft, https://doi.org/10.1007/978-3-662-71105-7_13

zusammengestellt hatte.[2] Sie enthält neben einer – allerdings nur rudimentären – Vereinschronik der Jahre 1888 bis 1938 eine annähernd vollständige Liste der in diesem Zeitraum gehaltenen Vorträge sowie Angaben zu den über sie erfolgten Presseberichten, außerdem Auszüge aus Vereinssatzungen sowie Verzeichnisse der Vorstandsmitglieder und Vereinslokale. Neugierig geworden, begannen wir, systematisch nach weiteren Quellen zu forschen und wurden schließlich fündig in der Theaterhistorischen Sammlung der Freien Universität Berlin, die 1954 mit den Theatersammlungen ihres Stifters, des Fabrikanten Walter Unruh auch einen kleinen Bestand „Akten der Gesellschaft für deutsche Literatur" übernommen hatte.[3] Unruh war der letzte Schatzmeister des Vereins. Seine Unterlagen, darunter Kassenbücher, Mitgliederlisten, Einzahlungsbelege und zugehörige Korrespondenz, die von der Jahrhundertwende bis etwa 1935 reichen, sind der einzige Überrest des eigentlichen Vereinsarchivs, das im ‚Dritten Reich' bei mehreren Hausdurchsuchungen beschlagnahmt wurde. Beide Funde zusammengenommen versetzten uns in die Lage, sowohl die *äußere* als auch die *innere* Geschichte des Vereins – seine Aktivitäten und die Subjekte ihrer soziale Trägerschaft – in den Blick zu nehmen.

Ziel unseres Forschungsprojekts war es zum einen, auf einen Vereinstypus aufmerksam zu machen, der – im Unterschied zur Universitätsdisziplin Germanistik – Forschung, Bildung, Literaturvermittlung mit Geselligkeit verband und diese Verbindung als einheitlichen Prozess kultureller Selbstorganisation des Bürgertums verstand. Zum anderen wollten wir die wissenschafts- und kulturgeschichtliche Bedeutung nicht staatlicher Forschungsorganisation und -tätigkeit am Beispiel der *Gesellschaft für deutsche Literatur* sowie ihre vielfältige Vernetzung innerhalb der einschlägigen Berliner Vereinslandschaft herausarbeiten. Als Arbeitshypothese diente uns die begründete Annahme, dass der Verein einen bedeutenden Beitrag nicht allein zur Genese der in Berlin erst 1877 als Disziplin begründeten Neueren deutschen Literaturgeschichte leistete, sondern darüber hinaus auch zum urbanen wissenschaftlichen und kulturellen Leben der Stadt.

Das empirische Arbeitsprogramm, das wir planten und durchführten, bezog sich auf die eingehende Analyse (1) der Sozialstruktur des Vereins, (2) seiner Organisationsform, (3) der dahinterstehenden Programmatik, (4) der von ihm ausgehenden Aktivitäten sowie (5) seiner Vernetzung im regionalen und überregionalen wissenschaftlichen Leben. Im Fokus standen vor allem

---

[2] Satori-Neumann (1938): Fünfzig Jahre Gesellschaft für deutsche Literatur. 1888 – 18. November 1938. Chronik nach den Quellen zusammengestellt. 132 Blatt. Zentrum für Berlinstudien der Zentral- und Landesbibliothek Berlin. Ein zweites Exemplar – jedoch ohne handschriftliche Zusätze – befindet sich in der Staatsbibliothek zu Berlin – Preußischer Kulturbesitz, Max Herrmann-Sammlung, Kasten 2,2.

[3] s. Theaterhistorische Sammlung Walter Unruh, Institut für Theaterwissenschaft der Freien Universität Berlin, Akten der Gesellschaft für deutsche Literatur.

- das Vortragswesen und die ihm gewidmete Berichterstattung in den Tageszeitungen, die in den weiteren Kontext der Wissenschaftspopularisierung eingebunden wurden;
- Anschlusspublikationen an die Vorträge in Fachzeitschriften oder als Monografien, die über die Einbettung des Vortragswesens in die überregionale Wissenschaftslandschaft Auskunft geben;
- die von der Gesellschaft herausgegebenen Publikationen;
- die Zielsetzungen der von der Gesellschaft aufgebauten Bibliothek deutscher Privat- und Manuskriptdrucke;
- die Entstehung eines Kommunikationsnetzes für literaturwissenschaftliche Forschung, das seinen sichtbarsten Ausdruck in einer Fülle personell wie thematisch eng mit einander verknüpfter Kreise, Vereine und kollektiver wissenschaftlicher Unternehmungen fand.

Die Ergebnisse unserer Untersuchungen können wir hier nur summarisch zusammenfassen.

2 Gründung, soziales Profil und äußere Geschichte des Vereins

Die *Gesellschaft für deutsche Literatur* wurde am 18. November 1888 in Berlin gegründet. Sie war ein typischer Akademikerverein, den Hauptanteil seiner Trägerschaft bildeten promovierte Berliner Gymnasiallehrer, die sich als Brücke zwischen den Institutionen Universität und Schule verstanden. Vertreter dieser Gruppe, darunter prominente Berliner Schulmänner wie Ludwig Bellermann, Johannes Imelmann und Fritz Jonas, waren bereits bei der Gründung des Vereins initiativ. Im Vorstand der Gesellschaft waren die Gruppen *Universität* und *Schule* stets paritätisch vertreten.

Erster Vorsitzender (U) =Universität; (S) = Schule		Zweiter Vorsitzender (U) =Universität; (S) = Schule	
1888–1913	Erich Schmidt(U)	1888/89	Robert Pilger(S)
		1889–1914	Ludwig Bellermann(S)
1914–1916	Ludwig Bellermann(S)	1914	Richard M. Meyer(U)
		1915–1916	Max Herrmann(U)
1916–1938	Max Herrmann(U)	1916–1917	Johannes Imelmann(S)
		1918–1937	Johannes Bolte(S)
		1938	Arnold Reimann(S)

Neben Lehrern, Universitätsprofessoren sowie Mitarbeitern hochschulnaher Einrichtungen finden sich auf den Mitgliederlisten der Gesellschaft die Namen von Schriftstellern und Feuilletonredakteuren, Bibliothekaren, Verlegern, Buchhändlern und Antiquaren. Relativ hoch war seit den Anfängen der Anteil von Mitgliedern mit jüdischer Herkunft. Bei Gründung des Vereins (1889) betrug er etwa 13 Prozent, bis zum Ersten Weltkrieg stieg er auf etwa 27 Prozent.[4] Für bedeutende Gelehrte wie Ludwig Geiger, Max Herrmann oder Richard M. Meyer, denen als Juden eine ordentliche Universitätsprofessur vorenthalten blieb, wurden wissenschaftliche Vereine wie die *Gesellschaft für deutsche Literatur* auch zu einem „kompensatorischen Ort“ für ihre „Randstellung in der universitären Gemeinschaft“.[5] Prominente Literaturkritiker wie Arthur Eloesser, Monty Jacobs oder Max Osborn, die aus dem Germanischen Seminar der Berliner Universität hervorgegangen waren, blieben über die Teilnahme an den Vereinssitzungen in Fühlung mit dem wissenschaftlichen Leben. Frauen, unter ihnen Helene Herrmann und Melitta Gerhard, wurden erst seit 1918 in die Gesellschaft aufgenommen und blieben – trotz steigender Studentinnenzahlen – innerhalb des Vereins eine kleine Minderheit. Insgesamt konnten aus verschiedenen Quellen 309 Personen ermittelt werden, die zwischen 1889 und 1935 Mitglieder des Vereins waren. Ihre Lebensläufe wurden im Rahmen unserer Studie systematisch erfasst und ausgewertet.[6]

Mitgliederstand 1889 bis 1934[a]

Bezugsjahr	1889	1899	1903	1914	1923	1929	1932	1934
Mitgliederzahl	104	88	82	94	76	72	62	42

[a]Erhebung auf Grundlage von Mitgliedslisten, Kassenbüchern und Einzahlbelegen des Vereins in der Theaterhistorischen Sammlung Walter Unruh.

Erster Vorsitzender des Vereins war während der ersten 25 Jahre Erich Schmidt, und unter ihm erlebte der Verein mit einem Mitgliederstamm zwischen etwa 80 und 100 Personen seine Blütezeit. Nach einem kurzen Interregnum (1914/16), das auf Schmidts Tod folgte, wurde 1916 Max Herrmann zum Vorsitzenden gewählt, und er blieb es bis 1938. Gegenüber Schmidt, der als Berliner Ordinarius für Neuere deutsche Literaturgeschichte und Rektor der Friedrich-Wilhelms-Universität in ihrem Jubiläumsjahr 1910 eine der zentralen Repräsentationsfiguren der zeitgenössischen Germanistik und Wissenschaftskultur überhaupt war, nahm der jüdische Privatdozent Herrmann, der erst 1919 ein Extraordinariat erhielt, in Wissenschaft und Gesellschaft trotz seiner bedeutenden literatur- und theaterwissenschaftlichen Leistungen eher eine Randstellung ein.[7] Herrmann knüpfte zwar an das philologische Kernprogramm der Gesellschaft an, suchte es aber – auch unter dem Eindruck der ‚geistesgeschichtlichen Wende‘ literaturwissenschaftlicher Anschauungen seit der Jahrhundertwende – zu modernisieren. In seinem programmatischen Vortrag „Die Aufgabe einer Gesellschaft für deutsche Literatur“ (1919) trat Herrmann dafür ein, in den Verhandlungen der Gesellschaft „mehr und mehr die sich wandelnden Methoden der literarhistorischen Forschung zur Geltung“ kommen zu lassen

[4] Bezogen auf den relativ hohen Anteil derjenigen Mitglieder, deren Religionszugehörigkeit mit einiger Sicherheit ermittelt werden konnte. Vgl. hierzu Müller/Nottscheid (2011, S. 45–46).

[5] Häder (2009, S. 86).

[6] Vgl. das Mitgliederverzeichnis bei Müller/Nottscheid (2011, S. 399–478).

[7] Zu Max Herrmann s. zuletzt ausführlich Hollender (2013) sowie die Beiträge in dem Sammelband von Dörschel/Warstat (2018).

und „der literaturgeschichtlichen Betrachtung die allgemein literaturwissenschaftliche als entscheidendes neues Moment“[8] hinzuzufügen.

Die Mitgliederzahlen des Vereins schwankten in den Jahren der Weimarer Republik zwischen etwa 60 und 80 und gingen zum Ende infolge der Wirtschaftskrise stark zurück. Nach 1933 hielt die Gesellschaft an ihrem jüdischen Vorsitzenden ebenso fest wie am überlieferten Tagungsprogramm, sie trat jedoch im wissenschaftlichen und kulturellen Leben Berlins fortan in den Hintergrund. Vom Reichskommissar Hans Hinkel vor die Alternative gestellt, sich in „Literarhistorische Gesellschaft“ umzubenennen oder sich aufzulösen, wählte der Vorstand im Herbst 1938 die Auflösung.[9] Anschließend fanden nur noch informelle Treffen der früheren Mitglieder statt, bis auch diese im Verlauf des Kriegs zum Erliegen kamen. Von Mitgliedern des Vereins gingen ab 1933 etliche ins Exil.[10] Max Hermann und Helene Herrmann starben in nationalsozialistischen Mordlagern.[11] Andere, die den Verein spätestens nach der ‚Machtergreifung‘ verlassen hatten, wie z. B. der Theaterwissenschaftler Hans Knudsen, ein früherer Assistent von Max Herrmann, machten Karriere im NS-Wissenschaftsbetrieb.[12]

Ein beeindruckendes Zeugnis jener Schicksalsgemeinschaft, zu der die verbliebenen Mitglieder des Vereins – unter ihnen viele unter dem Nationalsozialismus Verfolgte – in den letzten Jahren seiner Wirksamkeit zusammenwuchsen, bietet ein Bericht, den der Dramaturg Hans-Joachim Weitz 1965 aus Anlass des 100. Geburtstages seines Lehrers Max Herrmann veröffentlichte. Weitz hatte am 27.04.1938 an der 432., der vorletzten Sitzung der *Gesellschaft für deutsche Literatur*, teilgenommen. Auf dem Programm stand damals laut Vereinschronik ein Vortrag des pensionierten Berliner Oberlehrers Georg Ellinger zum Thema „Der Gefühlswandel im 16. Jahrhundert“. Ellinger, der als Gelehrter u. a. mit einer Biografie über E. T A. Hoffmann (1894) und einer mehrbändigen Geschichte der neulateinischen Literatur Deutschlands im sechzehnten Jahrhundert (1929–1933) hervortrat, war seit 1889 Mitglied des Vereins und gehörte seit 1923 als Beisitzer seinem Vorstand an. Aufgrund seiner jüdischen Herkunft verfolgt, nahm er sich am 09.11.1939 – dem ersten Jahrestag der Pogromnacht – das Leben.[13]

> Alle Monat einmal traf man sich am gewohnten Ort, dem Vereinszimmer im großen „Spaten-Bräu“, Friedrichstraße 172. Durch Rauch und Lärm des eigentlichen Restaurants gelangte an jenem Apriltag der Gast in den ruhigen Hinterraum, an dessen dichtbesetzten langen Tischen wohlerzogene Kellner schweigsam bedienten; auf einer kleinen Erhöhung stand der Vorstandstisch, und Max Herrmann präsidierte hier wie in alter Zeit, zur Linken

---

8 N. N. (1919).

9 Zu diesen Vorgängen vgl. ausführlich Müller/ Nottscheid (2011, S. 159–165).

10 Zur Emigration früherer und aktiver Mitglieder der Gesellschaft siehe die Übersicht in Müller/ Nottscheid (2011, S. 140).

11 Vgl. Harders/Seltsam (2010).

12 Vgl. zuletzt Lazardig, Jan: Der Herrmann-Schüler Hans Knudsen. Zwischen Institutionalisierung und „Gleichschaltung“ der Berliner Theaterwissenschaft. In: Dörschel/Warstat (2018, S. 123–146) sowie Jammerthal/Lazardig (2018).

13 Vgl. Schmidt (1977).

den Schriftführer [Bruno Th. Satori-Neumann], einen seiner zwei früheren Assistenten (er war als jüdisch versippt aus dem Schuldienst entlassen), zur Rechten den Redner des Abends, den fast achtzigjährigen Georg Ellinger, einen profunden Kenner der Renaissance- und Barockliteratur. Dieser entwickelte in einem bewundernswert gegliederten und formulierten freien Vortrag, mit überraschenden Ausblicken, die soziale Struktur der deutschen Humanisten, von Albrecht von Eyb bis zu Erasmus. Zusätze, Berichtigungen aus dem Auditorium bewiesen, daß mancher Kundige zugegen war. Max Herrmann wußte sie, unvermindert wachsam, locker, heiter, zur Diskussion zu binden und zu lösen. Dann gab eine Pause Gelegenheit zu näherem Blick auf die Versammlung. Die jüdische Intelligenz herrschte vor: da war Julius Bab, der gediegene, ernste, einst hervorragend als Kritiker der Vossischen Zeitung; der zartsinnige Eduard Berend, der bis vor kurzem noch die Akademie-Ausgabe der Werke Jean-Pauls besorgt hatte; Artur Michel, durch seine Arbeiten über den Tanz bekannt geworden; in Helene Herrmanns Nähe einige ihrer Schülerinnen; daneben aber auch „Arier", die sich mit einer an Deutschen selten gewordenen Unbefangenheit hier wie in ihrem Element bewegten: der frühere Stadtschulrat von Berlin zum Beispiel, [Arnold] Reimann, einer der lebhaftesten Teilnehmer an der Diskussion; der ehemalige Bürgermeister [Albert] Horlitz; Paul Hoffmann, der Kleist- und Fontane-Forscher [...]. Von Politik war mit keinem Wort die Rede – „nichts vom Vergänglichen, wie's auch geschah![14] Ein auswärtiger Gast [Weitz selbst] teilte nun „unerkannte Zeilen an Suleika-Marianne" mit; für die nächste Sitzung wurde ein Fontane-Fund angekündigt [...]. Sahen diese Menschen nicht, was ringsumher vorging? Verkannten sie, was ihnen drohte? [...] Doch wer auch nur ein Mal in diesen Kreis eingetreten war, begriff: sie sahen und vernahmen wohl [...]. Sie meinten gefeit zu sein, indem sie mit aller Kraft, ja gewaltsam die vertrauten, geliebten guten Geister des Deutschtums anriefen. Wenn irgend in jener Zeit, dann war hier Idealismus, dann wurde hier an das bessere, das eigentliche, das „ewige" Deutschland geglaubt.[15]

3 „Förderung und Verbreitung litterarischer Forschung": Das Vortragswesen und seine Schwerpunkte

Der in der Satzung formulierte zentrale Vereinszweck, die „Förderung und Verbreitung litterarischer Forschung durch Vorträge und Gedankenaustausch über eigene und fremde Untersuchungen"[16] wurde in erster Linie durch das Vortragswesens realisiert. Daneben sollte die Gesellschaft aber, wie es im nicht überlieferten Gründungsaufruf von 1888 hieß, ihren Mitgliedern auch „eine zwanglose Gelegenheit zu persönlicher Bekanntschaft"[17] bieten. Die Geselligkeit war dem zwanglosen Beisammensein im Anschluss an die Vorträge vorbehalten, die meist in den Vortragsräumen bekannter Berliner Restaurants stattfanden; veranstaltete Geselligkeit, mit Ausstellungen und dem Vortrag von Gesangsstücken gab es lediglich bei den jährlichen Stiftungsfesten des Vereins.

[14] Aus der Ersten Reihe von Goethes *Zahmen Xenien*: „Nichts vom Vergänglichen, | Wie's auch geschah! | Uns zu verewigen, | Sind wir ja da".

[15] Weitz (1965).

[16] Satzungen der Gesellschaft für Deutsche Litteratur (Dezember 1889), § 1, zit. nach Müller/Nottscheid (2011, S. 261).

[17] Zit. n. Bellermann (1913, S. 7).

Während der rund 50 Jahren ihres Bestehens hielt die Gesellschaft jährlich sieben bis neun Sitzungen an insgesamt 433 Abenden ab, auf denen Mitglieder, gelegentlich aber auch Gäste aus dem In- und Ausland, Vorträge hielten, an die sich eine Aussprache anschloss.[18] In allen vereinsinternen Diskussionen wurde auf die Anrede mit akademischen Titeln verzichtet. Wie es in gelehrten Gesellschaften am Ende des 19. Jahrhunderts üblich war, wurden über die Sitzungen Protokolle angefertigt, die in bearbeiteter Form in der wissenschaftlichen Fachpresse erschienen – im Fall der Gesellschaft vor allem in der *Deutschen Literaturzeitung* (1889–1922). Die Protokolle der *Gesellschaft für deutsche Literatur* wurden jedoch bis 1933 regelmäßig zugleich einer breiteren Öffentlichkeit zugänglich gemacht, in viel gelesenen Berliner Tageszeitungen wie der *Vossischen Zeitung* (1889–1934), dem *Berliner Tageblatt* (1891) und der *Deutschen Allgemeinen Zeitung* (1919–1929). Über die Sitzungen der Gesellschaft sind insgesamt 640 Publikationen zu 374 Abenden dokumentiert. Regelmäßigkeit und Protokollierung der Sitzungen sowie die stetige Information der Öffentlichkeit ermöglichten eine Kommunikation der Vereinsmitglieder nicht allein untereinander, sondern auch mit der Öffentlichkeit und anderen interessierten Vereinen. Zusammengenommen lassen sich diese Merkmale der Vereinstätigkeit als rudimentäre Basis einer informellen Organisationsstruktur von Wissenschaft bezeichnen, die breit in die bildungsbürgerliche Öffentlichkeit hineinwirkte.

In den Vorträgen wurde das Gesamtgebiet der deutschen Literatur seit dem Ende des Mittelalters verhandelt, einschließlich mündlicher Überlieferungen, des Volksliedes und – mit gewissen Einschränkungen – des Theaters. Auffällig sind literaturhistorische Schwerpunktbildungen im Bereich der Literatur des 17. bis frühen 19. Jahrhunderts, massiv in der Goethezeit. Anstelle einer detaillierten Auswertung, die sich in unserer Studie findet, geben wir hier nur eine Übersicht über die Gegenstände des Vortragswesens, die in zwei Blöcke aufgeteilt ist: von Januar 1889 bis Juni 1914 (Sitzungen 1–220) und von Oktober 1914, dem Zeitpunkt, von dem ab sich zunehmend neue Akzente finden lassen, bis Mai 1938 (Sitzungen 221–433):

Gegenstand	Sitzung 1–220	Sitzung 221–433
Wissenschaftsgeschichte	4	4
Wissenschaftsorganisation	4	2
Theoretisches, Methodisches	6	12
Philosophie, Ästhetik	3	9
Gattungs-, Stoff-, Motivgeschichte	13	7
Literatur des Auslands	5	2
Volkspoesie, Volkslied	16	4
Germanisches Altertum	3	–
Mittelhochdeutsche Zeit	3	–
15. Jahrhundert	1	3
16. Jahrhundert	6	9

[18] Vgl. die detaillierte Übersicht zu den Sitzungen und ihrer Dokumentation in gedruckten und ungedruckten Quellen bei Müller/Nottscheid (2011, S. 274–398).

Gegenstand	Sitzung 1–220	Sitzung 221–433
17. Jahrhundert	5	9
Aufklärung	12	5
Sturm und Drang Goethezeit	2	3
Herder	5	–
Goethe	31	26
Schiller	13	6
Körner	2	–
Kleist	7	15
Jean Paul	6	8
Hölderlin	4	3
Romantik	33	12
Biedermeier	5	–
Vormärz Realismus	6	7
Keller	3	2
O. Ludwig	3	2
C. F. Meyer	1	2
Reuter	1	1
Fontane	–	10
Hebbel	–	3
Raabe	–	1
Heyse	–	1
Gegenwartsliteratur	3	4
Sonstiges	4	10

Zumindest erwähnt werden sollen die unmittelbaren mäzenatischen Aktivitäten des Vereins, wenngleich diese keine großen Ausmaße erreichten. Die Gesellschaft beteiligte sich mit kleineren Beiträgen an der Finanzierung bzw. Erhaltung verschiedener Dichter-Denkmäler (z. B. Herderhaus in Morungen, Gottfried-August-Bürger-Denkmal in Göttingen, Goethe-Denkmal in Straßburg) und hatte auf diese Weise Anteil am bürgerlichen literarischen Enthusiasmus der Jahre vor dem Ersten Weltkrieg. Von 1895 bis 1923 unterstützte der Verein außerdem das Erscheinen der von August Sauer (Prag) begründeten literaturwissenschaftlichen Fachzeitschrift Euphorion durch Abnahme von bis zu zehn Exemplaren eines Jahrgangs.[19]

4 Wissenschaft ohne Universität: Der Verein als Diskussionsforum virulenter Forschungsdiskurse

Um das weite Spektrum der wissenschaftlichen Verhandlungen wenigstens anzudeuten, seien hier einige wenige exzeptionelle Vorträge und Diskussionen herausgegriffen: Mehrfach wurde in der Gesellschaft seit den 1890er-Jahren die Projektie-

[19] Zur Vor- und Frühgeschichte des Euphorion vgl. auch Sauer/Seuffert (2020).

rung von Wörterbüchern der deutschen Klassiker erörtert.[20] Erste Impulse setzte der Berliner Oberlehrer Otto Hoffmann, der erste Schriftführer des Vereins (1888–1890), der im Februar 1894 über „Herders Wortschatz" referierte und den Mitgliedern nur wenige Wochen später die Frage vorlegte, „ob es angezeigt sei, Sammlungen zu einem *Thesaurus linguae germanicae* zu beginnen." Hoffmann dachte dabei in erster Linie an die „Herstellung von Spezialwörterbüchern für die Klassiker Goethe, Schiller, Herder und Lessing [...], da deren Werke in kritischen Ausgaben vorliegen".[21] Zu methodischen Problemen der Ausarbeitung eines. Goethe-Lexikons bezog im Juni desselben Jahres im Rahmen informeller Besprechungen des Vereins kein Geringerer als der Historiker Theodor Mommsen Stellung, ein erfahrener Wissenschaftsorganisator. Anstelle eines gedruckten Kompendiums, „das große Mittel beanspruchen und doch oft nicht genügen" würde, schwebte Mommsen gemäß den Erinnerungen seines Schulers Fritz Jonas die Einrichtung eines modernen Wörterbucharchivs vor, das als kumulativer Wissensspeicher und Anlaufstelle der Forschung dienen sollte:

> „Es könnte nicht bei allen Wörtern jede Stelle im Zusammenhange angeführt werden, aber es sei eher möglich, jeden Satz, den Goethe geschrieben, aus einer Goetheausgabe so oft auszuschneiden, wie er Worte enthalte, und so, wenn alle diese Sätze auf durchlochte Karten aufgeklebt würden, jedes Wort so oft es bei Goethe vorkomme, in seinem Zusammenhange zu sehen. Diese Karten jedes Wortes müßten dann in Kästen gesammelt oder durch Draht zusammengeknüpft werden, und in einem Hause aufbewahrt werden. Wer dann eine lexikalische Frage über Goethe habe, müsse sich an die Verwaltung dieses Hauses wenden, die Zettel für das von ihm gesuchte Wort durchsehen können oder gegen mäßige Gebühr sich abschreiben lassen."[22]

Obschon ein so ehrgeiziges Unternehmen die Ressourcen des Vereins bei weitem überstiegen hätte, blieb das Problem seiner Realisierung über Jahre hinweg im Fokus der Gesellschaft. Aus den Reihen des Vereins begann der Goetheforscher Otto Pniower, der wiederholt darüber berichtete, noch in den 1890er-Jahren mit systematischen Sammlungen zu Goethes Wortschatz, die später den Grundstock für das 1946 an der Deutschen Akademie der Wissenschaften zu Berlin begründete lexikographische Langzeitprojekt des Goethe-Wörterbuchs bildeten.[23]

Gleichfalls noch in die Frühphase der Vereinsgeschichte gehört der Vortrag „Ein neuer Dichterkreis", mit dem Richard M. Meyer am 17.02.1897 die wissenschaftliche Diskussion über die „Dichtergruppe" um Stefan George und Hugo von Hof-

[20] Vgl. zum Folgenden ausführlich Müller/Nottscheid (2011, S. 77–80).

[21] N. N. (1894).

[22] Mommsen sprach in der Sitzung vom 20.06.1894; im seinerzeit publizierten Referat heißt es lediglich: „Endlich wurde die Angelegenheit des von Herrn Otto Hoffmann seiner Zeit erörterten Plans, an die Herstellung eines deutschen Wörterbuchs unserer klassischen Dichter zu denken, lebhaft erörtert, und auf Herrn Mommsens Rath beschloß man, einstweilen zwar die Sache im Auge zu behalten, aber noch nicht mit bestimmten Vorschlägen an die Oeffentlichkeit zu treten." N. N. (1894).

[23] Vgl. Richter/Hamacher (2005, S. 88–90).

mannsthal eröffnete, die „eben erst am Horizont sichtbar wird".[24] Meyer führte darin nicht nur die charakteristische „Kreis"-Metapher ein, sondern lozierte die Gruppe um George sogleich souverän im Kontext der europäischen Moderne und gab, indem er ihre Absetzungsbewegung zum zeitgenössischen Naturalismus in Deutschland und Frankreich herausarbeitete, eine der zentralen Rezeptionslinien der George-Forschung vor. Als gemeinsames Moment der Gruppe um George identifizierte er eine „realistisch-mythologische[] Weltanbetung, der Licht, Wärme, Schönheit wieder wie den alten Griechen lebende Gottheiten, wirkende Kräfte geworden sind".[25] Es muss freilich betont werden, dass der vielseitige Philologe Meyer, dessen umfangreiches Œuvre sich über alle germanistischen Subdisziplinen hinweg erstreckt, damit der Gegenwartsliteratur näher kam, als irgendein anderer Vortragender des Vereins in den folgenden Jahrzehnten.[26] Wohl auch deshalb stellte sich Meyer gleich zu Beginn seiner Ausführungen auf den Standpunkt eines neutralen Beobachters, der über das Phänomen Georges und seiner Anhänger berichten wollte, „wie über ein Stück zeitlich und örtlich entfernter Litteratur",[27] eine Perspektive, die sich freilich, wie der Referent selbst abschließend einräumen musste, nur schwer durchhalten ließ: „In einer Zeit, in der Alles klagt über trübe, dumpfe Stimmung, über die herrschende Hässlichkeit, über die pessimistische Richtung der Kunst, hat ein Hinweis auf diese Gruppe mindestens das Verdienst, zu zeigen, so schlimm stehe es denn doch nicht."[28]

Im Gegensatz zu aktuellen Entwicklungen im literarischen Feld reagierte der Verein auf wichtige literaturhistorische Funde sehr zeitnah. Im Winter 1911/1912 beschäftigte sich die Gesellschaft, um hier nur ein Beispiel zu nennen, über drei Sitzungen hinweg mit der Analyse von *Wilhelm Meisters theatralischer Sendung*, nämlich der 1910 wiederaufgefundenen, fragmentarischen ersten Fassung des Goetheschen Romans. Die Sitzung vom 15.11.1911 hatte – in dieser Zeit durchaus ungewöhnlich – den Charakter eines Workshops, dessen Teilnehmer durch kurze Beiträge zu entstehungsgeschichtlichen und motivischen Einzelfragen eine erste Erkundung des Terrains versuchten. So referierte Max Morris über „die im Werk enthaltenen und erwähnten Jugendpoesien Goethes", während Albert Fries durch stilistische Vergleiche darzulegen versuchte, dass ein Monolog aus einem dieser Jugendwerke, *Die königliche Einsiedlerin*, „inhaltlich und formal durch Ewald von Kleist beinflußt" sei. Der prominente Theaterkritiker (und spätere Hofburgdirektor) Paul Schlenther widmete sich den „im 3. und 4. Buch" von *Wilhelm Meisters theatralischer Sendung* „gegebenen Schilderungen der Bühne der Madame de Retti". Abschließend erläuterte Karl Freye eine „unbeachtete, aber bereits 1835 gedruckte Stelle" aus einem Brief Johann Erich von Bergers vom 05.11.1797 als Beleg dafür, dass Goethes Freundin „Barbara Schultheß in Zürich noch 1797" – also nach Er-

[24] Meyer (1897, S. 33). Wir geben hier der publizierten Fassung, die noch deutliche Merkmale des mündlichen Vortrags trägt, den Vorzug vor den knappen Inhaltsreferaten in der Presse.

[25] Meyer (1897, S. 49).

[26] Zu Meyer vgl. die kultur- und wissenschaftsgeschichtlichen Studien von Richter (2016).

[27] Meyer (1897, S. 33).

[28] Meyer (1897, S. 54).

scheinen von *Wilhelm Meisters Lehrjahre* – „die erste Fassung von Goethes ‚Wilhelm Meister' in Händen hielt".[29] Die folgende Sitzung vom 20.12.1911 eröffnete Richard M. Meyer mit einem Vortrag zur Komposition des ‚Urmeisters'; abgeschlossen wurden die Debatten am 17.01.1912 mit Otto Pniowers Ausführungen zur „Tendenz des Werks" und „seiner geplante[n] Fortführung".[30]

Abschließend sei zumindest noch darauf hingewiesen, dass während des Ersten Weltkriegs auch der Philosoph und spätere Hamburger Ordinarius Ernst Cassirer, der damals Privatdozent in Berlin war, zu den aktiven Mitgliedern der *Gesellschaft für deutsche Literatur* zählte.[31] Cassirer, der während seiner Berliner Semester Mitte der 1890er-Jahre zu Max Herrmanns Hörerkreis gehört hatte, hielt vor den Mitgliedern der Gesellschaft in den Jahren 1917/18 die bekannten Vortr.ge über „Goethes Pandora" (Sitzung vom 21.12.1917), „Hölderlin und der deutsche Idealismus" (16.01.1918, Fortsetzung: 20.02.1918) sowie „Heinrich von Kleist und die Kantische Philosophie" (16.10.1918). Alle drei Arbeiten, die Cassirer später in seinen Sammelband *Idee und Gestalt* (1921) aufnahm, können als exemplarische Beispiele eines hermeneutisch-interpretativen Verfahrens gelten, das die Vorzüge von Philologie und Geistesgeschichte betont und die Gegensätze zwischen beiden Ansätzen zu überwinden sucht.

Außer den Vorträgen standen in fast allen Sitzungen auch kleinere Beiträge – „Mitteilungen" genannt – auf dem Programm, die zur vorläufigen Anzeige von Miszellen, Quellenfunden, wissenschaftlichen Plänen und Projekten dienten, außerdem Nachrichten allgemeiner Art aus dem Vereinsleben, Hinweise zur Geschäftsordnung und Nachrufe auf verstorbene Mitglieder.

Vor allem aus den beiden ersten Jahrzehnten des Vereinslebens überliefern die Referate der Vorträge vielfach auch Zusammenfassungen der anschließenden Aussprachen zwischen den Mitgliedern. Einen Eindruck davon, wie kontrovers bei diesen Gelegenheiten zuweilen diskutiert wurde, vermittelt z. B. das Referat zu dem Vortrag des pensionierten Gymnasialdirektor Friedrich Strehlke „Zur Charakteristik der realistischen Poesie der Gegenwart" (21.03.1894). Der Goetheforscher Strehlke ließ in seinen polemischen Ausführungen zum ‚Realismus' – unter dem er im wesentlichen die heute als Naturalismus bezeichnete Richtung verstand – keinen Zweifel an seiner Ablehnung einer Dichtung, deren stilistische Mittel und Sujets er pauschal unter Schlagworten wie „‚Influenza des Geistes'", „Vergewaltigung der Sprache", „Bevorzugung des Abnormen im Gegensatz zum menschlich Natürlichen" oder „rücksichtslose Darstellung geschlechtlicher Verhältnisse" summier-

[29] [N. N.] (1911).

[30] [N. N.] (1912).

[31] Zum Folgenden vgl. ausführlich Müller/Nottscheid (2011, S. 120–121 und 195–211). Die persönliche Verbindung zwischen Cassirer und Herrmann wurde, soweit wir sehen, bisher von der zu beiden recht regen biografischen Forschung übersehen. Eine wohl um 1930 entstandene, gemeinsame Fotografie von Cassirer und Herrmann wurde wiederholt, zuletzt bei Hollender (2013) mit dem irrtümlichen Hinweis abgedruckt, sie zeige Herrmann zusammen mit dem Philosophen Max Dessoir. Für hilfreiche Hinweise danken wir Myriam Isabell Richter.

te.[32] Die anschließende Aussprache fiel dagegen nicht nur in der Wertung wesentlich differenzierter aus, sondern sie bezeugt überhaupt bei aller Vagheit, dass größere Teile des Auditoriums bereits über ein Bewusstsein für die Schwierigkeiten verfügten, die schon damals mit dem Versuch einer Beschreibung des literarischen Feldes der Gegenwart verbunden waren:

> An den Vortrag schloß sich eine lebhafte Erörterung, in der einerseits das Verdienst des Redners betont wurde, eine so heikle und doch brennende Frage angeregt zu haben, andererseits der Wunsch ausgesprochen wurde, den Begriff der neueren realitischen Poesie enger und fester zu fassen, durchaus nur mit positiven Beispielen zu arbeiten. Herr [Otto] Stiller wies darauf hin, wie z. B. gerade in der Frage der Vererbung und des Abnormen der Idealist Theodor Storm dafür, die Realistin Ilse Frapan dagegen sei. Herr [Daniel] Jacoby betonte die guten Eigenschaften der Realisten, z. B. Fontanes. Herr [Johannes] Imelmann warnte mit dem Namen „Realismus" eine Richtung zu bezeichnen, es handele sich um ein Convolut von Richtungen. Namentlich sei hier zu unterscheiden eine „ästhetisch-technische Tendenz", die vortrefflich sei, denn sie befördere eine Erweiterung der Stoffe; die anderen Tendenzen seien wissenschaftlich-metaphysisch und sozial. Zur Frage, ob Gottfried Keller ein Realist zu nennen sei, erwähnte Herr Erich Schmidt ein gesprächsweise gethane Aeußerung Kellers: „Warum schreiben die Leute nicht mehr Stücke wie Schiller?" Herr [Max] Roediger bemerkte, der vom Redner angeführte Björnson habe über Ibsen geurtheilt, er sei ein „grubler", d. h. Denker, Schwärmer. Herr [Ludwig] Bellermann schloß mit dem Hinweis, Realismus heiße Darstellung der Wirklichkeit, Goethe sei ein starker Realist.[33]

5 Forschung ohne Staat: Über die Vereinsgrenzen hinaus

Die *Gesellschaft für deutsche Literatur* diente aber nicht allein als Forum für die wissenschaftlichen Beiträge aus dem Mitgliederkreis, sondern gab auch selbst Impulse für die Forschung. In der Folge von Wilhelm Diltheys berühmtem Vortrag *Archive für Literatur*, mit dem die wissenschaftlichen Verhandlungen der *Gesellschaft für deutsche Literatur* am 16.01.1889 eröffnet wurden, beteiligte sich etliche Mitglieder des Vereins aktiv an der Diskussion über die archivarische Sicherung von Quellen zur deutschen Literatur- und Kulturgeschichte.[34] Als zentrale Sammelstelle wurden bereits 1891 das Berliner Literaturarchiv und die ihm assoziierte *Literaturarchivgesellschaft* gegründet, deren Vorsitz gleichfalls Erich Schmidt übernahm und in deren Vorstand u. a. Wilhelm Dilthey, Heinrich Meisner, Theodor Mommsen und Fritz Jonas mitarbeiteten. Obwohl sie auf Grund ihrer geringen Kapitalausstattung mit den beiden großen Literarturarchiven der Zeit – dem Goethe-Schiller-Archiv in Weimar und dem Schiller-Nationalmuseum in Marbach

[32] [N. N.] (1897).

[33] [N. N.] (1897).

[34] Zum Folgenden vgl. Müller/Nottscheid (2020, S. 370–385). Zur epistemischen Bedeutung von Diltheys Archiv-Initiative s. auch: Kindt (2017) sowie Kopp-Oberstebrink (2018).

a. N. – nicht konkurrieren konnte, war die *Literaturarchivgesellschaft* innerhalb des selbstgesetzten Rahmens außerordentlich erfolgreich. Im zehnten Jahr seines Bestehens (1901) umfassten die Sammlungen des Literaturarchivs bereits „rund 20 000 Briefe und 680 andere Manuscripte",[35] die in Schränken der Königlichen Bibliothek verwahrt wurden und auf Antrag eingesehen werden konnten. Nach einer wechselvollen Geschichte löste sich der Verein 1944 auf; seine Bestände gingen in den Besitz der Preußischen Akademie der Wissenschaften über.

Ein weiterer wichtiger Impuls ging von der Gesellschaft im April 1891 aus. Max Herrmann, Siegfried Számatolski und Victor Michels regten in einer Vereinssitzung die regelmäßige Mitteilung „zusammenhängende[r] Berichte über abgeschlossene Gebiete der Literaturgeschichte und deren Erforschung"[36] an, ein Plan der bereits im folgenden Jahr in die Gründung der *Jahresberichte für neuere deutsche Literaturgeschichte* mündete. Die *Jahresberichte* sollten, wie es hieß, als „kritisch berichtende[s] Organ [...] über die Fortschritte auf dem Gesamtgebiete unserer schon von dem modernen Specialisierungsbetrieb erfassten Wissenschaft periodisch" berichten und auf diese Weise nicht allein der wachsenden Gruppe der neugermanistischen Hochschullehrer, sondern auch „dem Schulmann, dem populären Schriftsteller und dem Studenten als ein unentbehrlicher Leitfaden gelten und besonders dem gebildeten Publikum Anregung und Genuss gewähren können".[37] Die wissenschaftliche Leitung dieses ersten exklusiv neugermanistischen Referateorgans, dessen Beiträge prominente Germanisten aus allen deutschsprachigen Ländern lieferten, lag zunächst bei Herrmann, Számatolski und dem prominenten Kunst- und Literaturhistoriker Julius Elias, seit 1894 formal bei Erich Schmidt. Die Redakteure sowie zahlreiche Mitarbeiter der *Jahresberichte* waren eng mit der *Gesellschaft für deutsche Literatur* verflochten. Die *Jahresberichte,* bis zum Ersten Weltkrieg ein selbstorganisiertes privates Unternehmen, das Julius Elias aus seinem Privatvermögen subventionierte, blieben über zwei Jahrzehnte hinweg das zentrale überregionale kritische Informationsorgan über Forschungen und Neuerscheinungen zur deutschsprachigen Literaturwissenschaft. Nach dem Ersten Weltkrieg konnten die *Jahresberichte* nicht mehr privat finanziert werden; als Träger trat nun die Deutsche Kommission der Berliner Akademie, die unter der Ägide von Julius Petersen die Neuorganisation in einem größeren institutionellen Rahmen umsetzte und die Konzeption des Organs veränderte.

Eine weitere organisatorische Initiative der Gesellschaft ging von dem programmatischen Vortrag aus, den Max Herrmann im Dezember 1897 auf dem Stiftungsfest der Gesellschaft über „Die deutsche Literatur der Gegenwart und ihre Erhaltung

---

[35] Litterarische Mittheilungen (1901, S. 2).

[36] [N. N.] (1891).

[37] Elias/Szamatolski (1890, S. III–IV).

für die Zukunft" hielt.[38] Herrmann wies darauf hin, dass die gesetzliche Ablieferungspflicht für Exemplare an Bibliotheken nur für im Buchhandel erschienene Bücher gelte, nicht aber für die große Masse der Privat- und Manuskriptdrucke, also insbesondere für die Theaterstücke, die von den öffentlichen Bibliotheken weder systematisch gesammelt noch bibliographisch verzeichnet würden und daher für Forschungszwecke kaum erreichbar seien. Mittelbar ergänzte Herrmann damit Diltheys die Forderung nach Schaffung von Literaturarchiven; er regte an, eine „Bibliothek von Privat- und Manuskriptdrucken" zu schaffen zu verwalten und ständig zu vermehren. Die Gesellschaft kam dem nach und beauftragte eine siebenköpfige Kommission unter Herrmanns Leitung mit der Organisation und Durchführung der entsprechenden Arbeiten. Zwischen 1897 und 1938 kam so eine Sammlung von etwa 15 bis 17 000 Druckschriften zusammen, seit 1905 stand sie in der Königlichen Bibliothek unter Herrmanns Verwaltung und war für die wissenschaftliche Benutzung zugänglich. Bei Auflösung des Vereins ging die Bibliothek 1938 auch offiziell in den Besitz der Berliner Staatsbibliothek über. Zum Schutz vor Bombengriffen wurde sie im Herbst 1943 ausgelagert und ist seit Kriegsende – bis auf einen kleinen Restbestand von etwa 700 Bühnenmanuskripten – verschollen. Das Projekt der Bibliothek deutscher Privat- und Manuskriptdrucke kam zustande, lange bevor staatliche Bibliotheken die sogenannte ‚graue Literatur' als Sammelobjekt entdeckten oder die offiziellen Bibliographien sie verzeichneten.

Die genannten Beispiele belegen eindrucksvoll, dass entscheidende Anstöße zu langfristigen Forschungs- und Sammlungsvorhaben oft von privater Hand vorbereitet und durchgeführt wurden, lange bevor sie in die Obhut staatlich finanzierter Wissenschaftsförderung übergingen.

6 Vernetzungen: Beziehungen zu anderen Vereinen

Die regionale Bedeutung der *Gesellschaft für deutsche Literatur* geht nicht zuletzt aus ihren personellen und institutionellen Vernetzungen innerhalb der Berliner Vereinslandschaft hervor. Die Beziehungen zu benachbarten oder ‚befreundeten' Verei-

[38] Zum Folgenden vgl. zuletzt Hollender (2013, S. 140–143), sowie die aufschlussreiche Dokumentation zur Bibliothek deutscher Privat- und Manuskriptdrucke im *ProvenienzWiki – Plattform für Provenienzforschung und Provenienzerschließung* der Arbeitsgemeinschaft Handschriften und Alte Drucke in der Sektion IV des Deutschen Bibliothekverbands, UAG Provenienzforschung und Provenienzerschließung. Dort wird die Übertragung der Sammlung an die Staatsbibliothek infolge der erzwungenen Selbstauflösung der *Gesellschaft für deutsche Literatur* im Jahr 1938 als „verfolgungsbedingter Verlust" definiert: „Zwar wäre die Bibliothek laut Vertrag von 1906 bei Auflösung der *Gesellschaft für deutsche Literatur* an die Königliche Bibliothek (bzw. die Staatsbibliothek) gefallen; allerdings konnte der Verein über den Zeitpunkt der Auflösung und damit auch über den Zeitpunkt des Eigentumsübergangs nicht mehr frei entscheiden. Unter anderen Umständen wäre auch denkbar gewesen, dass der Verein und die Bibliothek den Vertrag irgendwann rückabgewickelt hätten und es zu einer ganz anderen Regelung gekommen wäre – auch diese Entscheidungsfreiheit wurde dem Verein genommen." (https://provenienz.gbv.de/Gesellschaft_f%C3%BCr_Deutsche_Literatur._Bibliothek_Deutscher_Privat-_und_Manuskriptdrucke [Zugriff: 05.05.2025]).

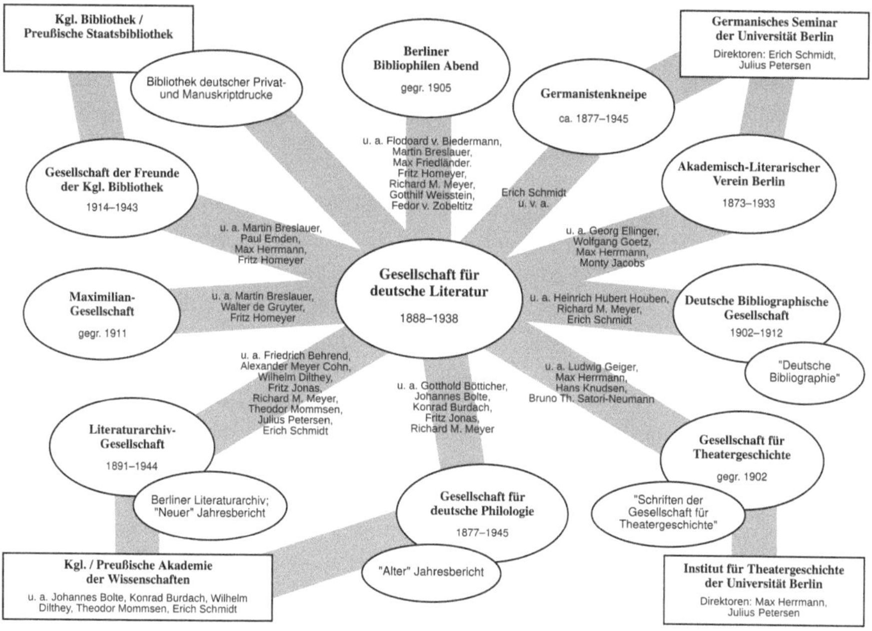

Abb. 1 Die *Gesellschaft für deutsche Literatur* in ihren Vernetzungen (Druckvorlage Katja Horn [Mainz] nach einem älteren Entwurf von Thorsten Ries.)

nen entwickelten sich zumeist schon in ersten zwei Jahrzehnten nach der Gründung der Gesellschaft. Bei den wissenschaftlichen Vereinen, zu denen die *Gesellschaft für deutsche Literatur* engere Beziehungen unterhielt, sind vor allem zwei Typen zu unterscheiden: (1) Wissenschaftliche Diskussionsvereine, die ihren Mitgliedern ein Forum für fachlichen Austausch und die Diskussion neuer Forschungsarbeiten boten und zu deren Popularisierung beitrugen; (2) Wissenschaftliche Subskriptions- oder Fördervereine, deren Tätigkeit vornehmlich in der Organisation und Finanzierung wissenschaftlicher Unternehmungen und Projekte bestand. Während die Vereine des ersteren Typs ihre Mitglieder vornehmlich aus den wissenschaftlichen Disziplinen rekrutierten, standen die Subskriptionsvereine auch weiteren Schichten der gebildeten bürgerlichen Oberschicht offen, die mit ihren Mitgliedsbeiträgen oder besonderen Stiftungen primär zur Finanzierung des jeweiligen Vereinszwecks beitrugen (Abb. 1).

Von Doppelmitgliedschaften und persönlichen Beziehungen, aber auch von einer gewissen institutionellen Konkurrenz waren die Beziehungen zur *Gesellschaft für deutsche Philologie* (1877–1945) geprägt, die doppelt so viele Mitglieder wie die *Gesellschaft für deutsche Literatur* besaß und mit dem seit 1879 erscheinenden *Jahresbericht über die Erscheinungen auf dem Gebiete der germanischen Philologie* die über lange Jahre konkurrenzlose altgermanistische Fachbibliographie initiierte. Beide Gesellschaften teilten sich größere Teile ihres Mitgliederstamms mit einer dritten wissenschaftlichen Diskussionsgesellschaft in Berlin, dem 1891 gegründeten *Verein für Volkskunde*, der nach dem Programm seines Initiators Karl

Weinhold „den wissenschaftlichen Aufbau der Volkskunde“ anstrebte und „einen Mittelpunkt der deutschen Forscher und Sammler für das deutsche Volksleben und dessen Geschichte bilden“[39] sollte.

Ein vergleichsweise kurzlebiges Unternehmen war die *Deutsche Bibliographische Gesellschaft* (1902–1912), die als Förderverein im engeren Sinn gelten kann. Ihr Initiator Heinrich Hubert Houben strebte die Bildung überregionaler wissenschaftlicher Arbeitsgemeinschaften zur Herstellung bibliographischer Kompendien auf dem Gebiet der neueren deutschen Literaturgeschichte an. Houben stellte seinen ehrgeizigen „Entwurf zu einer deutschen Bibliographie“ den Mitgliedern der Gesells*chaft für deutsche Literatur* im Januar 1902 vor. Trotz wichtiger Publikationserfolge innerhalb der Reihe *Bibliographisches Repertorium* (1904–1909), die der umtriebige Herausgeber weitgehend selbst schulterte, scheiterte das Unternehmen bereits nach wenigen Jahren, nachdem es nicht gelungen war, eine kontinuierliche finanzielle Absicherung der aufwendigen bibliographischen Unternehmungen zu gewährleisten.

Einen Zwischentyp aus Diskussions- und Förderverein repräsentiert schließlich die *Gesellschaft für Theatergeschichte* (gegründet 1902); sie ging aus dem gemeinsamen Bestrebungen von Liebhabern und Fachleuten hervor, die seinerzeit noch vergleichsweise wenig institutionalisierte Beschäftigung mit Theater und Schauspielkunst durch die Publikation einschlägiger Quelleneditionen und Untersuchungen zu fördern.[40] Neben verschiedenen wissenschaftlichen Schriftenreihen und zahlreichen Privatdrucken trat der Verein aber auch durch Ausrichtung der Deutschen Theaterausstellung Berlin (1910/11) sowie die Veranstaltung von Tagungen und öffentlichen Vorträgen hervor. Die relativ große Mitgliedschaft setzte sich sowohl aus Gelehrten und Fachautoren als auch aus Theaterpraktikern, Sammlern und gebildeten Enthusiasten zusammen. Unter Max Herrmann, der auch diese Gesellschaft von 1919 bis 1934 leitete, konnten die Aktivitäten des Vereins enger an die universitäre Forschung angebunden werden. Das von Herrmann und Julius Petersen gegründete Institut für Theaterwissenschaft übernahm 1923 die umfangreichen theaterhistorischen Sammlungen des Vereins als Dauerleihgabe.

Keiner besonderen Erwähnung bedarf es, dass die *Gesellschaft für deutsche Literatur* starken Anteil nahm an den Aktivitäten der Weimarer *Goethe-Gesellschaft*, amtierte doch ihr Erster Vorsitzender Erich Schmidt nicht nur als Gründungsdirektor des Goethe-Archivs (1885/86), sondern auch als Präsident der *Goethe-Gesellschaft* (1906–1913).[41] Etliche Mitglieder der *Gesellschaft* waren Mitarbeiter der Weimarer Goethe-Ausgabe (1887–1912). Im Mai 1919 wurde zudem eine Berliner Ortsgruppe der *Goethe-Gesellschaft* gegründet. Ihr erster Vorsitzender wurde der Verle-

---

[39] Weinhold (1891, S. 1).

[40] Vgl. Stephan Dörschel: Der Beginn der Ära Herrmann in der Gesellschaft für Theatergeschichte. In: Dörschel/Warstat (2018, S. 83–106) sowie Stephan Dörschel: Die Gesellschaft für Theatergeschichte nach 1945. In: Jammerthal/Lazardig (2018, S. 79–97).

[41] Eine umfassende wissenschaftliche Studie zur Geschichte der Weimarer Goethe-Gesellschaft ist noch immer ein Desiderat. Vgl. jedoch Golz/Ulbricht (2005), sowie Wilson (2018).

ger und Bibliophile Flodoard von Biedermann, der von Berlin aus energisch für eine demokratischere Struktur der Muttergesellschaft eintrat. Die Berliner Ortsgruppe initiierte in den 1920er-Jahren ein breitenwirksam angelegtes Vortragsprogramm mit prominenten Künstlern, Schriftstellern und Wissenschaftlern.

Im Zusammenhang mit den Aktivitäten Biedermanns sei mit den bibliophilen Vereinigungen abschließend noch an einen besonderen Vereinstypus des gebildeten Bürgertums erinnert, der sich in Deutschland – im europäischen Vergleich – relativ spät konsolidierte.[42] 1894 war mit Sitz in Leipzig unter dem Vorsitz des Berliner Schriftstellers Fedor von Zobeltitz die *Gesellschaft der Bibliophilen* gegründet worden, die im folgenden Jahrzehnt in fast allen deutschen Metropolen regionale Ableger hervorbrachte. Als Berliner Ortsgruppe der Bibliophilen entstand schon 1905 der Berliner Bibliophilen Abend. Den ersten Vorstand dieses bis heute bestehenden Zweigvereins bildeten gleich vier Persönlichkeiten – neben Zobeltitz und Biedermann der Antiquar Martin Breslauer sowie der Journalist Gotthilf Weisstein –, die nach der Jahrhundertwende auch in der *Gesellschaft für deutsche Literatur* aktiv wurden.

7 Fazit

Was ist aus den aktiven selbstorganisierten Gesellschaften geworden, die eine so stolze Leistungsbilanz aufzuweisen haben? Bereits nach dem Ersten, spätestens aber nach dem Zweiten Weltkrieg trat an die Stelle der einst weltoffenen wissenschaftlichen Diskussionsgesellschaften, die ihre Wirksamkeit nicht zuletzt durch die Vermittlung von Forschungsergebnissen in eine größere gebildete Öffentlichkeit entfaltet hatten, eine begrenzte Fachöffentlichkeit der wissenschaftlichen Disziplinen, die sich vornehmlich auf fachinterne Kommunikation und exklusiven Tagungsbetrieb beschränkte. Das an der Pädagogik ausgerichtete Berufsbild der Lehrer trug dazu bei, dass die Gymnasiallehrer – die lange das personelle Rückgrat der wissenschaftlichen Vereine gebildet hatten – nach und nach aus der ‚scientific community' ausschieden: Ohne ihre Aktivitäten in Forschung und Publizistik sind jedoch die Leistungen der deutschen Germanistik bis in die Jahre der Weimarer Republik hinein nicht denkbar. Die von den älteren Vereinen noch selbstverständlich angeregten und in Selbstverwaltung durchgeführten mäzenatischen und wissenschaftsorganisatorischen Aufgaben wurden im Laufe des 20. Jahrhunderts von der staatlichen Wissenschaftsförderung und -verwaltung übernommen und schwanden so zugleich aus dem öffentlichen Bewusstsein.

[42] Während zu einzelnen bibliophilen Vereinen relativ viele Beiträge vorliegen, fehlt derzeit noch eine wissenschaftliche Geschichte der Bibliophilie. Vgl. hierzu Lucius (2013, S. 1033–1046).

Literatur

Bellermann, Ludwig: Erich Schmidt. Gedenkworte in der Sitzung der Gesellschaft für Deutsche Literatur am 21. Mai 1913. [Berlin 1913].

Der Briefwechsel zwischen August Sauer und Bernhard Seuffert 1880–1926. Hg. in Verbindung mit Bernhard Fetz und Hans-Harald Müller von Mirko Nottscheid, Marcel Illetschko und Desiree Hebenstreit. Wien [u.a.] 2020.

Dörschel, Stephan/Warstat, Matthias (Hg.): Perspektiven auf Max Herrmann. 100 Jahre „Forschungen zur deutschen Theatergeschichte". Berlin 2018 (Schriften der Gesellschaft für Theatergeschichte. 81).

Elias, Julius/Herrmann, Max/Szamatólski, Siegfried (Hg.): Jahresberichte für Neuere deutsche Literaturgeschichte 1 (1890), S. III–IV.

Golz, Jochen/Ulbricht, Justus H. (Hg.): Goethe in Gesellschaft. Zur Geschichte einer literarischen Vereinigung vom Kaiserreich zum geteilten Deutschland. Köln 2005.

Häder, Sonja: Zwischen disziplinärer und universitärer Gemeinschaft. Max Herrmann und sein Wirken als fachlicher Außenseiter in der „Gesellschaft für deutsche Erziehungs- und Schulgeschichte" (1904/1909–1924). In: Marcelo Caruso [u. a.] (Hg.): Orte der Bildungsgeschichte. Bad Heilbrunn 2009, S. 65–90.

Harders, Levke/Seltsam, Nadin: Spurensuche. Helene (1877–1944) und Max Herrmann (1865–1942). In: Zeitschrift für Germanistik N. F. 20 (2010), H. 2, S. 307–323.

Hollender, Martin: Der Berliner Germanist und Theaterwissenschaftler Max Herrmann (1865–1942). Leben und Werk. Berlin 2013 (Beiträge aus der Staatsbibliothek zu Berlin – Preußischer Kulturbesitz. 42).

Jammerthal, Peter/Lazardig, Jan (Hg.): Front Stadt Institut. Theaterwissenschaft an der Freien Universität Berlin. Berlin 2018.

Kindt, Tom: Nachlassphilologie um 1900. Diltheys Archive für Literatur. In: Sina, Kai/Spoerhase, Carlos (Hg.): Nachlassbewusstsein. Literatur, Archiv, Philologie 1750–2000. Göttingen 2017 (Marbacher Schriften, N. F. 13), S. 331–344.

Kopp-Oberstebrink, Herbert: Das Literaturarchiv als Laboratorium der Kulturforschung. Wilhelm Diltheys Beitrag zu einer Epistemologie des Archivs. In: Petra-Maria Dallinger [u. a.] (Hg.): Archive für Literatur. Der Nachlass und seine Ordnungen. Unter Mitarbeit von Stefan Maurer. Berlin [u. a.] 2018 (Literatur und Archiv. 2), S. 121–138.

Litterarische Mittheilungen. Festschrift zum zehnjährigen Bestehen der Litteraturarchiv-Gesellschaft in Berlin. Berlin 1901, S. [2].

Lucius, Wulf D.: Zur Geschichte und gegenwärtigen Situation der bibliophilen Gesellschaften. In: Rautenberg, Ursula (Hg.): Buchwissenschaft in Deutschland. Ein Handbuch. Berlin [u.a.] 2013.

Meyer, Richard M.: Ein neuer Dicht erkreis. In: Preußische Jahrbücher, Bd. 88 (1897), S. 33–54.

Müller, Hans-Harald/Nottscheid, Mirko: Wissenschaft ohne Universität, Forschung ohne Staat. Die Berliner Gesellschaft für deutsche Literatur (1888–1938). Berlin [u.a.] 2011 (Quellen und Forschungen zur Literatur- und Kulturgeschichte. 70 [304]).

Müller, Hans-Harald/Nottscheid, Mirko: Zwischen Forschung und Geselligkeit. Literarisch-philologische Vereine in Berlin zwischen Kaiserreich und Nationalsozialismus. In: Geschichte der Germanistik, H. 23/24 (2003), S. 54–55.

Müller, Hans-Harald/Nottscheid, Mirko: Dilthey und einige Folgen. Die Berliner Literaturarchiv-Gesellschaft und die Idee archivalischer Sammlungen im Ausgang des 19. Jahrhunderts. In: Internationales Archiv für Sozialgeschichte der Literatur 45 (2020), S. 370–385.

[N. N.]: Gesellschaft für deutsche Literatur. In: Vossische Zeitung, Nr. 216 (11.05.1894[a]), Morgen-Ausgabe, 1. Beilage, S. [5].

[N. N.]: Gesellschaft für deutsche Literatur. In: Vossische Zeitung, Nr. 296 (28.06.1894[b]), Morgen-Ausgabe, 1. Beilage, S. [5–6], S. [6].

[N. N.]: Gesellschaft für deutsche Literatur. In: Vossische Zeitung, Nr. 168 (12.04.1897), Morgen-Ausgabe.

[N. N.]: Gesellschaft für deutsche Literatur. In: Vossische Zeitung, Nr. 195 (29.4.1891), Morgen-Ausgabe.
[N. N.]: Gesellschaft für deutsche Literatur. In: Vossische Zeitung, Nr. 635 (20.12.1911), Morgen-Ausgabe, 5. Beilage, S. [23f.].
[N. N.]: Gesellschaft für deutsche Literatur. In: Vossische Zeitung, Nr. 80 (13.02.1912), Abend-Ausgabe, 2. Beilage, S. [6].
[N. N.]: Deutsche Literaturgesellschaft. Vorschläge von Prof. Dr. Max Herrmann. In: Vossische Zeitung, Nr. 559 (02.11.1919), Sonntags-Ausgabe, 4. Beilage, S. [15]
Nottscheid, Mirko: „Brücke zwischen germanistischen Universitäts- und Gymnasialkreisen in Berlin". Die Gesellschaft für deutsche Literatur (1888–1938), ein literarisch-philologischer Verein in Berlin zwischen Kaiserreich und Nationalsozialismus. In: Zeitschrift für Germanistik N. F. 20 (2010), S. 289–306.
Nottscheid, Mirko: Max Herrmann als Literaturhistoriker – Die Vorträge in der Berliner Gesellschaft für deutsche Literatur (1890 bis 1936). In: Dörschel/Warstat 2018, S. 107–122.
Richter, Myriam Isabell/Hamacher, Bernd: Das Goethe-Wörterbuch. (Wissenschafts-)Geschichte einer deutschen Institution. In: Geschichte der Germanistik, Nr. 27/28 (2005), S. 88–90.
Richter, Myriam Isabell: Voßstraße 16. Im Zentrum der (Ohn-)Macht. Köln 2011.
Richter, Myriam Isabell: Gelebte Wissenschaft – registriertes Leben. Wissenschaftsgeschichte und/als Kulturgeschichte der edierten Hauschronik eines Berliner Germanisten. Hamburg 2016.
Satori-Neumann, Bruno Th.: Fünfzig Jahre Gesellschaft für deutsche Literatur. 1888 – 18. November – 1938. Chronik nach den Quellen zusammengestellt. Berlin 1938.
Schmidt, Wieland: Erinnerungen an Georg Ellinger. In: Bibliothek – Buch – Geschichte. Kurt Köster zum 65. Geburtstag. Hg. von Günther Pflug [u. a.]. Frankfurt am Main 1977, S. 291–300.
Weinhold, Karl: Zur Einleitung. In: Zeitschrift des Vereins für Volkskunde 1 (1891), H. 1, S. 1–10.
Weitz, Hans-Joachim: Mit Dank für geleistete Dienste gestorben in Theresienstadt. Zum 100. Geburtstag von Max Herrmann, dem Begründer der deutschen Theaterwissenschaft. In: Der Tagesspiegel (Berlin), Nr. 5980 (14.05.1965), S. 4.
Wilson, W. Daniel: Der faustische Pakt. Goethe und die Goethe-Gesellschaft im Dritten Reich. München 2018.

Wissenschaftsgeschichte und Rezeptionsforschung

Hans-Harald Müller

> „Er [scil. der Schüler des Herrn Abbé Coignard] kannte ihn [scil. den Ruhm] als unsicher, launisch, allen Wechselfällen unterworfen und abhängig von Umständen, die an sich klein und erbärmlich sind. Da er sah, dass seine Zeitgenossen unwissend, beleidigend und mittelmäßig waren, fand er keinen Grund zu hoffen, dass ihre Nachkommenschaft plötzlich weise, gerecht und zuverlässig werden sollte. Er mutmaßte nur, dass die Zukunft, ohne Kenntnis von unseren Streitigkeiten, uns in Ermangelung von Gerechtigkeit ihre Gleichgültigkeit gewähren werde. Wir sind fast sicher, dass sie uns, Große wie Kleine, im Vergessen wieder vereinen und über uns alle die friedliche Gleichheit des Schweigens breiten wird. Sollte uns aber diese Hoffnung durch einen Zufall täuschen, sollte eine künftige Generation einige Erinnerungen an unseren Namen oder unsere Schriften bewahren, so können wir voraussehen, dass sie unser Denken nur durch jene erfindungsreiche Arbeit des Mißverstehens und der falschen Auslegung kennenlernen wird, die allein den Werken des Genies über die Zeiten hinweg Dauer verleiht. Die lange Lebensdauer der Meisterwerke ist gesichert um den Preis höchst jämmerlicher geistiger Abenteuer, in denen das Gefasel der Schulfüchse dem treuherzigen Wortgeplänkel der Künstlerseelen die Hand reicht. Ich wage zu behaupten, dass wir heutzutage nicht einen einzigen Vers der Ilias oder der Göttlichen Komödie in dem Sinne verstehen, der ihm ursprünglich anhaftete. Leben heißt sich wandeln, und auch das Weiterleben unserer niedergeschriebenen Gedanken ist diesem Gesetz unterworfen: Sie werden nur fortbestehen unter der Bedingung, dass sie mehr und mehr abweichen von denen, die sie einst waren, da sie unserer Seele entsprangen. Was man in Zukunft an uns bewundern wird, wird uns völlig fremd sein.“ France (1982, S. 250–251)

Erstdruck in: Schönert, Jörg; Segeberg, Harro (Hrsg.): Polyperspektivik in der literarischen Moderne. Studien zur Theorie, Geschichte und Wirkung der Literatur. Karl Robert Mandelkow gewidmet. Frankfurt am Main u.a.: Lang 1988 (Hamburger Beiträge zur Germanistik. 1), S. 452–479.

H.-H. Müller (✉)
Institut für Germanistik, Universität Hamburg, Hamburg, Deutschland
E-Mail: harrym@uni-hamburg.de

H.-H. Müller (Hrsg.), *Kleine Schritte und große Sprünge*, Abhandlungen zur Literaturwissenschaft, https://doi.org/10.1007/978-3-662-71105-7_14

Mit der Rezeptionsforschung war am Ende der sechziger Jahre die Hoffnung auf eine grundlegende Erneuerung der Literaturwissenschaft insgesamt verbunden; knapp zwanzig Jahre später zählt sie allenfalls noch zu den Velleitäten in den Diskussionen um die theoretische Orientierung des Fachs. Vom Repräsentanten des ‚Neuesten' in der Literaturwissenschaft ist die Rezeptionsforschung so zum Anwärter auf einen Platz in der Wissenschaftsgeschichte geworden, die in der Germanistik der Bundesrepublik, „wie man weiß, ein wenig bearbeitetes und kaum bekanntes Gebiet"[1] ist und zu den „vernachlässigten Disziplinen"[2] gehört. Das kritische Interesse meines Beitrags gilt in erster Linie dem wissenschaftshistorischen Schicksal der Rezeptionsforschung, das aus der Perspektive einer um wissenschaftstheoretische Fragestellungen angereicherten Konzeption von Wissenschaftsgeschichte betrachtet wird.[3]

Das wissenschaftshistorische Schicksal der Rezeptionsforschung lässt sich vielleicht provisorisch und sehr grob in drei verschiedenen Phasen charakterisieren. Die erste Phase möchte ich als die der Verlockung, Verheißung und Verpflichtung bezeichnen. Zur Verlockung gehört die ganze Entdecker- und Pionierrhetorik, die in programmatischen Arbeiten anzutreffen ist, wo die Rezeptionsforschung als „Vorstoß in wissenschaftliches Neuland",[4] als „ein noch so gut wie unerforschter Bereich"[5] entdeckt wird. Das Moment der Verheißung geht vom Problemlösungsgehalt aus, der der neuen Forschungsrichtung zugeschrieben wird, wie etwa in dem folgenden Zitat von Hans Robert Jauß:

> „Die Kluft zwischen Literatur und Geschichte, zwischen ästhetischer und historischer Erkenntnis, wird überbrückbar, wenn die Literaturgeschichte nicht einfach den Prozeß der allgemeinen Geschichte im Spiegel ihrer Werke ein weiteres Mal beschreibt, sondern wenn sie im Gang der ‚literarischen Evolution' jene im eigentlichen Sinne gesellschaftsbildende Funktion aufdeckt, die der mit anderen Künsten und Mächten konkurrierenden Literatur in der Emanzipation des Menschen aus seinen naturhaften, religiösen und sozialen Bindungen zukam."[6]

Ein Moment der Verpflichtung schließlich geht von Formulierungen aus, in denen die neue Forschungsrichtung als zukünftige Basis der Literaturwissenschaft bezeichnet wird, jenseits derer eine methodische literaturgeschichtliche Arbeit kaum möglich scheint; in diesem Sinne schrieb z. B. Karl Robert Mandelkow 1970, die „Wirkungsgeschichte" habe „plötzlich den Rang eines alle literaturgeschicht-

[1] Weimar (1976, S. 299).

[2] Sauder (1982, S. 321).

[3] Die Anreicherung der traditionellen Wissenschaftsgeschichte „mit wissenschaftstheoretischen und wissenschafts- soziologischen Fragestellungen" meinte Wolf Lepenies 1978 als eine der „vielfältigen Tendenzen zur Rehistorisierung" zu erkennen, „die weiten Teile des gegenwärtigen Wissenschaftssystems kennzeichnen" (Lepenies 1978, S. 437).

[4] Weimann (1973, S. 17).

[5] Mandelkow (1974, S. 82).

[6] Jauß (1970, S. 207)

liche Arbeit fundierenden und sie methodisch allererst ermöglichenden Grundsatzproblems erhalten".[7]

Die zweite Phase des wissenschaftshistorischen Schicksals der Rezeptionsforschung lässt sich vielleicht am besten als die von Desillusionierung, Ernüchterung und Skepsis bezeichnen. Der Begriff der ‚Rezeption' verliert seine Suggestions- und Faszinationskraft, vor der „inflatorischen Verwendung des Begriffs ‚Rezeption'" wird gewarnt, weil unter ihm „historische, hermeneutische, kommunikative, analytische und sogar empirische Verfahren subsumiert"[8] werden. Nunmehr wird konstatiert, dass „die euphorische Überschätzung rezeptionstheoretischer Reflexion einer eher skeptischen Einschätzung ihrer wünschbaren Realisierung in der literaturhistorischen Praxis gewichen ist".[9] Da die neue Forschungsrichtung in sich inhomogen, in verschiedene Orientierungen zersplittert ist und eine Klärung ihrer Grundbegriffe nicht geleistet hat,[10] beginnen auch aufgeschlossene Anhänger das Vertrauen in die Rezeptionsforschung zu verlieren:

> „An der Erhellung dieses Problemkomplexes [scil. des Nachlebens der Werke] versucht sich eine Vielzahl von Disziplinen mit ideologisch divergierenden Erkenntnisinteressen, ohne dass sich bisher ein breiter Konsens über die Bedeutung der Wirkung für unser Literaturverständnis durchzusetzen vermochte. Angesichts dieser Situation beginnen sich bereits Skepsis und Überdruss auszubreiten, und es fehlt nicht an Stimmen, die dem neubelebten Interesse an Rezeption und Wirkung die Diagnose einer kurzlebigen Mode und eines abwegigen Wissenschaftsinteresses stellen."[11]

Die dritte und letzte Phase lässt sich als die der Enttäuschung und allmählichen Abwendung von der Rezeptionsforschung bezeichnen. Ehemalige Sponsoren des Programms beginnen sich „Beyond Reception Aesthetics"[12] umzusehen, und Forschungsberichte sowie Monographien zur Rezeptionsforschung stellen zwar nicht unmittelbar deren Bankrott, aber doch deren theoretische Stagnation fest:

> „On the theoretical front, though, the most advocates of non-empirical methods have been equally unproductive during the past few years. […]
>
> The apparent stagnation in reception theory is not necessarily an indication of intellectual bankruptcy, though."[13]

Dieses grob umrissene Schicksal der Rezeptionsforschung als Erneuerungsbewegung der Literaturwissenschaft – nicht die Forschungspraxis, die es vor den

[7] Mandelkow (1979, S. 89).
[8] Hopster (1979, S. 158).
[9] Mandelkow (1981, S. 154).
[10] Vgl. Grimm (1977, S. 145):
[11] Vaget (1979, S. 399).
[12] Hohendahl (1983).
[13] Holub (1984, S. 147).

rezeptionsgeschichtlichen Manifesten gegeben hat[14] und vermutlich auch nach dem Ende der rezeptionsgeschichtlichen ‚Mode' geben wird – nehme ich im Folgenden zum Anlass, um (1) einige eher traditionelle Probleme der Wissenschaftshistoriographie am Beispiel der Rezeptionsforschung zu erörtern, (2) einige ‚interne' Gründe für den Vertrauensverlust zu diskutieren, den die Rezeptionsforschung so rasch erlitt, und (3) einige behutsame Konsequenzen für den Umgang mit ‚neuen Konzeptionen' vorzuschlagen, die die Germanistik von Grund auf erneuern wollen.

1 Zur Konstruktion und Inszenierung des Neuen am Beispiel der Rezeptionsforschung

Das erste Problem einer wissenschaftsgeschichtlichen Darstellung, auf das ich kurz eingehen möchte, betrifft den disziplinspezifischen Traditionshintergrund, vor dem die ‚neue' Forschungsrichtung dargestellt wird. Walter Reese folgt in seiner Monographie zur Rezeptionsforschung unmittelbar einem wissenschaftsgeschichtlichen Szenario von Hans Robert Jauß:

> „Das vorherrschende Paradigma war das der Stilistik und werkimmanenten Ästhetik [...], im deutschsprachigen Raum repräsentiert vor allem durch Emil Staigers und Wolfgang Kaysers werkimmanente Interpretation. Vor dem Hintergrund dieser Denkweise konnte die Frage nach der Wirkung kaum eine Rolle spielen."[15]

Ganz ähnlich ist in der gründlichen Untersuchung Gunter Grimms zur Rezeptionsgeschichte zu lesen:

> „Die Gründe für die fast modische Beschäftigung mit der Rezeption liegen zunächst auf der Hand. Während in der Phase der werkimmanenten Interpretation die Wirkungsgeschichte nur als Appendix gelten konnte, die allenfalls den Kunstwert des interpretierten Werks verbürgte, erfuhr mit der Problematisierung der Werkimmanenz der geschichtliche Komplex der Entstehung und Wertung seine Legitimation."[16]

Es dürfte bekannt sein, dass neue Forschungsrichtungen die zu überwindende wissenschaftshistorische Tradition mitunter erst konstruieren, u. a. um den Erneuerungsdruck recht sinnfällig zu machen. In jedem Fall scheint es nicht ratsam, dass wissenschaftsgeschichtliche Darstellungen den historischen Freund- und Feindbildern dieser neuen Forschungsrichtungen unmittelbar folgen statt sie eingehend zu prüfen. Obgleich differenzierte wissenschaftsgeschichtliche Darstellungen bislang fehlen, dürfte sich die Behauptung als Fiktion erweisen lassen, dass die werkimmanente Interpretation bis zur Mitte der sechziger Jahre eine einheitliche Forschungsrichtung war, die andere Forschungsrichtungen in der Literaturwissenschaft dominierte. Erstens besaß die deutsche ‚werkimmanente'

[14] Vgl. Stückrath (1979, S. 3).

[15] Reese (1980, S. 27).

[16] Grimm (1979a, S. 10).

Interpretation keinesfalls das strikte Ethos der Textimmanenz des amerikanischen New Criticism, das entstehungs- und wirkungsgeschichtliche Untersuchungen sowie Anleihen bei älteren geistesgeschichtlichen Traditionen a limine ausgeschlossen hätte;[17] zweitens wichen die Vorstellungen z. B. Emil Staigers und Wolfgang Kaysers über die werkimmanenten Interpretation beträchtlich voneinander ab; drittens gab es seit Mitte der fünfziger Jahre in Deutschland eine – ihrerseits inhomogene – Opposition gegen die werkimmanente Interpretation, und viertens war diese Forschungsrichtung schon Mitte der sechziger Jahre keinesfalls mehr das unangefochten ‚vorherrschende Paradigma', sondern ein waidwundes Interpretationsprogramm, unter dessen Etikett die verschiedensten Interessen verfolgt wurden.

Das zweite Problem einer wissenschaftshistorischen Darstellung, das ich erwähnen möchte, ist mit dem ersten verwandt: es betrifft die ‚Vorläufer', die Tradition der intellektuellen Anreger, die die Anwälte einer neuen Forschungsrichtung für sich in Anspruch nehmen. Die Listen der Namen und Schulen, die von der Rezeptionsforschung als ‚Vorläufer' bezeichnet wurden, sind mitunter so lang und respektgebietend, dass sie in wissenschaftshistorischen Darstellungen meist einfach übernommen werden. So nennt Robert C. Holub in seiner kritischen Einführung in die *Reception Theory* die folgenden „influences and precursors: „Five influences have been marked for precursor status on this basis: Russian Formalism, Prague structuralism, the phenomenology of Roman Ingarden, Hans Georg Gadamer's hermeneutics, and the ‚sociology of literature'".[18]

Derartige Listen von Vorläufern werden in wissenschaftshistorischen Darstellungen selten zum Gegenstand einer kritischen Prüfung gewählt, die sich z. B. darauf erstrecken könnte, ob es sich bei der Anführung von Vorläufern um simples name-dropping handelt, ob es um die Entlehnung des einen oder anderen attraktiven Terminus oder tatsächlich um eine konzeptionelle Anregung für eine neue Forschungsrichtung geht. Auf diese Weise könnte eine kritische Prüfung solcher Vorläufer-Listen zum Ausgangspunkt für eine Konsistenzprüfung von Vorschlägen zur Erneuerung der Literaturwissenschaft gemacht werden.

Das dritte Problem einer wissenschaftsgeschichtlichen Darstellung, das ich kurz erörtern möchte, scheint prima facie von eher darstellungstechnischer Natur, hat aber weitreichende Konsequenzen für die Konzeption der Wissenschaftshistoriographie. Das Problem betrifft die Frage, welcher Ansatz oder welcher Forscher zum Protagonisten einer wissenschaftsgeschichtlichen Darstellung gewählt wird und wie die Gewichte zwischen den verschiedenen Protagonisten und den von ihnen vertretenen Forschungsansätzen verteilt werden. Dieses Problem ist bei einer Forschungsrichtung wie der Rezeptionsforschung von besonderer Bedeutung, weil diese – wie Hannelore Link schon 1976 feststellte – „eine Fülle recht unterschiedlicher Forschungsbemühungen"[19] zusammenfasst. Ohne weitere Feindifferenzierung lassen sich erst einmal die drei folgenden Forschungsrichtungen unterscheiden: (1)

---

[17] Vgl. Berghahn (1979, S. 390) und Sauder (1982, S. 334).

[18] Holub (1984, S. 14).

[19] Link (1976, S. 9).

Rezeptionsgeschichte, Wirkungsgeschichte, Urteilsgeschichte[20]; (2) die Rezeptionsästhetik der ‚Konstanzer Schule' und (3) die historische und aktuelle empirische Leserforschung.[21]

Da sich Hans Robert Jauß' programmatischer Essay „Literaturgeschichte als Provokation der Literaturwissenschaft" für die Durchsetzung der Rezeptionsforschung in der Literaturwissenschaft als der „fruchtbarste und anstößigste Beitrag"[22] erwiesen hat, stellen die meisten Darstellungen zur Rezeptionsforschung Jauß' Beitrag an den Beginn oder ins Zentrum ihrer Untersuchung. Ohne die Bedeutung dieses Essays anzweifeln zu wollen, möchte ich darauf hinweisen, dass die Wahl eines Protagonisten für eine wissenschaftsgeschichtliche Darstellung immer die Wahl zwischen Alternativen ist. Eine stärker an der systematischen Differenzierung verschiedener forschungspraktischer Untersuchungsansätze interessierte wissenschaftsgeschichtliche Untersuchung hätte z. B. die Arbeiten von Gunter Grimm zum Ausgangspunkt ihrer Darstellung wählen können, die zu einer Charakterisierung der verschiedenen Richtungen und Methoden der Rezeptionsforschung vielleicht am meisten beigetragen haben. Eine eher an Praxis als an Programmatik interessierte wissenschaftsgeschichtliche Untersuchung hätte z. B. mit Karl Robert Mandelkows vielzitiertem und häufig wieder abgedruckten Aufsatz „Probleme der Wirkungsgeschichte" einsetzen können, in dem sowohl die Lust des Programmatikers als auch die Bedenken eines Praktikers zum Ausdruck kommen, der kurz darauf die, heute schon als „beispielhaft"[23] eingeschätzten Dokumentationen und Darstellungen zur Wirkungsgeschichte Goethes in Deutschland vorlegte. Wer die vorliegenden Untersuchungen und Darstellungen zur Rezeptionsforschung betrachtet, wird den Eindruck kaum vermeiden können, dass in ihnen die Anreger und Multiplikatoren der ‚ersten Stunde' prämiert werden, während man später kommende theoretische Differenzierungen und praktische Forschungsleistungen von konzeptionellem Wert eher dem ‚wissenschaftlichen Alltag' zurechnet.

2 Gründe für den Vertrauensverlust in „neue Paradigmen"

Im Folgenden möchte ich einige Vermutungen über die Gründe des rasanten Vertrauensverlusts anstellen, den die ‚neue' Forschungsrichtung der Rezeptionsforschung schon seit Mitte der siebziger Jahre erlitt. Bahnbrechend für die Rezeptionsforschung war eine Reihe von programmatischen Manifesten, deren Konzeption bislang recht selten die kritische Aufmerksamkeit von Wissenschafts-

[20] Grimms Unterscheidung zwischen Wirkungsgeschichte und Rezeptionsgeschichte lasse ich hier unberücksichtigt, s. Grimm (1977, S. 147).

[21] Reese (1980) hat in seiner Darstellung die gesamte Empirische Literaturwissenschaft (Norbert Groeben, S. J. Schmidt u. a.) unberücksichtigt gelassen, ohne das zu begründen. Ich kann hier auf die Empirische Literaturwissenschaft nicht eingehen, ebenso wie ich die Rezeptionsforschung der DDR nur streifen kann.

[22] Vaget (1979, S. 399).

[23] Stückrath (1979, S. 14).

historikern gefunden hat. An anderer Stelle habe ich mich bemüht, am Beispiel von Hans Robert Jauß' Essay „Literaturgeschichte als Provokation der Literaturwissenschaft" zumindest einige charakteristische Merkmale des Genus der programmatischen literaturwissenschaftlichen Manifeste zu umreißen. Solche Manifeste lösen in der Disziplin keine Probleme, sondern produzieren neue, und ihr unbestreitbarer Erfolg liegt vor allem darin, dass sie unter Einsatz effektvoller persuasiver Strategien die ‚scientific community' davon zu überzeugen vermögen, dass die alten ungelösten Probleme der Wissenschaft langweilig, die neuen, noch kaum überschaubaren, indes spannend und vielversprechend sind. Robert C. Holub hat Jauß' Essay „Paradigmawechsel in der Literaturwissenschaft" geradezu als ‚paradigmatisch' für die Gattung der „scholarly manifestos" charakterisiert:

> „In retrospect, Jauss's ‚Paradigm' essay can itself be judged paradigmatic – in a manner he would never have suspected at the time of its composition. For in the context of the late 1960s it appears as the prototype of a scholarly manifesto. Utilizing rhetoric as much as logic, it seeks to persuade by analogy, rather than coherent argument. By adopting Kuhn's popular theory of scholarly change, it sets up a ‚plot' whose outcome must be favorable to reception theory. By none the less refusing to name this outcome, it endeavors to convince the reader that he/she is freely arriving at the correct conclusion. And by implicitly presenting reception theory as the resolution to a crisis and scientific revolution, it simultaneously suggests a return to normalcy and an overthrow of existing dogma. Like so many of the theoretical manifestos of that era, it too might have been long forgotten if the method it promoted had not turned out to be precisely the answer that German scholarship sought. In spite of its contradictions and confusions, then, Jauss's ‚Paradigm' essay, itself a pardigm in its genre, has turned out to bear more legitimacy than its argumentation might seem to allow."[24]

Die geschickte Adaption von Thomas S. Kuhns Vokabular und der Anspruch, eine rezeptionsästhetisch orientierte Literaturwissenschaft – was immer das im einzelnen sein mochte – stelle ein neues wissenschaftliches Paradigma dar, hatten im Aufbruchsklima der späten sechziger Jahre, wie Holub schreibt, „a built-in appeal to students and younger scholars".[25] Doch dieser Anspruch, der möglicherweise zur Durchsetzung der Rezeptionsforschung beitrug, war sicher zugleich auch ein Grund für den Vertrauensverlust, den die Rezeptionsforschung sehr bald erlitt. Bereits 1973 machte Hans Robert Jauß nämlich klar, dass die – von ihm so bezeichnete – „Rezeptionsästhetik" „nicht den Rang eines autonomen methodischen Paradigmas beanspruchen" kann: „Die Rezeptionsästhetik ist keine autonome, sich selbst für die Lösung ihrer Probleme genügende axiomatische [sic] Disziplin, sondern eine partiale, anbaufähige und auf Zusammenarbeit angewiesene methodische Reflexion".[26] So deutlich diese Revokation des Anspruchs auf einen „Paradigmawechsel" durch die Rezeptionsästhetik war, so deutlich wurde sie dadurch entwertet, dass Jauß ihrer ungeachtet später wiederholt beanspruchte, einen „Para-

[24] Holub (1984, S. 12). Vgl. ähnlich schon Holub (1982, S. 84).

[25] Holub (1984, S. 5).

[26] Jauß (1975, S. 381).

digmawechsel" inauguriert zu haben.[27] Der erhobene und wieder revozierte paradigmatische Anspruch der Rezeptionsforschung rief unter deren Anhängern nicht nur Unsicherheit über den theoretischen Status dieser ‚partialen, anbaufähigen und auf Zusammenarbeit angewiesenen methodischen Reflexion' hervor, sondern auch schnelle Überbietungs- und Anpassungsreaktionen auf den Plan. Da solche Reaktionen im Gefolge von erfolgversprechenden neuen Forschungsrichtungen in aller Regel auftreten, können sie nicht zur Erklärung des Vertrauensverlusts der Rezeptionsforschung im Besonderen angeführt werden. Die Überbietungsreaktionen bestanden zumeist in dem Vorwurf gegen die „Konstanzer Schule", sie sei mitsamt ihrem paradigmatischen Anspruch gescheitert, und das Prädikat eines neuen Paradigmas käme dem eigenen Forschungsansatz zu.[28] Trotz gelegentlicher Warnungen vor allzu eilfertigen Übertragungen des „Paradigma"-Begriffs auf die Literaturwissenschaft[29] haben diese Überbietungsreaktionen dazu geführt, dass der Begriff des „Paradigma" in der Literaturwissenschaft kaum mehr kognitiven Gehalt besitzt und vornehmlich zur Proklamation von Überlegenheitsansprüchen eingesetzt wird – mitunter auch von theoretisch sehr anspruchsvollen Forschungsrichtungen.[30] Die Anpassungsreaktionen bestanden darin, dass – in Erwartung des Erfolgs des neuen ‚Paradigma' – Arbeiten im Titel als der Rezeptionsforschung zugehörig bezeichnet wurden, die mitunter nur eine marginale Berührung mit einer der unter diesem Oberbegriff versammelten Forschungsrichtungen besaßen. Im Vorwort zu einem Reader über Rezeptionsgeschichte oder Wirkungsästhetik heißt es dazu:

> „Nicht wenige Einzeluntersuchungen sehen älteren Arbeiten mit problemgeschichtlichen, philosophie- und ideologiegeschichtlichen, ja mit gattungs- und toposgeschichtlichen Ansätzen zum Verwechseln ähnlich, manche beschränken sich auf eine Reformulierung längst bekannter Ergebnisse, ganz zu schweigen von noch schlichteren Formen der wissenschaftlichen Innovation."[31]

Ein weiterer Grund für den Vertrauensverlust des rezeptionsästhetischen bzw. rezeptionsgeschichtlichen Forschungsprogramms lag darin, dass wesentliche programmtragende Begriffe nicht hinreichend expliziert wurden, als dass sie in der Forschungspraxis eine deutlich umrissene Rolle hätten spielen können. So hatte Hans Robert Jauß z. B. 1970 als das „methodologische Kernstück" seines Essays „Literaturgeschichte als Provokation der Literaturwissenschaft" die „Explikation des literarischen Erwartungshorizonts"[32] bezeichnet – eine entsprechende Explikation dieses für die Rezeptionsforschung in der Tat zentralen Konzepts ist indessen in der Wissenschaft nicht bekannt geworden. Vielmehr schreibt Robert C. Holub 1984:

[27] Jauß (1977, S. 11) und Jauß (1983, S. 122).

[28] Vgl. z. B. Groeben (1982, S. 267).

[29] Vgl. z. B. Danneberg/Müller (1979, S. 162).

[30] Vgl. Schmidt (1978).

[31] Weber (1978, S. 5.).

[32] Jauß (1970, S. 9).

„The trouble with Jauss's use of the term ‚horizon' that it is so vaguely defined that it could include or exclude any previous sense of the word. In fact, nowhere does he delineate precisely what he means by it."[33]

Bereits im Jahre 1970 hatte Karl Robert Mandelkow den Begriff problematisiert und Differenzierungen vorgeschlagen[34]; in der Folgezeit sind ganze Abhandlungen über den Begriff des „Erwartungshorizonts" erschienen,[35] ohne dass es gelungen wäre, den Begriff für die Forschungspraxis der Rezeptionsforschung nutzbar zu machen.

Zu der Unklarheit über den Anspruch auf ein neues ‚Paradigma' und der Inexplizitheit entscheidender programmtragender Begriffe der Rezeptionsforschung kam noch hinzu, dass die ‚scientific community' der Literaturwissenschaftler keine Klarheit über die Ziele der neuen Forschungsrichtung besaß. So schrieb Jörn Stückrath 1979:

„Die mangelnde theoretische Durchdringung der einzelnen Fragestellungen und ihres Zusammenhangs untereinander hat schließlich zur Folge gehabt, dass sich die Literaturwissenschaftler uneinig sind, welches denn Jauß' Ziele sind."[36]

Jauß' programmatische Essays zur Rezeptionsforschung enthielten in der Tat eine Fülle von Anregungen sowie theoretischen und methodologischen Angeboten, die durchaus unterschiedliche Zielvorstellungen implizierten und nicht alle miteinander verträglich waren. Es ist daher nicht verwunderlich, dass der ‚harte Kern' der Jauß'schen Vorschläge in der Literaturwissenschaft sehr unterschiedlich aufgefasst wurde. Ich führe im Folgenden einige Zeugnisse auf, in denen verschiedene Autoren die Quintessenz des Neuen bei Jauß zusammenfassen:

„In diesem Interesse an Wirkung und Aufnahme eines Kunstwerks begreift sich die Rezeptionsästhetik als Überwinderin traditioneller Formen der Produktions- und Darstellungsästhetik, die sie der Perpetuierung längst überholter Substantialismen verdächtigt."[37] (Rainer Warning)

„Es ist das unbestreitbare historische Verdienst von Hans Robert Jauß, mit seinen rezeptionsästhetischen Thesen der Literaturtheorie wieder Eingang in die Literatur-wissenschaft der Bundesrepublik verschafft zu haben."[38] (Peter Bürger)

„Dass ein literarisches Werk, eine Werkgruppe, auch ein Autor und sogar eine Epoche im Lauf der geschichtlichen Entwicklung nicht immer in gleicher Weise aufgefasst und interpretiert werden, bedeutet an sich keine neue Erkenntnis. Neu dagegen – und erst seit einem Jahrzehnt heftig diskutiert – ist die programmatische These, dass Rezeptions- und Wirkungsgeschichte ein notwendiger und integraler Bestandteil des historischen Arbeitens mit Literatur sein soll."[39] (Wilfried Barner)

---

[33] Holub (1984, S. 59).

[34] Mandelkow (1970, S. 90–91).

[35] Vgl. Anz 1976.

[36] Stückrath (1979, S. 119).

[37] Warning (1975, S. 9).

[38] Bürger (1979, S. 133).

[39] Barner (1981, S. 102).

„Hauptanliegen ist die Überwindung der Auffassung von der Autonomie des Kunstwerks."[40] (Manfred Naumann et al.)

„Die methodologisch grundsätzliche Bedeutung dieses Ansatzes besteht darin, dass die Rezeptionsästhetik das Dilemma des hermeneutischen Zirkels durchbrochen hat, woraus in der Geschichte der Literaturwissenschaft immer wieder die Unmöglichkeit einer wissenschaftlichen Kriterien genügenden Gegenstandsbestimmung abgeleitet wurde."[41] (Karlheinz Barck)

„Whereas it was self-understood in New Criticism and the older formalism that the meaning of a work of art was given with the text itself and only needed to be found and revealed, the locus of meaning shifts in reception theory through the introduction of the category of the reader."[42] (Peter Uwe Hohendahl)

Selbstverständlich ist die zitierte Liste nicht annähernd vollständig, aber sie dokumentiert doch hinreichend, dass die literaturwissenschaftliche ‚scientific community' den Anspruch des ‚Neuen' der Rezeptionsforschung offenbar akzeptierte, ohne dass auch nur im entferntesten Klarheit über den Charakter dieses ‚Neuen' bestand.

Wenngleich die vielbeklagte Unsicherheit über die in den programmatischen Manifesten verfolgten Ziele der Rezeptionsforschung nie beseitigt wurde, bildete sich in der Literaturwissenschaft – vor allem nach der Vorlage einer Fülle rezeptionshistorischer Untersuchungen zu Beginn der siebziger Jahre – so etwas wie eine opinio communis darüber heraus, worin die wesentliche Grundannahme der Rezeptionsforschung bestünde. Allgemein wurde angenommen, das entscheidend Neue an der rezeptionsgeschichtlich orientierten Literaturwissenschaft sei – wie Hohendahl im obigen Zitat ausführt –, dass der Leser einen entscheidenden Beitrag zur Bedeutungskonstitution literarischer Werke liefere.

Einen entscheidenden Vertrauensverlust dürfte die Rezeptionsforschung durch den in mehreren voneinander unabhängigen Arbeiten geführten Nachweis erlitten haben, dass einerseits zumindest in den Arbeiten der ‚Konstanzer Schule' der empirische Leser – trotz aller anderslautenden Proklamationen von Hans Robert Jauß – keine bedeutungskonstitutive Rolle für literarische Texte spiele und dass andrerseits der größte Teil der wirkungsgeschichtlichen Rezeptionsforschung gar nicht ‚neu' sei.[43] In seinem Beitrag „Wirkungsgeschichte der Wirkungsgeschichte" hat Hinrich C. Seeba auf die romantischen Quellen der Wirkungsgeschichte bei Friedrich Schlegel aufmerksam gemacht, Jörn Stückrath hat in einer Skizze der Geschichte der

[40] Naumann (1973, S. 134).

[41] Barck (1985, S. 1144).

[42] Hohendahl (1983, S. 111).

[43] Zum Nachweis, dass der empirische Leser in den Arbeiten der ‚Konstanzer Schule' keine bedeutungskonstitutive Rolle spielt, s. Link (1973, S. 539, 549, 564); Reese (1980 S. 35); Stückrath (1979, S. 123–124); Müller (1984, S. 94–96); Holub (1984, S. 150): „If we ultimately have recourse to features of a knowable text, then the suspicion can easily arise that reception theory has frequently changed only the critical vocabulary, not the way in which we analyze literature. Instead of the ‚spirit of the age' we find the ‚objectified horizon'; in lieu of the ambiguity and irony in the text, we read about gaps and indeterminacies."

Rezeptionsforschung unmissverständlich darauf hingewiesen, dass „paradoxerweise" gerade „der Rezeptionsforschung ein rezeptionsgeschichtliches Bewußtsein von der Tradition eigener Fragestellungen, Methoden und Ergebnisse"[44] fehle, und Karl Robert Mandelkow, der die Wirkungsgeschichte 1970 als „ein noch weithin unbekanntes Terrain", zugleich aber als ein „ungemein aktuelles Feld der Forschung"[45] bezeichnet hatte, zeigte in seinem Aufsatz „Rezeptionsgeschichte als Erfahrungsgeschichte", dass die Geschichte der Wirkungsgeschichte als Urteilsgeschichte eine stabile Tradition seit Beginn des 19. Jahrhunderts besitzt. Nun ist der Nachweis, dass eine Forschungsrichtung nicht ‚neu' ist, noch kein Indiz für die mangelnde Qualität dieser Forschungsrichtung, und in anderen Wissenschaften schafft der Hinweis auf die Kontinuität von Fragestellungen, prominenten Forschungstraditionen und Vorläufern denn auch Legitimität und Vertrauen.[46] Im Falle der Rezeptionsforschung indes wirkten die Hinweise auf die Anciennität dieser Forschungsrichtung delegitimierend und vertrauensschwächend, weil ihre Inauguratoren mit dem Anspruch auf Neuheit und gar auf ein eigenes ‚Paradigma' aufgetreten waren.

Der Nachweis, dass der Leser in der Rezeptionsforschung zumeist gar nicht die bedeutungskonstitutive Rolle für literarische Texte spielte, die ihm in den programmatischen Essays als „geschichtsbildende Energie"[47] zugewiesen worden war, ließ auch den emanzipatorischen Anspruch der Rezeptionsforschung in einem schiefen Licht erschienen, der mit der Aufwertung des Lesers begründet und bei der Durchsetzung der neuen Forschungsrichtung möglicherweise hilfreich war. Während Hans Robert Jauß die Rezeptionsästhetik nur recht allgemein in einen Zusammenhang mit den Reformbestrebungen des Endes der sechziger Jahre brachte,[48] erläuterte Karl Robert Mandelkow diesen emanzipatorischen Anspruch 1970 wie folgt:

> „Die Forderung der Anwendung rezeptionsästhetischer Methoden, die auch wir mit Jauß und anderen an eine neue Konzeption von Literaturgeschichte stellen, ist nur die fast selbstverständliche Konsequenz der Einsicht in die historisch bedingte soziale und gesellschaftliche Funktion von Kunst und Literatur. Zugleich entspricht die Aktualität der Wirkungsgeschichte dem heutigen Abbau des Autoritätsprinzips zugunsten einer Demokratisierung in allen Lebensbereichen. Indem der Wirkungsgeschichte eines Autors oder eines Werkes das Recht der Mitsprache wiedergegeben wird, wird die durch die autoritäre Monoperspektivik bisheriger Literaturgeschichtsschreibung zum Schweigen verurteilte Masse der historischen Wirkungsträger aus der Erstarrung ihres scheinbaren Überlebtseins erlöst und mit ihnen zugleich das Werk und sein Autor in die Dynamik seiner historischen Wirkungspotentialität eingesetzt. Dies bedeutet zugleich auch die Relativierung der akademischen Literaturwissenschaft, die nur zu oft die Hilfstruppe autoritären Literaturverständnisses gewesen ist."[49]

[44] Stückrath (1979, S. 7).

[45] Mandelkow (1974, S. 95).

[46] Vgl. z. B. Lepenies (1978, S. 449).

[47] Jauß (1970, S. 169).

[48] Jauß (1977, S. 10–11).

[49] Mandelkow (1974, S. 95). Vgl. auch Mandelkow 1981, S. 156), wo die in der Gegenwart hergestellte „demokratische Gleichberechtigung von Werkautorität und Rezeptionsautonomie" begrüßt wird.

Eigentümlicherweise ist dieser emanzipatorische Anspruch der Rezeptionsforschung als solcher nie kritisiert worden; es blieb ungeprüft, ob das ‚autoritäre Literaturverständnis' der akademischen Literaturwissenschaft durch eine Forschungsrichtung wie die Rezeptionsforschung ‚relativiert' werden und ob dieser mit Gründen der Effekt einer Demokratisierung zugesprochen werden könne. Karlheinz Barck scheint im Hinblick auf diese unterbliebene Prüfung zum Pessimismus zu neigen, wenn er schreibt: „Genau besehen, war ja die rezeptionsästhetische Emanzipation des Lesers eigentlich eine Emanzipation des Literaturwissenschaftlers."[50]

Der ideologiekritische Einwand, der in der Folgezeit gegen die Rezeptionsforschung erhoben wurde, nahm nicht deren emanzipatorischen Anspruch beim Wort, sondern richtete sich gegen den ‚historischen Relativismus' der neuen Forschungsrichtung. Am frühesten und prägnantesten findet sich dieser ideologiekritische Topos schon bei einem der Inauguratoren der Rezeptionsforschung formuliert; Karl Robert Mandelkow schreibt 1970:

> „Dieser Apologie wirkungsgeschichtlicher und wirkungsästhetischer Betrachtungsweise soll jedoch eine Warnung sogleich folgen. Sie betrifft einmal die Gefahr der Verabsolutierung einer neuen Methode, die, wie es in Deutschland üblich zu sein pflegt, das Kind mit dem Bade ausschüttet. Sie betrifft zweitens und vor allem die Gefahr einer Flucht in die wirkungsgeschichtliche Betrachtungsweise, einer Flucht, die der eigenen Verantwortung und Stellungnahme enträt und sich aus dem Mangel eines festen Standortes am Relativismus der Standorte begeistert und im sammelnden und registrierenden Entzücken das Versagen vor der eigenen geschichtlichen Gegenwart verschleiert."[51]

Ganz ähnlich lautet dieser Einwand bei Robert Weimann, der der Rezeptionsforschung vorwirft, sie befreie „die Literaturgeschichte nicht nur vom Idealismus eines zeitlosen Sinngehalts, sondern sie untergräbt die Frage nach der Wahrheit der Dichtung, statt sie aus der Geschichtlichkeit selbst neu zu gewinnen".[52] Will man nun nicht – die Konvergenztheorie etwas überstrapazierend – Weimann und Mandelkow gleichermaßen als „Marxisten" bezeichnen und dem DDR-Literaturwissenschaftler Karlheinz Barck, der den Relativismus-Vorwurf als unzutreffend abgelehnt hat,[53] dieses Prädikat absprechen, so gilt es wohl einzuräumen, dass der Vorwurf des Relativismus ein schwieriges Argument ist, wenn es in literaturtheoretischen Debatten darum geht, wissenschaftliche oder politische Punkte zu sammeln. In der Debatte um die Rezeptionsforschung zumindest ist dieses Argument nie so expliziert worden, als dass es umstandslos hätte mit einem emanzipatorischen Anspruch verbunden werden können.

Standen bislang Explikations- und Begründungsschwächen der frühen Programme der Rezeptionsforschung im Vordergrund, aus denen ein Vertrauensverlust

[50] Barck (1985, S. 1142).

[51] Mandelkow (1974 S. 95–96)

[52] Weimann (1973, S. 27); dasselbe Argument findet sich, etwas pathetischer formuliert, bei Bürger (1979, S. 784–785).

[53] Barck (1985, S. 1135–1136).

resultieren konnte, so möchte ich im Folgenden auf die Probleme eingehen, die sich aus der Anwendung des Programms ergaben. Die Anwendungsschwierigkeiten betrafen zum größten Teil den ungeklärten Status des rezeptionsgeschichtlichen Belegmaterials, d. h. die Rolle, die dieses Belegmaterial für die Deutung des jeweiligen Werks spielen sollte. Vor einer Überschätzung dieser Art von Belegmaterial hat Gerhard Kaiser gewarnt: „Es ist eine simple Wahrheit, dass Rezeption nicht das Werk ist, sondern weithin auch Verstellung, Verschüttung, Korrumpierung des Werks.“[54]

Um die Rezeptionsgeschichte als Geschichte der „Verstellung, Verschüttung, Korrumpierung des Werks“ identifizieren zu können, benötigt Kaiser allerdings eine von dieser Rezeptionsgeschichte unabhängige Bedeutungskonzeption literarischer Werke, für die er eine Begründung[55] ebenso schuldig geblieben ist wie Hans Robert Jauß für die seinige, nach der die Rezeption „die sukzessive Entfaltung eines im Werk angelegten, in seinen literarischen Rezeptionsstufen aktualisierten Sinnpotentials“[56] ist. Diese Jauß'sche These hat Eckhard Lobsien am Beispiel der Rezeption von Joyces Ulysses auf ihre „praktische Tauglichkeit“ geprüft und festgestellt, dass die Anwendung der Jauß'schen Bedeutungskonzeption in der Rezeptionsforschung zu kontradiktorischen Ergebnissen führt, die zu keiner „vernünftigen Summe addiert oder auf einen gemeinsamen Nenner reduziert werden können, was in Konsequenz der Entfaltungsthese möglich sein müßte“.[57]

Während von Kaiser generelles Misstrauen gegenüber rezeptionsgeschichtlichem Belegmaterial geäußert wurde und Lobsien und andere die Anwendbarkeit der Jauß'schen ‚Entfaltungsthese‘ in rezeptionsgeschichtlichen Untersuchungen bestritten, wurde in der Rezeptionsforschung selbst allmählich deutlich, dass die „Zuwendung zu rezeptionsgeschichtlichem Material“ noch „nicht unbedingt genuine Rezeptionsgeschichte“[58] ist. Diese Formulierung sollte wohl zum Ausdruck bringen, dass nicht alle Untersuchungen, die mit rezeptionsgeschichtlichem Belegmaterial arbeiteten, der Rezeption auch eine bedeutungskonstitutive Rolle für das literarische Werk beimaßen. Mit diesem Belegmaterial, so wurde spätestens gegen Mitte der siebziger Jahre deutlich, ließen sich die unterschiedlichsten Interessen verbinden – so z. B. auch das einer Verteidigung der autorintentionalen Deutung eines Werks gegen rezeptionsgeschichtliche Fehldeutungen.[59] Auch diese Einsicht

---

[54] Kaiser (1975, S. 105).

[55] Zur Analyse und Kritik der Begründung von Bedeutungskonzeptionen vgl. Danneberg/Müller (1984, S. 7–16).

[56] Jauß (1970, S. 186).

[57] Lobsien (1978, S. 23).

[58] Reese (1980, S. 54); zuvor hatte Gunter Grimm differenzierte Überlegungen darüber angestellt, welch unterschiedlichen Stellenwert das rezeptionsgeschichtliche Belegmaterial für die einzelnen Richtungen innerhalb der Rezeptionsforschung besaß, s. Grimm (1977).

[59] Vgl. z. B. Goltschnigg (1975, S. 20–21): „Wo die Kritik eines Rezipienten gegen das im Werk angelegte Sinnpotential – also gegen seine *Rezeptionsvorgabe* – verstößt, muß die Rezeptions- und Wirkungsforschung korrigierend eingreifen. Die letzte objektive Instanz, die über die Adäquatheit der Rezeption entscheidet, ist und bleibt das literarische Werk selbst. Die adäquate Rezeption zeichnet sich dadurch aus, dass sie die Intentionen des Autors erkennt und übernimmt.“

ist prinzipiell noch kein Einwand gegen die Rezeptionsforschung – allerdings tauchte nun das Problem auf, ob alle mit rezeptionsgeschichtlichem Belegmaterial arbeitenden Untersuchungen der Rezeptionsforschung zugerechnet werden sollten, was die Forschungsrichtung um ihre ursprüngliche programmatische Identität gebracht hätte oder ob dieser Begriff nur für die Arbeiten gelten sollte, die der Rezeption auch eine bedeutungskonstitutive Rolle beimaßen, was nur für einen Teil der mit rezeptionsgeschichtlichem Belegmaterial arbeitenden Untersuchungen galt.

Doch selbst in den Arbeiten dieser ‚genuinen' Rezeptionsforschung, die dem rezeptionsgeschichtlichen Belegmaterial tatsächlich eine konstitutive Rolle für die Bedeutungsfestlegung eines literarischen Texts geben wollten, blieb der Status dieses Belegmaterials opak. Theoretisch unproblematisch ist, das hat Karl Robert Mandelkow am Beispiel von Julian Hirschs Konzeption der „Phänographik" klar herausgearbeitet,[60] allein eine ‚empiristische' Konzeption der Rezeptionsgeschichte, die unter Preisgabe der Idee einer ‚wahren' Werkbedeutung die Rezeptionsgeschichte literarischer Werke schlicht dokumentiert. Ungleich schwieriger als diese ‚empiristische' sind jene Konzeptionen der Rezeptionsgeschichte zu begründen, die die Rezeptionszeugnisse nicht nur dokumentieren und beschreiben, sondern auch kritisieren wollen, denn derartige Konzeptionen benötigen zur Begründung der angestrebten Kritik eine von der Rezeptionsgeschichte unabhängige Norm, die in einer problematischen Beziehung zur rezeptionsgeschichtlichen Bedeutungskonzeption steht.

Gunter Grimm hat drei Möglichkeiten vorgeschlagen, wie die „Adäquatheit" von historischen Rezeptionszeugnissen kritisiert werden könnte, nämlich über die (1) „Konvergenz der Rezeption mit der entstehungsgeschichtlich abgesicherten Autorintention"; (2) „Konvergenz der Rezeption mit den durch Vergleich verschiedener Konkretisationen gewonnenen übereinstimmenden Teilen"; „Konvergenz der Rezeption mit der eigenen Interpretation".[61] Ich habe an anderer Stelle ausgeführt, dass nur die erste der von Grimm angeführten Kritikmöglichkeiten zumindest theoretisch unbedenklich ist,[62] mit den beiden anderen Kritikmöglichkeiten sind intrikate Folgeprobleme verknüpft. Karl Robert Mandelkow, den das Problem des Verhältnisses von „Werkautorität" und „Rezeptionsautonomie"[63] immer wieder beschäftigt hat, hält das Problem der Begründbarkeit der Kritik an Rezeptionszeugnissen denn auch für „das eigentliche Problem einer rezeptionstheoretisch-hermeneutischen Rezeptionsgeschichte".[64]

Dieses Problem ist in der Literaturwissenschaft der DDR auch von anspruchsvolleren Theoretikern entweder mit dem Hinweis auf die notwendige „Dialektik von Entstehungsgeschichte und Wirkungsgeschichte"[65] eskamotiert oder mit der

[60] Vgl. Mandelkow (1981, S. 160–161).

[61] Grimm 1977a, S. 177).

[62] Vgl. Müller (1984, S. 98–99). Grimm ist Gegner einer autorintentionalen Bedeutungs- und Interpretationskonzeption, zu ihr vgl. ausführlich Danneberg/Müller 1983.

[63] Vgl. Mandelkow (1981, S. 161–162).

[64] Ebd. S. 172.

[65] Weimann (1973, S. 19). Vgl. auch schon Weimann (1970, S. 47).

Statuierung der letztlichen Dominanz der Produktion über die Rezeption dezisionistisch ‚entschieden' worden.[66] Mit der Doppelrolle des Rezeptionshistorikers, für den die Rezeptionszeugnisse die Bedeutung eines Werks konstituieren, und der des Interpreten, der eben diese Rezeptionszeugnisse kritisiert, ist die Konzeption einer wirkungsgeschichtlichen Rezeptionsforschung offensichtlich überfordert,[67] denn der Interpret, der die Adäquatheit von Rezeptionszeugnissen nach der „Konvergenz der Rezeption mit der eigenen Interpretation" beurteilt, muss eine andere Bedeutungskonzeption literarischer Werke besitzen als der Rezeptionshistoriker – und vermutlich verfolgt er auch andere Ziele. Die Aporie, für eine Rezeptionsforschung mit schwer vereinbaren Zielen und unvereinbaren Bedeutungskonzeptionen eine Methodologie zu skizzieren, mag es denn auch gewesen sein, die Mandelkow zu einem generellen Zweifel an der Möglichkeit einer rezeptionsgeschichtlichen Methodologie gebracht hat:

> „Rezeptionstheorie ist keine Methode, die formalisierbar und damit [sic] erlernbar und nach Regeln anwendbar wäre, sie ist vielmehr eine erkenntnistheoretische Grundeinstellung der historischen Wirklichkeit gegenüber, sie betrifft in einem universalen Sinne genommen nicht allein die Werke der Kunst, sondern die gesamte geschichtlich-soziale Realität."[68]

Aus der Retrospektive ist unschwer feststellbar, dass die am Ende der sechziger Jahre als „neu" gepriesene Forschungsrichtung der Rezeptionsforschung weitestgehend nicht „neu" war und dass hier ein Forschungsprogramm mit dem Anspruch auf ein neues „Paradigma" als Erneuerungsbewegung für die gesamte Literaturwissenschaft auftrat, das sehr bald seiner zahlreichen ‚internen' Probleme nicht mehr Herr wurde.

Ein falscher Schluss aus dieser retrospektiven Betrachtung wäre es aber, die Rezeptionsforschung für „gescheitert"[69] zu erklären: es dürfte in der Literaturwissenschaft kaum eine Forschungsrichtung geben, die nicht mit theoretischen Problemen der erwähnten Art zu kämpfen hätte. Notwendig wäre sicherlich eine genauere – und bescheidenere – Bestimmung der Ziele der Rezeptionsforschung, auf die sodann eine Methodologie zugeschnitten werden könnte. Einen ersten Hinweis zu einer solchen differenzierten Zielbestimmung hat Douwe Fokkema mit seiner Abgrenzung der Ziele der Rezeptionsforschung von denen der Interpretation geliefert.[70] Rein ‚theoretisch' dürfte ein Forschungsprogramm wie die Rezeptionsgeschichte als Wirkungs- und Urteilsgeschichte kaum zu schlagen sein – ein Forschungsprogramm, für das sich – bei der Wahl eines entsprechenden

[66] Vgl. Naumann (1973, S. 37). Um die Dominanz des Werks gegenüber der Rezeption aufrechtzuerhalten, wird das Werk mit starken Steuerungsfunktionen versehen, s. ebd. S. 35 und S. 87.

[67] Auf einige Inkonzinnitäten, die sich aus ihr in Mandelkows rezeptionsgeschichtlichen Darstellungen ergeben, weist hin Spariosu (1983).

[68] Vgl. Mandelkow (1981, S. 167–168).

[69] Groeben (1982, S. 271), die Äußerung bezieht sich auf die Rezeptionsforschung der „Konstanzer Schule".

[70] Vgl. Fokkema (1984, S. 190).

wissenschaftshistorischen Rekonstruktionsrahmens – eine stabile Forschungstradition seit Herders „Geschichte der Schriftsteller“ identifizieren ließe, in der die „Arbeit“ der Nachwelt ein unverzichtbarer Bestandteil sein sollte:

> „Aber der *Erklärer* ist mein Mann, der der Vorwelt, und der Zeit, und der Nachwelt eines Autors ihre Gränzen ziehet: was ihm die erste geliefert, die zweite geholfen oder geschadet, die dritte nachgearbeitet. Eine Geschichte der Schriftsteller, die nach dieser Idee ausgeführt, welch ein Werk wäre sie! Die Grundlage zu einer Geschichte der Wissenschaften, und des Menschlichen Verstandes.“[71]

3 Zum Beitrag der Wissenschaftsgeschichte zur Analyse neuer Forschungsansätze in der Literaturwissenschaft

Vielleicht gibt das wissenschaftshistorische Schicksal der Rezeptionsforschung einen Anlass, um etwas von dem reichhaltigen Innovationspotential der germanistischen Literaturwissenschaft auch einmal einer theoretisch aufgeschlossenen Konzeption der Wissenschaftsgeschichte oder einer wissenschaftshistorisch aufgeschlossenen Wissenschaftstheorie innerhalb der Literaturwissenschaft zugute kommen zu lassen.

Eine solche theoretisch aufgeschlossene Wissenschaftsgeschichte würde auf dem Gebiet der literaturwissenschaftlichen Manifeste ein reiches Anschauungs- und Forschungsmaterial vorfinden; aber sie brauchte sich keinesfalls nur schon historischen Manifesten zuzuwenden, sondern könnte auch die aktuellen Vertreter dieses Genres untersuchen. Um deren innovatorische Impulse nicht zu ersticken, gleichwohl aber überzogene Ansprüche zu kritisieren, könnte die Wissenschaftsgeschichte diese Manifeste in zwei Teilmengen aufspalten: gegenüber dem vermuteten harten innovatorischen Kern sollte sie sich eine gewisse Behutsamkeitsverpflichtung auferlegen, allen begründenden, explizierenden und erläuternden Partien solcher Manifeste aber sollte sie durch erhöhte Verblüffungsresistenz und scharfe Kritik die erforderliche Aufmerksamkeit erweisen. Die Kritik kann sich dabei auf wissenschaftsgeschichtliche Szenarios, genannte und ungenannte Vorläufer, die Kritik an konkurrierenden Forschungsprogrammen, die Terminologie[72] und die Methodologie richten, die zur Erreichung der Ziele der neuen Forschungsrichtung angeboten wird.[73] In einem derartigen nicht nur innovations-, sondern auch kritikfreudigen Forschungskontext würde der Anspruch des „Neuen“, der in literaturwissenschaftlichen Manifesten erhoben wird, schärfer geprüft, ohne dass theoretischer Konservatismus oder einfallslose Alltagspraxis prämiert würden.

Auch die periodisch immer wieder erscheinenden Aufrufe, Schluss mit der literaturwissenschaftlichen Interpretation zu machen und sich einer gänzlich neuen Literaturwissenschaft zuzuwenden, erscheinen in einem anderen Licht, wenn man sie kritisch und vor dem Hintergrund ihrer eigenen Geschichte betrachtet:

---

[71] Herder (1877, S. 266).

[72] S. dazu Danneberg (1988).

[73] Vgl. dazu Danneberg/Müller (1984a).

„So let us take leave of the practice of the pseudo-scientific, bourgeois interpretation, let us abandon the unitarian aesthetics of the ontological text surrounding it, and disclose the rich and fascinating panorama of problems waiting for an empirical science of literature: it is nothing less than the past and the present of our system of literature which are up for empirical research now – its conventions and systems of norms, its genres and discourses, its possible functions: and all this must be considered within the context of the social and psychic components of any factor of the system of literature as much as with respect to their diachronic and synchronic aspects of development […].“[74]

In seiner Rezension zur englischen Übersetzung von Hans Blumenbergs Werk „Die Legitimität der Neuzeit“ schrieb Richard Rorty,

„that the demand to unmask completely, to make all things new, to start from nowhere, to substitute new true consciousness for old false consciousness, is itself an echo of the Enlightenment. It is precisely that part of the Enlightenment which really i s bankrupt.“[75]

Literatur

Anz, Heinrich: Erwartungshorizont. Ein Diskussionsbeitrag zu H. R. Jauß' Begründung einer Rezeptionsästhetik der Literatur. In: Euphorion 70 (1976), S. 398–408.

Barner, Wilfried: Rezeptions- und Wirkungsgeschichte. In: Helmuth Brackert/Jörn Stückrath (Hg.): Literaturwissenschaft. Grundkurs 2. Reinbek bei Hamburg 1981, S. 102–124.

Barck, Karlheinz: Rezeptionsästhetik und soziale Funktion der Literatur. In: Weimarer Beiträge 31 (1985), S. 1131–1149.

Berghahn, Klaus L.: Wortkunst ohne Geschichte. Zur werkimmanenten Methode der Germanistik nach 1945. In: Monatshefte für deutschen Unterricht 71 (1979), S. 387–398.

Bürger, Peter: Probleme der Rezeptionsforschung. In: Bürger: Vermittlung – Rezeption – Funktion. Theorie und Methodologie der Literaturwissenschaft. Frankfurt am Main 1979, S. 118–146.

Bürger, Peter: Literaturwissenschaft heute. In: Jürgen Habermas (Hg.): Stichworte zur *Geistigen Situation der Zeit*. Bd. 2. Frankfurt am Main ²1979, S. 781–795.

Danneberg, Lutz/Müller, Hans-Harald: Verwissenschaftlichung der Literaturwissenschaft. Ansprüche, Strategien, Resultate. In: Zeitschrift für allgemeine Wissenschaftstheorie 10 (1979), S. 162–191.

Danneberg, Lutz/Müller, Hans-Harald: Der ‚intentionale Fehlschluß' – ein Dogma? Systematischer Forschungsbericht zur Kontroverse um eine intentionalistische Konzeption in den Textwissenschaften. In: Zeitschrift für allgemeine Wissenschaftstheorie 14 (1983), S. 103–137 u. 376–411.

Danneberg, Lutz/Müller, Hans-Harald: On Justifying the Choice of Interpretive Theories. A Critical Examination of E. D, Hirsch's Arguments in Favor of an Intentionalist Theory of Interpretation. In: Journal of Aesthetics and Art Criticism 43 (1984), S. 7–16.

Danneberg, Lutz/Müller, Hans-Harald: Wissenschaftstheorie, Hermeneutik, Literaturwissenschaft. Anmerkungen zu einem unterbliebenen und Beiträge zu einem künftigen Dialog über die Methodologie des Verstehens. In: Deutsche Vierteljahrsschrift für Literaturwissenschaft und Geistesgeschichte 58 (1984a), S. 177–237 und S. 256–261.

[74] Schmidt (1983a, S. 255).

[75] Rorty (1983, S. 5).

Danneberg, Lutz: Zwischen Innovation und Tradition. Innovation. Begriffsbildung und Begriffsentwicklung als Explikation. In: Christian Wagenknecht (Hg.): Zur Terminologie der Literaturwissenschaft. Stuttgart 1988, S. 50–68.

Fokkema, Douwe: The Portrait of the Artist as a Young Man, a Dog, and an Ape. Some Observations on Reception Theory. In: Joseph P. Strelka (Hg.): Literary Theory and Criticism. Festschrift Presented to René Wellek in Honor of his Eightieth Birthday. Part I: Theory. Frankfurt am Main u.a. 1984, S. 185–201.

France, Anatole: Die Meinungen des Herrn Jérôme Coignard. [Les opinion de M. Jérôme Coignard, 1893]. Deutsch von Heidi Kirmße. Mit einem Nachwort von Gerhard Schewe. Berlin 1982.

Goltschnigg, Dietmar: Rezeptions- und Wirkungsgeschichte Georg Büchners. Kronberg/Taunus: 1975 (Monographien Literaturwissenschaft. 22).

Grimm, Gunter E.: Rezeptionsgeschichte. Prämissen und Möglichkeiten historischer Darstellungen. In: Internationales Archiv für Sozialgeschichte der Literatur 2 (1977), S. 144–186.

Grimm, Gunter E.: Rezeptionsgeschichte. Grundlegung einer Theorie. Mit Analysen und Bibliographie. München 1977a.

Groeben, Norbert: Empirische Literaturwissenschaft. In: Dietrich Harth/Peter Gebhardt (Hg.): Erkenntnis der Literatur. Theorien, Konzepte, Methoden der Literaturwissenschaft. Stuttgart 1982, S. 266–297.

Herder, Johann Gottfried: Herder: Über Thomas Abbts Schriften. Der Torso von einem Denkmal, an seinem Grabe errichtet. Erstes Stück. 1786. In: Herders Sämmtliche Werke. Hg. von Suphan, Bernhard. Zweiter Teil. Berlin 1877, S. 249–294.

Hohendahl, Peter Uwe: Beyond Reception Aesthetics. In: New German Critique 28 (1983), S. 108–146.

Holub, Robert C.: Reception Theory. A Critical Introduction. London u. a 1984.

Hopster, Norbert: Konzeptionen des Literaturunterrichts. In: Dietrich Boueke (Hg.): Deutschunterricht in der Diskussion. Forschungsberichte. Band 2. Paderborn [2]1979, S. 142–165.

Jauß, Hans Robert: Literaturgeschichte als Provokation der Literaturwissenschaft. In: Jauß: Literaturgeschichte als Provokation. Frankfurt am Main 1970, S. 144–207.

Jauß, Hans Robert: Racines und Goethes Iphigenie. Mit einem Nachwort über die Partialität der rezeptionsästhetischen Methode. In: Rainer Warning (Hg.): Rezeptionsästhetik. Theorie und Praxis. München 1975, S. 353–400.

Jauß, Hans Robert: Ästhetische Erfahrung und literarische Hermeneutik. 1. Band: Versuche im Feld der ästhetischen Erfahrung. München 1977.

Jauß, Hans Robert: Historia calamitatum et fortunarum meum. Oder: Ein Paradigmawechsel in der Literaturwissenschaft. In: Christoph Schneider (Hg.): Forschung in der Bundesrepublik Deutschland. Beispiele, Kritik, Vorschläge. Weinheim 1983, S. 121–134.

Kaiser, Gerhard: Germanistik in der Bundesrepublik Deutschland. Ihre Tendenzen von der Wissenschaft von der neueren deutschen Literatur. In: seminar 11 (1975), S. 93–111.

Lepenies, Wolf: Wissenschaftsgeschichte und Disziplingeschichte. In: Geschichte und Gesellschaft 4 (1978), S. 437–451.

Link, Hannelore: Die Appellstruktur der Texte und ein Paradigmawechsel in der Literaturwissenschaft? In: Jahrbuch der deutschen Schillergesellschaft 17 (1973), S. 523–583.

Link, Hannelore: Rezeptions–Forschung. Eine Einführung in Methoden und Probleme. Stuttgart 1976.

Lobsien, Eckhard: Die rezeptionsgeschichtliche These von der Entfaltung des Sinnpotentials. Am Beispiel der Interpretationsgeschichte von James Joyce Ulysses. In: Heinz-Dieter Weber (Hg.): Rezeptionsgeschichte oder Wirkungsästhetik? Konstanzer Diskussionsbeiträge zur Praxis der Literaturgeschichtsschreibung. Stuttgart: 1978 (Literaturwissenschaft – Gesellschaftswissenschaft. 34), S. 11–28.

Mandelkow, Karl Robert: Probleme der Wirkungsgeschichte [1970]. In: Peter Uwe Hohendahl (Hg.): Sozialgeschichte und Wirkungsästhetik. Dokumente zur empirischen und marxistischen Rezeptionsforschung. Frankfurt an Main 1974, S. 82–96.

Mandelkow, Karl Robert: Rezeptionsgeschichte als Erfahrungsgeschichte. Vorüberlegungen zu dem Versuch einer Wirkungsgeschichte Goethes in Deutschland. In: Hans-Joachim Mähl/Eberhard Mannack (Hg.): Studien zur Goethezeit. Erich Trunz zum 75. Geburtstag. Heidelberg 1981, S. 153–176.

Müller, Hans-Harald: Tendenzen der westdeutschen Literaturwissenschaft nach 1945. Dargestellt an den Antworten auf die Probleme einer wissenschaftlichen Textinterpretation. In: Sprache und Literatur in Wissenschaft und Unterricht 53 (1984), S. 87–114.

Naumann, Manfred u. a. (Hg.): Gesellschaft, Literatur, Lesen. Literaturrezeption in theoretischer Sicht. Berlin 1973

Reese, Walter: Literarische Rezeption. Stuttgart: 1980 (Sammlung Metzler. 194).

Rorty, Richard: Against Belatedness [Rez.:] Hans Blumenberg: The Legitimacy of the Modern Age. In: London Review of Books Vol 5, Nr. 11 (1983) S. 3–5.

Sauder, Gerhard: Fachgeschichte und Standortbestimmung. In: Dietrich Harth/Peter Gebhardt (Hg.): Erkenntnis der Literatur. Theorien, Konzepte, Methoden der Literaturwissenschaft. Stuttgart 1982, S. 321–343.

Schmidt, S. J.: The Empirical Science of Literature. ESL, a New Paradigm. In: Poetics 12 (1983), S. 19–34.

Schmidt, Siegfried J.: Interpretation: Sacred Cow or Necessity? In: Poetics 12 (1983a), S. 239–258.

Spariosu, Mihaj: The History of Literary Reception and its Impact in West Germany: Karl Robert Mandelkow. In: Nouvelle Europe 12 (1983), S. 27–31.

Stückrath, Jörn: Historische Rezeptionsforschung. Ein kritischer Versuch zu ihrer Geschichte und Theorie. Stuttgart 1979.

Vaget, Hans Rudolf: Rezeptionsästhetik. Schwierigkeiten mit dem Erwartungshorizont am Beispiel der *Buddenbrooks*. In: Monatshefte für deutschen Unterricht 71 (1979), S. 399–409.

Warning, Rainer (Hg.): Rezeptionsästhetik. Theorie und Praxis. München 1975

Warning, Rainer: Rezeptionsästhetik als literaturwissenschaftliche Prgamatik. In: Warning 1975, S. 9–40.

Weber, Heinz-Dieter (Hg.): Rezeptionsgeschichte oder Wirkungsästhetik? Konstanzer Diskussionsbeiträge zur Praxis der Literaturgeschichtsschreibung. Stuttgart 1978 (Literaturwissenschaft –Gesellschaftswissenschaft. 34).

Weimann, Robert: Gegenwart und Vergangenheit in der Literaturgeschichte. Ein ideologiegeschichtlicher und methodologischer Versuch. In: Weimarer Beiträge 16 (1970), Heft 5, S. 31–57.

Weimann, Robert: „Rezeptionsästhetik" und die Krise der Literaturgeschichte. Ein ideologiegeschichtlicher und methodologischer Versuch. In: Weimarer Beiträge 19 (1973), Heft 8, S. 5–32.

Weimar, Klaus: Zur Geschichte der Literaturwissenschaft. Ein Forschungsbericht. In: Deutsche Vierteljahrsschrift für Literaturwissenschaft und Geistesgeschichte 50 (1976), S. 299–364.

Der *implizite Autor*. Zur Karriere und Kritik eines Begriffs zwischen Narratologie und Interpretationstheorie

Tom Kindt und Hans-Harald Müller

Unser Beitrag untersucht den Begriff des *implied author*, den Wayne C. Booth 1961 in seinem Buch *The Rhetoric of Fiction* prägte und der heute in den Philologien nahezu aller Sprachen verwendet wird. Obwohl sich an diesem Begriff schon unmittelbar nach seiner Einführung eine Debatte entzündete, die bis heute kaum Ermüdungserscheinungen zeigt,[1] haben alle kritischen Hinweise auf seine Anomalien bis in die Gegenwart nichts bewirkt. Die Kritiker haben es nicht verhindern können, dass der *implizite Autor* nicht allein einer der umstrittensten, sondern zugleich auch einer der erfolgreichsten Begriffe der Literaturwissenschaft des 20. Jahrhunderts geworden ist. Allein dieser Sachverhalt lässt es als lohnend erscheinen, den Ursachen dieses Erfolgs nachzuforschen. Es gibt aber noch mehr gute Gründe für eine sorgfältige Untersuchung der Geschichte des Begriffs.

Da Booth mit ihm zwar unmissverständlich auf die Rolle des Autors in der literarischen Kommunikation aufmerksam machte, den Autor als ‚implizierten' aber in den Text einsperrte, war und ist der Begriff notwendig mit den über 100 Jahre währenden, bis in unsere Gegenwart reichenden epistemologischen und normativen Kontroversen um die Bedeutung des Autors für die Textinterpretation verknüpft –

[1] Vgl. dazu etwa Kindt/Müller (1999); Nünning (2001); Darby (2001); Jannidis (2002); Heinen (2002); Phelan (2005); Booth (2005).

Erstdruck in: Archiv für Begriffsgeschichte 48 (2006), S. 163–190.

T. Kindt (✉)
Departement für Germanistik, Universität Fribourg, Fribourg, Schweiz
E-Mail: tom.kindt@unifr.ch

H.-H. Müller
Institut für Germanistik, Universität Hamburg, Hamburg, Deutschland
E-Mail: harrym@uni-hamburg.de

H.-H. Müller (Hrsg.), *Kleine Schritte und große Sprünge*, Abhandlungen zur Literaturwissenschaft, https://doi.org/10.1007/978-3-662-71105-7_15

eine Geschichte, die am Ende des 19. Jahrhunderts mit der Opposition gegen den Historismus und Positivismus begann,[2] ihren Höhepunkt in den Proklamationen des Todes[3] und ihren Abschluss vermutlich noch nicht mit der Rückkehr des Autors gefunden hat.[4]

Unsere Untersuchung des Begriffs verfolgt hauptsächlich zwei Ziele und ist entsprechend gegliedert: Das erste Ziel ist eine angemessene historische Rekonstruktion der in mancherlei Hinsicht besonderen Umstände der Prägung des Begriffs (1), an die sich die Untersuchung seiner Karriere anschließt (2). Das zweite Ziel ist eine – durch die Rekonstruktion der Geschichte vorbereitete – Explikation des Begriffs; wir werden also eine Präzisierung vorschlagen, die mit den bisherigen Verwendungen des *impliziten Autors* verträglich ist (3).[5]

Über diese Zielsetzungen hinaus möchten wir mit unserer Untersuchung auf exemplarische Weise nachdrücklich für eine begriffsgeschichtlich aufgeklärte Wissenschaftshistoriographie plädieren. Die Wissenschaftsgeschichte konzentriert ihre Untersuchungen zumeist auf Theorien, Institutionen oder Personen – dem Schicksal einzelner Begriffe schenkt sie in der Regel zu wenig Aufmerksamkeit. Dabei eröffnet die Historiographie viel diskutierter wissenschaftlicher Begriffe, wie wir im Kontext dieser Zeitschrift sicher nicht eigens zu betonen brauchen, wichtige Einblicke in die Struktur und dynamische Konfiguration der diese Begriffe umgebenden Theorienarchitektur.

1 Zur Prägung des Begriffs des *impliziten Autors*

Booths viel beachtetes Werk *The Rhetoric of Fiction*,[6] das den Begriff des *impliziten Autors* bekannt machte,[7] knüpfte in seiner theoretischen Orientierung an die Tradition der Chicago School of Criticism an, die Booths akademische Lehrer Ronald S. Crane, Richard McKeon und Elder Olson begründet hatten.[8] Die *Chicago Critics* waren in den 1930er und 1940er Jahren mit programmatischen Texten wie Cranes *History versus Criticism in the Study of Literature* hervorgetreten, in denen sie für eine Abkehr der Literaturwissenschaft von den vorherrschenden philologischen und textkritischen Positionen und ihre Erneuerung aus dem Geiste der aristotelischen Philosophie eintraten. Crane und seine Mitstreiter forderten, literarische Kunstwerke als ästhetische Gebilde aufzufassen, für die nicht die historische Stellung, sondern der formale und rhetorische Aufbau entscheidend sei.[9] Obgleich so schon

[2] Vgl. Kindt/Müller (2002).

[3] S. hierzu Burke (1993).

[4] S. dazu etwa Iseminger (1992); Jannidis u.a. (1999); Detering (2002).

[5] S. zum Verfahren der Explikation von Begriffen Carnap (1951); Quine (1951); Danneberg (1988); Pawłowski (1980, S. 157–198); und Fricke (2000, S. 67–72).

[6] Vgl. Booth (1961).

[7] In Umrissen findet sich das Konzept schon in Booth (1952).

[8] S. Shereen (1988) und Schneider (1994).

[9] Vgl. hierzu Crane (1952).

die Gründergeneration der *Chicago School of Criticism* für ein Programm argumentierte, das Autoren und Rezipienten einbeziehen sollte, blieben diese in den Studien der *Chicago Critics* fast ebenso unbeachtet wie in den Untersuchungen der etwa gleichzeitig entstandenen, aber ungleich einflussreicheren Richtung des *New Criticism* um John C. Ransom, Monroe C. Beardsley und William K. Wimsatt.[10]

Dies änderte sich mit der zweiten Generation der Chicago School, deren international bekanntester Repräsentant Wayne C. Booth wurde. In Abgrenzung von den Ideen der *New Critics* suchte er in *The Rhetoric of Fiction* mit dem Projekt einer neoaristotelischen Literaturkritik Ernst zu machen. Dieser Anspruch war mit einer dezidierten ethischen Grundorientierung verbunden,[11] die Booth selbst später auf biographische Prägungen zurückführte.[12] Die epische Vermittlung fiktionaler Welten betrachtete er als eine Kommunikation von Wertordnungen; im Zentrum einer Rhetorik von Literatur sollte stehen „the heightening or suppression not of simple curiosity but of moral and emotional engagement with the characters".[13] Narrative Strategien und literarische Effekte erschienen ihm mithin nur dann bedeutsam, wenn sie eine ethische Dimension besaßen.

In den nordamerikanischen Philologien der 1950er und 1960er Jahre, in denen der *New Criticism* unangefochten dominierte, fiel ein Ansatz, der Texte „not primarily as *meaning* or *being* but as *doing*"[14] modellierte und sich mithin für die Kommunikation zwischen Autor und Rezipient interessierte, zweifellos aus dem Rahmen.[15] Die Eigenständigkeit, die Booth in der literaturtheoretischen Orientierung auszeichnete, fehlte ihm indes in der methodischen Umsetzung seines Programms. Obgleich er schon zur Entstehungszeit der *Rhetoric of Fiction* dem *New Criticism* und dessen dogmatischen Interpretationsmaximen skeptisch gegenüber stand, hielt Booth die Warnungen vor ‚intentionalen' oder ‚affektiven Fehlschlüssen' bei der Auseinandersetzung mit literarischen Werken für berechtigt. Noch in seinem Buch *A Rhetoric of Irony* von 1974, in dessen Einleitung er nachdrücklich auf seine Beeinflussung durch Eric D. Hirschs intentionalistische Interpretationstheorie hinwies, vermochte er die Konzeption des ‚intentionalen Fehlschlusses' nicht einfach zurückzuweisen.[16]

---

[10] Zum New Criticism s. etwa Spurlin (1995) und Abrams (1998, S. 123–149).

[11] Booth (1961, S. xiii).

[12] Vgl. etwa Booth (1988) oder Booth (1998b).

[13] Booth (1995, S. 284). S. auch Booth (1998a, S. 25–36).

[14] Booth (1968). – Booth spielt hier an auf Archibald MacLeishs Diktum „A poem must not mean but be".

[15] Wie schlecht seinerzeit die Aussichten für eine ethisch ausgerichtete rhetorische Analyse literarischer Texte waren, beschrieb Booth (1968, S. 84f.) in einer Bemerkung über die Entstehungszeit seiner *Rhetoric of Fiction*: „A generation had to come to accept without thinking that a true ‚poem' (including fiction) should not mean but be. With the author ruled out under the ‚intentional fallacy' and the audience ruled out under the ‚affective fallacy', with the world of ideas and beliefs ruled out under the ‚didactic heresy' and with narrative interest ruled out under the ‚heresy of plot' some doctrines of autonomy had become so desiccated that only verbal and symbolic interrelationships remained".

[16] S. Booth (1974, S.11).

Das Vorhaben einer ethisch-rhetorischen Betrachtung von Literatur gestaltete sich für Booth – so kann man zusammenfassen – als Zwiespalt zwischen der Absicht, Autoren und Rezipienten wieder ins Blickfeld der Literaturwissenschaft zu rücken, und der Furcht, die Grenzen des Werks zu überschreiten und sich so der Anwendung eines der vielen Auslegungsverfahren schuldig zu machen, die der *New Criticism* auf den interpretationstheoretischen Index gesetzt hatte. Booth löste dieses Problem, indem er aus der Not eine Tugend machte und seiner Rhetorik der Dichtung eine formalistische Ausrichtung gab: Autoren und deren Strategien berücksichtigte er nicht in intentionalistischen Interpretationen, Leser und deren Eindrücke nicht in empirischen Rezeptionsstudien; die Instanzen der literarischen Kommunikation sollten vielmehr als „elements contributing to the form"[17] die Beachtung der Literaturwissenschaft zurückerlangen. Ihren folgenreichsten Niederschlag fand diese Idee in der Kategorie des *impliziten Autors*. Dieses Konzept ermöglichte es Booth, an der Vorstellung festzuhalten, er könne die normativen Welten literarischer Werke interpretieren und kritisieren, ohne einer der ‚*fallacies*' oder ‚*heresies*' bezichtigt zu werden, die von den New Critics angeprangert wurden. Der Begriff stellte, kurz gesagt, eine Kompromissbildung dar, die Booth die Verwirklichung eines rhetorisch-ethischen Programms in Zeiten der Vorherrschaft einer fundamentalistisch festgehaltenen Textimmanenz erlaubte.[18]

Bevor wir uns der Rezeption des Begriffs zuwenden, möchten wir zumindest kurz auf zwei Unklarheiten hinweisen, die Booths Ausführungen zum *impliziten Autor* bereits in der *Rhetoric of Fiction* kennzeichnen und die in seiner Rezeption einige Bedeutung gewinnen sollten. Grund für diese Unklarheiten ist, dass Booth es in seinen Überlegungen offen ließ, ob es sich bei seiner Erzählrhetorik um eine quasi-empirische Rezeptionstheorie oder eine normativ fundierte Interpretationstheorie handelte: Seine Ausführungen lassen zum einen die Rolle des *impliziten Autors* innerhalb der literarischen Kommunikation im Dunkeln (A), und sie enthalten zum anderen keine Hinweise auf die Methodologie und damit auf den epistemologischen Status der Bestimmung des *impliziten Autors* eines Werks (B).

(A) Booth weist in der *Rhetoric of Fiction* wiederholt darauf hin, dass es den Begriff des Autors und den des *impliziten Autors* auseinander zu halten gelte; er liefert jedoch in seiner Monographie keine Erläuterung der Beziehung, in dem die beiden Konzepte zu einander stehen. Im Gegenteil: Booth legt in stetem Wechsel zwei Beschreibungen der Beziehung zwischen Autor und *implizitem Autor* vor, die einander widersprechen. Einerseits bestimmt er den *impliziten Autor* als Hervorbringung des empirischen Autors,[19] andererseits kennzeichnet er den *impliziten Autor* jedoch als Inferenz empirischer Rezipienten. Nach der letzteren Bestimmung handelt es sich beim *impliziten Autor* um ein Bild, das sich Leser bei der Lektüre eines Textes von

[17] Shereen (1988, S. 40).

[18] Vgl. hierzu bereits Lodge (1962, S. 580–581) und Killham (1966, S. 272–290).

[19] „As he writes", so heißt es der *Rhetoric of Fiction* über den Verfasser eines literarischen Textes, „he creates not simply an ideal, impersonal ‚man in general', but an implied version of ‚himself'" (Booth 1961, S. 70f.). S. auch Booth (2005).

dessen Verfasser machen.[20] Obgleich der *implizite Autor* nicht zugleich als ein vom Rezipienten entworfenes Autor-Bild und als ein vom Autor geschaffenen Selbstbild konzipiert werden kann, hielt Booth zeit seines Lebens unbeirrt an beiden Begriffbestimmungen fest.[21]

(B) Neben der Definition blieb in der *Rhetoric of Fiction* auch die Methodologie der Rekonstruktion des *impliziten Autors* offen. Booth unternimmt im gesamten Buch keinen Versuch, detaillierter anzugeben, wie aus einem literarischen Text dessen *impliziter Autor* zu ermitteln ist.[22] Angaben dieser Art hält Booth offenkundig für überflüssig, weil er davon ausgeht, dass der *implizite Autor* seine eigene Konstruktion selbst eindeutig anleitet: „it is clear that the picture the reader gets of this [i.e. the implied author's] presence is one of the author's most important effects."[23]

2 Zur Rezeption des Begriffs des *impliziten Autors*

Die zahllosen kontroversen Beiträge zum *impliziten Autor* aus der mittlerweile vierzigjährigen Diskussion können hier weder vollständig erfasst noch in ihrer chronologischen Abfolge berücksichtigt werden. Um einen Anhalt für die Explikation des Begriffs zu gewinnen, werden wir die Auseinandersetzung um den *impliziten Autor* in den zurückliegenden Jahrzehnten typologisch auswerten. Leitend für die Unterscheidung verschiedener Rezeptionstypen des *impliziten Autors* ist die Frage nach den maßgeblichen literaturwissenschaftlichen Zusammenhängen, in denen die Beschäftigung mit dem Konzept erfolgte. Der Begriff wurde im wesentlichen in zwei Problemkontexten diskutiert: im *Zusammenhang der Interpretation* und im *Zusammenhang der Deskription* literarischer Texte. Unter den ersten Typ fallen Verwendungen des Konzepts in Arbeiten, die sich systematisch oder exemplarisch mit der Rekonstruktion der Gesamtbedeutung von Texten befassen; der zweiten Gruppe sind Bezugnahmen auf den *impliziten Autor* in Untersuchungen zuzurechen, denen es im Wesentlichen um die differenzierte Beschreibung der Struk-

[20] „However impersonal [the author] may try to be, his reader will inevitably construct a picture of the official scribe who writes in this matter" (Booth 1961, S. 71).

[21] Dies zeigt Booths Entgegnung auf Richard A. Posners Kritik an einer ethisch ausgerichteten Literaturbetrachtung aus dem Jahr 1998: Sie enthält neben Passagen, die den impliziten Autor als Rezipienteninferenz beschreiben, auch Formulierungen, die mit einer solchen Definition des Konzepts nur schwer vereinbar sind: „The Mark Twain we live with reading *Huck Finn* is not the complex flesh-and-blood Samuel Clemens [...]; the real Clemens has created the superior Twain that we engage with." (Booth 1998b, S. 377).

[22] Vgl. zur Kontinuität der Position von Booth: „I always attacked the anti-intentionalists as confusing two intentions: the possible (*inferred*) intentions of the flesh-and-blood author – quoted in his journals, his letters, his conversations – and the actual intentions as *revealed* in the totality of his choices." (Booth 2001; Hervorhebungen von uns).

[23] Booth (1961, S. 71). Vgl. auch Booth (1997).

turen literarischer Werke geht.[24] Innerhalb des Kontextes der Interpretation empfiehlt es sich, zwei Subtypen der Begriffsdiskussion zu unterscheiden: Bei einer Bezugnahme auf den *impliziten Autor* in diesem Zusammenhang kann es entweder um dessen Eignung als Schlüsselbegriff der Interpretations*theorie* oder um dessen Aufgaben im Rahmen der Interpretations*praxis* gehen. Entsprechend werden wir unterscheiden, ob der Begriff im *interpretationstheoretischen Kontext* oder im *interpretationspraktischen Kontext* verwendet wird.[25]

2.1 Die Rezeption im interpretationstheoretischen Kontext

Die interpretationstheoretische Debatte um den *impliziten Autor*, die bereits in den zahlreichen Rezensionen zu Booths *Rhetoric of Fiction* einsetzte, kann knapp charakterisiert werden. Leitend für die Beiträge dieses Rezeptionstyps, der sich diskontinuierlich von den ersten Rezensionen der *Rhetoric of Fiction* bis in die Gegenwart findet, ist die Frage, ob durch den *impliziten Autor* die Bedeutung und Deutung von literarischen Texten angemessen abgebildet wird; sie gehen, anders ausgedrückt, von der nicht explizit gemachten Annahme aus, dass sich die Kontroverse über konkurrierende Arten der Interpretation literarischer Werke empirisch schlichten lässt. In keiner der interpretationstheoretischen Stellungnahmen wird versucht, den *impliziten Autor* als ein normatives Ziel der Textinterpretation neben anderen zu evaluieren.[26]

2.2 Die Rezeption im Kontext von Interpretationspraxis und Textdeskription

Nach 1970 kam es zu einer grundlegenden Neuorientierung in den Kontroversen um den Begriff des *impliziten Autors*; ihren Hintergrund bildete die Entwicklung des Strukturalismus in den Philologien Europas und Nordamerikas in den 1960er Jahren, die mit einer Abkehr vom Problem der Interpretation und der Renaissance des Projekts einer deskriptiven Poetik einherging.[27] Auch im Bereich der wissenschaftlichen Auseinandersetzung mit narrativen Texten hinterließ diese Entwicklung ihre Spuren: Hatten sich die Literaturwissenschaften in den Jahrzehnten zuvor mit verschiedenen Typen und Aspekten des Erzählens vor allem deshalb befasst, weil dies für das Geschäft der Textauslegung und Literaturgeschichtsschreibung nützlich

[24] S. Strube (2003).

[25] Die Zuordnung einzelner Bezugnahmen auf den *impliziten Autor* zu einem der unterschiedenen Diskussionszusammenhänge wird in der Regel mit dem Selbstverständnis der Begriffsverwender in Einklang stehen; dies gilt allerdings nicht für einige interpretationspraktische Kommentare zum *impliziten Autor*.

[26] Texte, die sich diesem Rezeptionstyp zurechnen lassen, sind beispielsweise Killham (1966); Juhl 1980; Rabinowitz (1987); Blaim/Gruszewska (1994) und Lanser (2001).

[27] Vgl. hierzu allgemein Dosse (1997) und noch immer Scholes (1974).

schien, so entstand im Zuge des Strukturalismus eine Form von Erzählforschung, der es nicht um einen Beitrag zur Interpretation einzelner epischer Texte, sondern um die Rekonstruktion charakteristischer Merkmale von Erzählungen ging.

Die Idee einer solchen Theorie des Erzählens gibt seit den 1970er Jahren den Rahmen vor, in dem die meisten Diskussionen über Konzepte und Formen des Umgangs mit epischen Texten erfolgen. Auch die Auseinandersetzung mit Booths *Rhetoric of Fiction* wurde seither durch die Frage bestimmt, ob und gegebenenfalls wie sich die zentralen Konzepte der Untersuchung in eine Poetik narrativer Literatur integrieren lassen – und dies, obgleich Booth wiederholt darauf hingewiesen hatte, dass seine Monographie von 1961 nicht als Beitrag zur Narratologie und sein Begriff des *impliziten Autors* nicht als narratologisches Konzept zu verstehen seien.[28] Die Stellungnahmen zum *impliziten Autor*, die vor dem Hintergrund der Frage nach der Kompatibilität zwischen Booths rhetorischem Programm und dem Projekt der Narratologie formuliert wurden, sind zahlreich und unterscheiden sich im Einzelnen recht deutlich voneinander. Betrachtet man allerdings, welche Konzeption von Erzähltheorie den Stellungnahmen zugrunde liegt und wie das Verhältnis von Narratologie und Textinterpretation bestimmt wird, so erscheint es angemessen, zwischen der Rezeption des *impliziten Autors* im Kontext der Interpretationspraxis (2.2.1) und derjenigen im Kontext der Textdeskription zu unterscheiden (2.2.2).[29]

2.2.1 Die Rezeption im Kontext der Interpretationspraxis

Die Vertreter des interpretationspraktischen Rezeptionstyps nehmen den Begriff des *impliziten Autors* zwar im Zusammenhang der Auslegung von Texten in den Blick; sie betrachten und beurteilen ihn jedoch nicht als Element einer bestimmten Richtung der Textinterpretation. Leitgedanke dieser Tradition der Debatte ist die Annahme, dass es ohne Zuhilfenahme des *impliziten Autors* nicht möglich ist, die Interpretation von Texten angemessen zu erfassen. Die Beiträge des interpretationspraktischen Rezeptionstyps verzichten daher fast ausnahmslos auf den Versuch, das Konzept im Vergleich mit konkurrierenden Theorien der Bedeutung und Deutung literarischer Texte zu diskutieren oder zu evaluieren; sie beschränken sich in ihren Stellungnahmen gemeinhin auf die Diskussion der Frage, welche genauen Funktionen dem *impliziten Autor* im Prozess der Interpretation zukommen.

Hintergrund der interpretationspraktischen Auseinandersetzung mit dem *impliziten Autor* ist der Versuch einer rezeptionstheoretischen Erweiterung oder Ergänzung des strukturalistischen Projekts der Literatur- und Erzähltheorie. Aus dieser programmatischen Zielsetzung ist es zu erklären, dass in den Beiträgen der Diskussionstradition keine Unterscheidung zwischen der Rezeption und der wissenschaftlichen Interpretation literarischer Werke gemacht wird; die Vertreter dieses Rezeptionstyps suchen den Nutzen von Booths Konzept im Rahmen von Untersuchungen zu klären, in denen es stets zugleich um die idealtypische Rekonstruktion von Lesevorgängen und um die Modellierung eines textanalytischen Instru-

---

[28] Vgl. etwa Booth (1983, S. 404).

[29] Zu unterschiedlichen Modellierungen des Verhältnisses von Erzähl- und Interpretationstheorie s. Kindt/Müller (2003a).

mentariums geht. In dieser Ausrichtung der interpretationspraktischen Rezeption liegt auch der Grund dafür, dass sich ihre Vertreter über den Status der Kategorie des *impliziten Autors* nicht Rechenschaft ablegen. Die Vertreter dieses Diskussionstyps sind generell der Überzeugung, dass sich der *implizite Autor* gut dazu eignet, einen Übergang zwischen einfacher Textdeskription und voraussetzungsreicher Interpretation herzustellen.[30]

Im Kontext der Interpretationspraxis hat der *implizite Autor* ein nahezu einhellig positives Echo gefunden. Diese Zustimmung zu Booths Konzept gründet, wie angedeutet, in der von fast allen Vertretern des interpretationspraktischen Rezeptionstyps geteilten Überzeugung, dass man den Vorgang literarischer Kommunikation allein unter Zuhilfenahme der Größe des *impliziten Autors* beschreiben kann. Nach Auffassung der meisten interpretationspraktischen Rezipienten wird die Verwendung des Konzepts vor allem durch zwei Aspekte literarischer Kommunikationsprozesse nahe gelegt, die es insbesondere bei der Rekonstruktion der Bedeutung von Texten zu beachten gelte.

Die Einführung des *impliziten Autor* wird von den Vertretern des Rezeptionstyp zum einen für sinnvoll gehalten, weil sie literarische Texten im Sinne Dieter Janiks als „kommunizierte Kommunikation"[31] verstehen – sie gehen mit anderen Worten davon aus, dass die Botschaft eines Werks nicht notwendig mit den Überzeugungen seines Erzählers oder einer seiner Figuren übereinstimmen muss.[32] Zur Begründung dieser Einschätzung verweisen die Vertreter des Rezeptionstyps auf eine Spielart epischer Kommunikation, die seit Booths *Rhetoric of Fiction* als „unreliable narration" bezeichnet wird, auf Erzählungen also, die von mimetisch oder normativ fragwürdigen Narrationsinstanzen präsentiert werden.

Die Verwendung des *impliziten Autors* erscheint den Vertretern des interpretationspraktischen Rezeptionstyps zum anderen aber auch deshalb geboten, weil sie der Auffassung sind, dass aus der Botschaft eines Werks nicht ohne weiteres auf die Absichten seines Verfassers geschlossen werden darf.[33]

Die Begriffsdiskussion im Zusammenhang der Interpretationspraxis geht zumeist allerdings über solche mehr oder weniger differenzierte Paraphrasen von Booths Überlegungen zum *impliziten Autor* hinaus und bemüht sich um eine Explikation des Begriffs. Viele Anhänger des Begriffs halten die Art und Weise, in der er in der *Rhetoric of Fiction* eingeführt und verwendet wird, aus einer Reihe von Gründen für problematisch. Gegenstand der Kritik sind dabei vor allem Booths Hinweise

---

[30] David Darby hat dies auf die folgende Formel gebracht: „My proposition is that this implied intelligence [i. e. the implied author] occupies precisely the point in the process of narrative communication that admits an interaction between contextual considerations and formalist analysis" (Darby 2001, S. 838). – Zu Darbys Überlegungen s. Kindt/Müller (2003b).

[31] S. Janik (1973, S. 12).

[32] S. etwa Bronzwaer (1978, S. 3): „We need an instance that calls the extradiegetic narrator in existence, which is responsible for him in the same way as he is responsible for the diegesis […]."

[33] Vgl. etwa Chatman (1990, S. 76): „Positing an implied author inhibits the overhasty assumption that the reader has direct access through the fictional text to the real author's intentions and ideology."

zur Definition des Begriffs (A) und seine Charakterisierung der Rolle des Konzepts innerhalb der literarischen Kommunikation (B).

(A) Einigkeit herrscht unter den Vertretern des interpretationspraktischen Rezeptionstyps darüber, dass Booth in der *Rhetoric of Fiction* keine überzeugende Bestimmung des *impliziten Autors* geliefert hat und dass seine verstreuten Hinweise zu dessen Explikation das Fehlen einer Definition nicht aufwiegen. Die Versuche, zu einer präziseren Begriffsbestimmung zu gelangen, lassen sich zwei Gruppen von Klärungsvorschlägen zuordnen.

Die erste Gruppe schlägt vor, den *impliziten Autor* eines Werks mit dessen zentralen Normen zu identifizieren.[34] Ein entsprechend präzisiertes Verständnis von Booths Begriff hat in der Diskussion zur „narrativen Unzuverlässigkeit" einige Resonanz gefunden; darüber hinaus ist der Vorschlag jedoch nur auf wenig Zuspruch gestoßen. Dies dürfte auch darauf zurückzuführen sein, dass die Idee einer solchen Begriffsexplikation bislang noch nicht differenziert ausgearbeitet worden ist – was genau unter den Werten und Normen von Texten zu verstehen ist und auf welchem Weg sie sich ermitteln lassen, wird in der Kontroverse um eine angemessene Bestimmung des Konzepts in aller Regel nicht näher erläutert. Der wichtigste Grund für den geringen Erfolg des Vorschlags liegt aber wohl darin, dass er sich für eine der zahlreichen Bestimmungen des *impliziten Autors* entscheidet und dem Konzept auf diese Weise gerade das nimmt, was es für viele Vertreter des interpretationspraktischen Rezeptionstyps attraktiv macht: die Vielzahl der von ihm umfassten Aspekte.

Die zweite und größte Gruppe des interpretationspraktischen Rezeptionstyps versucht eine Präzisierung des Begriffs aus diesem Grund auch nicht durch die Auszeichnung eines Aspekts seiner Verwendung zu erreichen; ihr Ziel besteht in einer Explikation des Begriffs, die das gesamte Spektrum seiner Bedeutungen bewahrt. Anknüpfend an einige Abschnitte der *Rhetoric of Fiction*, in denen Booth eine Art Zusammenschau seiner verschiedenen Charakterisierungen des *impliziten Autors* liefert, wird von den Vertretern der interpretationspraktischen Diskussion gemeinhin vorgeschlagen, den *impliziten Autor* als Gesamtheit der Elemente eines Textes und Strategie ihrer Auswahl und Anordnung zu definieren. Die normative Ordnung eines Werks ist demnach nur ein Aspekt neben anderen, den es bei Bestimmung seines *impliziten Autors* zu beachten gilt. Booths Begriff soll diesem Explikationsvorschlag zufolge also als Zuschreibungsinstanz für die Konzeption verstanden werden, die einem Text zugrundeliegt,[35] als „sensibility behind the narrative that accounts for how it is constructed".[36] Ähnliche Versuche der Explikation des *impliziten*

---

[34] Shlomith Rimmon-Kenan ist die wohl bekannteste Fürsprecherin einer solchen Explikation des Schlüsselbegriffs der *Rhetoric of Fiction*; in ihrem Buch *Narrative Fiction* führt sie genauer aus, was sie in ihrer vielbeachteten Besprechung von Gérard Genettes *Discours du récit* bereits andeutete: „My claim is that [...] the notion of the implied author [...] is best considered as a set of implicit norms" (Rimmon-Kenan 1983, S. 88). Vgl. Rimmon (1976, S. 58).

[35] In diesem Sinne schlägt Chatman die folgende Definition vor: „The source of a [...] text's whole structure of meaning – not only of assertion and denotation but also of its implication, connotation, and ideological nexus – is the implied author" (Chatman 1990, S. 75).

[36] Abbott (2002, S. 77).

Autors sind in dessen interpretationspraktischer Rezeption sehr verbreitet – sie tragen aber zur Klärung des Begriffs nur wenig bei. Mit seinen verschiedenen Facetten konservieren die vorliegenden Formulierungen des Vorschlags zugleich die Ungereimtheiten von Booths Anmerkungen zum *impliziten Autor*. Die Vertreter der Explikationsvariante verstehen den Begriff vielfach zugleich als syntaktisches, semantisches und pragmatisches Konzept; sie bestimmen ihn als Textstruktur, als Strategie, die der Textstruktur zugrunde liegt, und als Kommunikationsinstanz, der die Strategie zuzurechen ist.[37] Da Explikationen dieser Form die Unschärfe des Begriffs ganz offenkundig nicht beheben, nimmt es nicht wunder, dass die Vertreter dieses Rezeptionstyps in aller Regel Ausführungen darüber schuldig bleiben, wie sich der *implizite Autor* eines literarischen Textes rekonstruieren lässt.

(B) Nicht allein die Bestimmung des *impliziten Autors*, sondern auch dessen Stellung innerhalb der literarischen Kommunikation halten die interpretationspraktisch orientierten Rezipienten des Begriffs für explikationsbedürftig. Die Vertreter des Rezeptionstyps weisen zwar lobend darauf hin, dass Booth durch die Einführung des Konzepts der Idee einer kommunikationstheoretischen Betrachtung literarischer Werke den Weg geebnet hat; sie sind zugleich jedoch davon überzeugt, dass er in seinen Interpretationen dem von ihm selbst initiierten Programm der Textanalyse nicht wirklich gerecht wird. Insbesondere verkenne Booth, so wird geltend gemacht, die Rolle des Rezipienten bei der Deutung von Texten. Es gelte daher, die literarische Kommunikation und die Rolle, die dem *impliziten Autor* in ihr zukomme, genauer zu charakterisieren als in der *Rhetoric of Fiction*. Die hierzu gemachten Vorschläge sind wiederum in zwei Gruppen zu gliedern.

Eine Fraktion innerhalb der interpretationspraktischen Auseinandersetzung mit dem Konzept versucht, Booths Überlegungen weiterzuführen, indem sie literarische Werke und deren Rezeption als Kommunikationsprozesse mit mehreren Sender-Empfänger-Ebenen modelliert. Die vorgeschlagenen Modelle, die zumeist von narrativen Texten ausgehen, weichen in einzelnen Aspekten oft deutlich voneinander ab[38] – übereinstimmend gehen sie jedoch davon aus, dass der *implizite Autor* als der maßgebliche textinterne Sprecher zu verstehen ist, der sich mit seinen Ausführungen an einen *impliziten Leser* wendet. Die Vertreter der traditionellen Kommunikationsmodelle betrachten den *impliziten Autor* mit anderen Worten als den Urheber eines Textes; nach ihrer Auffassung steht Booths Konzept für die ‚Stimme', die ein Werk hervorbringt und mithin allen anderen Sprechern in einem Text übergeordnet ist.[39]

---

[37] Chatman etwa erläutert Booths Begriff zunächst als „the text itself", dann als „textual intention" und schließlich als „agency within the narrative fiction which guides any reading of it" (Chatman 1990, S. 74, 81 und 104).

[38] So etwa in den Fragen, welche Kommunikationsniveaus unterschieden werden, wie die Beziehung der Ebenen und Instanzen zueinander bestimmt wird, ob die angenommenen kommunikativen Ebenen als obligatorisch oder optional eingestuft werden, etc. Exemplarisch sei hier lediglich auf die Kommunikationsmodelle von Martin (1986, S. 154) und Chatman (1978, S. 151) hingewiesen.

[39] Eine solche Sicht des *impliziten Autors* entwirft etwa Bronzwaer; er bestimmt das Konzept als „instance with linguistic powers," und zur literarischen Kommunikation merkt er an: „The relation between narrator and character […] is matched by a similar relation between the implied author and the narrator." Bronzwaer (1981, S. 194 und 200).

Gegen die Versuche, Texte in der beschriebenen Weise als Kommunikationsprozesse zu betrachten, sind innerhalb der Literaturwissenschaften in den vergangenen Jahrzehnten zahlreiche grundsätzliche Einwände vorgebracht worden, wobei vor allem der Rückgriff auf die Konzepte des *impliziten Autors* und des *impliziten Lesers* Anlass für Kritik gewesen ist.[40] Auch im Rahmen der interpretationspraktischen Diskussionen um Booths Konzept wird den etablierten Kommunikationsmodellen zusehends mit Vorbehalten begegnet; die Kritik richtet sich in diesem Zusammenhang freilich nicht gegen die Modelle im Ganzen oder deren Bezugnahme auf den *impliziten Autor*, sondern gegen die konkrete Rolle, die sie dem Konzept innerhalb der literarischen Kommunikation zuweisen. Die Vertreter einer solchen Position sehen in der Bestimmung des *impliziten Autors* als Senderinstanz im Kommunikationsvorgang eine „anthropomorphic trap“[41] und fordern auf der Basis dieser Beobachtung: „the notion of the implied author must be de-personified“.[42] Der *implizite Autor* verfüge nicht über eine ‚Stimme‘ im Sinne der Narratologie; er sei mithin kategorial von den verschiedenen Sprechern zu unterscheiden, die in literarischen Werke auftreten.[43] Nach der Überzeugung einer wachsenden Zahl von interpretationspraktischen Rezipienten des Begriffs sollte der *implizite Autor* aus den genannten Gründen nicht als pragmatische Instanz, sondern als semantisches Konzept verstanden werden: Er sei ein Konstrukt, das Leser im Zuge der Rezeption eines Textes vom Autor entwerfen.[44] Die pointierteste Formulierung dieses Vorschlags zur Explikation des Begriffs hat vermutlich Michael J. Toolan in seinem Buch *Narrative* geliefert: „The implied author is a real position in narrative processing, a receptor's construct, but it is not a real role in narrative transmission.“[45]

Der Vorschlag, den *impliziten Autor* als Rezipienteninferenz und nicht als Kommunikationsinstanz zu bestimmen, findet in der interpretationspraktischen Diskussion mittlerweile breite Zustimmung; von einem Konsens sind die Vertreter des Rezeptionstyps indes noch weit entfernt, da sie recht unterschiedliche Vorstellungen davon haben, was unter dem Schluss des Rezipienten auf den Verfasser eines Textes genau zu verstehen ist. Die Mehrzahl derjenigen, die dafür eintreten, fasst die Konstruktion des *impliziten Autors* eines Textes als eine Inferenz, die sich ausschließlich auf das betreffende Werk und dessen Eigenschaften stützt.[46] Neben

[40] Vgl. dazu etwa Nünning (1993, S. 8f.) oder Nünning (2001, S. 373).

[41] Chatman (1990, S. 88).

[42] Rimmon-Kenan (1983, S. 88).

[43] Vgl. Chatman (1978, S. 148): „Unlike the narrator, the implied author can *tell* us nothing“, stellt beispielsweise Chatman fest: „He, or better, *it* has no voice, no direct means of communicating. It instructs us silently, through the design of the whole, with all the voices, by all the means it has chosen to let us learn.“

[44] Rimmon-Kenan gelangt in ihrer Auseinandersetzung mit Booths Begriff zu dem Schluss: „The implied author must be seen as a construct inferred and assembled by the reader from all the components of the text [...]. The implied author cannot literally be a participant in the narrative communication situation“ (Rimmon-Kenan 1983, S. 86 und 88).

[45] Toolan (1988, S. 78).

[46] In diesem Sinne schlägt etwa Fotis Jannidis vor, das Konzept als „das Konstrukt eines Autors durch den Leser, d.h. seiner Intention, seiner Merkmale, usw., aufgrund eines bestimmten Textes“ zu bestimmen (Jannidis 2002, S. 548).

einer solchen eng an Booth anschließenden Position beginnt sich im interpretationspraktischen Rezeptionskontext seit einiger Zeit die Auffassung durchzusetzen, dass die Inferenz auf den Autor eines Werks erheblich voraussetzungsreicher ist, als es die Idee einer rein textbasierten Autorkonstruktion nahe legt. Wenn ein Rezipient den *impliziten Autor* eines Textes bestimme, dann beziehe er sich – explizit oder implizit – stets auch auf verschiedene Kontexte, zum Beispiel auf das sprachliche und kulturelle Wissen der Zeit, in der das jeweils untersuchte literarische Werk entstanden sei.[47]

Während im interpretationspraktischen Diskussionskontext also recht unterschiedliche Vorstellungen darüber bestehen, wie eine Erläuterung der Kategorie des *impliziten Autors* im einzelnen aussehen sollte, sind sich die Vertreter des Rezeptionstyps weitgehend einig darüber, dass die von Booth zur Benennung des Konzepts vorgeschlagenen Ausdrücke – „implied author" oder auch „second self" des Autors – nicht sonderlich glücklich gewählt sind. Abgeschlossen werden die interpretationspraktischen Beiträge zur Begriffsklärung daher meist mit dem Vorschlag, statt von einem „*implied* author" besser von einem „*inferred* author" zu sprechen.[48]

2.2.2 Die Rezeption im Kontext der Textdeskription

In der Narratologie der 1970er und 1980er Jahre bildete sich neben der interpretationspraktischen Diskussion von Booths Begriff noch eine weitere Hauptlinie der Auseinandersetzung mit dem *impliziten Autor* heraus: seine Rezeption im Rahmen der Diskussion von Konzepten und Modellen für die Beschreibung von Texten.

Die Vertreter dieses Typs der Auseinandersetzung verbindet mit den interpretationspraktischen Rezipienten, dass es ihnen nicht oder nicht vorrangig darum geht, eine eigene Interpretationstheorie zu entwickeln oder eine vorliegende zu bewerten. Auch sie verfolgen das Ziel, am Leitfaden narrativer Texte eine strukturalistische Poetik zu entwerfen; auch sie befassen sich deshalb fast ausschließlich mit der Frage, ob Booths Begriff innerhalb einer Theorie der Literatur und vor allem der Epik erforderlich ist. Nur in einigen Fällen wird im Anschluss an entsprechende Diskussionen noch der Versuch zu einer grundsätzlicheren Auseinandersetzung mit dem *impliziten Autor* unternommen. Der entscheidende Unterschied zwischen der Rezeption im Zusammenhang der Deskription und derjenigen im Zusammenhang der Interpretationspraxis besteht in den Vorstellungen von Narratologie, die ihnen zugrunde liegen: Die Vertreter der interpretationspraktischen Begriffsrezeption wehren sich dagegen, dass die Narratologie als Hilfsdisziplin der Textinterpretation verstanden wird; zugleich erheben sie in ihren Beiträgen allerdings den Anspruch, den Prozess des Textverstehens mit den Mitteln der Erzähltheorie abbilden und so

[47] Vgl. etwa Darby (2001, S. 839): „[A]n implied author is in itself the product of negotiations between intratextual and extratextual realms". Zu einer Radikalisierung dieser Idee s. Heinen (2002, S. 337).

[48] Vgl. zu diesem Vorschlag etwa Rimmon-Kenan (1983, S. 87); Toolan (1988, S. 78); Chatman (1990, S. 77) oder auch Abbott (2002, S. 77).

auch anleiten zu können. Der Auseinandersetzung mit dem *impliziten Autor* im Zusammenhang der Deskription liegt demgegenüber die Überzeugung zugrunde, dass die Narratologie zwar nicht als Theorie der Deutung, wohl aber als Instrumentarium zur Beschreibung von Texten begriffen werden sollte.[49]

Der wohl bekannteste Abriss des Programms, das der Auseinandersetzung mit dem *impliziten Autor* im Deskriptionskontext zugrunde liegt, findet sich in den Vor- und Nachworten von Gérard Genettes Untersuchungen *Discours du récit* und *Nouveau discours du récit*. Sein in Auseinandersetzung mit Marcel Prousts *À la recherche du temps perdu* entwickeltes narratologisches Instrumentarium sei, so schreibt Genette im *Discours* von 1972, als „une méthode d'analyse"[50] zu verstehen, als „une procédure de découverte, et un moyen de description".[51] Deutlicher hat sich Mieke Bal zur Idee einer deskriptiven Erzähltheorie geäußert. Sie plädiert dafür, die Narratologie als ein Beschreibungswerkzeug zu konzipieren, weil sie in der Textdeskription nicht allein eine Möglichkeit der Vermeidung, sondern vor allem eine der Vorbereitung und Verbesserung von Interpretationen sieht.[52]

In der deskriptiven Narratologie ist der Begriff des *impliziten Autors* ausnahmlos auf Ablehnung gestoßen. Die verschiedenen Einwände, die von den Exponenten des Rezeptionstyps gegen das Konzept vorgebracht werden, sind dabei allerdings nicht grundsätzlicher Natur. Geltend gemacht wird lediglich, dass es sich bei dem von Booth eingeführten Begriff um eine Interpretationskategorie handelt der folglich kein Platz in einer Narratologie zukomme, die als Beschreibungswerkzeug und Entdeckungshilfe für epische Texte konzipiert ist. Die Anhänger einer solchen Position verzichten zumeist darauf, ihr Urteil ausführlich zu begründen, da sie es für offensichtlich halten, dass Booths Begriff nicht ins Ressort der Narratologie fällt.[53] Genette, der im *Nouveau discours du récit* überhaupt nur deshalb auf den *impliziten Autors* zu sprechen kommt, weil dessen Ignorierung im *Discours du récit* mehrfach kritisiert wurde,[54] beschränkt sich auf den Vorschlag, „à exclure du champ narratologique non seulement l'auteur réel, mais aussi l'auteur ‚impliqué', ou plus exactement la question […] de son existence". Zur Begründung führt er an: „La narratologie n'a pas à aller au-delà de l'instance narrative, et les instances de l'*implied author*

[49] Unter Deskription wird dabei ein Umgang mit Literatur verstanden, dem es nicht um die Rekonstruktion der Gesamtbedeutung einzelner Texte, sondern um die Bestimmung ihrer grundlegenden Strukturen geht.

[50] Genette (1972, S. 68). Im Nachwort zum *Nouveau discours* von 1983 bemerkt Genette in diesem Sinne, dass er für die „impositions de ‚cohérence'", wie sie innerhalb der „critique interprétative" üblich seien, nichts übrig habe: „[L]a fonction de la narratologie n'est pas de recomposer ce que la textologie décompose" (Genette 1983, S. 108).

[51] Genette (1983, S. 271).

[52] S. Bal (1985, S. X).

[53] S. Genette (1983, S. 94) : „[L]'auteur ‚impliqué' […] n'est pas pour moi du ressort de la narratologie".

[54] S etwa Rimmon-Kenan (1983, S. 57f.).

et de l'*implied reader* se situent clairement dans cet au-delà."[55] Näher expliziert wird dieser Gedanke von zwei Anhängerinnen des Programms einer deskriptiv ausgerichteten Erzähltheorie – von Mieke Bal[56] und Nilli Diengott.[57]

Nicht alle Stellungnahmen zum *impliziten Autor* im Deskriptionskontext beschränken sich allerdings auf den Hinweis, dass Booths Konzept als Interpretationsbegriff anzusehen und mithin aus der Erzähltheorie auszuschließen ist. Vor allem Nilli Diengott und Gérard Genette geben sich in ihren Überlegungen zum *impliziten Autor* nicht mit der Feststellung zufrieden, dass dem Konzept in einer als Beschreibungssprache konzipierten Narratologie kein Platz zukommt; sie versuchen darüber hinaus die Bedeutung der Kategorie für eine umfassende literaturwissenschaftliche Textbetrachtung zu bestimmen. Diengott ist der Auffassung, dass der *implizite Autor* ein narratologisch zwar unbrauchbarer, für die Auslegung von Texten aber durchaus nützlicher Begriff ist. „The implied author", so schreibt Diengott im Anschluss an Rimmon-Kenan, „should be understood [...] as a depersonified interpretive construct, part of the meaning of a text and is definitely not an agent in narrative transmission".[58]

Noch eingehender als Diengott fragt Genette in seinem *Nouveau discours du récit* nach dem Nutzen von Booths Begriff jenseits der Textdeskription. Seinem Klärungsversuch liegen im wesentlichen zwei Annahmen zugrunde: Zum einen geht er davon aus, dass der *implizite Autor* nicht als Sender an der textuellen Kommunikation beteiligt ist[59]; unter Booths Konzept sei vielmehr ein vom Leser entworfenes Bild des Autors zu verstehen.[60] Zum anderen nimmt Genette an, dass der Rückgriff auf ein entsprechend definiertes Konzept allein dann gerechtfertigt ist, wenn die Bestimmung des *impliziten Autors* eines Textes nicht mit der Rekonstruktion seines realen Autors zur Deckung kommt: „En bonne logique [...], une image n'a de traits distincts (de ceux de son modèle), et donc ne mérite une mention spéciale, que si elle infidèle, c'est-à-dire incorrecte."[61] Gestützt auf diese beiden Annahmen sucht Genette Aufschluss über die literaturtheoretische Relevanz von Booths Begriff zu gewinnen, indem er verschiedene Spielarten literarischer Kommunikation diskutiert, in denen die Autorkonstruktion des Lesers eines Textes dessen Verfasser und seinen Absichten nicht gerecht wird.[62]

[55] Genette (1983, S. 94).

[56] Bal (1981, S. 209). Vgl. auch Bal (1985, S. 119f.): „In Booth's use of the term, it denotes the totality of meanings that can be inferred from a text. Thus the *implied author* is the *result* of the investigation of the meaning of a text, and not the source of that meaning. Only after interpreting the text on the basis of the text description can the implied author be inferred and discussed."

[57] Vgl. zum Zusammenhang Diengott (1988) und (1993b, S. 184) sowie (1993a).

[58] Diengott (1993a, S. 73).

[59] S. hierzu Anm. 64.

[60] Vgl. Genette (1983, S. 97): „une *image* de l'auteur (réel) construite par le texte et perçue comme telle par le lecteur".

[61] Ebd.

[62] Vgl. zur Argumentation Genettes (1983, S. 97–100).

3 Zur Explikation des Begriffs des *impliziten Autors*

Nach dem Überblick über die Geschichte der Bestimmungen und Verwendungen des *impliziten Autors* in den zurückliegenden vier Jahrzehnten wollen wir uns im folgenden der Frage zuwenden, wie der Begriff in Zukunft verwendet werden sollte. Unser Augenmerk wird deshalb nicht mehr den Kontexten der Rezeption, sondern den Typen der Modellierung des Begriffs gelten. Der Kürze halber werden wir uns dabei auf eine Diskussion der verschiedenen Spielarten des Vorschlags begnügen, die Booths Konzept als *Attributionsinstanz* verstehen. Nicht näher befassen wollen wir uns hingegen mit zwei konkurrierenden Modellierungen des Begriffs, die in den Debatten zeitweilig von Bedeutung gewesen sind: mit dem Verständnis des *impliziten Autors* zum einen als *Rezeptionsphänomen* und zum anderen als *Kommunikationsinstanz*. Dem ersten Vorschlag werden wir nicht nachgehen, weil die Frage, ob der *implizite Autor* als rezeptionsempirische Kategorie brauchbar ist, im Zusammenhang einer traditionell textwissenschaftlich ausgerichteten Untersuchung wie der vorliegenden nicht sinnvoll diskutiert werden kann.[63] Den zweiten Vorschlag werden wir vernachlässigen, weil er die kategoriale Differenz zwischen Autoren und Erzählern auf der einen und *impliziten Autoren* auf der anderen Seite verkennt – mit Genette ist festzuhalten: „[U]n récit de fiction est fictivement produit par son narrateur, et effectivement par son auteur (réel); entre eux, personne ne travaille.“[64]

Obgleich wir uns im Folgenden auf die zentrale Modellierungsvariante des *impliziten Autors* konzentrieren, wird unsere Explikation nicht auf einen schlichten Abschaffungs- oder Ersetzungsvorschlag hinauslaufen. Wie unsere Analyse der Begriffsgeschichte gezeigt hat, sind mit dem Begriff des *impliziten Autors* eine Reihe von Intuitionen verknüpft, die im Einzelnen durchaus nachvollziehbar sind, insgesamt aber miteinander konfligieren. Da einige dieser Vorstellungen überdies von gleicher grundsätzlicher Bedeutung sind, sollte eine Explikation des Begriffs nicht in der Empfehlung bestehen, eine seiner Bedeutungskomponenten zugunsten der anderen als maßgeblich auszuzeichnen. Im Fall von Konzepten wie dem des *impliziten Autors* empfiehlt sich vielmehr eine Spielart der Begriffsklärung, die zunächst charakteristische Begriffsaspekte unterscheidet, die sodann in gesonderten Explikationsversuchen erörtert werden.[65]

---

[63] Eine solche Frage ließe sich allein durch empirische Studien sinnvoll validieren; entsprechende Untersuchungen liegen bislang jedoch nicht vor, vgl. Christmann/Schreier (2003, S. 267). – Nünning hat schon (1993, S. 11) angemerkt, es handle sich „bei der Annahme, dass sich Leser während der Lektüre ein Bild vom Autor konstruieren, um eine zwar intuitiv plausible, empirisch bislang aber nicht überprüfte Hypothese“.

[64] Genette (1983, S. 96). – Der Attribution von Aspekten der literarischer Kommunikation zu den drei Instanzen liegen unterschiedliche Relationen zugrunde. Im Fall des Autors und des Narrators beruht die Zurechnung auf der Annahme einer *kausalen Relation*: Autor und Erzähler sind als *Urheber* von Äußerungen zu verstehen. Im Fall des *impliziten Autors* beruht die Zurechnung aber auf der Annahme einer *semantischen Relation*: Der *implizite Autor* ist nicht als Urheber einer Äußerung, sondern als *Platzhalter* für deren Bedeutung zu sehen.

[65] Vgl. zu diesem Vorgehen auch Müller (2000, S. 145–148) und Kindt (2004, S. 59f.).

3.1 Vorbemerkung

Bevor wir uns den Spielarten des Vorschlags zuwenden, den impliziten Autor als Attributionssubjekt zu bestimmen, scheint uns der Hinweis geboten, dass durch eine Entscheidung für diesen Modellierungstyp zugleich eine bestimmte Form der Auseinandersetzung mit dem Begriff nahe gelegt wird. Auch wenn die Bestimmung des *impliziten Autors* als Attributionssubjekt, wie sich zeigen wird, sehr unterschiedlich ausfallen kann, so weisen doch die Resultate der Textrekonstruktion, die dem Konzept zugerechnet werden sollen, eine grundlegende Gemeinsamkeit auf: Gegenstand der Zuschreibung, durch die der *implizite Autor* eines Textes konstruiert wird, ist stets eine Vorstellung von ‚Werkbedeutung'.[66] Der Begriff stellt im Rahmen der dominierenden Modellierungsvariante mit anderen Worten einen Platzhalter für das dar, was Booth einst als ‚the intuitive apprehension of the completed artistic whole'[67] bezeichnete; er ermöglicht es, über Texte, ihren Aufbau und ihren Gehalt in einem mentalistischen Vokabular zu sprechen.[68] Wird der *implizite Autor* in diesem Sinne verstanden, so heißt das freilich zugleich, dass es sich bei seiner Bestimmung um eine Operation handelt, die *weniger anspruchsvoll sein kann* als eine regelrechte Interpretation eines Textes, jedoch *deutlich anspruchsvoller ist* als die bloße Beschreibung einzelner seiner Elemente und Strukturen. Die Rekonstruktion eines *impliziten Autors* kann zwar durch die Identifikation und Deskription von Textstrukturen angeregt, vorbereitet und gestützt werden, sie ergibt sich jedoch nicht ohne weiteres aus der Beschreibung eines Werks, sondern setzt die begründete Entscheidung für eine Idee der Werkbedeutung und ein Verfahren zu ihrer Ermittlung voraus.[69] Wenn man Booths Begriff als Attributionssubjekt verstehen will, so muss man sich von eben jener Vorstellung verabschieden, der das Konzept seine Beliebtheit in der Interpretationspraxis verdankt – von der Vorstellung, dass der *implizite Autor* einen gleichsam naturwüchsigen Übergang zwischen der Beschreibung und der Deutung literarischer Texte herstellt.

Nach diesem Hinweis zum Status der folgenden Abschnitte sollen nun die grundlegenden Spielarten einer Charakterisierung und Explikation des Begriffs als Attributionssubjekt vorgestellt und untersucht werden.[70] Ausgehend von der *konzeptionellen Orientierung* der entsprechenden Vorschläge werden wir zunächst zwei grundlegende Typen der Bestimmung des Begriffs unterscheiden: Zum einen wird versucht, den *impliziten Autor* als Bestandteil eines nicht-intentionalistischen Ansatzes, zum anderen als Bestandteil eines intentionalistischen Ansatzes der Textinterpretation zu explizieren. Diese fundamental verschiedenen Typen der explikativen Begriffsbestimmung ergeben sich durch die Konzentration auf jeweils eine der kon-

[66] Vgl. zu diesem Konzept etwa Stecker (1997, S. 173–185).

[67] Vgl. Booth (1961, S. 73f.).

[68] Vgl. hierzu insbesondere Booth/Holland (1980, S. 66).

[69] Vgl. zu den Voraussetzungen interpretativer Rekonstruktionen Hermeren (1983); Danneberg/Müller (1984) und Strube (2000).

[70] Vgl. zu der zugrunde liegenden historiographischen Konzeption Kindt/Müller (2005, S. 367–369).

fligierenden interpretativen Zielvorgaben, die Booth in seinem Konzept zu integrieren versucht hatte.[71] Eine weitergehende Auswertung der Beiträge zum *impliziten Autor* im Hinblick auf ihr *methodologisches Profil* zeigt, dass beiden Grundtypen der Begriffsklärung jeweils zwei Weisen der Realisierung zugeordnet werden können: Die nicht-intentionalistisch orientierte Erläuterung des Konzepts läuft entweder auf ein ‚pragmatistisches' oder auf ein ‚konventionalistisches' Verständnis des *impliziten Autors* hinaus; die intentionalistisch ausgerichtete Explikation besteht stets in einem Vorschlag, der entweder der Richtung des *hypothetical intentionalism* oder der des *actual intentionalism* zuzurechnen ist.

3.2 Die nicht-intentionalistische Explikation des Begriffs

Weitaus die meisten der vorliegenden Vorschläge zur Erläuterung des *impliziten Autors* verstehen sich – teils zu Recht, teils zu Unrecht – als Beiträge zu einem nicht-intentionalistischen Interpretationsprogramm. Der Begriff sei, so wird in entsprechenden Untersuchungen angenommen, als Reaktion auf eine Einsicht zu verstehen, die auf Monroe C. Beardsleys und William K. Wimsatts berühmten Aufsatz „The Intentional Fallacy" zurückgeht und die Seymour Chatman in seinem Buch *Coming to Terms* wie folgt zusammengefasst hat: „Authors sometimes mean one thing but their texts another".[72] Ausgehend von dieser These laufen nicht-intentionalistische Erläuterungen des *impliziten Autors* stets auf den Vorschlag hinaus, Booths Begriff als Resultat einer Form der Literaturanalyse zu betrachten, die nicht danach fragt, was ein Autor sagen wollte, sondern nur danach, was sein Text bedeutet. Die Anforderungen, die an eine entsprechende Spielart der Analyse und mithin an eine Bestimmung des *impliziten Autors* eines Textes zu stellen sind, werden unterschiedlich ausformuliert. Die entsprechenden Vorschläge gehen entweder von einer ‚pragmatistischen' oder von einer ‚konventionalistischen' Idee der Werkbedeutung aus.

(A) Die Vertreter der pragmatistischen Variante des Modellierungstyps sind der Auffassung, dass der Gehalt eines Textes in den Bedeutungen besteht, die sich ihm zuschreiben lassen.[73] Für sie müssen die Ergebnisse einer Textinterpretation lediglich die Anforderungen interner Widerspruchsfreiheit und prinzipieller Sachangemessenheit erfüllen.[74] Eine solche Sichtweise des *impliziten Autors* mag einigen seiner Verwendungen zugrunde liegen; da sie den Gebrauch des Konzepts jedoch nur sehr partiell abbildet, stellt sie keine akzeptable Explikation des Begriffs dar. Die pragmatistische Modellierung ist vor allem deshalb inadäquat, weil sie zwei Vor-

[71] In Anknüpfung an Michael J. Toolan lassen sich die beiden Definitionsvarianten auch als Formen der Deutung des Ausdrucks *impliziter Autor* beschreiben, vgl. Toolan (1988, S. 77f.).

[72] Chatman (1990, S. 78).

[73] Zum interpretationstheoretischen Pragmatismus s. etwa Rorty (1985) oder (1994).

[74] Eine entsprechende Position wird beispielsweise in Joseph Ewens Überlegungen zum *impliziten Autor* deutlich: „Whenever a reader manages to give (or to discover) a consistent meaning to a work it should be attributed to the ‚implied author'" (Ewen 1974, S. ix).

stellungen keine Rechnung trägt, die mit der überwiegenden Zahl der Verwendungen des *impliziten Autors* verknüpft sind und die sich darum als Adäquatheitsbedingungen für Explikationen des Konzepts betrachten lassen. Vertreter der pragmatistischen Variante der Begriffsbestimmung übersehen zum einen, dass der *implizite Autor* in aller Regel als *historisches Konzept* verstanden wird, und sie ignorieren zum anderen, dass er im Allgemeinen als *univok rekonstruierbare Kategorie* aufgefasst wird.[75] Ein Beispiel mag dies verdeutlichen: Eine Deutung von Shakespeares *Hamlet*, die das Drama als Darstellung ödipaler Konflikte liest, dürfte sich zweifellos so gestalten lassen, dass sie den Ansprüchen interner Konsistenz und prinzipieller Textadäquatheit genügt; gleichwohl erscheint es abwegig, eine Interpretation dieser Art als Bestimmung des *impliziten Autors* des Stückes anzusehen. Denkt man die pragmatistische Bestimmung des Begriffs zu Ende, so gelangt man zu der stark kontraintuitiven Annahme, dass jedes Werk so viele *implizite Autoren* hat, wie sich ihm konsistente Bedeutungen zuschreiben lassen.

(B) Verglichen mit den pragmatistischen Vertretern des Explikationstyps stellen die Konventionalisten unter den Anhängern einer nicht-intentionalistischen Begriffsklärung strengere Anforderungen an die Bestimmung des *impliziten Autors* eines literarischen Textes. Ihren Stellungnahmen liegt die Intuition zugrunde, dass Booths Konzept mit der historischen Bedeutung eines literarischen Werkes identifiziert werden sollte. Für die Bestimmung des *impliziten Autors* eines Textes ist es der konventionalistischen Auffassung zufolge erforderlich, den betreffenden Text mit Hilfe des Lexikons und vor dem Hintergrund der Kultur der Zeit zu lesen, in der er entstanden ist: „Anti-intentionalism does not argue that the study of conventions and meanings that prevailed during the artist's lifetime are irrelevant or that the critic is misguided to search for them".[76]

Für eine Explikation des *impliziten Autors* ist der konventionalistische Vorschlag offenkundig ein interessanterer Kandidat als der pragmatistische. Freilich lässt sich auch aus der Idee, den *impliziten Autor* als Ergebnis einer Interpretation zu fassen, die sich auf historische Konventionen sprachlicher und außersprachlicher Art stützt, keine akzeptable Begriffsklärung entwickeln. Die Anhänger konventionalistischer Interpretationstheorien unterschätzen nämlich die Spielräume von Textinterpretationen erheblich. Sie verkennen schlicht, dass die Deutung eines Textes durch dessen Strukturen selbst dann nur sehr bedingt eingeschränkt wird, wenn sie auf der

[75] Hinter der letztgenannten Vorstellung verbirgt sich die Annahme, dass jedem Text genau ein oder kein *impliziter Autor* zugeschrieben werden kann, vgl. hierzu Booth (2002). – Später ist die Vorstellung, dass der *implizite Autor* als univokes Konzept zu verstehen ist, gelegentlich bezweifelt worden; bei William Nelles heißt es beispielsweise: „A work may in certain unusual cases have more than one implied author" (Nelles 1993, S. 26). Vgl. hierzu auch Preston (1997); Booth (1997) und Lanser (2001).

[76] Chatman (1990, S. 78).

Basis der Konventionen seiner Entstehungszeit erfolgt.[77] Das konventionalistische Programm kann zwar anachronistische Interpretationen verhindern, nicht aber univoke Interpretationen gewährleisten. Verdeutlichen lässt sich dies etwa anhand der Schwierigkeiten, die Vertreter eines interpretationstheoretischen Konventionalismus mit ironischen Texten haben: Ob Jonathan Swifts *A Modest Proposal* als Fall von Ironie einzustufen ist, lässt sich allein vor dem Hintergrund der im Irland des beginnenden 18. Jahrhunderts geltenden sprachlichen und außersprachlichen Konventionen nicht entscheiden; eine adäquate Interpretation des Essays setzt die Bezugnahme auf eine ganze Reihe weiterer historischer Kontexte voraus, deren Auswahl und Verwendung sich nicht aus den Vorgaben des konventionalistischen Programms ergibt.[78]

Die Annahme, dass der Begriff des *impliziten Autors* für ein univokes historisches Konzept steht, lässt sich sinnvoll allein im Rekurs auf den empirischen Autor und seine Intentionen zur Geltung bringen; nur im Rahmen einer entsprechenden Explikation lässt sich die Bezugnahme auf Kontexte theoretisch rechtfertigen und methodisch regeln, die nötig ist, um die Menge möglicher Textinterpretationen im erforderlichen Maße zu begrenzen.[79]

3.3 Die intentionalistische Explikation des Begriffs

Auf den ersten Blick mag es scheinen, als sei der Versuch einer entsprechend ausgerichteten Modellierung des *impliziten Autors* noch nicht ernsthaft unternommen worden – denn Überlegungen zu Booths Begriff, die sich ausdrücklich um dessen intentionalistische Explikation bemühen, liegen bislang kaum vor.[80] Bei einer genaueren Betrachtung der Debatten wird freilich schnell deutlich, dass nicht wenige konventionalistisch formulierte Stellungnahmen sich in ihren Hinweisen zur Definition und Rekonstruktion des *impliziten Autors* in einer Weise auf die Instanz des empirischen Autors beziehen, dass sie, im Widerspruch zu ihrer Selbsteinschätzung, als intentionalistische Erläuterungsversuche einzustufen sind.

Dass in kaum einem Beitrag zum *impliziten Autor* der Rekurs auf ein intentionalistisches Interpretationsprogramm zu finden ist, dürfte vor allem auf die allgemeine anti-intentionalistische Ausrichtung zurückzuführen sein, die für die Diskussionen um Booths Konzept in den vergangenen Jahrzehnten bestimmend gewesen ist. Seit den 1970er Jahren haben die Debatten fast ausschließlich im eingeschränkten Kon-

[77] Jerrold Levinson hat genau dies im Auge, wenn er bemerkt: „Two writers writing the same texts in the same public language at a given time may still end up saying different things, in virtue of their national identities, what they have done in the world, what circles they belong to, what their other works are like, etc." (Levinson 1992, S. 247). Vgl. zu dieser Kritik am Konventionalismus auch Tolhurst (1979, S. 4f.); Stecker (1987, S. 261f.); Currie (1991, S. 328f.); Carroll (1993, S. 247).

[78] Vgl. zu einer Kritik dieser Auffassung insbesondere Nathan (1992).

[79] Vgl. zum Begriff des Kontexts und zu Verfahren der Kontextualisierung Danneberg (1990).

[80] Zu einer Ausnahme vgl. Abbott (2002, S. 779).

text der literaturwissenschaftlichen Interpretationspraxis stattgefunden und so schließlich jeden Anschluss an die allgemeineren Kontroversen um die Interpretationstheorie verloren. Nicht allein die oben umrissene Kritik konventionalistischer Positionen, sondern auch die offenkundige Renaissance des intentionalistischen Interpretationsprogramms fand im Streit um den *impliziten Autor* kaum Beachtung; vor allem aber wurde übersehen, dass es in Reaktion auf den literaturtheoretischen Antiintentionalismus seit den 1980er Jahren zu einer umfassenden Explikation des intentionalistischen Interpretationsprogramms gekommen ist. Wenngleich auch hier recht unterschiedliche Vorschläge gemacht worden sind, so besteht unter den Vertretern des Intentionalismus doch zumindest in zwei grundlegenden Fragen Einigkeit. Zum einen sind sie einhellig der Überzeugung, dass unter ‚Intentionen' nicht die Erlebnisse, Assoziationen, Gedanken und Gefühle zu verstehen sind, die Autoren bei der Produktion von Werken haben; ihnen zufolge sollten mit dem Terminus vielmehr die Ideen bezeichnet werden, die Schriftsteller in ihren in spezifischer Form gestalteten Texten zum Ausdruck zu bringen versuchen.[81] Zum anderen gibt es unter den Vertretern des Intentionalismus seit einigen Jahren eine Übereinstimmung darüber, dass der Zusammenhang zwischen Autorintention und Textbedeutung nicht so verstanden werden sollte, wie es Eric D. Hirschs bekannte ‚Identitätsthese' nahe legt.[82] In neueren Beiträgen zur Modellierung einer intentionalistischen Interpretationstheorie wird auf die umstrittene Annahme, dass auktoriale Intentionen die Bedeutung von Texten determinieren, in der Regel zugunsten einer weniger angreifbaren Auffassung verzichtet, die Sheila Lintott auf die schlichte Formel gebracht hat: „intentions are relevant to a correct interpretation of the work".[83]

Die folgende Diskussion der Perspektiven einer intentionalistischen Explikation des Begriffs des *impliziten Autors* wird von dieser rezenten Konzeption des Intentionalismus ausgehen. Sie soll klären, ob sich Booths Konzept sinnvoll als Ergebnis einer Interpretation verstehen lässt, die nicht danach fragt, was ein möglicher Sprecher mit dem jeweils analysierten Text gemeint haben könnte, sondern danach, was der reale Autor mit ihm zum Ausdruck bringen wollte. Um die Versuche und Möglichkeiten, den *impliziten Autor* in entsprechender Form zu definieren, angemessen beurteilen zu können, sollen mit dem ‚hypothetical intentionalism' (HI) und dem ‚actual intentionalism' (AI) zunächst die grundlegenden Spielarten vorgestellt werden, in denen das Programm intentionalistischen Interpretierens gegenwärtig vertreten wird.[84] Dabei werden wir zu der umstrittenen Frage, welcher der beiden

[81] Vgl. hierzu etwa Lyas (1992) oder Jannidis (2000).

[82] Vgl. hierzu auch Danneberg/Müller (1983) sowie Dickie/Wilson (1995).

[83] Lintott (2002, S. 67).

[84] Vgl. zu diesen beiden Positionen auch Carroll (2000) und (2002); Currie (2003); Iseminger (1996); Levinson (1996) und (2002); Lintott (2002); Livingston (2005); Nathan (2005); Stecker (1997) sowie Trivedi (2001).

intentionalistischen Positionen der Vorzug zu geben ist, keine Stellung beziehen[85]; der HI und der AI sollen darum im folgenden als prinzipiell gleichermaßen akzeptable Interpretationsprogramme behandelt werden, für die gesondert zu erörtern sein wird, ob in ihrem Rahmen eine Explikation des *impliziten Autors* möglich und sinnvoll erscheint.

(A) Die Position, die im Anschluss an Levinson in der Regel als HI bezeichnet wird,[86] lässt sich als Versuch verstehen, einschlägigen antiintentionalistischen Argumenten im Rahmen eines intentionalistischen Interpretationsprogramms Rechnung zu tragen. Die Vertreter des HI sind mit anderen Worten der Auffassung, dass sich Kunst im allgemeinen und Dichtung im besonderen nicht ohne weiteres nach dem Modell alltäglicher Verständigungsvorgänge betrachten lässt und dass eine interpretative Orientierung an den Intentionen des Verfassers eines Textes problematisch sein kann, weil Absichten faktisch nicht immer realisiert werden und Werke mitunter auch nicht intendierte Bedeutungen enthalten; sie ziehen aus diesen Annahmen jedoch nicht den Schluss, dass der Autor eines Textes bei dessen Auslegung keine Beachtung finden sollte. Für die Vertreter des HI ist der Autor als der entscheidende Bezugspunkt jeder angemessenen Werkdeutung anzusehen, da nur über ihn der Prozess der Bedeutungszuschreibung sinnvoll geregelt werden kann.[87] Die Grundidee des Konzepts der Bedeutung und Deutung von Texten, von der die Vertreter des HI ausgehen, ist von William Tolhurst in seinem Aufsatz „On What a Text Is and How It Means“ umrissen worden. In Abgrenzung von konventionalistischen und intentionalistischen Positionen schlägt Tolhurst vor, Texte als Äußerungen zu betrachten und ihre Bedeutung wie folgt zu bestimmen: „Utterance meaning is best understood as the intention which a member of the intended audience would be most justified in attributing to the author based on the knowledge and attitudes which he possesses in virtue of being a member of the intended audience.“[88]

Diese Idee ist in den vergangenen Jahrzehnten von vielen Philosophen und Literaturtheoretikern aufgegriffen und weiterentwickelt worden. Die elaboriertesten Vorschläge hat zweifellos Jerrold Levinson in einer Reihe von Aufsätzen präsentiert: „Poems, novels, short stories are literances – texts presented and projected in literary contexts, whose meaning, it is understood by both author and audience, will be a function of and constrained by [...] the potentialities of the text per se together with the generative matrix provided by its issuing forth from individual A, with public persona B, at time C, against cultural background D, in light of predecessors E,

[85] Im Gegensatz zu den meisten Teilnehmern der Debatte sind wir nicht der Auffassung, dass sich die Kontroverse zwischen dem Hypothetical Intentionalism und dem Actual Intentionalism allein durch eine Klärung der Frage schlichten lässt, wie Interpretationsprozesse in der Alltagskommunikation oder der Literaturwissenschaft tatsächlich ablaufen. S. hierzu Lamarque (2000).

[86] Vgl. etwa Levinson (1992, S. 221) und (1996, S. 175).

[87] Zu dieser Unterscheidung vgl. vor allem Dutton (1987, S. 198f.).

[88] Tolhurst (1979, S. 11).

in the shadow of contemporary events F, in relation to the remainder of A's artistic oeuvre G, and so on."[89]

Das Interesse der Anhänger des HI gilt vor allem der Frage, wie sich die Festlegung der bei der Rekonstruktion der Werkbedeutung zulässigen kontextuellen Evidenzen regeln und rechtfertigen lässt. Zur Abgrenzung des eigenen Vorgehens von einem traditionell intentionalistischen Verfahren der Bedeutungszuweisung wird von den Vertretern des HI gemeinhin gefordert, sich bei der Auswahl der interpretationsrelevanten Kontexte nicht an der Kategorie des ‚intendierten' Lesers, sondern an der des ‚informierten' bzw. ‚kompetenten' Zeitgenossen zu orientieren.[90] Durch eine solche Festlegung soll sichergestellt werden, dass Interpretationen im Sinne des HI nur eine Teilmenge der Evidenzen einbeziehen, auf die im Rahmen des AI rekurriert werden kann – nämlich nur das zur Entstehungszeit eines Textes allgemein zugängliche Wissen.[91] Ausgehend von entsprechenden Überlegungen haben sich einige Anhänger des HI auch mit der Frage beschäftigt, mit Hilfe welcher Kriterien sich unterschiedliche Deutungen eines Textes vor dem Hintergrund der als zulässig erkannten kontextuellen Evidenzen bewerten lassen. In ihren Antworten sind sie freilich über die recht allgemeine Überlegung nicht hinausgelangt, dass zwischen konkurrierenden Rekonstruktionen der Bedeutung eines Textes zumeist anhand epistemischer Prinzipien entschieden werden kann; sollte dies nicht der Fall sein, wird empfohlen, die Bewertung der kognitiv gleichermaßen plausiblen Interpretationen von ästhetischen Kriterien abhängig zu machen.[92]

Es dürfte bereits durch diese wenigen Hinweise zur Konzeption des HI deutlich geworden sein, dass er sich als Bezugsrahmen für eine Explikation des *impliziten Autors* eignet. Der im Anschluss an Tolhursts Überlegungen entstandene Ansatz der Textdeutung schafft die Voraussetzungen für eine Definition des Konzepts, die wesentliche Aspekte des Begriffs abbildet, ohne die Defizite der meisten vorliegenden Begriffsbestimmungen aufzuweisen. Das Programm des HI beschreibt in präziser Form, wie eine idealisierende Rekonstruktion des intentionalen Aufbaus literarischer Texte so gestaltet werden kann, dass sie historisch angemessene und semantisch eindeutige Ergebnisse erwarten lässt. Levinson, der prominenteste und engagierteste Vertreter des HI hat ausdrücklich vorgeschlagen, den *impliziten Autor* in entsprechender Weise zu bestimmen: „Given this notion, then instead of speaking of beliefs and attitudes that would be *reasonably attributed* to the actual author on the basis of the work contextually grasped, we can speak of the beliefs or attitudes that just straightforwardly *belong* to the implied author – he or she is being a construction tailor-made to bear them."[93]

Eine solche Charakterisierung des Konzepts läuft auf eine konzeptionelle Präzisierung und methodologische Konkretisierung des *impliziten Autors* hinaus. Sie ist

[89] Levinson (1996, S. 184). Mit dem Neologismus „literances" bezieht sich Levinson auf „utterances", die sich als „literarische Texte" klassifizieren lassen.

[90] Vgl. etwa Levinson (1992, S. 227–229).

[91] Levinson (2002, S. 313). S. hierzu auch Nehamas (1981, S.135f.).

[92] Vgl. hierzu etwa Levinson (1992, S. 225).

[93] Levinson (1996, S. 229).

konzeptionell klarer als die meisten vorliegenden Definitionen von Booths Begriff, weil sie ihn entschiedener von der Kategorie des realen Autors abgrenzt. Mit Hilfe des HI kann präzise angegeben werden, wie sich der empirische Autor zwar als Bezugspunkt, nicht aber als Ziel der Interpretation verstehen lässt. Fasst man Booths Begriff als Attributionsinstanz für die Ergebnisse einer Textinterpretation, die den Ideen des HI verpflichtet ist, so gelangt man überdies zu einer *methodologisch* genau elaborierten Idee des *impliziten Autors*. Bei einer Entscheidung für die skizzierte Explikation des *impliziten Autors* im Rahmen des HI sollte indes nicht übersehen werden, dass es ratsam ist, das Explikat anders zu benennen als das Explikandum. Eine Umbenennung ist bei der Präzisierung von Begriffen nicht immer geboten; im vorliegenden Fall ist sie jedoch erforderlich, da der Terminus „impliziter Autor" so unterschiedlich verwendet wurde und wird, dass seine Weiterverwendung für die geschärfte Definition des Begriffs kaum empfehlenswert sein dürfte. Wenn man Booths Begriff im Rahmen von Interpretationen als Attributionssubjekt für die Intentionsinferenzen im Sinne des HI verstehen will, so sollte man entweder – in Anspielung auf das zugrunde gelegte Interpretationsprogramm – vom „hypothetischen Autor"[94] oder aber – im Anschluss an Alexander Nehamas – vom „postulierten Autor" sprechen – denn dieser Terminus steht für einen Begriff, der sich ausdrücklich auf Tolhursts Überlegungen zur Interpretation literarischer Texte stützt.[95]

(B) Im Zuge der aktuellen Renaissance des Autor-Konzepts ist neben dem von Tolhurst konzipierten ein weiteres intentionalistisches Interpretationsprogramm entwickelt worden, das, in Abgrenzung vom HI, gemeinhin als AI bezeichnet wird.[96] Die Anhänger dieses Programms sind der Auffassung, dass der Antiintentionalismus des 20. Jahrhunderts zwar auf einige zweifelhafte Entwicklungen im Bereich der Textinterpretation aufmerksam gemacht hat; grundsätzlich aber ein „exercise in overkill" gewesen ist.[97] Der AI plädiert dafür, dass bei der Interpretation literarischer Texte grundsätzlich genau so verfahren werden sollte wie bei der Deutung von Gesprächsbeiträgen in pragmatischen Kommunikationssituationen, das heißt, es sollte stets nach den Intentionen des empirischen Autors gefragt werden.[98] Wie die Anhänger des HI schlagen die Verfechter des AI vor, literarische Werke als Äußerungen zu betrachten; anders als jene gehen sie jedoch davon aus, dass die Bedeutung von Äußerungen und damit auch die von Werken entscheidend von den semantischen Intentionen des jeweiligen Sprechers bzw. Verfassers abhängt.[99] Gary Ise-

---

[94] Der oft als Alternativterminus in Erwägung gezogene Ausdruck „inferierter Autor" ist missverständlich, da er sich auch zur Bezeichnung des Attributionssubjekts im Fall einer Auslegung im Sinne des Actual Intentionalism eignet.

[95] Vgl. hierzu Nehamas (1981). Die wesentlichen Unterschiede zwischen dem von ihm vorgeschlagenen Konzept und Booths *impliziten Autor* entwickelt er in Nehamas (1987, S. 273f.).

[96] Diese Bezeichnung findet sich erstmals in Iseminger (1996, S. 319).

[97] „[I]n performing the useful service of disposing of what might be called the ‚biographer's fallacy', antiintentionalists embraced a number of philosophical commitments that went far beyond their own purposes, as well as beyond plausibility" (Carroll 1992, S. 98).

[98] Zur Kritik dieser Zusatzannahme vgl. Dickie/Wilson (1995).

[99] Zur Kritik des Verständnisses von literarischen Texten als Äußerungen vgl. etwa Lamarque (2002).

minger hat die für den AI leitende Vorstellung in Anknüpfung an Hirsch bündig zusammengefasst: Die Bedeutung eines Werkes besteht in den vom Autor erfolgreich realisierten Intentionen, und zwar „*that utterer's meaning which is compatible with the meaning of the word-sequence uttered*".[100] Ausgehend von einer solchen Konzeption der Bedeutung von Texten und Modellierung des Ziels von Interpretationen ergibt sich für den Ansatz des AI aus der Möglichkeit, dass die Intentionen von Sprechern fehlschlagen können, weder ein konzeptionelles noch ein methodologisches Problem.[101]

Welche Auffassungsunterschiede die Vertreter des HI und des AI im einzelnen auch immer trennen mögen – im Hinblick auf die Methodologie der Textinterpretation sind sie weitestgehend einig.[102] „Interpretations of artworks", so umreißt Noëll Carroll die Idee der Auslegung, die dem AI zugrunde liegt, „should be constrained by our knowledge of the biography of the historical artist and our best hypotheses about the artist's actual intentions concerning the artworks in question".[103] Die einzige markante Differenz zwischen den beiden Spielarten des Intentionalismus besteht darin, dass die Vertreter des AI es für zulässig und sogar für sinnvoll halten, im Rahmen von Werkdeutungen gegebenenfalls auch solche Informationen einzubeziehen, die gut unterrichteten Zeitgenossen des Verfassers eines Textes nicht zur Verfügung standen – also etwa retrospektive Selbstauskünfte von Autoren, intime Tagebücher oder private Briefwechsel.[104]

Es ist leicht zu sehen, dass sich der AI im Gegensatz zum HI nicht als Bezugsrahmen für eine Explikation des Begriffs des *impliziten Autors* eignet. Der Ansatz des AI hat für den *impliziten Autor* keine Verwendung, da er sich auf einen Begriff des *Autors* stützt, der als interpretative Zuschreibung bestimmt und mithin klar von psychologistisch oder biographistisch verengten Deutungen abgegrenzt ist.[105]

Auch wenn der AI also grundsätzlich nicht auf eine Klärung, sondern auf einen Abschied von Booths Konzept hinausläuft, kann er doch dazu beitragen, eine Vorstellung klarer zu fassen, die oft mit dem *impliziten Autor* assoziiert wird, in den vorliegenden Bestimmungen des Begriffs aber nicht angemessen zum Ausdruck

---

[100] Iseminger (1996, S. 322; Hervorhebung im Original). Vgl. auch etwa Stecker (1997, S. 171) oder Carroll (2000, S. 76).

[101] „[A]ctual intentionalists *do not* hold that only successful works of art are proper subjects of actual intentionalists interpretation. The view is importantly different from this; it is rather that of the artist's intentions, only those that the work can have – express, embody, support – are truly relevant to a correct interpretation of the work" (Lintott 2002, S. 66; Hervorhebung im Original).

[102] Vgl. etwa Levinson (1992, S. 224) oder Stecker (1997, S. 201).

[103] Carroll (1997, S. 305).

[104] „Such expression obviously is evidence of intention", so schreibt Robert Stecker in diesem Sinne: „And if we were really trying to formulate the epistemically best hypothesis about an author's intention, we would not ignore such expression" (Stecker 1997, S. 201). Vgl. hierzu auch die Zusammenfassung bei Carroll (2002, S. 344).

[105] Anderer Auffassung ist in dieser Frage William Irwin – er nimmt an, dass nicht allein der Hypothetical Intentionalism, sondern auch der Actual Intentionalism ein vom Autor zu unterscheidendes Attributionssubjekt braucht; für diese Instanz führt er das Konzept des *urauthor* ein, vgl. hierzu zuletzt Irwin (2002).

kommt – die Vorstellung, dass der *implizite Autor* für die Bilder steht, die Autoren in ihren Werken von sich selbst entwerfen. Trotz der Beachtung, die diese Idee in der Debatte um den *impliziten Autor* seit Booths *Rhetoric of Fiction* gefunden hat, ist bislang eigentümlicherweise zumeist übersehen worden, dass ihr allein im Rahmen eines intentionalistischen Interpretationsprogramms – also im Kontext des AI oder des HI – in sinnvoller Weise Rechnung getragen werden kann.[106] Nur durch eine Bestimmung der auktorialen Intentionen im Hinblick auf einen konkreten Text lässt sich klären, ob dessen Autor in ihm ein Bild seiner selbst zu vermitteln versucht und wie dieses gegebenenfalls aussieht. Bei den betreffenden Selbstbildern von Autoren handelt es sich mit anderen Worten um eine potentiell ganze Teilmenge oder eine interpretationstheoretisch gerechtfertigte Folgerung aus den Zuschreibungen, die im Rahmen intentionalistischer Interpretationen erfolgen. Sofern für ein solches (Teil-)Ergebnis von Auslegungen überhaupt ein eigener Terminus eingeführt werden soll, erscheint es ratsam, ihn klar von den Ausdrücken „Autor" und „impliziter Autor" zu unterschieden.

Literatur

Abbott, H. Porter: The Cambridge Introduction to Narrative. Cambridge 2002.

Abrams, Meyer H.: The Transformation of English Studies. In: Thomas Bender, Carl E. Schorske (Hg.): American Academic Culture in Transformation. Fifty Years, Four Disciplines. Princeton 1998, S. 123–149.

Bal, Mieke: The Laughing Mice – or: On Focalization. In: Poetics Today 2 (1981), S. 202–210.

Bal, Mieke: Narratology: Introduction to the Theory of Narrative. Toronto 1985.

Blaim, Artur/Gruszewska, Ludmila: Implied Authors, Implied Readers, Implied Texts: A Modest Proposal. In: Grazyna Bystydzienska u.a. (Hg.): Focus on Literature and Culture. Papers from the 2nd Conference of the Polish Association for the Study of English. Lublin 1994, S. 145–155.

Booth, Wayne C.: The Self-Conscious Narrator in Comic Fiction before *Tristram Shandy*. In: Publications of the Modern Language Association 67 (1952), S. 63–185.

Booth, Wayne C.: The Rhetoric of Fiction. Chicago 1961.

Booth, Wayne C.: *The Rhetoric of Fiction* and the Poetics of Fiction [1968]. In: Mark Spilka (Hg.): Towards a Poetics of Fiction. Essay from *Novel: A Forum on Fiction*. Bloomington 1977, S. 77–89.

Booth, Wayne C.: A Rhetoric of Irony. Chicago 1974.

Booth, Wayne C.: Afterword to the 2nd Edition. *The Rhetoric in Fiction* and Fiction as Rhetoric: Twenty-One Years Later. In: Wayne C. Booth: The Rhetoric of Fiction. 2nd Ed. Chicago 1983, S. 399–457.

Booth, Wayne C.: The Company We Keep. Ethical Criticism and the Ethics of Reading. Berkeley 1988.

Booth, Wayne C.: Afterword. In: Frederick J. Antzak (Hg.): Rhetoric and Pluralism. Legacies of Wayne C. Booth. Columbus 1995, S. 279–308.

Booth, Wayne C.: The Struggle To Tell the Story of the Struggle To Get the Story Told. In: Narrative 5:1 (1997), S. 50–59.

Booth, Wayne C.: Confessions of an Aging, Hypocritical Ex-Missionary. In: Sunstone 21 (1998), S. 25–36. (= 1998a)

[106] Vgl. hierzu Phelan (2005) und Booth (2005).

Booth, Wayne C.: Why Banning Ethical Criticism Is a Serious Mistake. In: Philosophy and Literature 22 (1998), S. 366–393. (= 1998b)
Booth, Wayne C.: Brief an die Verfasser vom 25. Oktober 2001.
Booth, Wayne C.: Is There an „Implied“ Author in Every Film? In: College Literature 29:2 (2002), S. 124–131.
Booth, Wayne C.: Resurrection of the Implied Author: Why Bother? In: James Phelan, Peter J. Rabinowitz (Hg.): A Companion to Narrative Theory. Malden 2005, S. 75–88.
Booth, Wayne C./Holland, Norman N.: Interview: Wolfgang Iser. In: Diacritics 10:2 (1980), S. 57–74.
Bronzwaer, Wilhelmus J. M.: Implied Author, Extradiegetic Narrator and Public Reader. Gérard Genette's Narratological Model and the Reading Version of *Great Expectations*. In: Neophilologus 62 (1978), S. 1–18.
Bronzwaer, Wilhelmus J. M.: Mieke Bal's Concept of Focalization: A Critical Note. In: Poetics Today 2.2 (1981), S. 193–201.
Burke, Seán: The Death and Return of the Author. Criticism and Subjectivity in Barthes, Foucault and Derrida. Edinburgh 1993.
Carnap Rudolf: Logical Foundations of Probability. Chicago 1951.
Carroll, Noël: Art, Intention, and Conversation. In: Iseminger (1992), S. 97–131.
Carroll, Noël: Anglo-American Aesthetics and Contemporary Criticism: Intention and the Hermeneutics of Suspicion. In: Journal of Aesthetics and Art Criticism 51:2 (1993). S. 245–252.
Carroll, Noël: The Intentional Fallacy: Defending Myself. In: Journal of Aesthetics and Art Criticism 55:3 (1997), S. 305–309.
Carroll, Noël: Interpretation and Intention: The Debate between Hypothetical and Actual Intentionalism. In: Metaphilosophy 31:1/2 (2000), S. 76–95.
Carroll, Noël: Andy Kaufman and the Philosophy of Interpretation. In: Krausz (2002), S. 320–344.
Chatman, Seymour: Story and Discourse. Narrative Structure in Fiction and Film. Ithaca 1978.
Chatman, Seymour: Coming to Terms. The Rhetoric of Narrative in Fiction and Film. Ithaca 1990.
Christmann, Ursula, Schreier, Margit: Kognitionspsychologie der Textverarbeitung und Konsequenzen für die Bedeutungskonstitution literarischer Texte. In: Jannidis u.a. (2003), S. 246–285.
Crane, Ronald S. u.a.: Critics and Criticism. Ancient and Modern. Chicago 1952.
Currie, Gregory: Work and Text. In: Mind 100 (1991), S. 325–340.
Currie, Gregory: Interpretation in Art. In: Jerrold Levinson (Hg.): The Oxford Handbook of Aesthetics. Oxford 2003, S. 291–306.
Danneberg, Lutz: Zwischen Innovation und Tradition: Begriffsbildung und Begriffsentwicklung als Explikation. In: Christian Wagenknecht (Hg.): Zur Terminologie der Literaturwissenschaft. Stuttgart 1988, S. 50–68.
Danneberg, Lutz: Interpretation: Kontextbildung und Kontextverwendung. Demonstriert an Brechts Keuner-Geschichte „Die Frage, ob es einen Gott gibt“. In: SPIEL, Siegener Periodicum zur internationalen empirischen Literaturwissenschaft 9 (1990), S. 89–130.
Danneberg, Lutz/Müller, Hans-Harald: Der „intentionale Fehlschluß“ – ein Dogma? Systematischer Forschungsbericht zur Kontroverse um eine intentionalistische Konzeption in den Textwissenschaften. In: Zeitschrift für allgemeine Wissenschaftstheorie 14 (1983), S. 103–137, 376–411.
Danneberg, Lutz/Müller, Hans-Harald: Wissenschaftstheorie, Hermeneutik, Literaturwissenschaft. Anmerkungen zu einem unterbliebenen und Beiträge zu einem künftigen Dialog über die Methodologie des Verstehens. In: Deutsche Vierteljahrsschrift für Literaturwissenschaft und Geistesgeschichte 58 (1984), S. 177–237.
Darby, David: Form and Context. An Essay in the History of Narratology. In: Poetics Today 22 (2001), S. 829–852.
Detering, Heinrich (Hg.): Autorschaft. Positionen und Revisionen. Stuttgart u.a. 2002.
Dickie, George/Wilson, W. Kent: The Intentional Fallacy: Defending Beardsley. In: Journal of Aesthetics and Art Criticism 53:3 (1995), S. 233–250.
Diengott, Nilli: Narratology and Feminism. In: Style 22 (1988), S. 42–51.

Diengott, Nilli: The Implied Author Once Again. In: Journal of Literary Semantics 22 (1993), S. 68–75. (= Diengott 1993a)
Diengott, Nilli: Implied Author, Motivation and Theme and Their Problematic Status. In: Orbis Litterarum 48 (1993), S. 181–193. (= Diengott 1993b)
Dosse, François: Die Geschichte des Strukturalismus. 2 Bde. Hamburg 1997.
Dutton, Denis: Why Intentionalism Won't Go Away. In: Anthony J. Cascardi (Hg.): Literature and the Question of Philosophy. Baltimore 1987, S. 194–210.
Ewen, Joseph: Writer, Narrator, and Implied Author. In: Hasifrut 5:18/19 (1974) S. vii–ix.
Fricke, Harald: Begriffsgeschichte und Explikation in der Literaturwissenschaft. In: Gunter Scholz (Hg.): Die Interdisziplinarität der Begriffsgeschichte. Hamburg 2000, S. 67–72.
Genette, Gérard: Discours du récit. Essai de méthode. In: Ders.: Figures III. Paris 1972, S. 65–274.
Genette, Gérard: Nouveau discours du récit. Paris 1983.
Heinen, Sandra: Das Bild des Autors. Überlegungen zum Begriff des „impliziten Autors" und seines Potentials zur kulturwissenschaftlichen Beschreibung von inszenierter Autorschaft. In: Sprachkunst 33 (2002), S. 329–345.
Hermeren, Göran: Interpretation. Types and Criteria. In: Grazer Philosophische Studien 19 (1983), S. 131–161.
Irwin, William: Intentionalism and Author Constructs. In: Irwin: The Death and Resurrection of the Author. Westport, Connecticut 2002, S. 191–203.
Iseminger, Gary (Hg.): Intention and Interpretation. Philadelphia 1992.
Iseminger, Gary: Actual Intentionalism vs. Hypothetical Intentionalism. In: Journal of Aesthetics and Art Criticism 54:4 (1996), S. 319–326.
Janik, Dieter: Die Kommunikationsstruktur des Erzählwerks. Ein semiologisches Modell. Bebenhausen 1973.
Jannidis, Fotis u.a. (Hg.): Rückkehr des Autors. Zur Erneuerung eines umstrittenen Begriffs. Tübingen 1999 (Studien und Texte zur Sozialgeschichte der Literatur 71).
Jannidis, Fotis: Intention. In: Harald Fricke u.a. (Hg.): Reallexikon der deutschen Literaturwissenschaft. Bd. 2. Berlin u.a. 2000, S. 160–162.
Jannidis, Fotis: Zwischen Autor und Erzähler. In: Detering (2002), S. 540–556.
Juhl, Peter D.: Interpretation. An Essay in the Philosophy of Literary Criticism. Princeton 1980.
Kindt, Tom: „Erzählerische Unzuverlässigkeit" in Literatur und Film. In: Herbert Hrachovec u.a. (Hg.): Kleine Erzählungen und ihre Medien. Wien 2004, S. 55–66.
Kindt, Tom/Müller, Hans-Harald: Der „implizite Autor". Zur Explikation und Verwendung eines umstrittenen Begriffs. In: Jannidis u.a. (1999), S. 273–287.
Kindt, Tom/Müller, Hans-Harald: Was war eigentlich der Biographismus – und was ist aus ihm geworden? Eine Untersuchung. In: Detering (2002), S. 355–375.
Kindt, Tom/Müller, Hans-Harald: Narrative Theory and/or/as Theory of Interpretation. In: Tom Kindt, Hans-Harald Müller (Hg.): What Is Narratology? Questions and Answers Regarding the Status of a Theory. Berlin u. a. 2003 (Narratologia 1), S. 205–219. (= 2003a)
Kindt, Tom/Müller, Hans-Harald: Narratology and Interpretation: A Rejoinder to David Darby. In: Poetics Today 24 (2003), S. 413–421. (= 2003b)
Kindt, Tom/Müller, Hans-Harald: Nationalphilologie und „Vergleichende Literaturgeschichte" zwischen 1890 und 1910. Eine Fallstudie zur Konzeption der Wissenschaftshistoriographie der Germanistik. In: Lutz Danneberg u.a. (Hg.): Stil, Schule, Disziplin. Analyse und Erprobung von Konzepten wissenschaftshistorischer Rekonstruktion. Frankfurt/M. u.a. 2005, S. 335–361.
Killham, John: The „Second Self in Novel" Criticism. In: British Journal of Aesthetics 6 (1966), S. 272–290.
Krausz, Michael (Hg.): Is There a Single Right Interpretation? University Park 2002.
Lamarque, Peter: The British Journal of Aesthetics: Forty Years on. In: British Journal of Aesthetics 40:1 (2000), S. 1–20.
Lamarque, Peter: Appreciation and Literary Interpretation. In: Krausz (2002), S. 285–306.
Lanser, Susan S.: (Im)plying the Author. In: Narrative 9 (2001), S. 153–160.
Levinson, Jerrold: Intention and Interpretation: A Last Look. In: Iseminger (1992), S. 221–256.

Levinson, Jerrold: Intention and Interpretation in Literature. In: J. L.: The Pleasures of Aesthetics. Philosophical Essays. Ithaca 1996, S. 175–213.
Levinson, Jerrold: Messages in Art. In: J. L.: The Pleasures of Aesthetics. Philosophical Essays. Ithaca 1996, S. 224–241.
Levinson, Jerrold: Hypothetical Intentionalism: Statement, Objections, and Replies. In: Krausz (2002), S. 309–318.
Lintott, Sheila: When Artists Fail: A Reply to Trivedi. In: British Journal of Aesthetics 42:1 (2002), S. 64–72.
Livingston, Paisley: Art and Intention. Oxford 2005.
Lodge, David: Rev. W. C. Booth, the Rhetoric of Fiction. In: The Modern Language Review 57 (1962), S. 580–581.
Lyas, Colin: Wittgensteinian Intentions. In: Iseminger (1992), S. 132–151.
Martin, Wallace: Recent Theories of Narrative. Ithaca 1986.
Müller, Hans-Harald: Eco zwischen Autor und Text. Eine Kritik von Umberto Ecos Interpretationstheorie. In: Tom Kindt/Hans-Harald Müller (Hg.): Ecos Echos. Das Werk Umberto Ecos. München 2000, S. 134–148.
Nathan, Daniel O.: Irony, Metaphor, and the Problem of Intention. In: Iseminger (1992), S. 183–203.
Nathan, Daniel O.: A Paradox in Intentionalism. In: British Journal of Aesthetics 45:1 (2005), S. 32–48.
Nehamas, Alexander: The Postulated Author: Critical Monism as a Regulative Ideal. In: Critical Inquiry 8 (1981), S. 133–139.
Nehamas, Alexander: Writer, Text, Work, Author. In: Anthony J. Cascardi (Hg.): Literature and the Question of Philosophy. Baltimore 1987, S. 267–291.
Nelles, William: Historical and Implied Authors and Readers. In: Comparative Literature 45 (1993), S. 22–46.
Nünning Ansgar: Renaissance eines anthropomorphisierten Passepartouts oder Nachruf auf ein literaturkritisches Phantom? Überlegungen und Alternativen zum Konzept des *implied author*. In: Deutsche Vierteljahrsschrift für Literaturwissenschaft und Geistesgeschichte 67 (1993), S. 1–25.
Nünning, Ansgar: Totgesagte leben länger. Anmerkungen zur Rückkehr des Autors und zu Wiederbelebungsversuchen des „Impliziten Autors". In: Literaturwissenschaftliches Jahrbuch 42 (2001), S. 353–385.
Pawłowski, Tadeusz: Begriffsbildung und Definition. Berlin u.a 1980.
Phelan, James: The Implied Author, Unreliability, and Ethical Positioning. In: J. P.: Living to Tell about It. Ithaca 2005, S. 31–65.
Preston, Elizabeth: Implying Authors in *The Great Gatsby*. In: Narrative 5 (1997), S. 143–164.
Quine, Willard V. O.: Two Dogmas of Empiricism. In: Philosophical Review 60 (1951), S. 20–43.
Rabinowitz, Peter: Before Reading. Narrative Conventions and the Politics of Interpretation. Ithaca 1987.
Rimmon, Shlomith: A Comprehensive Theory of Narrative. Genette's Figures III and the Structuralist Study of Fiction. In: PTL. A Journal for Descriptive Poetics and Theory of Literature 1 (1976), S. 33–62.
Rimmon-Kenan, Shlomith: Narrative Fiction: Contemporary Poetics. London 1983.
Rorty, Richard: Texts and Lumps. In: New Literary History 17:1 (1985), S. 1–15.
Rorty, Richard: Der Fortschritt des Pragmatisten. In: Umberto Eco: Zwischen Autor und Text. Interpretation und Überinterpretation. München 1994, S. 99–119.
Schneider, Anna Dorothea: Literaturkritik und Bildungspolitik. R. S. Crane, die Chicago (Neo-Aristotelian) Critics und die University of Chicago. Heidelberg 1994.
Scholes, Robert: Structuralism in Literature. New Haven 1974.
Shereen, Faiza Wahby: An Introduction to the Assumptions, Methods, and Practices of the Chicago School of Criticism. Ph. D. University of Cincinnati 1988.
Spurlin, William J. u.a. (Hg.): The New Criticism and Contemporary Literary Theory. Connections and Continuities. New York u.a. 1995.

Stecker, Robert: Apparent, Implied, and Postulated Authors. In: Philosophy and Literature 11 (1987), S. 258–272.
Stecker, Robert: Artworks. Definition – Meaning – Value. University Park 1997.
Strube, Werner: Die literaturwissenschaftliche Textinterpretation. In: Paul Michel u.a. (Hg.): Sinnvermittlung. Studien zur Geschichte von Exegese und Hermeneutik. Zürich 2000, S. 43–69.
Strube, Werner: Über verschiedene Arten der Bedeutung sprachlicher Äußerungen. Eine sprachphilosophische Untersuchung. In: Fotis Jannidis u.a. (Hg.): Regeln der Bedeutung. Berlin u.a. 2003, S. 36–67.
Tolhurst, William E.: On What a Text Is and How It Means. In: British Journal of Aesthetics 19 (1979), S. 3–14.
Toolan, Michael J.: Narrative: A Critical Linguistic Introduction. London u.a. 1988.
Trivedi, Saam: An Epistemic Dilemma for Actual Intentionalism. In: British Journal of Aesthetics 41:2 (2001), S. 192–206.

Von der Geschichte der Germanistik zur *Geschichte der Philologien*. Ein Rückblick anlässlich des 30jährigen Jubiläums

Hans-Harald Müller

1 Skizze der kurzen Geschichte der Wissenschaftsgeschichte der Germanistik

Im Vergleich zu anderen Disziplinen ist die Geschichte der Germanistik nach 1800 recht kurz; die Geschichte ihrer Geschichtsschreibung ist noch kürzer. Galt zu Goethes Zeiten die Auffassung, „daß die Geschichte der Wissenschaft die Wissenschaft selbst sei“[1], so waren für Friedrich Ritschl 1833 die Geschichte der Philologie und die Encyklopädie der Philologie „zwei ‚sich ergänzende und einander völlig parallele Disciplinen“.[2] Die Gattung der „Enzyklopädie“ löste sich in der zweiten Hälfte des 19. Jahrhunderts unter dem rapide anwachsenden Druck der empirischen Einzelforschung auf. Wissenschaftsgeschichtliche Darstellungen der Germanistik gewannen allmählich ein eigenes Profil, sei es in programmatischer Absicht, wie bei Wilhelm Scherer,[3] sei es in monographischer Darstellung wie bei Rudolf von Raumer.[4] In Hermann Pauls „Grundriss der germanischen Philologie“[5] ragt mit dem Abschnitt über „Begriff und Aufgabe der germanischen Philologie“ noch ein Baustein aus der Enzyklopädie-Gattung hinein, aber die Tatsache, dass er das Kapitel über

[1] Goethe (1890, S. XV).

[2] Ritschel (1897, S. 18).

[3] Vgl. Scherer (1865).

[4] Vgl. Raumer (1870).

[5] Paul (1891). – Zu Pauls theoretischer Konzeption vgl. Hoeschen/Schneider (2002).

Erstdruck in: Geschichte der Philologien 59/60 (2021), S. 5–17.

H.-H. Müller (✉)
Institut für Germanistik, Universität Hamburg, Hamburg, Deutschland
E-Mail: harrym@uni-hamburg.de

H.-H. Müller (Hrsg.), *Kleine Schritte und große Sprünge*, Abhandlungen zur Literaturwissenschaft, https://doi.org/10.1007/978-3-662-71105-7_16

die „Geschichte der germanischen Philologie“ noch vor die „Methodenlehre“ stellte, zeigt, welch hohen Stellenwert er der Bedeutung der Wissenschaftsgeschichte noch beimaß.

Auf Pauls Darstellung folgte lange keine nennenswerte. Die – wie schwach auch immer begründete[6] – deutsche geistesgeschichtliche Opposition gegen die Philologie des 19. Jahrhunderts vernachlässigte nicht allein substantielle Teilen der Disziplin wie etwa die Editionsphilologie, sondern verabschiedete sich auch von der Wissenschaftsgeschichte. Nahezu hundert Jahre lang erschien keine Wissenschaftsgeschichte der Germanistik, die strengeren theoretischen und methodologischen Anforderungen standgehalten hätte. Mit einer besonderen Ausnahme: der „Geschichte der deutschen Literaturwissenschaft bis zum Ende des 18. Jahrhunderts“[7], einer 1920 veröffentlichten Habilitationsschrift des polnischen Germanisten Zygmunt Łempicki. Łempicki verfügte – nicht zuletzt auf Grund seiner logischen Schulung in Lemberg – im Gegensatz zu seinen geistesgeschichtlichen Kollegen über eine fundierte Theorie der Literaturwissenschaft, und es ist kein Zufall, dass am Ende der 1920er-Jahre gerade er gebeten wurde, den Artikel „Literaturwissenschaft“[8] für das „Reallexikon der deutschen Literaturgeschichte“ zu schreiben.

Zwischen Łempicki (1920) und Klaus Weimars „Geschichte der deutschen Literaturwissenschaft bis zum Ende des 19. Jahrhunderts“[9] (1989) gab es wiederum kaum Nennenswertes in der Wissenschaftsgeschichte der Germanistik. Aber diese summarische Feststellung bedarf denn doch einiger Ramifikationen. Der Impuls für einen Neubeginn der wissenschaftsgeschichtlichen Forschung in der Germanistik ging – sieht man einmal von den selbstkritischen Anstrengungen einer Minderheit im Deutschen Germanistenverband auf dem Münchner Germanistentag 1966 ab[10] – im Wesentlichen auf die 1968er Bewegung[11] zurück, die die Verstrickung der Germanistik in den Nationalsozialismus dokumentieren und deren Ursachen aus (sozial-)historischen Kontexten erklären wollte. Eine Verwissenschaftlichung der zunächst überwiegend ideologiekritischen Arbeiten aus den 1970er-Jahren erfolgte erst allmählich. 1976 publizierte Klaus Weimar eine kritische Bestandsaufnahme der wissenschaftshistorischen Forschung[12]; zu Beginn der 1980er-Jahre nahm die Bielefelder Arbeitsgruppe um Wilhelm Voßkamp[13], Jürgen Fohrmann, Holger Dai-

---

[6] Zur Kritik des wissenschaftshistorischen Stereotyps, die Geschichte der Philologie des 19. Jahrhunderts sei „the story of a failed idealism deteriorating into hyper specialization" vgl. zuletzt Güthenke (2015, S. 270).

[7] Lempicki (1920). Über den 1943 im KZ Auschwitz ermordeten Łempicki s. Sauerland (2011).

[8] (Lempicki (1928/29). – Zur wissenschaftsgeschichtlichen Position Łempickis sei auf die für die deutsche Diskussion bahnbrechende Untersuchung von Lachmann (1971) hingewiesen.

[9] Weimar (1989).

[10] Vgl. dazu Wiese/Henss (1967) und Lämmert u. a. (1967).

[11] Vgl. dazu etwa die Rückblicke von König (1999) und Schönert [2008].

[12] Vgl. Weimar (1976).

[13] Ein starker Impuls ging aus von Wilhelm Voßkamps Aufsatz „Kontinuität und Diskontinuität. Zur deutschen Literaturwissenschaft im Dritten Reich“ Voßkamp (1985).

nat, Rainer Kolk und Hans-Martin Kruckis ihre Arbeit auf.[14] Die bis in die Gegenwart fortgesetzten Forschungen und Publikationen[15] dieser Arbeitsgruppe, die sich mehr oder minder deutlich auf Luhmanns Systemtheorie[16] stützte, stellten einen substantiellen Fortschritt in der Erforschung der germanistischen Fachgeschichte seit 1800 dar. Eine eindrucksvolle Zusammenfassung dieser Untersuchungen bildete der von einer interdisziplinären Arbeitsgruppe herausgegebene Band über die „Wissenschaftsgeschichte der Germanistik im 19. Jahrhundert“[17], in dem erstmals auch die österreichische Germanistikgeschichte berücksichtigt wurde.[18]

Mit den 1980er-Jahren stieg die Zahl anspruchsvoller wissenschaftshistorischer Arbeiten sprunghaft an; die Arbeiten zu einzelnen Fachteilen, Gelehrt:innen, Fakultäten Universitäten, Hochschulorten und Ländern wurden bald unüberschaubar. Aus dem Kreis ihrer Verfasser seien hier mit Frank-Lutger Hausmann,[19] Uwe Meves[20] und Rainer Rosenberg[21] nur drei denkbar unterschiedliche erwähnt.

So standen die Dinge, als die erste Nummer der „Marbacher Mitteilungen“ erschien – die eigentliche Arbeit an einer Theorie der Wissenschaftsgeschichte stand noch bevor.[22]

2 Zur Erfolgsgeschichte der Zeitschrift *Geschichte der Germanistik*

Die Gründung der Zeitschrift ist eng mit der Geschichte der „Arbeitsstelle für Geschichte der Germanistik“ verknüpft, die auf Anregung des Deutschen Germanistenverbandes 1972 im Deutschen Literaturarchiv eingerichtet wurde.[23] Ursprünglich vor allem für eine „intensive Sammlung, Erschließung und Auswertung“[24] von wissenschaftshistorischen Dokumenten und Materialien bestimmt, entwickelte die Arbeitsstelle nach ihrer Besetzung mit Christoph König (1982) in Abstimmung mit dem Deutschen Literaturarchiv eine erweiterte Zielkonzeption, die sich an der Be-

[14] Dainat und Kolk waren von 1991 bis 1996 Mitherausgeber der „Mitteilungen des Marbacher Arbeitskreises für Geschichte der Germanistik“.

[15] Vgl. nur die zwei Sammelbände: Fohrmann/Voßkamp (1987) sowie Fohrmann/Voßkamp (1991).

[16] Vgl. etwa Fohrmann (1991) und Kolk (1994).

[17] Fohrmann/Voßkamp (1994); – vgl. dazu die Rezension von Müller (1996).

[18] Einen konzisen Abriss der Geschichte der Germanistik in Österreich hatte 1930 bereits Josef Körner vorgelegt, vgl. Körner (1930).

[19] Da Hausmann von Grund auf interdisziplinär ist, sei hier, obwohl er von Haus aus Romanist ist, auf das Verzeichnis (Asholt 2018) seiner nicht allein in den Philologien weit verzweigten Schriften hingewiesen.

[20] Vgl. Meves (2004) und Meves (2011).

[21] Rosenberg (1981). – Zuletzt (mit Schriftenverzeichnis) Rosenberg (2014).

[22] Neben den im Folgenden erwähnten Beiträgen aus der „Geschichte der Germanistik“ vgl. die Beiträge zum DFG-Symposium 1998: Schönert (2000) und die Arbeiten aus der 2008 gegründeten „Forschungsstelle Historische Epistemologie und Hermeneutik“ (http://fheh.org/); zuletzt: Albrecht u. a. (2016).

[23] Zum historischen Kontext vgl. Müller-Seidel (1973).

[24] Müller-Seidel (1974, S. 654).

griffstrias „Archiv (Erwerb), Dokumentation, Forschung“[25] orientierte, die, in umgekehrter Priorität, die Grundkonzeption der Zeitschrift bis heute bestimmt. Um vor allem auf dem Gebiet der wissenschaftshistorischen Forschung die Kapazitäten der Ein-Mann-Arbeitsstelle zu erweitern und effektiver zu gestalten, rief König zur Bildung eines Arbeitskreises für die Geschichte der Germanistik auf,[26] an dem mitarbeiten konnte, wer immer sich für die Wissenschaftsgeschichte der Germanistik interessierte. Den Mitarbeitenden bot die Arbeitsstelle nicht allein das kostengünstige Abonnement der „Mitteilungen des Arbeitskreises“ an – so lautete kurz der Titel des Vorläufers der „Geschichte der Germanistik“, sondern auch die Teilnahme an der Planung einer Reihe von Symposien, die im Abstand von drei Jahren stattfinden sollten. Auf diese unaufwendige Weise wurde ein Ensemble geschaffen, das Forschungen, Kongresse und Publikationen[27] initiieren und vorbereiten konnte, die über die Fachöffentlichkeit hinaus Publizität zu gewinnen vermochten.

Die „Geschichte der Germanistik“ hatte von Anbeginn eine über nationalsprachlichen Forschungstraditionen hinausreichende internationale und interdisziplinäre Orientierung;[28] sie war und ist in theoretischer Hinsicht pluralistisch bei einer deutlichen Gravitation zu einer weit gefassten Tradition der philosophischen und philologischen Hermeneutik. Epistemologischen Interessen und analytischen Rekonstruktionen der Hermeneutik, wie sie etwa in der seit 1997 erscheinenden Zeitschrift „Scientia Poetica“ gepflegt werden – zu der sie gutnachbarliche Beziehung unterhält[29] – steht sie eher reserviert gegenüber.[30]

Die Zeitschrift hatte und hat keine eigene politische Agenda, engagierte sich aber dort, wo die Herausgeber es für nötig hielten. Das war in der Vergangenheit bislang nur einmal der Fall, als nach der – von internationalen Protesten begleiteten –Bildung der rechtslastigen schwarzblauen Koalition Schüssel-Haider in Österreich der in Wien tagende Kongress der „Internationalen Vereinigung für Germanistik“ sich

---

[25] Vgl. dazu König (1988, S. 381–383).

[26] König (1992, S. 3031). Der Artikel führt auch die „Gründungsmitglieder“ und den „Geschäftsführer“ des Arbeitskreises auf.

[27] Dazu gehörte auch eine eigene Buchreihe: *Marbacher Wissenschaftsgeschichte.* Eine Schriftenreihe der Arbeitsstelle für die Erforschung der Geschichte der Germanistik im Deutschen Literaturarchiv Marbach. Hg. von Christoph König und Ulrich Ott. In ihr erschienen zwischen 2001 und 2005: 1. Körner (2001); 2. König (2000); 3. Barner/König (2001); 4. Haß/König (2003); 5. Scherer (2005); König/Oels (2005).

[28] „Die internationale Ausbreitung der deutschen Literaturwissenschaft und ihre wechselnde Verflechtung mit anderen Fächern, mit Philosophie, Kunstgeschichte, Soziologie, Linguistik und den anderen Philologien etwa, prägen die Geschichte des Faches in diesem Jahrhundert auf so verschiedene Weise, daß zu ihrer Erforschung Kollegen anderer Fächer und aus anderen Ländern beitragen sollten. […] Die Marbacher Arbeitsstelle möchte überregionale, interdisziplinäre und methodisch unterschiedliche Forschungen anregen und ihren Austausch fördern.“ König (1991, S. 12).

[29] Vgl. Thomé (2000). Die wissenschaftshistorisch einschlägigen Artikel aus „Scientia Poetica“ werden in der „Geschichte der Germanistik“ regelmäßig dokumentiert.– Über die seit 2016 erscheinende internationale Zeitschrift „History of the Humanities“ wurde allerdings noch nicht berichtet.

[30] Keine Erwähnung gefunden haben bislang etwa Wolfgang Detels Arbeiten zur Theorie und Geschichte der Hermeneutik, s. vor allem Detel (2011).

einer politischen Fachdiskussion entzog und die „Geschichte der Germanistik" zu einer Gegenveranstaltung aufrief,[31] die international besetzt war und ein breites Presse-Echo auslöste. Mittelbar äußerte sich dieses Engagement auch in dem Bestreben nach einer Erforschung des Schicksals jüdischer Germanisten:innen und Intellektuellen, der sich die Herausgeber der Zeitschrift[32] auf dem internationalen Symposium „Jüdische Intellektuelle und die Philologien Deutschland, 1870–1933" (Juni 1999)[33] widmeten.

Die „Geschichte der Germanistik" ist in mancher Hinsicht eine wissenschaftliche Zeitschrift wie jede andere, in einigen Hinsichten aber auch nicht. Das hervorstechendste Unterscheidungsmerkmal der Zeitschrift besteht darin, dass sie mit Peter Szondi[34] und Jean Bollack epistemisch dominante „Hausgötter und Heroen"[35] hat. Die Betonung liegt auf „epistemisch", denn für König war und ist Jean Bollack die Verkörperung einer an die philologische Tradition des 19. Jahrhunderts anschließenden philosophischen und hermeneutischen Orientierung, für die er sich in einer Situation entschied, die von strukturalistischen und poststrukturalistischen Konzeptionen sowie einer Vielzahl heterogener „theories" geprägt war.[36]

An deren ostensive Präsenz und literarische Präferenzen musste sich gewöhnen, wer der Zeitschrift treu bleiben wollte. Dafür kommen die arrivierten Zelebritäten der Fächer umso seltener zu Wort: man wird lange suchen müssen, um eine Zeitschrift zu finden, deren Beiträger:innenaus den verschiedensten Fachgebieten so fluktuieren und in der (noch) unbekannten jüngeren Wissenschaftler:innen so viel Raum gegeben wird – von den regelmäßigen „Projektberichtern" einmal ganz abgesehen.

Ein anderes Unterscheidungsmerkmal, das bedacht formuliert sein will, hängt mit der Person des Herausgebers zusammen; er bildet seit 1991 „quasi das personelle Kontinuum"[37] der „Geschichte der Germanistik", deren gelegentlich wechselnde Mitherausgeber zumindest in der Ausrichtung der Zeitschrift deutliche Spuren kaum hinterlassen haben. In einem anlässlich des 20jährigen Bestehens der Zeitschrift erscheinenden Editorial erinnern die Herausgeber an den in der ersten Nummer von 1991 geäußerten Vorsatz, die Zeitschrift werde – wie einst der „Brenner"-Herausgeber Ludwig von Ficker geschrieben hatte – nach ‚Maßgabe des inneren Fälligwerdens' erscheinen. Das Editorial fährt fort „Diese Norm unter-

---

[31] Vgl. dazu die Dokumentation von König u. a. (2002).

[32] Vgl. dazu König (1996) und König (2000).

[33] S. Barner/König (2001).

[34] „Peter Szondi ist eine Leitfigur der Literaturwissenschaft bis heute." König (2013, S. 39).– Zu Szondi vgl. auch König (2005a) und König (2013a). Zur Konstellation Szondi–Bollack vgl. Laks (2016).– Eine sprachanalytische Rekonstruktion der hermeneutischen Theorie Szondis nimmt hingegen Pieper (2019) vor.

[35] Vgl. Schwindt (2017, S. 74): „Jede, auch jede junge Wissenschaft hat ihre Hausgötter und Heroen."

[36] Vgl. König (2008). – Zu Bollack vgl. außerdem Thouard (2012); Thouard (2012a) und Weltphilologie (2013).

[37] Als solches bezeichnete sich der Herausgeber der Hofmannsthal-Ausgabe Rölleke (2016, S. 105).

scheidet die Zeitschrift bis heute von anderen Fachorganen. Die Herausgeber planen jedes Heft von neuem, um auf Fachentwicklungen reagieren und dazu Stellung beziehen zu können. Die Manuskripte werden in der Regel eingeworben, und oft schreiben die Herausgeber auch selbst."[38] So ist es, aber der Herausgeber schreibt aber nicht nur, er steht auch für die Auswahl der Beiträge: „Die Auswahl ist also ‚subjektiv' im Sinn des Eingriffs eines Subjekts, eines Herausgebers, der begründet, wofür er dankbar ist."[39]

Erfolgreiche Zeitschriften leben mit, aber nicht von solchen Zügen. Dass die „Geschichte der Germanistik" sich zwanzig Jahre nach ihrer Gründung „als zentrales Organ für die internationale Fachgeschichte der Germanistik und ihrer Teildisziplinen seit den Anfängen um 1800 etablieren"[40] konnte, beruht vor allem darauf, dass sie seit ihrer Gründung ein kompaktes Kommunikationsinstrument in einem Verbundprojekt war. Der Verbund mit dem „Arbeitskreis für Geschichte der Germanistik" und der institutionelle Rückhalt von Literaturarchiv und Deutscher Schillergesellschaft bildeten ein fertiles Biotop für die Formulierung von Forschungsprojekten und Anträgen zur Ausrichtung von Tagungen und Kongressen. Die Symposien „Literaturwissenschaft und Geistesgeschichte" (1991),[41] „Kontinuität und Diskontinuität in der neueren deutschen Literaturwissenschaft nach 1945"[42] (1993), „Fächergrenzen. Deutsche Philologie und Kulturwissenschaften um 1900"[43] (1996) und „Jüdische Intellektuelle und die Philologien. 1871 bis 1933"[44] (1998), wurden zunächst in der „Geschichte der Germanistik" vorgestellt und diskutiert; aus den Symposien gingen dann die als Fischer-Taschenbücher breit rezipierte Tagungsbände[45] hervor, welche die Forschungsdiskussion über die Themen beeinflussten und zur Reputation der Marbacher Arbeitsstelle und der Zeitschrift beitrugen. Den *rocher de bronze* dieser Reputation aber bildet zweifellos das 2003 erschienene „Internationale Germanistenlexikon", über dessen Projekt in der Zeitschrift erstmals 1994[46] und über dessen Fortschritte mehrfach berichtet wurde.

Das konservativste Element der „Geschichte der Germanistik" ist das Grundgerüst ihrer Gliederung: Aufsätze (und Diskussionen), Inedita, Nachlässe – Sammlungen –Autographen, Kommentierte Bibliographie – Projekte. Die Inedita werden von ihren devotees geschätzt, der kompakte Serviceteil mit der Dokumentation der Nachlässe und der (bescheiden) Kommentierten Bibliographie von allen – und nicht allein von den Abonnenten der „Geschichte der Germanistik".

---

[38] König/Lepper (2011, S. 5).

[39] [N.N.]: Editorial (2009).

[40] König/Lepper (2012).

[41] Vgl. König (1991a).

[42] Vgl. König (1994).

[43] Vgl. König (1996a).

[44] Vgl. König (1999a).

[45] König/Lämmert (1993); König/Lämmert (1999); Barner/König 1996; Barner/König 2001.

[46] König (1994a); vgl. auch König (1996b).

3 Neue Zielvorstellungen: Internationalisierung und Rekonstruktion der philologischen Praxis

Die Geschichte der „Geschichte der Germanistik" war eine Erfolgsgeschichte, und so blieben Konzeption und programmatische Ausrichtung der Zeitschrift zunächst unverändert, nur ihr Äußeres erhielt ein gründlich neues Outfit. Aus den in den ersten Jahrgängen noch hektographierten, grün gerandeten „Mitteilungen des Arbeitskreises für Geschichte der Germanistik" wurde die dunkel gerahmte hellblaue „Geschichte der Germanistik", aus dem Selbstverlag wurde der Wallstein Verlag.

Mit dem 20jährigen Jubiläum aber hob die Zeitschrift hervor, dass sie „in den letzten Jahren eine deutliche Veränderung ihres Profils vollzogen" habe: „Das Interesse an den Grundlagen philologischer Praxis, die von der Edition zur Interpretation, von der Literaturgeschichte bis zur Bildung reicht, hat uns in den letzten Jahren veranlasst, mehr und mehr Aufsätze zur Fachgeschichte anderer Philologien aufzunehmen. Damit verfestigte sich der Anspruch, mit unserer Zeitschrift eine Komparatistik der Philologien in historischer und theoretischer Sicht zu fördern. Friedrich Schlegels Begriff des ‚Philologisierens', der Reflexion mit Mitteln der Philologie, leitet uns."[47] Das Interesse an einer nicht antiquarischen „auf die heutige Lage bezogenen Rolle der Wissenschaftsgeschichte"[48] blieb erhalten. Die programmatische Neuausrichtung, die durch eine Redaktionsumbildung unterstützt wurde,[49] sollte in zwei Richtungen gehen.

Zum einen sollte das Gegenstandsgebiet der Zeitschrift, das sich bisher weitgehend auf die Geschichte der deutschen Philologie beschränkt hatte, tendenziell auf die Geschichte aller Philologien erweitert werden[50] – dementsprechend erhielt die Zeitschrift ein neues internationales Editorial Board, indem große, globale Sprachräume vertreten waren.[51]

Zum anderen aber sollte eine entsprechende Theoriebildung nicht im Anschluss an zeitgenössische Theorien der Philologie, sondern von der Praxis her erfolgen. In einem programmatisch „Zu einer Theorie philologischer Praxis" überschriebenen Bericht über einen workshop am Berliner Wissenschaftskolleg, der einer „Komparatistik der Philologien" galt, schrieb der Herausgeber:

> „Ziel des Vergleichs war, Grundzüge einer Epistemologie der Philologien zu benennen. Im Mittelpunkt des Vergleichs standen Proben des Verstehens literarischer Werke. Auf die Praxis kam es also an. Denn statt Gegenstand und Methode der Philologien theoretisch herzuleiten, lassen sich – so der Gedanke – ihre Grundlagen allein in der Reflexion philologischer Handlungen zeigen."[52]

[47] König/Lepper (2012, S. 5).

[48] König/Lepper (2012).

[49] An die Stelle der auf eigenen Wunsch ausgeschiedenen Linguistin Ulrike Haß trat der Philosoph Denis Thouard vom Centre Marc Bloch in Berlin ein.

[50] Neu war hier vor allem das Ziel, „eine Komparatistik der Philologien in historischer und theoretischer Sicht zu fördern". Unter dem Aspekt der Theorie und Methodologie der Literaturwissenschaft war eine Internationalisierung der Diskussion schon in der zweiten Hälfte des 20. Jahrhunderts der Standard, vgl. dazu beispielsweise den Kongressband von Danneberg/Vollhardt 1996.

[51] König/Lepper (2012).

[52] König (2009, S. 125).

„Die Analyse der Praxis", so lautete das Resümee, „kann und soll zu einer Theorie philologischer Praxis führen."[53] Diese Neuausrichtung kann sowohl mit der Theoriemüdigkeit'[54] in Zusammenhang stehen, die sich in den Philologien im letzten Drittel des 20. Jahrhunderts breit machte; es mag aber auch der etwa zur gleichen Zeit sich in den *humanities* international ausbreitende *practice turn*[55] eine Rolle gespielt haben. Was aber unter einer „Theorie philologischer Praxis" zu verstehen sein und welche theoretische Konzeption sie erhalten sollte: das blieb zunächst unklar – und dies nicht zuletzt, weil der Begriff der „Praxis" im zeitgenössischen ‚Theoriediskurs' in programmatischer Absicht von unterschiedlichen Forschungsrichtungen in verschiedenen theoretischen Zusammenhängen ausgerufen wurde. Im selben Heft der Zeitschrift, das Königs Projektbericht enthielt, stellten etwa Steffen Martus und Carlos Spoerhase im Namen einer größeren Arbeitsgruppe ihre Überlegungen zu einer „Praxeologie der Literaturwissenschaft"[56] vor. Während Königs Verständnis von „Theorie der Praxis" sich vermutlich eher auf die reflektierte Praxis der philologischen Lektüre[57] bezog, schien es dem Projekt der Praxeologie um eine „Explikation der in der Wissenschaft als Praxis, als Textumgangsform und als Wissenschaftskultur eingeschliffenen Verfahrensroutinen"[58] zu gehen.

Konsequent weiter verfolgt wurde in der Zeitschrift die angekündigte Ausweitung der wissenschaftshistorischen Analyse auf weitere Philologien; einer breiteren Öffentlichkeit wurde sie vor Augen geführt auf dem internationalen Kongress „Das Potential europäischer Philologien", der im April 2007 in Osnabrück stattfand. Die 21 Beiträge von Vertreter:innen aus 21 europäischen Philologien, zu denen der vielbeachtete Vortrag des damaligen EU-Kommissars für Mehrsprachigkeit, Leonard Orban, hinzukam, wurden im Kongressband publiziert.[59] Im Hinblick auf die gelungene Kommunikation zwischen den Fachverter:innen der verschiedensten Philologien, die unter anderem zeigte, dass es so etwas wie einen gemeinsamen philologischen Kern[60] gibt, der die verschiedenen nationalsprachlichen Fächern verbindet, wurde zum Abschluss des Kongresses die *Osnabrücker Erklärung zum Potential Europäischer Philologien* verabschiedet, die eine Reihe ehrgeiziger Ziele

[53] Ebd. S. 129, vgl. wörtlich entsprechend auch König (2009a, S. 910).

[54] Vgl. dazu den kritischen Überblick von Carnevali (2020).

[55] Vgl. dazu exemplarisch Schatzki u. a. (2001).

[56] Martus/Spoerhase (2009). – Vgl. auch Martus/Spoerhase 2013 und die wissenschaftshistorischen praxeologischen Untersuchungen in diesem Band.

[57] Vgl. dazu König (2011) und König (2016); dies auch in: Banki (2017). – Allem Anschein nach gehört Königs „Theorie der philologischen Praxis" in die Nähe einer epistemologisch letztlich eher desinteressierten Konzeption des „philologischen Wissens", die Nikolaus Wegmann 1994 bereits wie folgt umriss (Wegmann 1994, S. 398) : „Das philologische Wissen läßt sich weder in einer einfachen Klassifikation noch in einer definitiven Theorie fixieren, da es untrennbar verwoben ist mit der Reflexion des Philologen auf seine Arbeit am Text: Das Wissen des Philologen ist die (theoretisch aufgeklärte) *Praxis der philologischen Lektüre*."

[58] Martus, Spoerhase (2009, S. 89).

[59] Vgl. König (2009a).

[60] Vgl. König (2007, S. 5).

proklamierte. So sollten die wissenschaftshistorischen Anstrengungen der europäischen Philologen sich um eine Klärung u. a. der folgenden Problemkomplexe bemühen:

- Die unterschiedlichen Wissenschaftsbegriffe in den europäischen Philologien (‚Literaturkritik' vs. ‚Forschung');
- Eigenart und Transfer philologischer Paradigmata (national, komparatistisch, allgemein);
- die in den Fächern ausgetragenen Spannungen zwischen Fremdsprachen und Muttersprachenphilologie;
- Fächerhierarchien in den nationalen Wissenschaftskulturen.[61]

Das Ziel, mit dem Osnabrücker Symposium den Grundstein für ein europäisches Netzwerk der Philologien zu schaffen, das sich über Forschungsprojekte zur europäischen Sprachpolitik und den europäischen Philologien verständigen sollte, konnte im Anschluss an den Kongress noch nicht verwirklicht werden; die Impulse, die vom Kongress ausgingen, wurden jedoch in einer Reihe von Beiträgen weiter diskutiert[62] und fanden in zahlreichen Forschungsaktivitäten ihren Niederschlag. So war schon auf dem Kongress angeregt worden, „die Analyse philologischer Praxis auf die Zeiten vor der Disziplinbildung" auszudehnen und „diese gerade in anderen Kulturen weltweit zu verfolgen."[63]

Zur gleichen Zeit, wie der Osnabrücker Kongress zum „Potential europäischer Philologien" abgehalten wurde publizierter Sidney Pollock in „Critical Inquiry" und zugleich in der „Geschichte der Germanistik"[64] seinen inzwischen international berühmt gewordenen Essay über „Zukunftsphilologie?"[65], in dem er das Programm einer Restitution der Philologie in einer gänzlich neuen Gestalt entwarf. Ihm ging es nicht um die Konzeption oder die Geschichte von Nationalphilologien, sondern um eine komparative Geschichte der Philologien, in deren Zentrum die Konzeption des Kerns der Philologie als „Theorie von Texten und die Geschichte von Textbedeutung" steht. Eine von diesem Kern aus konzipierte Philologie besitze, so Pollock, eine Grundlage in allen Nationalphilologien, sie stelle eine „globale Wissenspraxis" dar, die „über Zeit und Raum hinweg eine ähnlich zentrale Stellung unter den Disziplinen erworben hat wie die Philosophie oder die Mathematik."[66] Zur Begründung seiner These ging Pollock nicht näher auf die von ihm so bezeichnete

[61] Ebd. S. 6.

[62] Vgl. dazu unter anderem die Beiträge von Rüdiger Görner, Carlos Spoerhase, Jürgen Paul Schwindt und Frank Trommler in: Geschichte der Germanistik 33/34 (2008), S. 20–28.

[63] Vgl. König (2009a, S. 13).

[64] Pollock und König hatten sich auf der Konferenz *The Global History of Philology* kennengelernt, die im Oktober 2008 in der Academia Sinica in Taipeh (Taiwan) stattfand. 2016 initiierten sie und gaben (gemeinsam mit Gregory Nagy und Leonhard Muellner) in der Harvard University Press Jean Bollacks Buch „The Art of Reading from Homer to Paul Celan" (Bollack 2016) heraus.

[65] Pollock (2009) und Pollock (2009a).

[66] Pollock (2009a, S. 27)

„Theorie von Texten und die Geschichte von Textbedeutung“ ein, sondern liefert knappe – in seinem Buch „World Philology“[67] von einer Reihe von Autor:innen exemplarisch ausgeführte – wissenschaftshistorische Skizzen, die den gemeinsamen Fonds der Philologie als „globale Wissenspraxis“ illustrieren sollen: exemplarisch umriss er den Ursprung der Philologie in Persien, die indische Philologie aus der Zeit vor dem Kolonialismus und die chinesische Philologie. Er verfolgte damit die Absicht, „nicht nur auf die Gründung eines Teils der europäischen Moderne im Asien der Frühmoderne, sondern auch auf die universelle Natur der Philologie selbst hinzuweisen, etwas was nie registriert oder gar komparatistisch erforscht wird.“[68] Dass es ihm bei der Rekonstruktion eines solchen Philologiekonzepts nicht etwa um eine „Entgrenzung des Europäischen zum Allgemeinen“[69] oder gar ein „imperiales Superparadigma“[70] geht, sondern um eine über den Identitätsdiskurs der Nationalphilologien hinausreichende Konzeption, hat Pollock[71] nachdrücklich betont, und im Anschluss an ihn hat Markus Messling hervorgehoben: „Die Neustrukturierung der globalen Bezüge der Textkulturen erfordert eine innere Distanz zur eigenen Tradition, die erst die Neuperspektivierung eröffnet.“[72] Es ist absehbar, dass der in den letzten Bänden der „Geschichte der Germanistik“ und in den beiden ersten Bänden der „Geschichte der Philologie“ konturierte „philological turn“ schwierige epistemologische und identitätspolitische Fragen aufwirft – von der Frage der institutionellen Verankerung dieses „turns“ einmal ganz abgesehen. Andererseits ist zu erkennen, dass im Gefolge von Pollocks Anregungen in zahlreichern Ländern und Regionen Studien zur Genese spezifischer Philologien entstehen, die zu einer materialreichen komparativen Geschichte der Philologie zusammenwachsen könnten. Je präziser diese Geschichte mit dem Begriff des „philological turn“ verknüpft wird, desto besser kann dieser gegen Trivialisierung und Konturverlust geschützt werden, denen zahlreiche andere „turns“ und Begriffe wie etwa die „Globalisierung“[73] zum Opfer gefallen sind.

Während derartige Fragen im Blickpunkt stehen, geht der Betrieb in den anderen Sparten der „Geschichte der Philologie“ unverändert unvermindert weiter, und in aller Stille sind – nach ‚Maßgabe des inneren Fälligwerdens‘ – Überlegungen und

---

[67] S. Pollock (2015). Markus Messling führt als „große Zeugen“ für die ‚globale Wissenspraxis‘ vor allem „die jüdische, arabische, persische, indische, indonesische, japanische, mittelamerikanische Textkultur“ an; Messling (2013, S. 74).

[68] Pollock (2009a). Vgl. dazu auch Dayeh (2014).

[69] Messling (2013, S. 75).

[70] Lepper (2012, S. 118). Vgl. auch Messling (2013, S. 75) und, speziell für die Germanistik, Espagne (2011).

[71] Vgl. Pollock (2015, S. vii): “Its vision and orientation aim at a comparative history of important philological traditions around the world.”. S. auch S. ix: “The best antidote to the perils of traditionalism, sterile philology, or even Orientalism seems to be what this book embodies: that is, philology’s commitment to historical reflexivity, nonprovinciality, and methodological and conceptual pluralism.”

[72] Messling (2013, S. 77). – Lepper (2012) hatte in diesem Kontext von einem neuen „Dezentrierungsbewußtsein“ gesprochen.

[73] Vgl. dazu etwa Osterhammel (2017 bes. S. 11–80): „Konzepte von Globalität“.

ein Sammelband zu dem traditionsreichen Unterfangen einer vergleichenden Analyse der Interpretation in der Rechtswissenschaft und in der Literaturwissenschaft entstanden.[74]

Es ist knapp 100 Jahre her, dass den Geisteswissenschaften angeraten wurde, der einzige Weg, der zu ihrer wissenschaftstheoretischen Fundierung könne, sei „die maximale gegenständliche Versenkung [...] in die großen Gedankensysteme der Geschichtsschreibung, der Philologien, der Jurisprudenz und der übrigen Wissenschaften von den Kultursystemen und Organisationen der Gesellschaft."[75]

Literatur

Albrecht, Andrea u. a.: Konzept Historischer Epistemologie. In: Scientia Poetica 20 (2016), S. 137–165.

Asholt, Wolfgang u. a. (Hg.): Engagement und Diversität. Frank-Rutger Hausmann zum 75. Geburtstag. München 2018 (Romanische Studien.4), S. 495–514.

Banki, Luisa / Scheffel, Michael (Hg.): Lektüren. Positionen zeitgenössischer Philologie. Trier 2017 (Schriftenreihe Literaturwissenschaft. 94), S. 117–124.

Barner, Wilfried / König, Christoph (Hg.): Zeitenwechsel. Germanistische Literaturwissenschaft vor und nach 1945. Frankfurt am Main 1996.

Barner, Wilfried / König, Christoph (Hg.): Jüdische Intellektuelle und die Philologien in Deutschland: 1871–1933. Göttingen 2001 (Marbacher Wissenschaftsgeschichte. 3).

Bollack, Jean: The Art of Reading from Homer to Paul Celan. Hg. von Christoph König u. a. Washington 2016.

Carnevali, Barbara: The Poverty of ‚Theory'. In: Geschichte der Philologien 57/58 (2020), S. 5–17.

Danneberg, Lutz / Vollhardt, Friedrich u. a. (Hg.): Wie international ist die Literaturwissenschaft? Methoden und Theoriediskussion in den Literaturwissenschaften: kulturelle Besonderheiten und interkultureller Austausch am Beispiel des Interpretationsproblems. Stuttgart u. a. 1996.

Dayeh, Islam: Zu den Aufgaben einer Weltphilologie. In: Geschichte der Germanistik 44/45 (2014), S. 97–107.

Detel, Wolfgang: Geist und Verstehen. Historische Grundlagen einer modernen Hermeneutik. Frankfurt am Main 2011.

Espagne, Michel: Für eine dezentrierte Germanistik. In: Geschichte der Germanistik 39/40 (2011), S. 44–46.

Fohrmann, Jürgen / Voßkamp, Wilhelm (Hg.): Von der gelehrten zur disziplinären Gemeinschaft. In: Deutsche Vierteljahrsschrift für Literaturwissenschaft und Geistesgeschichte Sonderheft 6 (1987).

Fohrmann, Jürgen / Voßkamp, Wilhelm (Hg.): Wissenschaft und Nation. Studien zur Entstehungsgeschichte der deutschen Literaturwissenschaft. München 1991.

Fohrmann, Jürgen / Voßkamp, Wilhelm (Hg.): Wissenschaftsgeschichte der Germanistik im 19. Jahrhundert. Stuttgart u. a. 1994.

Fohrmann, Jürgen: Organisation, Wissen, Leistung. Konzeptuelle Überlegungen zu einer Wissenschaftsgeschichte der Germanistik. In: Internationales Archiv für Sozialgeschichte der Literatur 16 (1991), S. 110–125.

Goethe, Johann Wolfgang von: Vorwort zur Farbenlehre. In: Goethes Werke. Hg. im Auftrag der Großherzogin Sophie von Sachsen, Weimar 1887–1919 [Weimarer Ausgabe], Abt. II, Bd. 1, Weimar 1890.

[74] Vgl. Grimm/König 2020 und Grimm/König 2020a). – Vgl. zuvor schon Grimm 2009.

[75] Rothacker (1930, S. 274).

Grimm, Dieter: Verfassungsinterpretation. Am Beispiel der Grundrechtsentfaltung durch das Bundesverfassungsgericht. In: Geschichte der Germanistik 35/36 (2009), S. 6–25.

Grimm, Dieter /König, Christoph: Zur Interpretation in der Rechtswissenschaft und in der Literaturwissenschaft. In: Geschichte der Philologien 57/58 (2020), S. 18–26.

Grimm, Dieter / König, Christoph (Hg.): Lektüre und Geltung. Zur Verstehenspraxis in der Rechtswissenschaft und in der Literaturwissenschaft. Göttingen: 2020a (Philologien. Theorie, Praxis, Geschichte. 6).

Güthenke, Constanze: "Enthusiasm Dwells Only in Specialization". Classical Philology and Disciplinarity in Nineteenth–Century Germany. In: Sidney Pollock u. a. (Hg.): World Philology. Cambridge, Mass. 2015, S. 264–284.

Haß, Ulrike / König Christoph (Hg.): Literaturwissenschaft und Linguistik von 1960 bis heute. Göttingen 2003 (Marbacher Wissenschaftsgeschichte. 4).

Hoeschen, Andreas / Schneider, Lothar: Zwei klassische Konzeptionen der Kulturwissenschaft: Hermann Paul und Heinrich Rickert. In: Internationales Archiv für Sozialgeschichte der Literatur 27 (2002), S. 54–72.

König, Christoph: Fachgeschichte im Deutschen Literaturarchiv. Programm und erste Ergebnisse. In: Jahrbuch der Deutschen Schillergesellschaft 32 (1988), S. 377– 405.

König, Christoph: Vorbemerkung. In: Geschichte der Germanistik 1 (1991), S. 1–2.

König, Christoph: Literaturwissenschaft und Geistesgeschichte. Germanistik zwischen 1910 und 1925. Das erste Marbacher Symposion zur Geschichte der Germanistik. In: Geschichte der Germanistik 2 (1991a), S. 1–7.

[König, Christoph], Marbacher Arbeitskreis für Geschichte der Germanistik. Einladung zur Mitarbeit. In: Mitteilungen 3 (1992), S. 30–31.

König, Christoph: Wertphilologie? [Symposium „Kontinuität und Diskontinuität in der neueren deutschen Literaturwissenschaft nach 1945]. In: Geschichte der Germanistik 7/8 (1994), S. 1–8.

König, Christoph: Die Wissenschaftsgeschichte und ihre Bibliographie. Das Marbacher Projekt eines Internationalen Germanistenlexikons 1800–1950. In: Geschichte der Germanistik 7/8 (1994a), S. 37–38.

König, Christoph: Projektskizze: Jüdische Gelehrte und die Philologien 1871–1933. In: Geschichte der Germanistik 9/10 (1996), S. 10–16.

König, Christoph: Fächergrenzen. Deutsche Philologie und Kulturwissenschaften um 1900. Marbacher Internationales Symposium vom 4.–6.7. 1996. In: Geschichte der Germanistik 11/12 (1996a), S. 26–29.

König, Christoph: Das Marbacher Projekt eines internationalen Germanistenlexikons. In: Internationales Archiv für Sozialgeschichte der Literatur 21 (1996), S. 57–91.

König, Christoph: Zur Kritik der Achtundsechziger nach dreißig Jahren. In: Geschichte der Germanistik 15/16 (1999), S. 1–4.

König, Christoph: Jüdische Intellektuelle und die Philologien in Deutschland: 1871 – 1933. In: Geschichte der Germanistik15/16 (1999a), S. 5–7.

König, Christoph: Gab es ‚jüdische' Intellektuelle? In: Geschichte der Germanistik 17/18 (2000), S. 1–3.

König, Christoph: Hofmannsthal. Ein moderner Dichter unter den Philologen. Göttingen: 2001 (Marbacher Wissenschaftsgeschichte. 2).

König, Christoph u. a. (Hg.): Germanistik – eine politische Wissenschaft. Ein Kolloquium im Jüdischen Museum Wien am 11. September 2000. In: Geschichte der Germanistik 21/22 (2002).

König, Christoph / Oels, David (Hg.): Hugo von Hofmannsthal – Walther Brecht. Briefwechsel. Mit Briefen Hugo von Hofmannsthals an Erika Brecht. Göttingen 2005 (Marbacher Wissenschaftsgeschichte. 6).

König, Christoph: Nachwort zum Briefwechsel Paul Celan – Peter Szondi. Frankfurt am Main 2005a, S. 114–118.

König, Christoph: Osnabrücker Erklärung zum Potential Europäischer Philologien. In: Geschichte der Germanistik 31/32 (2007), S. 5–10.

König, Christoph: Ungebändigtes Lesen. Laudatio für Jean Bollack. In: lendemains 33 (2008), S. 119–127.

König, Christoph: Zu einer Theorie philologischer Praxis. In: Geschichte der Germanistik 35/36 (2009), S. 125–129.
König, Christoph: Einleitung, in: Ders. (Hg.): Das Potential europäischer Philologien. Geschichte, Leistung, Funktion. Göttingen 2009a (Philologien. Theorie, Praxis, Geschichte. 1), S. 9–16.
König, Christoph: Hintergedanken. Zu einer Wissenschaftsgeschichte der Textlektüre. In: Geschichte der Germanistik 39/40 (2011), S. 38–42.
König, Christoph: Peter Szondis Ethik des wissenschaftlichen Essays. In: Geschichte der Germanistik 43/44 (2013), S. 36–49.
König, Christoph: La biographie intellectuelle de Peter Szondi et la postérité de son œuvre. In: Revue Germanique Internationale (2013a), H. 17: L'herméneutique littéraire et son histoire, S. 13–27.
König, Christop: Zur Kreativität philologischer Erkenntnis in komparatistischer Absicht. In: Geschichte der Germanistik 49/50 (2016), S. 119–126.
König, Christoph / Lepper, Marcel: Das zwanzigjährige Jubiläum der Zeitschrift ‚Geschichte der Germanistik'. In: Geschichte der Germanistik 39/40 (2011).
König, Christoph, Lepper, Marcel: Editorial. In: Geschichte der Germanistik 41/42 (2012), S. 5.
König, Christoph / Lämmert, Eberhard (Hg.): Literaturwissenschaft und Geistesgeschichte 1910 bis 1925. Frankfurt am Main 1993.
König, Christoph / Lämmert, Eberhard (Hg.): Konkurrenten in der Fakultät. Kultur, Wissen und Universität um 1900. Frankfurt am Main 1999.
Körner, Josef: Deutsche Philologie. In: Deutsch-Österreichische Literaturgeschichte. Ein Handbuch zur Geschichte der deutschen Literatur in Österreich-Ungarn. Unter Mitwirkung hervorragender Fachgenossen nach dem Tode von Johann Willibald Nagl und Jakob Zeidler hg. von Castle, Eduard. Dritter Band. Von 1848–1890. Wien 1930, S. 48–89.
Körner, Josef: Philologische Schriften und Briefe. Hg. von Ralf Klausnitzer. Mit einem Vorwort von Hans Eichner. Göttingen 2001 (Marbacher Wissenschafts- geschichte. 1).
Kolk, Rainer: Liebhaber, Gelehrte, Experten. Das Sozialsystem der Germanistik bis zum Beginn des 20. Jahrhunderts. In: Fohrmann/Voßkamp 1994, S. 48–114.
Lachmann, Peter: Zygmunt Łempickis ausdruckskritizistischer Entwurf. Zu Łempickis Versuch einer „reinen Poetik". In: Poetica 4 (1971), S. 398–408.
Lämmert, Eberhard u. a.: Germanistik – eine deutsche Wissenschaft. Frankfurt/Main 1967.
Laks, André: Präliminarien zu den hermeneutischen Vorgehensweisen von Jean Bollack und Peter Szondi. In: Geschichte der Germanistik 49/50 (2016), S. 76–89.
Lempicki, Sigmund von: Geschichte der deutschen Literaturwissenschaft bis zum Ende des 18. Jahrhunderts. Göttingen 1920.
Lempicki, Sigmund von: Literaturwissenschaft. In: Reallexikon der deutschen Literaturgeschichte. Berlin: 1928–29, Bd. 2, S. 280–90.
Lepper, Marcel: Ruhiger Blick, lange Dauer: Geschichte der Philologien. In: Geschichte der Germanistik 41/42 (2012), S. 116–119.
Martus, Steffen / Spoerhase, Carlos: Praxeologie in der Literaturwissenschaft. In: Geschichte der Germanistik 35/36 (2009), S. 89–96.
Martus, Steffen/Spoerhase, Carlos: Die Quellen der Praxis. Probleme einer historischen Praxeologie der Philologie. Einleitung. In: Zeitschrift für Germanistik 23 (2013), S. 221–225.
Messling, Markus: Nach der Theorie? Der ‚philological turn' und das Erkenntnisinteresse der Fachgeschichte. In: Geschichte der Germanistik 43/44 (2013), S. 70–78.
Meves, Uwe: Ausgewählte Beiträge zur Geschichte der Germanistik und des Deutschunterrichts im 19. und 20. Jahrhundert. Hildesheim 2004. (Spolia Berolinensia. 24).
Meves, Uwe (Hg.): Deutsche Philologie an den preußischen Universitäten im 19. Jahr hundert. Dokumente zum Institutionalisierungsprozess. 2 Bände. Berlin u. a. 2011.
Müller, Jan-Dirk: [Rez.] Fohrmann/Voßkamp 1994. In: Geschichte der Germanistik 9/10 (Mai 1996), S. 1–10.
Müller-Seidel, Walter: Geschichte der Germanistik. Zur Begründung einer Arbeitsstelle in Marbach am 14. April 1972. In: Jahrbuch der deutschen Schillergesellschaft 17 (1973), S. 584–588.

Müller-Seidel, Walter: Zur Eröffnung einer Arbeitsstelle für Geschichte der Germanistik im Deutschen Literaturarchiv am 15. April 1972. In: Walter Müller-Seidel (Hg.): Historizität in Sprach- und Literaturwissenschaft. Vorträge und Berichte der Stuttgarter Germanistentagung 1972. München 1974, S. 653–65.

[N.N.]: Editorial. In: Geschichte der Germanistik 35/36 (2009), S. 5.

Osterhammel, Jürgen: Die Flughöhe der Adler. Historische Essays zur globalen Gegenwart. München 2017.

Paul, Hermann (Hg.): Grundriss der germanischen Philologie. Erster Band. Strassburg 1891.

Pieper, Vinzenz: Philologische Erkenntnis. Eine Untersuchung zu den begrifflichen Grundlagen der Literaturforschung. Berlin u. a.: 2019 (spectrum Literaturwissenschaft. 65).

Pollock, Sheldon: *Future Philology?* The Fate of a Soft Science in a Hard World. In: Critical Inquiry Nr. 4 (2009), S. 931–961.

Pollock, Sheldon: Zukunftsphilologie. In: Geschichte der Germanistik 35/36 (2009a), S. 25–50.

Pollock, Sheldon u. a. (Hg.): World Philology. Cambridge, Mass. 2015.

Raumer Rudolf von: Geschichte der Germanischen Philologie vorzugsweise in Deutschland. München 1870 (Geschichte der Wissenschaften in Deutschland. Neuere Zeit. 9).

Ritschl, Friedrich: Über die neueste Entwicklung der Philologie. In: Friedrich Ritschls Kleine philologische Schriften. Fünfter Band: Vermischtes. Hg. von Curt Wachsmuth. Leipzig 1897, S. 1–18.

Rölleke, Heinz: Hugo von Hofmannsthal: Sämtliche Werke – Kritische Ausgabe. 40 Bände – eine fast vollendet Edition, in: Geschichte der Germanistik 49/50 (2016), S. 104–119.

Rosenberg, Rainer: Zehn Kapitel zur Geschichte der Germanistik. Literaturgeschichtsschreibung. Berlin 1981 (Literatur und Gesellschaft).

Rosenberg, Rainer: Innenansichten zur Wissenschaftsgeschichte. Vorläufige Bilanz eines Literaturwissenschaftlers. Frankfurt am Main u.a. 2014 (Berliner Beiträge zur Wissenschaftsgeschichte. 15).

Rothacker, Erich: Einleitung in die Geisteswissenschaften. Tübingen [2]1930.

Sauerland, Karol: Zygmunt Łempicki (1886–1943). In: Wojciech Kunicki / Marek Zybura (Hg.): Germanistik in Polen. Zur Fachgeschichte einer literaturwissenschaftlichen Auslandsgermanistik – 18 Porträts. Osnabrück 2011, S. 33–61.

Schatzki, Theodore R., Cetina, Karin Knorr, Savigny, Eike von (Hg.): The Practice Turn in Contemporary Theory. London 2001.

Scherer, Wilhelm Jacob Grimm. Zwei Artikel der Preußischen Jahrbücher aus deren vierzehnten, fünfzehnten und sechzehnten Bande besonders abgedruckt. Berlin 1865.

Scherer, Wilhelm: Briefe und Dokumente aus den Jahren 1853 bis 1886. Hg. und kommentiert von Mirko Nottscheid und Müller Hans-Harald unter Mitarbeit von Myriam Isabell Richter. Göttingen 2005 (Marbacher Wissenschaftsgeschichte. 5).

Schönert, Jörg (Hg.): Literaturwissenschaft und Wissenschaftsforschung. Stuttgart u. a. 2000 (Germanistische Symposien-Berichtsbände. 21)

Schönert, Jörg: Versäumte Lektionen? 1968 und die Germanistik der BRD in ihrer Reformphase 1965–1975, [2008], s. https://literaturkritik.de/id/12169 (ges. 3.5.2024).

Schwindt, Jürgen Paul: Die Theorie der Philologie. In: Geschichte der Germanistik 51/52 (2017), S. 74–82.

Thomé, Horst: Scientia Poetica. Jahrbuch für Geschichte der Literatur und der Wissenschaften. In: Geschichte der Germanistik 17/18 (2000), S. 75–76.

Thouard, Denis u. a.: Herméneutique critique. Bollack, Szondi, Celan, Lille.– Villeneuve-d'Asq 2012.

Thouard, Denis: Philologie wider Philologie. Bemerkungen zur ‚Schule von Lille' in: Geschichte der Germanistik 41/42 (2012), S. 18–29.

Voßkamp, Wilhelm: Kontinuität und Diskontinuität. Zur deutschen Literaturwissenschaft im Dritten Reich. In: Peter Lundgreen: Wissenschaft im Dritten Reich. Frankfurt am Main 1985, S. 140–162.

Wegmann, Nikolaus: Was heißt einen ‚klassischen Text' lesen? Philologische Selbstreflexion zwischen Wissenschaft und Bildung. In: Fohrmann/Voßkamp 1994, S. 334–450.

Weimar, Klaus: Zur Geschichte der Literaturwissenschaft. Forschungsbericht, in: Deutsche Vierteljahrsschrift für Literaturwissenschaft und Geistesgeschichte 50 (1976), S. 298–364.

Weimar, Klaus: Geschichte der deutschen Literaturwissenschaft bis zum Ende des 19. Jahrhunderts. München 1989.

Weltphilologie. Zum Tod des Philologen Jean Bollack (1923-2012). In: Geschichte der Germanistik 43/44 (2013), S. 4951.

Wiese, Benno von / Henss, Rudolf (Hg.): Nationalismus in Germanistik und Dichtung. Dokumentation des Germanistentages in München vom 17. bis 22. Oktober 1966. Berlin 1967.

Was war eigentlich Interdisziplinarität – und was ist aus ihr geworden? Wissenschaftshistorische Vorüberlegungen

Hans-Harald Müller

1 Formen der Interdisziplinarität und ihr Verhältnis zum System der Disziplinen.

In der unüberschaubaren Flut[1] von Literatur zur Interdisziplinarität beziehungsweise zu den vielfältigen Formen oder Varianten von Interdisziplinarität[2] ist spätestens seit den neunziger Jahren des letzten Jahrhunderts eine Entwicklung von programmatischen Manifesten und Stellungnahmen hin zu ernüchterten Bestandsaufnahmen[3] und Resümées[4] zu verzeichnen. Verbreitet sind die Klagen darüber, dass der inflationär verwendete Begriff seine Bedeutung völlig verloren hat[5] und zu

[1] Jacobs/Frickel (2009, S. 46) haben annähernd 8000 Titel gezählt.

[2] Vgl. dazu zusammenfassend Klein (2010, S. 15–31): „A taxonomy of interdisciplinarity". Zum Begriff der „Transdisziplinarität" vgl. Mittelstraß (2003).

[3] Aus der Fülle der Literatur sei nur hervorgehoben: Kocka (1987, S. 8); Laitko (2011); Arnold (2009); Banse/ Fleischer (2011); Jungert u. a. (2010); für die USA: Critical Inquiry 2009. Für die Literaturwissenschaft vgl. van Laak/Malsch (2010), die sich gegen die Forderung nach Transdisziplinarität wenden (S. 6) und ihren Band als „eine sich selbst vergewissernde disziplinäre Rückkehr" (S. 11) verstanden wissen wollen. Frodeman u. a. (Hg.) (2010) enthält keinen Beitrag zur Literaturwissenschaft.

[4] Vgl. vor allem Frodeman u. a. (Hg.) (2010).

[5] „Mit einem Wort: ‚Interdisziplinarität' ist eine leere Hülse […], der bisher noch niemand ‚hat einen produktiven Fruchtkern hat einsetzen können'." (Ropohl 2011, S. 282).

Erstdruck in: Lepper, Marcel/Müller, Hans-Harald (Hg.): Interdisziplinarität und Disziplinenkonfiguration: Germanistik 1780–1920. Stuttgart: Hirzel 2018 (Beiträge zur Geschichte der Germanistik; 8), S. 9–19.

H.-H. Müller (✉)
Institut für Germanistik, Universität Hamburg, Hamburg, Deutschland
E-Mail: harrym@uni-hamburg.de

H.-H. Müller (Hrsg.), *Kleine Schritte und große Sprünge*, Abhandlungen zur Literaturwissenschaft, https://doi.org/10.1007/978-3-662-71105-7_17

einem stereotypen Klischee[6] degeneriert ist. Auch die Wissenschaftsforschung ist „nicht bis zu einem theoretisch fundierten Konsens vorgedrungen“,[7] hat aber eine Reihe hilfreicher Differenzierungen zum Begriff der Interdisziplinarität vorgeschlagen.[8] Heinz Heckhausen[9] unterschied schon 1972 zwischen den folgenden Formen von Interdisziplinarität:

1. „Unterschiedslose Interdisziplinarität“ (Beispiel: „studium generale“);
2. „Pseudo-Interdisziplinarität“: (Beispiel: das Arbeiten mit in verschiedenen Disziplinen verwendeten Methoden; Statistik);
3. „Hilfsinterdisziplinarität“ (Beispiel: „Historische Hilfswissenschaften“; Herbeiziehen fachfremder Ansätze oder Methoden ohne Integration in die Disziplin);[10]
4. „Zusammengesetzte Interdisziplinarität“ (Beispiel: Disziplin besteht aus zusammengesetzten Disziplinen; Friedensforschung, Holzwirtschaft, Städtebau);
5. „Ergänzende Interdisziplinarität“: (Beispiel: Interdisziplinarität lediglich an Schnittstellen von Disziplinen; Psycholinguistik, Psychophysiologie);
6. „Vereinigende Interdisziplinarität“ (Beispiel: Verschmelzung der theoretischen Integrationsniveaus und Methoden verschiedener Disziplinen (Beispiel: Biochemie, Molekularbiologie).[11]

Weniger an einer Taxonomie der Formen von Interdisziplinarität als an der Methodologie interdisziplinärer Praxis ist der Beitrag von Philipp W. Balsiger[12] interessiert. In der Germanistik wird der Begriff der Interdisziplinarität meist nur in programmatischer Absicht verwendet; Versuche, ihn disziplinspezifisch genauer zu bestimmen, sind bislang nicht bekannt.[13]

[6] Vgl. Apostel/Vanlandschoot (1994, S. 14); Debus (2000, S. 90–91); Laitko (2011, S. 1).

[7] Laitko (2011, S. 1–2).; Renn (1994, S. 241) spricht von dem „as yet immature character of our understanding of the phenomenon of interdisciplinarity“.

[8] Vgl. auch Klein (1990, S. 11–14); zum Begriff der „Transdisziplinarität“ vgl. noch Defila/Di Giulio (1998) und – im Hinblick auf die Transformation der „Wissensgesellschaft“ – Laitko (2011, S. 11–14).

[9] Heckhausen (1972, S. 87–89); hier verkürzt paraphrasiert nach der Wiedergabe bei Jungert (2011, S. 5–6).

[10] Dieser Typus wird unter dem Gesichtspunkt der Kooperation von Disziplinen genauer bestimmt von Mainzer (1993, S. 18): „Von Interdisziplinarität sprechen wir dann, wenn die Kooperation zwischen (‚inter‘) den Disziplinen auf Einzelprobleme und auf einen bestimmten Zeitraum beschränkt bleibt, ohne dass die beteiligten Disziplinen ihre Methoden und Ziele ändern.“

[11] Vgl. auch die Begriffsbestimmung von „Grenzwissenschaften“ bei Defila/Di Giulio (1998, S. 116).

[12] Vgl. Balsiger (1996).

[13] Vgl. dazu Dill (2011, S. 189): „Die Beispiele zeigen, dass der Literaturwissenschaftler zur Interdisziplinarität verdammt ist. Sein Rekurs auf andere Disziplinen kann auf zweierlei Art stattfinden: *Entweder* mittels rezeptiv-interdisziplinärer Auswertung der einschlägigen Sekundärliteratur, wobei der Literaturwissenschaftler immer auf dem Niveau des Laien bleibt, weder über die spezifisch geschärfte Wahrnehmungsfähigkeit des Fachmannes der Fremddisziplin noch über dessen Methoden verfügt. *Oder* die Wissenschaftler mehrerer Disziplinen arbeiten kollektiv in Projekten. Doch bei letzteren handelt es sich meist um ex post zusammengeflickte pluridisziplinäre Sammel-

Historische Untersuchungen zum Phänomen der Interdisziplinarität haben dazu geführt, die Verwendung des Begriffs[14] und die Sache selbst[15] immer weiter zurückzudatieren. In ihrer Untersuchung über „Disciplinarity at the Fin de Siècle" kommen die Herausgeber zu dem Ergebnis, dass ‚disziplinäre' und ‚interdisziplinäre' Tendenzen bereits beim Prozess der Disziplinenformation wirksam waren: „It becomes evident, then, that disciplinarity was always interdisciplinarity."[16] Der amerikanische Soziologe Andrew Abbott hat die Geschichte der Verwendung des Begriffs hinter die OECD-Publikation von 1972 zurückverfolgt bis etwa in die Zeit der Herausbildung der Disziplinen in den USA. Nach seinen Untersuchungen entstand die Forderung nach Interdisziplinarität nahezu gleichzeitig mit der Herausbildung der Disziplinen selbst: „There was no long period of ossification; the one bred the other almost immediately."[17] In den letzten 40 Jahren hat die Forderung nach Interdisziplinarität das disziplinäre System der USA stets begleitet und herausgefordert: „Thus, a long historical process has given rise to a more or less steady, institutionalized social structure in American academia: a structure of flexibly stable disciplines, surrounded by a perpetual hazy buzz of interdisciplinarity."[18] Der Wissenschaftsforscher Rico Defila und seine Kollegin Antoniella Di Giulio stellen fest: „Interdisziplinarität entsteht aus innerwissenschaftlichen Bedürfnissen und Fragen und gehört als solche seit jeher zur Wissenschaft und trägt zur weiteren Kompartementalisierung der Wissenschaft bei – Interdisziplinarität ist in diesem Sinne (systemimmanenter) Teil der ‚Dynamik zur Spezialisierung', obwohl sie vordergründig als ‚Schwimmen gegen den Strom' wahrgenommen wird."[19] Abbott wirft in diesem Zusammenhang die nahe liegende Frage auf, weshalb die lautstarken Forderungen nach Interdisziplinarität nicht zu einer nachhaltigen Veränderung des disziplinären Systems an den Universitäten der USA geführt haben. In einer knappen Erklärungsskizze nennt er drei Gründe. Zum einen sei Interdisziplinarität zumeist an der Lösung von (Forschungs)-Problemen interessiert; Probleme aber hätten ihren eigenen kaum prognostizierbaren Lebenszyklus und eigneten sich daher nicht als Grundlage für langfristig wirksame Umbauten von Disziplinen.[20] Zum zweiten

bände. Die Literaturwissenschaftler sind wie die Schriftsteller Individualisten und scheuen kollektive Arbeit, wie überhaupt der in den Natur- und Technikwissenschaften übliche ‚Teamgeist' in den Geisteswissenschaften wenig Tradition hat und selten praktiziert wird."

[14] Hermann Lübbe spricht im Hinblick auf die Disziplinen im späten 19. Jahrhundert vorsichtig vom „Selbstverständlichkeitscharakter dessen, was wir heute ‚Interdisziplinarität' nennen", so Lübbe (1987, S. 29.)

[15] Vgl. dazu Jacobs/Frickel (2009, S. 48).

[16] Anderson/Valente (2002, S. 2 und 4).

[17] Abbott (2001, S. 132); McKeon (1994) vertritt die These, dass die Trennung der Wissensbereiche seit der Aufklärung begleitet wurde von Bestrebungen, diese Trennungen nur provisorisch gelten zu lassen und wieder aufzuheben, entsprechend formuliert er (S. 19): „If the enlightenment is the birthplace of the modern disciplines, it is also the birthplace of modern interdisciplinary studies".

[18] Abbott (2001, S. 136). Zur Kritik an Abbots Annahme über die Stabilität der Disziplinen vgl. Jacobs/Frickel (2009, S. 58 und 60).

[19] Defila/Di Giulio (1998, S. 131). Das Zitat im Zitat stammt aus Weingart (1987).

[20] Abbott (2001, S. 134).

gäbe es im Verhältnis zur begrenzten Anzahl von Disziplinen eine unbegrenzte Anzahl von (Forschungs-)Problemen, „so many, in fact, that a university organized around problems of investigation would be hopelessly balkanized".[21] In den humanities[22] wird diese Problemorientierung nach Auffassung von Marshall Sahlins durch den angestrengten kompetitiven Originalitätsdrang der Forschungsrichtungen noch verschärft.[23] Zum dritten aber seien die wirksamen interdisziplinären Impulse zumeist eher kurzfristiger Natur; interdisziplinäre Aktivitäten aber drängten gleichwohl nach Verstetigung oder nach Institutionalisierung und schüfen so neue Probleme.[24] Aus diesem Grund wendet sich Mario Biagioli aus der Sicht der science studies gegen eine Institutionalisierung interdisziplinärer Aktivitäten: „The sciences are moving toward organizing their practitioners around *problems*, not disciplines, in clusters that may be too short-lived to be institutionalized into departments or programs or to be given lasting disciplinary labels."[25]

Trotz solcher Warnungen,[26] trotz des weitgehenden Fehlens empirischer Untersuchungen[27] zu den Erfolgsbedingungen[28] interdisziplinärer Projekte in den verschiedenen Fächergruppen haben die über Jahrzehnte wiederholten programmati-

[21] Ebd. S. 135.

[22] Zur Interdisziplinarität in den amerikanischen „humanities", speziell in den „literary studies" vgl. Klein (1996, S. 133–172) und Klein (2005, S. 83–106).

[23] Vgl. Sahlins (2009, S. 1015–1016): „ More bad news is that competitive xenophilia risks hollowing out the disciplines themselves while filling the institutional spaces between them with a clutter of centers, institutes, committees, and programs that are in effect only pseudodisciplines."

[24] Vgl. Abbott (2001, S. 128). – Zur „Vermeidung von Institutionalisierung" vgl. auch Defila/Di Giulio (1998, S. 121–123).

[25] Biagioli (2009, S. 819). Vgl. auch S. 821: „A study of the modus operandi of contemporary science also shows that one should not assume that cross-disciplinarity or interdisciplinarity needs to be institutionalized in programs or departments." Speziell an die Adresse der humanities formuliert Biagioli (2009, S. 822): „Some aspects of this research model could prove useful for the humanities as well. For instance, rather than establishing more interdisciplinary programs (which have the tendency to institutionalize specific forms of interdisciplinarity), it could be more useful to develop 'modular' PhDs to provide students with a wider range of interpretive skills enabling them to take up a variety of intellectual and professional trajectories (including some which they may have to make up as they go)."

[26] Vgl. dazu auch „Why Interdisciplinarity is a false notion". Dogan/Pahre (1990, S. 115–119). Dogan und Pahre vertreten die Auffassung, dass Innovationen in den Sozialwissenschaften nicht durch Interdisziplinarität, sondern durch „hybridization" an den Schnittpunkten von hochspezialisierten Disziplinen herbeigeführt werden, vgl. ebd. bes. S. 51–82.

[27] Vgl. Jacobs/Frickel (2009, S. 48) und Dogan/Pahre (1990, S. 4): „Although there is much speculation about what is erroneously labelled ‚interdisciplinarity', there are almost no analyses of the process." Sie vermerken immerhin (S. 118), dass in den Sozialwissenschaften große interdisziplinäre Teams nur im Zusammenhang mit datenintensiven Forschungsprojekten erfolgreich waren. – Zu Heinrich Partheys empirischen Analysen interdisziplinärer Forschung und ihren aufschlussreichen Ergebnissen vgl. zusammenfassend Parthey (1996).

[28] Zu den Erfolgsbedingungen interdisziplinärer Projekte gibt es immerhin systematische und differenzierte Überlegungen, vgl. vor allem Defila/Di Giulio (1996).

schen Rufe nach Interdisziplinarität eine starke Wirkung auch in der deutschen Forschungsförderung[29] entfaltet:

> „Programmatisch postuliert die postakademische Wissenschaft die interdisziplinäre Zusammenarbeit zwischen den Spezialfächern, und die Wissenschaftspolitik fördert neue Projekte häufig nur noch dann, wenn sich, selbst in den Geistes- und Sozialwissenschaften, „Cluster" oder „Netzwerke" bilden, in denen etliche Wissenschaftler unterschiedlichster Provenienz sich auf ein gemeinsames Thema verständigen. Löblich ist gewiss die Absicht, der disziplinären Sektoralisierung des Wissens entgegen zu wirken, doch scheint sich bislang kaum jemand Gedanken darüber gemacht zu haben, welchen wissenschaftstheoretischen Status diese fachübergreifende Anhäufung jeweils fachspezifischer Wissenselemente haben könnte und welche Bedingungen erfüllt werden müssen, damit aus purer Addition eine sinnvolle Synthese entstehen könnte."[30]

Als Reaktion auf das Auseinanderdriften und die Korrosion von Disziplinen insbesondere in den humanities mehren sich nicht allein in den USA, wo die Krise der Disziplinen gleichzeitig mit der Krise des Beschäftigungssystems in den universitären humanities sichtbar wurde,[31] die Stimmen, die gerade zur Ermöglichung sinnvoller interdisziplinärer Aktivitäten für eine Aufrechterhaltung und Weiterentwicklung des disziplinären Systems eintreten[32] – und das nicht allein, weil ein lockerer Verbund von „studies" sich der universitären Sparpolitik leichter anbietet als eine etablierte Disziplin.[33] „Interdisciplinarity presupposes disciplines",[34] erklärt

[29] Vgl. dazu den Überblick bei Weingart (1997, bes. S. 524–526). Zum Einfluss auf die Forschungsförderung in den USA vgl. Jacobs/Frickel (2009, S. 45–48).

[30] Ropohl (2011, S. 282); vgl. dazu Weingart (1997, S. 525): „Jeder, der Erfahrungen darin hat, unter einem dieser Förderprogramme zu arbeiten, weiß, daß es, von wenigen Ausnahmen abgesehen, keine systematischen und organisierten Anstrengungen gibt, die Interdisziplinarität herzustellen und ihren Erfolg zu überprüfen. Meines Wissens gibt es keine systematischen Daten darüber, welchen Erfolg diese Programme im Hinblick auf die Interdisziplinarität der Forschung tatsächlich haben. Anläßlich einer Konferenz berichtete ein Insider der DFG, daß nach seiner informellen Schätzung nur 20% der Projekte in den SPPs und SFBs interdisziplinär seien, während diese Rate im Normalverfahren erheblich viel höher liege, obgleich es disziplinär organisiert und ohne jede programmatische Orientierung ist." – Vgl. auch Belshaw (1988, S. 21), zitiert in Dogan/Pahre (1990, S. 117): „Scholarly history is replete with examples of the very limited success or the outright failure of massive experiments in inter-disciplinary teams."

[31] Vgl. dazu Menand (1997, S. 213).

[32] Vgl. etwa (Post 2009, S. 760): „If the humanities are in fact disciplines, they cannot be disruptive in ways that undermine the knowledge practices by which their own disciplinarity is defined. This point is not trivial. As disciplines, the humanities must establish knowledge practices that create a normal science capable of reproduction and replication in university departments throughout the country. They must establish knowledge practices that yield criteria that can be used to hire, evaluate, and promote faculty in university departments and to assess the value of disciplinary work in the proceedings of disciplinary organizations and publications. Humanities scholarship cannot subvert these practices without repudiating its own disciplinarity."

[33] Vgl. dazu Chandler (2009, S. 742).

[34] Abbott (2001, S.135); vgl. auch Weingart (1995, S. 12): „Die verklärende Sehnsucht nach der Einheit der Wissenschaft, die dem Ruf nach Interdisziplinarität vermutlich unterliegt, gibt sich keine Rechenschaft darüber ab, daß die strukturierenden Grenzziehungen innerhalb der Wissenschaft kein Hindernis, sondern die Voraussetzung ihrer Leistungsfähigkeit sind."

Andrew Abbott, und Lynn Hunt ergänzt: „Interdisciplinarity will not mean anything if the humanities dissolve into an undifferentiated pool of cultural studies."[35] Freilich wird zur Ermöglichung interdisziplinärer Zusammenarbeit von den Disziplinen auch das Bewusstsein einer „neuen Disziplinarität"[36] erwartet, das sich in den letzten Jahrzehnten erst ansatzweise herausgebildet hat.[37]

2 Ziele und Begriff der Interdisziplinarität – Veränderungen in den letzten 50 Jahren

Der Blick auf die zurückliegenden Debatten und die Forschungsgeschichte zum Thema der Interdisziplinarität lässt einige Phänomene besser erkennen, die auch für die künftige Forschung zum Thema Disziplinentwicklung und Interdisziplinarität von einiger Bedeutung sind. Zum einen ist deutlich geworden, dass es bei langfristigen Debatten um die Struktur der Disziplinen wie den weltweiten Forderungen nach Interdisziplinarität nicht allein um Änderungen der Organisationsstruktur der Wissensproduktion und -proliferation ging und geht, sondern um sehr grundsätzliche wissenschaftliche,[38] kulturelle, soziale, ethische und allgemein weltanschauliche Ziele, die nicht allein Form, Sinn und Zweck der wissenschaftlichen Tätigkeit,[39] sondern auch die Funktion der Wissenschaft in der Gesellschaft betrafen.[40] Diese Einsicht ist auch bei der Rekonstruktion historischer Debatten um die Disziplinstruktur zu berücksichtigen.

Zum zweiten hat sich im Zuge der Debatten um Interdisziplinarität der Begriff der Disziplin selbst stark verändert.[41] Wurden Disziplinen bis in die siebziger Jahre

[35] Hunt (1994, S. 1–2). Zu den Gefahren des „turn toward cultural studies" vgl. auch Klein (2005, S. 104–106).

[36] Vgl. dazu Defila/Di Giulio (1996, S. 139).

[37] Zu den Erwartungen an das Bewusstsein einer neuen Disziplinarität vgl. etwa Klein (2000, S. 18).

[38] Weingart (2010, S. 11) weist darauf hin, dass der Ruf nach Interdisziplinarität (wenngleich nicht unbedingt unter diesem Begriff) historisch mit dem Verlust der Einheit der Wissenschaft im 19. Jahrhundert zusammenhängt; „since then the call for a reunification or for interdisciplinarity has been persistent".

[39] Vgl. Post (2009, S. 769): „Disciplinary debates are always also about professional identity and solidarity. They are about the substantive nature of a disciplinary practice: the kind of discursive community scholars desire to inhabit; the kind of work that they find most meaningful and gratifying; the kind of colleagues they wish to recognize as peers; the forms of disciplinary language that are most suited to scholarly aspirations. These are deeply important and consequential matters, and they are all implicated in debates about the meaning of disciplinarity. In fact, I suspect that they are the fuel for the most intense and heated aspects of these debates."

[40] Vgl. dazu Apostel/Vanlandschoot (1994, S. 18): „The 1972 movement of interdisciplinarity had been motivated by deep rooted cultural, ethical, ideological motives. These motives aren't sufficiently expressed in the OECD book."

[41] Vgl. dazu Defila/Di Giulio 1998 (mit reichhaltigen Literaturangaben).

des letzten Jahrhunderts meist unter rein kognitiver oder institutioneller Perspektive als Bausteine der Wissensstruktur betrachtet, so werden sie heute als kognitiv-soziale Einheiten untersucht, die durch eigene Praktiken[42] und durch eigene Kulturen[43] charakterisiert sind. „When we speak of a discipline", schreibt Robert Post im Zuge des ‚practical turn', „therefore, we speak not merely of a body of knowledge but also of a set of practices by which that knowledge is acquired, confirmed, implemented, preserved, and reproduced."[44] Markus Arnold charakterisiert Disziplinen im Sinne der ‚Wissenschaftskultur' wie folgt:

> „Das Lernen einer Wissenschaft verlangt mehr von den Studierenden als nur das Lernen der ‚offiziellen' Theorien und Methoden. Denn die Identität einer Disziplin – und d. h. auch die Identität der Wissenschaftler – bildet sich nicht zuletzt durch ihre Traditionen und Bräuche, ihre wissenschaftlichen Praktiken, sowie durch die moralischen Normen und Regeln des Verhaltens, ebenso wie durch die Kenntnis des richtigem Umgangs mit den disziplinspezifischen sprachlichen und symbolischen Formen des Wissens wie auch der Kommunikation. Dies alles zusammen macht das aus, was man als ‚Wissenschaftskultur' bezeichnen kann, also all das, was sich Studierende aneignen müssen, um anerkannte Mitglieder der disziplinären Community zu werden."[45]

Zur Wissenschaftskultur gehören auch die (curricularen) Orte, an denen all diese Praktiken und Normen gelernt werden – in den Geisteswissenschaften also vor allem das Seminar[46] – sowie die tradierte Geschichte und Forschungsmetaphysik[47] der Disziplin.

Zum dritten hat sich die Auffassung durchgesetzt, dass nicht allein die zurückliegenden Debatten um die Interdisziplinarität, sondern auch die Versuche, sie wissenschaftlich aufzuarbeiten, sich zu sehr auf das Programmatische beschränkt haben. Um der Disziplingeschichtsschreibung neue Impulse zu verleihen, bedarf es zweifellos nicht allein einer semantischen Anreicherung des Disziplinbegriffs, sondern vor allem einer Differenzierung der Begriffe Disziplin, Fach und Studiengang, um nur die wichtigsten zu nennen. Heinz Heckhausen hat schon 1987 die „wissen-

---

[42] Vgl. dazu Pickering (1992) sowie den Begriff (S. 5) und den Teil (271–396) über „socializing practices" in Messer-Davidow/Shumway u.a 1993. Für die Germanistik vgl. Martus/Spoerhase 2009 und Müller/Richter 2013.

[43] Zum Begriff der Wissenskultur und der epistemischen Kultur in Hochenergiephysik und Molekularbiologie vgl. Knorr-Cetina (2002). Ergiebiges Material zur „Lebenswelt" der Literaturwissenschaft bieten die Beiträge in Brenner (1993).

[44] Post (2009, S. 751).

[45] Arnold (2004, S. 18); vgl. Defila/Di Giulio (1998, S. 113). – Zum Verhältnis von Disziplinkulturen und Fachkulturen s. Huber (1991) sowie die differenzierte begriffliche und empirische Untersuchung von Multrus (2004). Die Untersuchungen zur Wissenschaftskultur der Literaturwissenschaft stehen noch ganz am Anfang und sind nicht frei von Trivialisierungen und autobiographischen Mitteilungen, vgl. etwa Glaser (2004) und Glaser (2005).

[46] Über das Seminar als Ort der Vermittlung wissenschaftlicher Normen und Werte vgl. etwa Daston (1999, S. 8); vgl. auch die Einführung „Über Seminare" in: Müller/Richter (2013, S. 9–25).

[47] Vgl. dazu Sahlins (2009, S. 1016).

schaftstheoretische Unschuld" kritisiert, mit der in den Interdisziplinaritätsdiskussionen „in jedem Fach auch eine Disziplin im Sinne von ‚Disziplinarität'" gesehen und „Fach und Disziplin als austauschbare Begriffe"[48] verwendet werden. Heckhausen empfiehlt, Fächer und Disziplinen analytisch zu unterscheiden: „Viele Fächer haben die gleiche Disziplinarität mit anderen Fächern gemeinsam. Andere Fächer wiederum haben zwei oder mehr Disziplinaritäten".[49] Diese Differenzierung besagt etwa für die Geisteswissenschaften: „Hier ist nicht zu übersehen, daß es zwar viele Fächer, aber nur wenig Disziplinen, genauer Disziplinaritäten gibt, Die Fächer, die zu den Geisteswissenschaften im engeren Sinne gehören – wie es häufig noch für Fächer wie Geschichte, Romanistik oder Volkskunde zutrifft –, unterscheiden sich zwar in den materialen Feldern, den Gegenstandsaspekten, aber kaum im theoretischen Integrationsniveau."[50] Die meisten als interdisziplinär bezeichneten Projekte in den Geisteswissenschaften sind nach Heckhausen somit „kaum im eigentlichen Sinne ‚interdisziplinäre' Projekte, sondern *inter*fachliche, aber intradisziplinäre Projekte".[51] Für die Disziplingeschichtsschreibung der Geisteswissenschaften hat 2007 Sebastian Manhart eine Unterscheidung der Begriffe Disziplin, Fach und Studiengang[52] empfohlen und in einem wissenschaftshistorischen Projekt exemplifiziert. Wie man immer zu diesen Vorschlägen stehen mag, es scheint deutlich, dass die offen gebliebenen Fragen der Interdisziplinaritätsdebatte – schon aus heuristischen Gründen[53] – forschungsstrategisch vor allem disziplinspezifischer, begriffsgeschichtlicher und wissenschaftshistorischer bzw. aktueller empirischer Untersuchungen bedürfen.[54]

Literatur

Anderson, Amanda/Valente, Joseph (Hg.): Disciplinarity at the Fin de Siècle. Princeton 2002.

Apostel, Leo/Vanlandschoot, Jaak: Interdisciplinarity: The Construction of Worldviews and the Dissemination of Scientific Results. In: Issues in Integrative Studies 12 (1994), S. 9–22.

Arnold, Markus: Disziplin und Initiation. Die kulturellen Praktiken der Wissenschaft. In: Arnold Markus/Roland Fischer (Hg.): Disziplinierungen. Kulturen der Wissenschaft im Vergleich. Wien 2004, S. 18–52.

[48] Heckhausen (1987, S. 129).

[49] Ebd. S. 130; vgl. auch (Fischer 2010, S. 45–48).

[50] Ebd. S. 135.

[51] Ebd.

[52] Vgl. Manhart (2007).

[53] Vgl. McKeon (1994, S. 25): „Our familiar disciplines have secret histories, their apparently monolithic integrity sometimes obscuring a radically disparate and interdisciplinary core. Indeed, within the history of a discipline may lurk precisely the interdisciplinary trajectory that modern studies seek by laboriously engineering its conjunction with another discipline." Zur interdisziplinären Entstehungsgeschichte von Disziplinen vgl. auch Defila/Di Giulio (1998, S. 116).

[54] Vgl. dazu Chandler (2009, S. 730). Vgl. auch Court (1992, S. 14 und S. 167).

Arnold, Markus: Interdisziplinarität: Theorie und Praxis eines Forschungskonzepts. In: Markus Arnold (Hg.): iff. Interdisziplinäre Wissenschaft im Wandel. Wien u. a. 2009, S. 65–98.

Balsiger, Philipp W./Defila, Rico, u.a. (Hg.): Ökologie und Interdisziplinarität – eine Beziehung mit Zukunft? Basel 1996.

Balsiger, Philipp W.: Überlegungen und Bemerkungen hinsichtlich einer Methodologie interdisziplinärer Wissenschaftspraxis. In: Balsiger/Defila/1996, S. 73–86.

Banse, Gerhard/Fleischer, Lutz-Günther (Hg.): Wissenschaft im Kontext. Inter- und Transdisziplinarität in Theorie und Praxis. Berlin 2011 (Abhandlungen der Leibniz-Sozietät. Band 27).

Biagioli, Mario: Postdisciplinary Liaisons: Science Studies and the Humanities. In: Critical Inquiry 2009, S. 816–833.

Brenner, Peter J. (Hg.): Geist, Geld und Wissenschaft. Arbeits- und Darstellungsformen von Literaturwissenschaft. Frankfurt am Main 1993.

Chandler, James: Introduction: Doctrines, Disciplines, Discourses, Departments. In: Critical Inquiry 2009, S. 729–746.

Court, Franklin E.: Institutionalizing English Literature. The Culture and Politics of Literary Study, 1750–1900. Stanford 1992.

Chandler, James/Davidson, Arnold I. (Hg.): The Fate of Disciplines. In: Critical Inquiry Vol. 35, No. 4, (Summer 2009), S. 729–1102.

Daston, Lorraine: Die Akademie und die Einheit der Wissenschaften. Die Disziplinierung der Disziplinen. In: Jürgen Kocka (Hg.): Die Königlich-Preußische Akademie der Wissenschaften zu Berlin im Kaiserreich. Berlin 1999, S. 61–84.

Debus, Friedhelm: „In der Beschränkung zeigt sich erst der Meister"? Von Disziplinen und Disziplinaritäten in Forschung und Lehre. In: Muttersprache 110 (2000), S. 89–100.

Defila, Rico/Di Giulio, Antonietta: Voraussetzungen zu interdisziplinärem Arbeiten und Grundlagen ihrer Vermittlung. In: Balsiger/Defila/Di Giulio 1996, S. 99–112.

Defila, Rico/Di Giulio, Antonietta: Interdisziplinarität und Disziplinarität. In: J. H. Olbertz (Hg.): Zwischen den Fächern – über den Dingen? Universalisierung versus Spezialisierung akademischer Bildung. Opladen 1998, S. 111–137.

Dill, Hans-Otto: Interdisziplinäre Beziehungen zwischen Literaturwissenschaft und Natur- und Sozialwissenschaften – Defizite und Perspektiven. In: Banse/Fleischer 2011, S. 187–199.

Dogan, Mattei/Pahre, Robert: Creative Marginality. Innovation at the Intersections of Social Sciences. Boulder 1990.

Fischer, Klaus: Interdisziplinarität im Spannungsfeld zwischen, Forschung, Lehre und Anwendungsfeldern. In: Interdisziplinarität und Institutionalisierung der Wissenschaft. Wissenschaftsforschung Jahrbuch 2010. Berlin 2011, S. 37–58.

Frodeman, Robert/Klein, Julie Thompson u.a. (Hg.): The Oxford Handbook of Interdisciplinarity. Oxford 2010.

Glaser, Marie Antoinette: Grenz-Lektüren – zu den kulturellen Praktiken der Literaturwissenschaft. In: Markus Arnold/Gert Dressel (Hg.): Wissenschaftskulturen – Experimentalkulturen – Gelehrtenkulturen. Wien 2004 (Reihe Kultur. Wissenschaften. Band 8.2), S. 102–113.

Glaser, Marie Antoinette: Literaturwissenschaft als Wissenschaftskultur: zu den Praktiken, Mechanismen und Prinzipien einer Disziplin. Hamburg 2005 (Studien zur Germanistik. Band 14).

Heckhausen, Heinz: ‚Interdisziplinäre Forschung' zwischen Multi- und Chimären-Disziplinarität. In: Kocka 1987, S. 129–145.

Huber, Ludwig: Fachkulturen. Über die Mühen der Verständigung zwischen den Disziplinen. In: Neue Sammlung 31/1 (1991) S. 3–24.

Hunt, Lynn: The Virtues of Disciplinarity. In: Eighteenth-Century Studies 28 (1994/95), S. 1–8.

Jacobs, Jerry/Frickel, Scott: Interdisciplinarity: a Critical Assessment. In: Annual Review of Sociology 35 (2009), S. 43–65.

Jungert, Michael u.a. (Hg.): Interdisziplinarität. Theorie, Praxis, Probleme. Darmstadt 2010.

Jungert, Michael: Was zwischen wem und warum eigentlich? Grundsätzliche Fragen der Interdisziplinarität. In: Jungert u.a. 2010, S. 1–12.
Klein, Julie Thomson: Interdisciplinarity: History, Theory and Practice. Detroit 1990.
Klein, Julie Thomson: A Conceptual Vocabulary of Interdisciplinary Science. In: Peter Weingart/ Nico Stehr (Hg.): Practising Interdisciplinarity. Toronto 2000, S. 3–24.
Klein, Julie Thompson: Humanities, Culture, and Interdisciplinarity. The Changing American Academy. Albany 2005.
Klein, Julie Thompson: A Taxonomy of Interdisciplinarity. In: Frodeman/Klein 2010, S. 15–30.
Knorr-Cetina, Karin: Wissenskulturen. Ein Vergleich naturwissenschaftlicher Wissensformen. [Epistemic Cultures. How the Sciences Make Knowledge, 1999] Frankfurt am Main 2002.
Kocka, Jürgen (Hg.): Interdisziplinarität. Praxis, Herausforderung, Ideologie. Frankfurt am Main 1987.
Kocka, Jürgen: Einleitung. In: Kocka 1987, S. 7–14.
Krott, Max: Interdisziplinarität im Netz der Disziplinen. In: Balsiger/Defila u.a. 1996, S. 87–97.
Laak, Lothar van/Malsch, Katja (Hg.): Literaturwissenschaft – interdisziplinär. Heidelberg 2010.
Laitko, Hubert: Interdisziplinarität als Thema der Wissenschaftsforschung. In: Lifis online (26.10.2011), S. 17–33.
Lübbe, Hermann: Helmut Schelsky und die Interdisziplinarität. Zur Philosophie gegenwärtiger Wissenschaftskultur. In: Kocka 1987, S. 17–33.
Mainzer, Klaus: Erkenntnis- und wissenschaftstheoretische Grundlagen der Inter- und Transdisziplinarität. In: Werner Arber (Hg.): Inter- und Transdisziplinarität: Warum? – Wie? Inter- et transdiciplinarité: pourqoi? – comment? Bern u.a. 1993.
Manhart, Sebastian: Disziplin, Fach und Studiengang. Grundbegriffe der Disziplingeschichtsschreibung. In: Zeitschrift für pädagogische Historiographie 13 (2007), S. 14–20.
Manhart, Sebastian: In den Feldern des Wissens: Studiengang, Fach und disziplinäre Semantik in den Geschichts– und Staatswissenschaften (1780–1860). Würzburg 2011 (Wittener kulturwissenschaftliche Studien. 9).
Martus, Steffen/Spoerhase, Carlos: Praxeologie der Literaturwissenschaft. In: Geschichte der Germanistik 35/36 (2009), S. 89–96.
McKeon, Michael: The Origins of Interdisciplinary Studies. In: Eighteenth-Century Studies 28 (1994/95), S. 17–28.
Menand, Louis: The Demise of Disciplinary Authority. In: Kernan, Alvin (Hg.): What's Happened to the Humanities. Princeton 1997, S. 201–219.
Messer-Davidow, Ellen/Shumway, David u.a. (Hg.): Knowledges: Historical and Critical Studies in Disciplinarity. Charlottesville u.a. 1993.
Mittelstraß, Jürgen: Transdisziplinarität: wissenschaftliche Zukunft und institutionelle Wirklichkeit. Konstanz 2003 (Konstanzer Universitätsreden. 214).
Müller, Hans-Harald/Richter, Myriam Isabell: Praktizierte Germanistik. Die Berichte des Seminars für deutsche Philologie der Universität Graz 1873–1918. Stuttgart 2013 (Beiträge zur Geschichte der Germanistik. 5).
Multrus, Frank: Fachkulturen. Begriffsbestimmung, Herleitung und Analysen. Eine empirische Untersuchung über Studierende deutscher Hochschulen. Konstanz 2004. http://nbn-resolving.de/urn:nbn:de:bsz:352-opus-13267 (1.9.2024).
Parthey, Heinrich: Kriterien und Indikatoren interdisziplinären Arbeitens. In: Balsiger/ Defila u.a. 1996, S. 99–112.
Pickering, Andrew (Hg.): Science as Practice and Culture. Chicago 1992.
Post, Robert: Debating Disciplinarity. In: Critical Inquiry 2009, S. 749–770.
Renn, Jürgen: Historical Epistemology and Interdisciplinarity. In: Boston Studies in the Philosophy of Science 163 (1994), S. 241–252.
Ropohl, Günter: Jenseits der Disziplinen – Transdisziplinarität als neues Paradigma. In: Banse/ Fleischer 2011, S. 281–295.
Sahlins, Marshall: The Conflicts of the Faculty. In: Critical Inquiry 2009, S. 997–1017.

Veit-Brause, Irmline: Die Interdisziplinarität der Begriffsgeschichte als Brücke zwischen den Disziplinen. In: Gunter Scholz (Hg.): Die Interdisziplinarität der Begriffsgeschichte. Hamburg 2000 (Archiv für Begriffsgeschichte. Jg. 2000. Sonderheft), S. 15–30.

Weingart, Peter: Interdisziplinarität als List der Institution. In: Kocka 1987, S. 159–166.

Weingart, Peter: Einheit der Wissenschaft – Mythos und Wunder. In: Weingart (Hg.): Grenzüberschreitungen in der Wissenschaft. Crossing Boundaries in Science. Baden-Baden 1995, S. 1–30.

Weingart, Peter: A Short History of Knowledge Formations. In: Frodeman u.a. (Hg.) 2010, S. 3–14.

Seminarpraxis und Praxeologie

Hans-Harald Müller

Die Geschichte der Seminare deckt ein weites Feld. Ich möchte den – für den workshop kopierten – Dokumenten noch ein autobiographisches hinterherschicken, es stammt von Georg Witkowski (1863–1939). Der spätere Leipziger Ordinarius hörte in den 1880er-Jahren bei den Germanisten Franz Muncker und Konrad Hofmann. Er erinnert sich:

> „Muncker war der Schüler von Bernays und lehrte ganz in dessen Art. Sehr gut wurde für mich diese Methode ergänzt durch die des älteren Germanisten Konrad Hofmann. Er war zuerst Mediziner gewesen, dann Orientalist, Romanist, Germanist, ein hervorragender Bibliothekar, und lehrte nun als Professor der germanischen und romanischen Sprachen im München."

Da Deutsch nach der bayerischen Lehrerprüfungsordnung seinerzeit nur als Nebenfach galt, hatte Hofmann nur wenige Hörer; er hielt die Lehrveranstaltungen bei sich zu Hause ab. Witkowski beschreibt sie so:

> „Hofmann erschien zu seinen Vorlesungen stets im Schlafrock, und vor ihm stand ein großes Glas mit Limonade. Es wurde behauptet, daß dieser Trank den Brand bekämpfen sollte, der von der abendlichen Gemeinschaft mit Trambahnkutschern und ähnlichen Leuten zurückgeblieben war.
>
> […]
>
> Am seltsamsten ging es in Hofmanns Seminar zu. Er hielt es ebenfalls in seiner Wohnung, morgens um acht Uhr. Wir waren nur zwei Mitglieder, neben mir der spätere Verfasser der Geschichte des Physiologus, Friedrich Lauchert, damals schon ein ungemein

Erstdruck. – Diskussionsbeitrag auf dem Workshop „Alltägliche Wissenschaft. Praxeologische Perspektiven auf die Geschichte der Germanistik im 20. Jahrhundert", 11.–12. April 2019 an der Humboldt Universität zu Berlin.

H.-H. Müller (✉)
Institut für Germanistik, Universität Hamburg, Hamburg, Deutschland
E-Mail: harrym@uni-hamburg.de

H.-H. Müller (Hrsg.), *Kleine Schritte und große Sprünge*, Abhandlungen zur Literaturwissenschaft, https://doi.org/10.1007/978-3-662-71105-7_18

gelehrtes Haus. Wir klopften an seinem Schlafzimmer. Wenn wir eintraten, lag er noch im Bett, wir setzten uns an einen kleinen Tisch, schlugen die Bücher auf und interpretierten unseren Text. Hofmann erläuterte, verbesserte, unterbrach uns auf längere Zeit und währenddessen bekleidete er sich mit der Unterwäsche, wusch sich und vollendete seine Toilette, kochte schließlich seinen Kaffee auf der Sturzmaschine und trank ihn. Damit war dann auch regelmäßig die Seminarstunde vorüber und wir gingen mannigfach bereichert von dannen."[1]

Das ist eine hochauflösende Beschreibung von Seminarpraxis: first-hand experience.

Uwe Meves hat 2011 festgestellt, dass die Geschichte der Seminare „von wenigen Ausnahmen abgesehen, nur unzureichend erforscht"[2] ist. Inzwischen ist Einiges geschehen, aber welche Konzeption sich mit dem Begriff „Seminar" verbindet, ist jenseits einer kleinen *scientific community* immer noch recht unklar. In einem Sammelband über die „Wissenschaftspraxis in der Frühen Neuzeit" heißt es etwa:

„Im Rahmen einer hierarchischen Arbeitsteilung, wie sie zuerst in Laboren und Klinken, erheblich später in sozialwissenschaftlichen, juristischen sowie geistes- und kulturwissenschaftlichen Seminaren fühlbar wurde, geht es überdies um das angemessene ‚Ausführen' einer vorgezeichneten Aufgabe. Gefragt sind Verlässlichkeit, Exaktheit, Sorgfalt (beim Messen, Wägen und Protokollieren, beim Vergleichen von Schriften, beim Annotieren oder Korrigieren von Texten): Originalität bekommt hier einen subversiven, jedenfalls den Betrieb gefährdenden Beiklang."[3]

In dem 2014 erschienen Handwörterbuch zur „Praxis des kulturwissenschaftlichen Arbeitens" wird das Seminar der Gegenwart so charakterisiert:

„Indem es die Teilnehmer:innen in einen forschenden Habitus einübt, vermehrt es die Träger wissenschaftlicher Praktiken und nachhaltiger Lehrformen. Das Seminar führt eine limitierte Anzahl von Studierenden mit einer examinierten Lehrkraft über einen begrenzten Zeitraum in einem mit Medien (Tafel, Projektor, Beamer etc.) ausgestatteten Unterrichtsraum zusammen, wo sich die Teilnehmer während der gemeinsamen Sitzungen in frei gewählter Form über ein vorab angekündigtes fachliches Thema austauschen."[4]

Die germanistische Forschung ist da schon etwas weiter und präziser, da sie den Begriff „Seminar" in aller Regel mit Kontext und einem historischen Index versieht. In einer praxeologischen Fallstudie über „Das ‚Laboratorium' der Philologie" fasst Carlos Spoerhase zur Seminarkonzeption Scherers, Zachers und Diltheys, gestützt auf einschlägige Vorarbeiten, zusammen:

„Aus der Perspektive Scherers, Zachers und Diltheys ermöglicht das Seminar durch unentwegtes Üben anhand kopräsenter Quellentexte und Forschungsliteratur den Erwerb einer Urteilskraft, die dem Auffinden und Anwenden von philologischem Wissen dient; es gewährleistet durch die Kopräsenz von Meister und Schüler die implizite Übertragung von

[1] Witkowski (2003, S. 87–89).

[2] Meves (2011, Bd. 1, S. XI).

[3] Lüdtker/Prass (2008, S. 13).

[4] Breuer/Emrich (2014, S. 376).

philologischem Praxiswissen; schließlich erlaubt es als Immersionsraum für eine als Lebensform verstandene Philologie die Herausbildung und Festigung eines philologischen Habitus."[5]

Man möchte gern glauben, dass das Seminar diese Leistungen – „aus der Perspektive Scherers, Zachers und Diltheys", wie Spoerhase vorsichtig formuliert, erbracht hat; noch lieber aber möchte man wissen, welche Arten von Praxis es in den Seminaren denn waren, die diese sehr komplexen Resultate zu erbringen vermochten. Dies ganz unabhängig von der angestrengten Analogie zwischen „Labor"[6] und „Seminar", die Spoerhase mit der Frage verbindet, ob das Forschungskonzept der „laboratory studies" auf die Humanwissenschaften übertragbar ist.[7] Dazu später.

Ich lasse die Frage nach der empirischen Praxis in den Seminaren im Folgenden zunächst unberücksichtigt und gehe lediglich von der Annahme aus, dass diese Praxis unter anderem maßgeblich von den folgenden Parametern bestimmt wird: Räumlichkeit, Teilnahmevoraussetzungen, Leistungsanforderungen und Frequenz. Dass die zeitgenössischen Akteure von diesen Zusammenhängen wussten, geht aus den von Spoerhase zitierten Quellen, ferner aus Seminarstatuten und –berichten hervor.

Die von mir zusammengestellten Seminarstatute und Frequenzangaben ermöglichen einen Vergleich aus der Zeit der germanistischen Seminargründungen, also der 1870er bzw. 1880er-Jahre, mit der Zeit nach der Wende zum 20. Jahrhundert, also der 1900er bzw. der 1910er-Jahre. Die Auswertung fasse ich summarisch unter den folgenden Parametern zusammen[8]:

1. Teilnahmevoraussetzungen

In der Gründungsphase der Seminare galten formale Aufnahmebedingungen (Matura, Beherrschung der deutschen Sprache, Immatrikulation, etc.) in Verbindung mit spezifischen wie etwa einem persönliches Aufnahmegespräch mit dem Seminardirektor oder der Vorlage „einer schriftlichen Arbeit oder eines größeren Referats" (Berlin 1895/1902). In der Phase nach 1900 sind die Anforderungen entweder vollständig formalisiert und werden vom vorherigen Besuch von Kolloquien bzw. eines Proseminars abhängig gemacht (Wien 1905) oder es werden gar keine Teilnahmevoraussetzungen genannt.

---

[5] Spoerhase (2015, S. 53).

[6] Scherer konnte den Begriff noch unschuldig in propagandistischem Sinne verwenden; heute wäre zunächst zu klären, welche Vorstellungen Scherer mit dem Begriff verband. Dies schon allein deswegen, weil er am Ende des 19. Jahrhunderts meist mit dem Begriff der „Bibliothek" verbunden wurde, vgl. dazu Brandtner (2015, S. 116). – Vgl. auch Adams (1884, S. 103). „The Baltimore seminaries are laboratories where books are treated like mineralogical specimens, passed about from hand to hand, examined, and tested." Zitiert nach Grafton (2011, S. 95–96). – Schließlich: Crandall (1894).

[7] S. Spoerhase (2015, S. 59).

[8] Abteilungsgliederungen sowie die Gründungen von Proseminaren lasse ich hier unberücksichtigt.

2. Leistungsanforderungen

In der Gründungsphase wird die regelmäßige Teilnahme und die Anfertigung einer schriftlichen Arbeit pro Semester gefordert oder „ein größeres Referat zu halten“ (Berlin 1895/1902). Nach 1900 wird in Wien beispielsweise noch der „regelmäßige Besuch und die Übernahme von Arbeiten“ gefordert: in der Grazer Ordnung von 1913 werden keine Verpflichtungen für die Seminarteilnehmer mehr genannt – ein schriftliches Zeugnis erhält allerdings nur, wer eine schriftliche Arbeit vorweist.

3. Frequenz

Die Frequenz der Teilnehmer von Seminaren dürfte in der Gründungszeit unter 15 Mitgliedern gelegen haben, in der Phase nach 1900 über 50 mit Spitzen in den Großstädten mit über 200.

Der Vergleich zeigt, dass die Rahmenbedingungen für die Abhaltung von Seminaren sich im Zeitraum von knapp 40 Jahren dramatisch veränderten. Diese Feststellung ist nicht neu: Matthias Middell machte 2006 in einer Untersuchung zur Geschichte der historischen Seminare auf sie aufmerksam,[9] Thorsten Pohl 2009 in seiner Untersuchung über „Die studentische Hausarbeit“[10] ebenfalls und Holger Dainat mehrfach, zuletzt 2015 mit der Feststellung „Mit seiner Ausweitung im Kaiserreich erfuhr dieser Lehrveranstaltungstyp dann einen radikalen Umbau; erneut verdeckt die Konstanz der Bezeichnung den Wandel der Praxisformen.“[11] Wie steht es angesichts dieser Fakten nun aber mit der „unerschütterlichen Praxis“ (Lorraine Daston), die in den geisteswissenschaftlichen Seminaren eingeübt wird? Die Frage ist nicht von der Hand zu weisen.

Ich fange noch einmal anders an. Die Umorientierung der Wissenschaftsforschung von den epistemischen Problemen zu den Praktiken der Wissenschaft begann bekanntlich in den 1980er-Jahren.[12] Im Rahmen dieses *practice turn* lassen sich vielleicht zwei Richtungen unterscheiden. Die eine wendet sich tendenziell stärker der Erforschung der Materialkulturen und Praktiken zu, welche die Forschung ermöglichen, vorbereiten und unterstützen sowie den Medien und Formen für die Repräsentation und Darstellung des Forschungsprozesses und seiner Ergeb-

---

[9] Middell (2006, S. 167).

[10] Pohl (2009, S. 97): „Aus den wenigen elitären Zirkeln spezialisierter Studierender höherer Semester, die in enger Tuchfühlung mit ihrem Professor freiwillig, dabei aber in hohem Maße forschungsambitioniert arbeiteten, wird ein universeller, für alle Studierenden ab den ersten Semestern zwingend zu besuchender Standard-Lehrveranstaltungstyp, der – trotz der grundlegenden veränderten institutionellen Anbindung – die wesentlichen Arbeitsmethoden des Vorbildes beizubehalten bzw. nachzuahmen sucht.“

[11] Dainat (2015, S. 321).

[12] Vgl. etwa Heintz (2001, S. 540) und Hagner (2001, S. 21).

nisse.[13] Diese Richtung hat in Deutschland zuerst auf dem Gebiet der Frühen Neuzeit maßstabsetzende Forschungen hervorgebracht.[14] Den Anregungen aus dieser Richtung sind sicher einige der Anwesenden gefolgt, und auf diesem Gebiet dürfte auch die Praxeologie ihre bislang wichtigsten Leistungen erbracht haben. Die Dokumentation zur historischen Praxeologie in der *Zeitschrift für Germanistik* 2013 markiert zweifellos einen Einschnitt in der Wissenschaftshistoriographie der Germanistik. Ergänzt wird diese Dokumentation freilich durch eine Reihe flankierende Arbeiten, von denen mir spontan Holger Dainats Beitrag „Über studentisches Schreiben im 19. Jahrhundert"[15] einfällt. Weitere Einfälle werden den Fußnoten überwiesen.[16]

Die zweite Richtung unterscheidet sich von der ersten durch die Auffassung, dass die Praktiken den Wissenschaftsprozess nicht allein ermöglichen und strukturieren, sondern dass sie darüber hinaus auch sein entscheidendes kognitives Fundament bilden. In ihrem vielzitierten Aufsatz über „Die unerschütterliche Praxis" schrieb Lorraine Daston dazu:

> „Die kognitiven Ansprüche der Geschichte liegen nicht in umfassenden Theorien über Ursachen, sondern eher in den Praktiken der Forschung und der Überprüfung, wie sie jeder Doktorand lernen muß. Diese Praktiken sind nicht unfehlbar; noch schaffen sie selbst aus sich heraus vorzügliche Geschichtsschreibung. Sie sind nur, auf dem Wege eines langsamen, faszinierenden Prozesses, der noch auf seine Erforschung wartet, zur notwendigen Voraussetzung für jede Art von Geschichte geworden. Das Spezifische an Geschichte als Wissenschaft liegt in ihren charakteristischen Praktiken der Untersuchung und Verifikation, und diese sind auch die Basis für ihre Gültigkeit."[17]

Der von Daston zu Recht als ‚faszinierend' bezeichnete Prozess ist bis heute weitgehend unerforscht, da er der empirischen Forschung nicht unbeträchtliche Probleme bietet. Das grundlegende Problem haben Martus und Spoerhase schon in ihrer praxeologischen Gründungsurkunde im Jahre 2009 erkannt. Bei den Praxisformen nämlich, „die den literaturwissenschaftlichen Disziplinen ihr spezifisches Gepräge verleihen" – die Verfasser nennen etwa „Praxisformen des Textumgangs, der Begriffsbildung, der Themenfindung, der Wissensordnung, der Validierung und Darstellung von Wissensansprüchen"[18] – handelt es sich just um die, die sich kaum beobachten und explizieren lassen.[19] Für das nachgerade aporetische Problem, dass

[13] Vgl. Hagner (2001, S. 21) und Heiden/Zschocke 2012.

[14] Vgl. etwa den Sammelband von Zedelmaier/Mulsow (2001) und Zedelmaier (2002) – aber beispielsweise auch Krajewski (2002) sowie Petschar u. a. (1999).

[15] Vgl. Dainat (2015).

[16] S. etwa Müller/Richter (2013) und Pichler (2017). – S. auch Müller/Nottscheid (2016).

[17] Daston (2000, S. 21).

[18] Martus/Spoerhase (2009, S. 89).– Vgl. auch den Katalog von Praktiken des Interpretierens bei Albrecht (2015, S. 2): „Dazu gehören etwa das Finden von Fragestellungen und die Auswahl relevanter Textstellen, die Einschätzung der Begründungsbedürftigkeit einzelner Deutungsschritte, der zitierende und argumentierende Umgang mit der Forschung, die Disposition, die rhetorische Gestaltung und das ‚Aufschreiben' des Interpretationstextes."

[19] Vgl. Martus/Spoerhase (2009, S. 89).

das kognitive Fundament der Literaturwissenschaft in einer kaum erhellten *black box* liegen soll, hat die Praxeologie bis heute noch keine befriedigende Lösung angeboten. Diese Aporie wäre weniger gravierend, wenn für eine weitere Auffassung der Praxeologie eine empirische Bestätigung gefunden werden könnte, für diejenige nämlich, dass bei allem Wechsel der Theorien in der Literaturwissenschaft deren unerschütterliche Praxis weitgehend gleichbleibe. Den Beweis dafür anzutreten hat Olav Krämer in einem sehr lehrreichen Aufsatz übernommen, der Interpretationen der *Wahlverwandtschaften* Goethes von der Geistesgeschichte bis zum Poststrukturalismus untersucht. Krämer ist es gelungen zu zeigen, was bereits bekannt war, dass nämlich Übereinstimmungen in der Interpretationspraxis häufiger sind als es die weit auseinanderdriftenden ‚theoretischen' Interpretationsprogramme vermuten lassen – was ihm indes bislang noch nicht gelang, ist zu zeigen, dass es ein nennenswertes Repertoire von Interpretationspraktiken gibt, an das unterschiedslos alle untersuchten Interpretationsrichtungen anknüpfen.[20]

Auf der Suche nach weiteren Anwendungsfeldern hat die Praxeologie konzeptionelle Anleihen bei den *science* oder *laboratory studies* gemacht. Dass solche konzeptionellen Transfers in der Theorie und Praxis nicht unproblematisch sind, hat zuletzt Andrea Albrecht 2015 in ihrem Aufsatz über „Analogieschlüsse und metaphorische Extensionen in der interdisziplinären literaturwissenschaftlichen Praxis"[21] unterstrichen. Mag man mit diesen Transferansätzen sympathisieren oder nicht, im Ergebnis werden sie nach der heuristischen Kraft beurteilt, die sie bei der Übertragung auf das Zielgebiet entfalten.[22] Worin die aufschließende Kraft der Begriffe „epistemische Dinge"[23] in der Literaturwissenschaft liegt und welche Funktion die „wandernden Praktiken"[24] in ihr erhalten werden, bleibt abzuwarten. Sollte ich gezwungen werden, ein ungemein vorläufiges Fazit zu ziehen, so würde ich sagen: Ohne die Praxeologie kommen wir nicht (mehr) aus, mit ihr allein aber keinesfalls: ihr fehlt ein systematischer Unterbau.[25]

Und was ist nun mit der Seminarpraxis? Hier gilt es zwei Dinge zu unterscheiden. Die Geschichte der Seminare und deren Praxis – soweit sie registriert wurde – lässt sich vor allem den Seminarberichten der Direktoren entnehmen. Einen ersten Bericht über diese in vielerlei Hinsicht aufschlussreiche Quellengattung hat Uwe Meves geliefert.[26] Ihre Sichtung hat jedoch gerade erst begonnen: über die regionale

[20] Krämers (2015, S. 186, 189, 194) Feststellung, dass in allen Interpretationsrichtungen „Beschreibungen, Erklärungen und Bewertungen des Figurenhandelns" vorkommen, ermöglicht keinen Schluss auf ein set geteilter Praktiken.

[21] Vgl. Albrecht (2015a).

[22] Vgl. dazu auch Reckwitz (2003, S. 298). „Die künftige Attraktivität einer Theorie sozialer Praktiken wird von ihrem weiteren heuristischen Wert für die Forschungspraxis abhängen."

[23] Vgl. Martus (2015).

[24] Vgl. Martus (2015a).

[25] Zur Komplementarität von „System" und „Praxis" s. schon Sewell (1999, S. 47): „System and practice are complementary concepts; each presupposes the other".

[26] Vgl. Meves (2013).

Differenzierung und Entwicklung der Seminare zwischen den 1870er-Jahren und dem Ersten Weltkrieg lassen sich noch keine verallgemeinernden Aussagen treffen.

Anders steht es um die Frage nach jener Praxis, die nach der Auffassung der Praxeologie das unerschütterliche kognitive Fundament unserer Wissenschaft darstellt. Will man dieser Frage ernsthaft nachgehen, so wird man es nicht bei der Versicherung belassen können, dass es sich bei dieser Praxis um ein Korpus von „tacit knowledge" oder ein „tacit rule book" handelt, das von Generation zu Generation durch Einübung weitergereicht wird. Man wird den Begriff so differenzieren müssen,[27] dass möglichst viel „tacit knowledge" zum Sprechen gebracht[28] und womöglich einer empirischen Forschung zugänglich gemacht wird.[29] Hilfreich könnte da vielleicht auch der Forschungsansatz sein, den Claudius Sittig in seinen Überlegungen „Zur praxeologischen Perspektive auf die Geschichte der germanistischen Lehre" formuliert hat:

> „Angesichts dieser fundamentalen nicht-diskursiven Verfasstheit vieler Praxisformen sind die wenigen Situationen, in denen ausnahmsweise doch eine Explikation geleistet werden muss, besonders aufschlussreich. Dazu zählen insbesondere Momente der Initiation in eine *community of practice*, im konkreten Diskussionszusammenhang heißt das: Situationen der Lehre im Interaktionsraum des Studiums."[30]

Literatur

Adams, Herbert Baxter: Methods of Historical Study. Baltimore 1884.

Albrecht, Andrea u.a. (Hg.): Theorien, Methoden und Praktiken des Interpretierens. Berlin u.a. 2015 (linguae & litterae. 49).

Albrecht, Andrea: Analogieschlüsse und metaphorische Extensionen in der interdisziplinären literaturwissenschaftlichen Praxis. In: Albrecht u.a. (Hg.) 2015, S. 271–299.

Brandtner, Andreas: Bibliotheken als Laboratorien der Literaturwissenschaft? Innenansichten analoger, digitaler und hybrider Wissensräume. In: Stefan Alker / Achim Hölter (Hg.): Literaturwissenschaft und Bibliotheken. Göttingen 2015, S. 115–138.

Breuer, Ulrich; Emrich, Matthias: Seminar. In: Frietsch, Ute / Rogge, Jörg (Hg.): Über die Praxis des kulturwissenschaftlichen Arbeitens. Ein Handwörterbuch. Bielefeld 2014, S. 376–381.

Crandall, Mary Imogen: A Literary Laboratory. The Zarncke Library. In: The Cornell Magazine 6, No. 4 (January 1894), S. 121–128.

Dainat, Holger: Mitschrift, Nachschrift, Referat, Korreferat. Über studentisches Schreiben im 19. Jahrhundert. In: Internationales Archiv für Sozialgeschichte der Literatur 40(2015), S. 306–328.

Daston, Lorraine: Die unerschütterliche Praxis. In: Rainer Maria Kiesow / Dieter Simon (Hg.): Auf der Suche nach der verlorenen Wahrheit. Zum Grundlagenstreit in der Geschichtswissenschaft. Frankfurt am Main 2000, S. 13– 25.

Grafton, Anthony T.: In Clio's American Atelier. In: Charles Camic u.a. (Hg.): Social Knowledge in the Making. Chicago u.a. 2011, S. 89–118.

---

[27] Vgl. zum Begriffskontext (Turner 2001).

[28] Vgl. Collins, H. M.: What is tacit knowledge? In: Schatzki / Knorr-Cetina / Savigny (2001, S. 108).

[29] Heuristisch anregend ist beispielsweise schon der Vorschlag, zwischen „skill" und „tacit knowledge" zu unterscheiden, vgl. dazu Hentschel (2000, S. 42, Anm. 61).

[30] Sittig (2018, S. 75).

Hagner, Michael: Ansichten der Wissenschaftsgeschichte. In: Hagner (Hg.): Ansichten der Wissenschaftsgeschichte. Frankfurt am Main 2001, S. 7–39.

Hentschel, Klaus: Historiographische Anmerkungen zum Verhältnis von Experiment, Instrumentation und Theorie. In: Christoph Meinel (Hg.): Instrument – Experiment. Historische Studien. Im Auftrag des Vorstandes der Deutschen Gesellschaft für Geschichte der Medizin, Naturwissenschaft und Technik. Berlin 2000, S. 13–51.

Heiden, Anne / von der Zschocke, Nina (Hg.): Autorität des Wissens. Kunst und Wissenschaftsgeschichte im Dialog. Zürich 2012, Vorwort S. 7–10.

Heintz, Bettina: Wissenschaft im Kontext. Neuere Entwicklungstendenzen der Wissenschaftssoziologie. In: Kölner Zeitschrift für Soziologie und Sozialpsychologie 45 (1993), S. 528–552.

Krämer, Olav: Goethes *Wahlverwandtschaften* in Interpretationen von der Geistesgeschichte bis zum Poststrukturalismus. In: Albrecht 2015, S. 159–203.

Krajewski, Markus: Zettelwirtschaft: Die Geburt der Kartei aus dem Geist der Bibliothek. Berlin 2002 (copyright. 4).

Lüdtker, Alf / Prass, Reiner: Einleitung: Gelehrtenleben. In: Lüdtker/Prass (Hg.): Gelehrtenleben. Wissenschaftspraxis in der Neuzeit. Köln 2008, S. 1–32.

Martus, Steffen: Epistemische Dinge in der Literaturwissenschaft? In: Albrecht 2015, S. 23–52.

Martus, Steffen und Spoerhase, Carlos: Praxeologie in der Literaturwissenschaft. In: Geschichte der Germanistik 35/36 (2009), S. 89–96.

Martus, Steffen: Wandernde Praktiken „after theory"? Praxeologische Perspektiven auf „Literatur/Wissenschaft. In: Internationales Archiv für Sozialgeschichte der Literatur 40,1 (2015), S. 177–195.

Meves, Uwe (Hg.): Deutsche Philologie an den preußischen Universitäten im 19. Jahrhundert. Dokumente zum Institutionalisierungsprozess. 2 Bände. Berlin u.a. 2011.

Meves, Uwe: Die Jahresberichte der Seminardirektoren als Quellen für die Seminarpraxis. In: Zeitschrift für Germanistik 23 (2013), S. 242–257.

Middell, Matthias: Historischer Unterricht in Deutschland – Expansionskrisen und universitäre Reformen im diachronen Vergleich: Kaiserreich, DDR und aktuelle Reformdebatte in der Bundesrepublik. In: Gabriele Lingelbach (Hg.): Vorlesung, Seminar, Repetitorium. Universitäre geschichtswissenschaftliche Lehre im historischen Vergleich. München 2006, S. 155–192.

Müller, Hans-Harald; Richter, Myriam Isabell: Praktizierte Germanistik. Die Berichte des Seminars für deutsche Philologie der Universität Graz 1873–1918. Stuttgart 2013 (Beiträge zur Geschichte der Germanistik. 5).

Müller, Hans-Harald / Nottscheid, Mirko (Hg.): Disziplingeschichte als *community of practice*. Der Briefwechsel Wilhelm Scherers mit August Sauer, Bernhard Seuffert und Richard Maria Werner aus den Jahren 1876 bis 1886. Stuttgart 2016 (Beiträge zur Geschichte der Germanistik. 6).

Petschar, Hans u.a. (Hg.): Der ZETTELKATALOG. Ein historisches System geistiger Ordnung. Wien 1999.

Pichler, Simone: „Es soll Aufgabe der vorliegenden Arbeit sein…". Die Rekonstruktion der Praxis im Seminar für deutsche Philologie um 1900. Eine historisch-praxeologische Fallstudie. In: Scientia Poetica 21 (2017), S. 98–134.

Pohl, Thorsten: Die studentische Hausarbeit. Rekonstruktion ihrer ideen- und institu tionsgeschichtlichen Entstehung. Heidelberg 2009 (Wissenschaftskommunikation. 4).

Reckwitz, Andreas: Grundelemente einer Theorie sozialer Praktiken. Eine sozial–theoretische Perspektive. In: Zeitschrift für Soziologie 32 (2003), S. 282–301.

Schatzki, Theodore R. / Knorr-Cetina, Karin / Savigny, Eike von (Hg.): The Practice Turn in Contemporary Theory. New York 2001.

Sittig, Claudius: Zur praxeologischen Perspektive auf die Geschichte der germanistischen Lehre. In: Hans-Harald Müller / Marcel Lepper (Hg.): Interdisziplinarität und Disziplinenkonfiguration: Germanistik 1750–1920. Stuttgart 2018, S. 73– 86.

Spoerhase, Carlos: Das „Laboratorium" der Philologie. Das philologische Seminar als Raum der Vermittlung von Praxiswissen. In: Albrecht 2015, S. 53–80.

Sewell, William H., jr.: The Concept)(s) of Culture. In: Victoria E. Bonnell / Lynn Hunt (Hg.): Beyond the Cultural Turn. New Directions in the Study of Society and Culture. Berkeley u.a. 1999, S. 35–61.

Turner, Stephen: Throwing out the tacit rule book. In: Schatzki / Knorr-Cetina / Savigny 2001, S. 120–130.

Witkowski, Georg: Von Menschen und Büchern. Erinnerungen 1863–1933. Leipzig 2003.

Zedelmaier, Helmut / Mulsow, Martin (Hg.): Die Praktiken der Gelehrsamkeit in der Frühen Neuzeit. Tübingen 2001.

Zedelmaier, Helmut: Buch. Exzerpt. Zettelschrank. Zettelkasten. In: Hedwig Pompe / Leander Scholz (Hg.): Archivprozesse: Die Kommunikation der Aufbewahrung. Köln 2002 (Mediologie. 5), S. 38–53.

Kolibri 360 GmbH
Ferdinand-Jühlke-Straße 7
99095 Erfurt, Deutschland
produktsicherheit@kolibri360.de